“五水共治”科普丛书（2）

主编 周鹤鸣 邹

防洪水

ANG HONG SHUI

王英华 戚毅婷 编著

治污水 防洪水 排涝水 保供水 抓节水

浙江工商大学出版社
ZHEJIANG GONGSHANG UNIVERSITY PRESS

图书在版编目(CIP)数据

防洪水 / 王英华，戚毅婷编著. —杭州 ：浙江工商大学出版社，2014.12(2015.1 重印)
(“五水共治”科普丛书 / 周鹤鸣，邹冰主编)
ISBN 978-7-5178-0739-1

Ⅰ. ①防… Ⅱ. ①王… ②戚… Ⅲ. ①防洪－普及读物 Ⅳ. ①TV87－49

中国版本图书馆 CIP 数据核字(2014)第 265278 号

防洪水

王英华　戚毅婷 编著

出 版 人	鲍观明
责任编辑	王黎明
责任校对	何小玲
封面设计	王好驰
责任印制	包建辉
出版发行	浙江工商大学出版社 (杭州市教工路 198 号　邮政编码 310012) (E-mail:zjgsupress@163.com) (网址:http://www.zjgsupress.com) 电话:0571-88904980,88831806(传真)
排　　版	杭州朝曦图文设计有限公司
印　　刷	杭州恒力通印务有限公司
开　　本	850mm×1168mm　1/32
印　　张	4.875
字　　数	123 千
版 印 次	2014 年 12 月第 1 版　2015 年 1 月第 2 次印刷
书　　号	ISBN 978-7-5178-0739-1
定　　价	49.50 元(全五册)

浙江工商大学出版社营销部邮购电话　0571-88904970

“五水共治”科普丛书编委会

序

水是生产之基,生态之要,生命之源。治水历来是兴国安邦的大事,中华民族的文明史,也可以说是一部除水害、兴水利的治水史。浙江因水而名,因水而兴,因水而美,但我们浙江还是一个“缺水”的省份。“缺水”主要有海岛地区资源性缺水,也有山区工程性缺水,更主要的是污染造成的水质性缺水。近些年来出现了“江南水乡没水喝”的情况,比较深刻地揭示出粗放式增长模式消耗资源环境的种种弊端。

党的十八大报告提出,“建设生态文明,是关系人民福祉、关乎民族未来的长远大计……把生态文明建设放在突出地位,融入经济建设、政治建设、文化建设、社会建设各方面和全过程,努力建设美丽中国,实现中华民族永续发展”。2013 年,浙江省委、省政府提出以“重整山河”的雄心和“壮士断腕”的决心,打响“铁腕治水”攻坚战,以治污水、防洪水、排涝水、保供水、抓节水“五水共治”为突破口,倒逼转型升级,打好经济转型升级“组合拳”。这是省委、省政府推进浙江省新一轮改革的关键之举,是一项顺应群众呼声的民生工程。

“五水共治”符合党的群众路线教育实践活动落实整改的要求,是新形势下浙江社会主义物质文明建设的要求、精神文明建设的需求、生态文明建设的诉求、政治文明建设的追求。“五水共治”，要治污先行，也要齐抓共治，它是一项庞大的系统工程，必须用系统的思维和方法才能落实。

“治污水”必须抓好治理黑河、臭河、垃圾河，实现城镇截污纳管、农村污水处理、生活垃圾集中处理。与此同时，必须实现农业转型，坚持生态化、集约化发展方向，推进种养殖业的集聚化、规模化经营和污物排放的集中化、无害化处理，控制农业面源污染。

“防洪水”必须重点推进强库、固堤、扩排三类工程建设，强化流域统筹，疏堵并举，制服洪水之虎。

“排涝水”必须重点强库堤、疏通道、攻强排，打通断头河，开辟新河道，着力消除易淹易涝片区。

“保供水”必须重点推进开源、引调、提升三类工程建设，保障饮水之源，提升饮水质量。

“抓节水”必须重点进行改装器具、减少漏损、再生利用和雨水收集利用示范等工作，合理利用水资源。

为普及全省对“五水共治”行动的深刻认识，浙江省社会科学界联合会和浙江水利水电学院组织了水文、生态、环境、水利、法律、政策等方面的专家和学者，编写了这套“‘五水共治’科普丛书”。丛书作者通过大量实地调研和数据资料整理，运用专业知识和文化力量，深刻分析了“污水、洪水、涝水、供水、节水”现状与问题，总结了国内外治水的主要成就与经验，梳理了当前治水所面临的主要问题，阐述了治水的基本理念和途径，传播了水文化，为浙江省的“五水共治”工作贡献了智慧。这项工作很有意义，值得肯定。

本丛书内容丰富，文字生动，图文并茂，寓教于乐。它有三个主要特点：一是视野开阔。从古到今，从国内到国外，广泛联系实际，在宏大的背景下对治水经验、教训和成就进行了全面深刻的剖

析和多角度的思考。二是有理有据。既有科学依据又有文化内涵，详细阐述了治水理念、措施与途径，具有较强的指导性。三是深入浅出。语言朴实，案例生动，很接地气，是关于“五水共治”的一部好作品，适合大众百姓阅读，值得学习和推荐。

是为序。

符宁平

2014 年 9 月

目　录

第 1 章 源远流长——洪水及其史话

1.1 亘古传说——洪水历史

1.1.1 大禹治水

据传说，在4000多年前，我国黄河、淮河等流域洪水为患，庄稼被淹没，房屋被冲毁，百姓无家可归，他们流离失所、背井离乡，水患给黎民百姓造成了极大的灾难。有史书《孟子·滕文公》记载说："当尧之时，天下犹未平，洪水横流，泛滥于天下。"

因此，尧帝决心整治、消灭水患，组织召开部落联盟会议，商量整治洪水的问题。他征求四方各部落首领的意见：谁能整治洪水？我们派谁去治理大洪水呢？四方首领大都推荐鲧。而尧对鲧不太了解，有些怀疑。但首领们却说："现在没有比鲧更好的治水人选啦，可以让他试试！"尧帝同意了大家的意见，并任命鲧负责组织整治水患工作。

鲧当时采取"水来土挡"的策略治水，以"堵"为主，想以人的力量"挡"住洪水。但鲧治水九年，大洪水灾害并没有减少。最终没能"堵"住大洪水，反而造成了很多的人员伤亡和损失，鲧面对洪水显得无能为力。后来舜帝继位，革去鲧的官职，将其流放羽山，后鲧抑郁而死。鲧在临死前嘱咐他的儿子："一定要把洪水治好。"

舜帝召开部落族长会议，商议推荐整治洪水人选，各部落族长一致推荐禹，舜很快把治洪水的任务交给了他，并委派后稷、伯益两位贤臣协助禹的工作。

禹是鲧的独子，据传生于羌（现青海、甘肃一带），而后随父母迁徙到崇(今河南登封),尧在位时被封为夏伯,故又称夏禹或伯。是中国夏朝的建立者,也是中国奴隶社会的缔造者。

禹接受治水大任后,不敢有丝毫懈怠,立即带着测量工具到中原大地的主要山脉、河流做细致周密的勘测和考察。经勘测发现龙门山口太狭窄,很难通过汛期较大的洪水;还发现黄河河道淤积,洪水宣泄不畅通。鉴于此,他采用“堵疏结合,以疏为主”的治水策略,开挖疏通河道,拓宽控制峡口,让大洪水能较快通过并流向下游。禹说:“治水须顺水性,水性就下,导之入海。”按这种治洪水思路,制订行动规划,确定轻重缓急,定了先后整治的顺序,先从城府附近地区开始,逐步再扩展到周边其他各地。

禹确定了治水方针后,跋山涉水,风餐露宿,查勘水情,和老百姓一起治水。在中原大地的山水间,以及人迹罕至的穷乡僻壤,都留有他们治水的足迹。他把整个中原的山水作为一个整体来整治,把疏通河流和平整土地相结合,他带领人民群众凿开了龙门,疏通了九条大江大河,经过十三年的艰苦努力,终于把洪水顺利引到大海,使大量的荒地变成肥沃的良田。他同老百姓一起劳作,头戴箬帽,手拿着锹子,积极带头挖土、挑担,因为腿脚长年泡在水里,连脚跟都烂了,只好拄着棍子走路。

传说当时黄河中游有一座大山,名叫龙门山(今陕、晋交界处)。它堵塞了黄河水的去路,此处河水变得十分狭窄而水位升高,使奔腾东流的洪水受到严重的阻挡。由于水位升高,经常溢出河道堤岸,形成洪水灾害。禹到龙门山后,仔细勘察地形,带领大家开凿龙门,把龙门山开凿了一个80步宽的口子,使黄河水畅通无阻地奔向大海了。

大禹在治理黄河时有三件法宝:第一件是黄河河图,据传河图是黄河水神河伯授给大禹的;第二件是开山之斧;第三件是定海神针。

后人为纪念大禹的功绩,在全国各地建立了很多庙宇,安徽怀远县涂山上,建有一座“禹王宫”,每年农历三月二十八日,周边群众都会聚集在这里,诚心向禹王朝拜。山上建有望夫石、朝禹路等古迹,在当地还流传很多有关大禹治水的故事。

山西省芮城县东南5千米处的黄河边的神柏峪,相传是大禹勘察水情及在河边柏树上拴马歇脚之处。后人在此地修建了一座“禹王庙”,以示纪念。

浙江绍兴城东南的会稽山麓,建有“大禹陵”。据传是治水英雄开国圣君大禹的葬地。大禹陵是一座规模宏大的古建筑群,由禹陵、禹祠、禹庙等部分组成。现在,大禹陵已成为人们祭祀和瞻仰大禹的圣地。

1.1.2 河伯绘河图

尧舜时代,华阴有个人叫冯夷,不安心务农耕种,一心想得道成仙。他听人说:“喝一百天水仙花的液汁,就可成为仙体。”于是四处寻找水仙花。

大禹整治黄河水患之前,黄河流经中原,主河道左右摆动随意漫流,常常泛滥成灾。地面上七股八道,沟汊内全是黄河水,冯夷四处奔波寻找水仙花。转眼间过了九十九天,如果能再找一些水仙花,再吮吸一天水仙花的汁液,就可成仙了。他很高兴,又到黄河边一个小村庄找寻。这里水不深,他蹚水过河,刚到河中间,这时洪水来了,河水突然上涨,他一不小心,脚下一滑,跌倒在黄河洪水中,被水冲走并淹死了。

冯夷死后,一肚子冤气难出,并恨透了黄河,就到玉皇大帝那里状告黄河。玉帝见黄河没人管教,到处泛滥横流,危害百姓,也非常恼火。又见冯夷已吸吮了九十九天水仙花液汁,也该成仙了,就问他是否愿去当黄河的水神,治理黄河。冯夷当时喜出望外,满口答应。这样,不但自己成了仙,而且可报被黄河淹死之仇。

冯夷当上了黄河的水神,人称河伯。他以前从没有治过水,一下承担起治理黄河的重任,一筹莫展,束手无策。自己道行较浅,又没有治水的法宝仙术，只好又向玉皇大帝讨教方法。玉帝告诉他，要治好黄河，必先摸清黄河地形和水情，画个黄河河图，有此为依据，治理黄河的事情就会顺畅了。

河伯按玉帝的旨意，一心要画好黄河河图，他回到老家，找乡亲们帮忙。但人们都知道他好逸恶劳，没人愿帮他。后来，他找村里的后老汉，讲了自己治理黄河的雄心大志。后老汉见他已成了仙，愿意为百姓们办好事，就答应帮助他。从此，河伯在后老汉的帮助下跋山涉水，查勘黄河水情，风雨无阻。两人一干就是十几年，后老汉因年老体衰，只好回家，剩下河伯一人坚持工作。二人分手时，后老汉再三嘱咐，绘图的事要干到底，不能半途而废。而且，图画好后就及时动手治理黄河，如人手不够，他可说服乡亲们来帮忙。

查勘水情，绘画河图，很苦很累。历经多年河伯把河图画好，他年事已高了。河伯展开河图，黄河中哪里水深，哪里浅；哪里容易冲堤，哪里容易决口；哪里该开挖，哪里该堵堤；哪里能断水，哪里是排洪出路，一清二楚。虽然自己没有能力去照图治理黄河了，但坚信今后会有人来治理黄河的，到那时，把黄河河图授给他，自己操心受累也是值得的。

从此，河伯就在黄河底安度晚年，一直没有露面。不料，黄河连年涨水，屡次泛滥。百姓们仍不见河伯来黄河治水，都说他不尽职责。

后老汉在家中养病，见治理黄河的事不落实，要去找河伯。他儿子羿担心其年老体衰就不让他去找。但后老汉不听羿的劝阻，偷偷独自去找河伯，结果遇上黄河决堤，被洪水淹死了，连尸体都没找到。因此，后羿非常恨河伯，并发狠说，早晚要射死河伯。

后来，大禹出来治洪水时，河伯决定把黄河的河图授给他。

有一天，河伯听说大禹他们带着开山斧和避水剑来到黄河，他就带着黄河河图从水底出来，找寻大禹一行。河伯和大禹并未见过面，相互不认识。河伯走了一天，正想歇一歇脚，见河对岸有一个年轻人。此人英武雄伟，可能是大禹，河伯就喊道："喂，你是谁呀？"

对岸的年轻人并不是大禹，而是后羿。他抬头看见河对岸有一个仙风道骨的老人，就反问道："你是谁？"河伯大声说："我是河伯，你是大禹吧？"

后羿一听到河伯，顿时怒气冲心头，冷笑道："我就是大禹。"边说边张弓搭箭，"嗖"的一箭，正射中河伯的左眼。河伯捂着眼睛，疼得大汗直流。心里骂道："好混账大禹，怎么不讲道理！"他越发生气，就去撕那幅黄河水情图。此时，只听传来一声大喊："河伯！请不要撕图。"河伯忍着伤痛用右眼看到，河对岸一个头戴斗笠的人，拦住了鲁莽的后羿。此人就是大禹，他知道河伯画好了河图，正在到处找河伯呢。后羿猛推开大禹，还想搭箭张弓。大禹死死拽住，并把河伯艰辛画河图的事讲了，后羿才知道自己的莽撞冒失，错怪了河伯，还射瞎了河伯的一只眼睛。

后羿随大禹一同到河对岸。后羿诚恳地向河伯道了歉，请求他原谅。河伯知道后羿是后老汉的儿子后，也没过多怪罪。此时，大禹面对河伯说："我就是大禹，特地前来找您求教治理黄河的办法。"

河伯高兴地说："我的全部心血和治河的办法都在这张河图上，现在就传授给你吧。"

大禹展开图一看，图上符号密密麻麻，把黄河的地形、地物和水情标注得一清二楚。大禹非常高兴，他要好好谢谢河伯，但抬头间，河伯已跃进黄河中，不见踪影。

大禹得到黄河的水情图后，根据河图的标注和指点，制订了详细的治水计划和措施，带领人们夜以继日地工作，最后终于治住了黄河的洪水。

1.1.3 挪亚方舟传说

挪亚方舟(Noah’s Ark)是《圣经·创世记》中有关远古大洪水的传说。由于亚当、夏娃偷吃禁果,他们被逐出伊甸园。亚当活到了930岁,他和夏娃的子孙很多,他们后代的子子孙孙传宗接代,慢慢遍布了整个大地。此后,该隐诛弟,人们之间互相猜疑并展开了互相残杀。人类打上了原罪的烙印,上帝诅咒土地,让人们付出艰辛的劳动才能吃饱肚子,但因人有着堕落的本性,人们之间怨恨和恶念与日俱增,进而无休止地相互争斗、掠夺、残杀,人世间罪恶、暴力到了无以复加的地步。

上帝看到这些情况,非常后悔当初造了人,并对人类犯下如此罪孽非常忧伤。他说:“我要让自己所造的人及各种走兽、昆虫、飞鸟全部从大地上消灭。”在这些罪孽深重的人群之中,上帝很器重挪亚。认为他安守本分,是一个重义的人,其三个儿子也在父亲的严格教育下诚实、守信。挪亚平时常告诫周围的人们,要赶紧停止作恶,摆脱这种充满罪恶的生活。

上帝在实施其毁灭人类的计划前,选中挪亚夫妇和三个儿子及媳妇,作为新人类的种子延续下来。告诉他们要实施洪水大毁灭,让他们用歌斐木造一只大方舟,分间建造,里外抹上松香。方舟要长达300肘、宽50肘、高30肘(133.5×22.3×13.4米,容积约4万立方米)。方舟上要留有透光的窗户及门口。方舟要分上、中、下三层。他们按照上帝的旨意办了。

上帝见方舟造好了,就说:“现在我要使洪水在大地上泛滥,毁灭天下、地上有血肉及气息的活物。我要与你立约,你同妻子、儿子、儿媳要进入方舟。并将洁净的畜类和飞鸟,各带七公七母;不洁净的畜类带一公一母;这些动物都可留种,为将来的繁殖生息。”

2月17日,挪亚600岁生辰,海洋的泉源都爆裂开来,巨大水柱从地下喷射而出,天上的窗户全都敞开,大雨日夜不停,整整下了40天。大地上的水迅速地上涨,高出最高的山巅15肘(近7米),在旱地上靠肺呼吸的动物都淹死了,只留下方舟里的人和动物安然无恙。此时,方舟载着上帝之厚望漂泊在无边无际的汪洋上。上帝非常顾念挪亚和方舟中的飞禽走兽,下令止雨而兴风,在风吹之下,水势逐渐消退,挪亚将方舟停靠在亚拉腊山上。过了几十天时间,挪亚轻轻打开方舟的窗户,放出乌鸦去探听情况,乌鸦一去不回。挪亚又把一只鸽子放飞,要它看一下地上的水势。因遍地是水,鸽子没找到落脚之处,而又飞回方舟。又过了7天,挪亚再把鸽子放出去,黄昏时,鸽子飞了回来,嘴里衔着一片橄榄树叶,很显然是从树上啄下来的。又过了7天之后,挪亚再放鸽子出去,这次鸽子没有再回来。

挪亚601岁那年的元旦,挪亚开门观看,地上的水都退尽了。直到2月27日,水没了,大地也全部干了。此时,上帝对挪亚说:"你和你妻子及儿媳妇可以出舟了。并要把舟里的所有飞鸟、动物和一切走兽都放出来,让它们在大地上滋生繁衍吧。"于是,挪亚全家和方舟中所有的飞禽走兽,都回到安全的大地上,平安生活。后来,人们常用鸽子和橄榄枝来象征和平。

1.2 揭开谜底——洪水的"真面目"

1.2.1 什么是洪水?

"洪水"一词,最早出自先秦《尚书·尧典》。书曰:"汤汤洪水方割,荡荡怀山襄陵,浩浩滔天。"书中记载了4000多年前的黄河大洪水浩荡滔天的情形。据我国历史调查资料显示,公元前206年至公元1949年间,大洪水灾害记录就有1092次(年)。而西亚的底格里斯幼发拉底河、非洲的尼罗河等流域,关于洪水的记载则可追溯到公元前40世纪。

由于暴雨、融雪、融冰等自然原因,河流、湖泊及海洋的水流、水量增大或水面升高，超过了一定的限度，威胁了相关地区人民群众生命财产的安全，或已造成不同程度的灾害时，此种水流，常称为洪水。

洪水表示有洪峰流量、洪峰水位、时段径流量等指标，洪峰流量一般指洪水通过河道某断面的瞬时最大值，以立方米/秒计。对洪水的水面高度，则称为洪峰水位，常以米计。在一定时间内，通过某一河道的水量总和，称之为该时段径流量，常以亿立方米为单位，如可计算 1 天、3 天、7 天等不同时段的径流量。

如何衡量洪水的大小呢？常用方法有：

(1)习惯衡量法。一般结合历史洪水资料，考虑堤坝的防洪能力(如保证水位、警戒水位及其对应的流量)。一般将洪水概括分为大、中、小三种情况，当洪水超过历史纪录时，多习惯称此为超历史洪水或稀遇洪水，有时因洪水发生的量级过大，则称为特大洪水。另外，也可按江河、湖泊、水库的保证水位、警戒水位(相应流量)、汛限水位、防洪最高水位等指标，表示洪水的量级大小。

(2)洪水频率(重现期)衡量法。常用洪水出现的频率(%)或重现期(年)表示洪水大小，可定量地衡量洪水的大小。洪水出现频率(%)越小，表示洪水量越大，并说明此量级及以上洪水出现的机会越少(图 1-1)。当以洪水重现期衡量洪水大小时，如某一量级的洪水的重现期为百年，则俗称为百年一遇；重现期为五十年，则称五十年一遇洪水；以此类推。重现期越长，则表示洪水的量级越大、越稀遇；反之，则表示此量级的洪水小，越常见。

用洪水频率或重现期的衡量洪水方法，在水利水电工程设计、规划中，常作为工程设计的标准。例如：对沿江河的特别重要的城市，防洪工程设计标准按防御百年一遇洪水设计，而中等城市的设计防洪标准可按 20 年到 50 年一遇。这是根据实际防护对象规模、特点和要求确定的，并在水利工程设计规范中给予明确的规定。

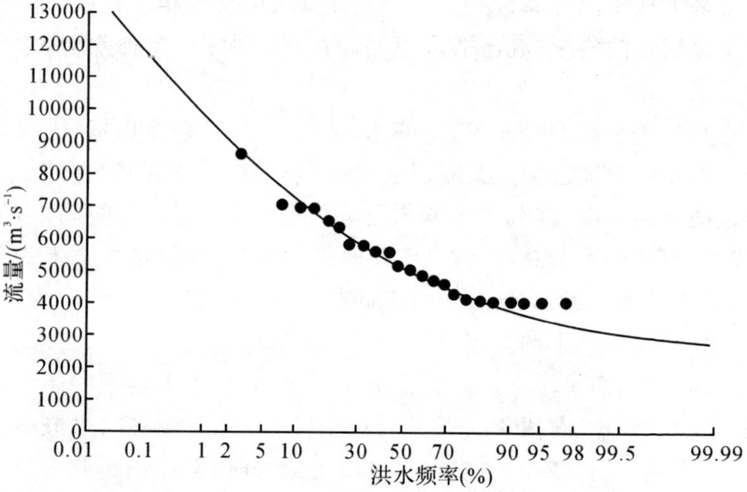

图 1-1　某河流的洪水频率曲线

洪水灾害是指某流域内因集中的大暴雨或长时间降雨，汇集到河道的径流量超过其下泄能力，进而洪水漫溢或造成堤坝决口，导致洪水泛滥，造成了农田及庄稼淹没、冲毁家园等灾害。

浙江省洪水灾害大多发生在每年的 6 月至 9 月，其中 6 月至 7 月中旬的长时间降雨称梅雨季节，而 7 月中旬至 9 月是台风暴雨季节，都容易发生较大洪灾，往往使农田受淹，村庄被冲，房屋倒塌，财产受损，甚至造成人员伤亡。

1.2.2　洪水无处不在

我国幅员辽阔、地大物博。可能发生洪水的地区占国土面积的 2/3 左右，而大部分地区会形成洪水灾害。特别是南部及东部沿海，地处江河中、下游冲积平原，洪水灾害最为严重。这一地区面积虽只占国土面积的 8%，但人口占全国的 50%，耕地占 35%，工农业产值占全国的 2/3，对我国的经济发展有举足轻重的影响。

随着世界各国经济发展,人口迅猛增长和资产的集聚,世界各地洪灾损失都呈现出非线性增长。

20世纪90年代以来,我国的洪水灾害发生频繁,经济损失呈现急剧上升的局面,情况非常严峻。这种情况的出现,既有自然气候变化及波动的原因,也有社会经济发展中一些人为原因。我国洪灾具体分布情况如下:

(1)华南地区。自3月份开始,降雨明显增加,一直到11月份仍受到热带气旋影响。但降水集中时段一般为4—9月份,洪水灾害主要发生在每年的5—6月和8—9月。

(2)长江中下游地区。4月前后降雨明显增多,在江南地区,5月份的洪水有所增加。6月中旬进入梅雨期,降雨时间长,雨量大,是洪灾多发期。7月中旬至8月为少雨伏旱期,洪灾较少。8—9月,沿海地区受热带气旋影响,台风暴雨引起的洪水灾害较多。大部分地区洪灾集中在5—9月,受灾次数占全年的80%左右。

(3)黄淮海平原地区。春季雨水稀少,一般不会出现涝害;进入6月,华北平原可能出现洪灾,但影响范围不大,多在沿淮河及淮北一带。7、8、9三个月,降水比较集中,洪灾范围也较大,次数较多,为全年洪灾多发时期。这几个月,淮河流域、河南、河北南部、陕西中部等地区受灾次数占全年的70%左右;而山东、河北大部、京津等地占80%以上。

(4)东北地区。受夏季风影响最晚,雨季较短,洪灾大多集中在夏天,尤其是7、8两个月。三江平原的地势低洼,如上一年秋冬雨雪多时,春季回暖迅速,积雪融化,土壤返浆,可能发生渍害。

(5)西南地区。山高坡陡,地形复杂,雨季开始早晚不一,集中降雨期也不尽相同,因此,洪水灾害出现迟早和集中期也不同。贵州的洪灾多出现在4—8月;四川、重庆洪灾主要集中6—8月,9、10月份还有秋渍现象;云南的洪灾主要集中在夏季,春、秋期间局地性的山洪也时有发生；西藏洪灾少，一般仅在夏季发生局地性洪灾。

一般来讲，在中、小洪水情况下，堤防等水利工程可以保证其保护区的安全，但若遇较大洪水，超过河道堤防的防御能力时，堤防等就会不可避免地被冲毁，形成较大甚至毁灭性洪水灾害。

1.3 洪水猛兽——“洪水的可怕之处”

1.3.1 “杀人于无形”

(1)洪水造成大量人员死亡

《孟子·滕文公下》书曰：“昔者禹抑洪水而天下平，周公兼夷狄驱猛兽而百姓宁。”据此，洪水与猛兽相提并论。

水是地球上不可或缺的资源之一。我们生活中饮水、洗澡、洗衣和做饭及万物生长都离不开水。一般状况下，水是非常温和而友善的。如老子曰：“上善若水”，“水善利万物而不争，处众人之所恶，故几于道”。

但是，当水量足够大时，超过我们人类可控范围后，同样是温和而友善的水，则面目全非，它会冲翻汽车、淹没农田、毁坏房屋，甚至造成人员伤亡。仅在最近百年之中，洪水就无情地夺去了人类数百万条生命，远远超过了其他任何天气现象。

大洪水造成的最严重的灾难莫过于房屋被冲毁、家人在洪灾中伤亡，而这主要是由水量过大、水位抬高、水流的动量太强所致。在大洪水中，15 厘米高的水深，高流速的水流就可以将人冲击倒地甚至毙命。60 多厘米高的水流则足以冲走汽车、冲毁房屋。为什么洪水有会如此大的毁坏作用呢？

洪水的水流比普通的河流危险得多，因为它能够施加更强大的水压力和水动能。水有一定的自重，因此具有水往低处流的天性，陆地是高低不平的，当水位存在较大高差时，水就会很快速地向低处运动。区域间水量、水位差异越大，水流的动能量就越大，水流的速度就越快，从而危害就越严重。

在发生洪水时，有的水流看起来并不深，达不到淹没人的高度，只是流速快，看起来似乎没有什么危险，而人或其他物体进入其中，被急速冲倒冲走。往往到灾难发生时，人们才追悔莫及。很多在洪水中丧生的人有一些是因为存有侥幸心理，试图冲过急流，而一旦深陷其中，则无能为力，从而造成灾难。

最危险的洪水是山洪暴发，是由突然、急剧汇集的水量和快速的流动所致。山洪暴发前，人们根本就看不到它的到来。由于山谷内聚集了大量的水，因山高坡陡，它会瞬间而至，湍急水流会带有巨大的冲击力，水流以惊人的速度奔向山谷，所到之处庄稼、树木、房屋等都会在瞬间毁于一旦。

当遇到大暴雨将大量雨水短时间内倾泻在山上时，山洪暴发的可能性很大，而且会极具破坏性、毁灭性，必须严加预警及防范。

美国近代历史上最严重的山洪暴发是在科罗拉多州大汤姆逊峡谷(Big Thompson Canyon)的山洪。1976 年 7 月，在 4 个多小时的时间内，大暴雨在附近地区倾泻的降雨量超过该地区的年平均降水量。大汤姆逊河水面很窄，山高坡陡，突然暴发的强大洪流以很快的速度和每秒 882 立方米的流量冲向峡谷。当时在峡谷中有几千名露营者，他们正聚集庆祝科罗拉多州成立 100 周年，在欢庆之时，未料到洪水的骤然而至。洪水来得如此之快，以致根本没有时间发布预警警报，更来不及逃生。当山洪袭来时，几百人受伤，并有 139 人丧生。

据有关部门统计，在各种自然灾难中，洪水暴发造成死亡的人口占据因自然灾难死亡人口的 75%左右，经济损失占到 40%左右。更严重的是，洪水大多是在人口稠密、工业产业集中、江河湖泊多以及降雨充沛的河流中下游地区，如北半球的暖温带、亚热带地区。中国、孟加拉国等是世界上水灾发生最频繁的地方。

1931年长江流域特大洪水，淹没了7省205个县，受灾人口多达2860万，死亡14.5万人，随之而来的饥饿、瘟疫又致使300多万人惨死。中华母亲河的黄河，曾在历史上发生决口1500次，重大改道26次，洪水淹死数百万人。更为惨痛的是，中国曾在1642年和1938年，因战争等原因发生两次人为的黄河决堤，分别淹死34万和89万人。

我们永远不能阻止洪水的发生，它是大气的复杂气候系统中无法避免的自然现象。但是，我们可以通过建设先进的水库工程、防洪堤和排水工程系统，尽力将洪水带来的危害降到最低。诚然，避免遭受大的洪灾最好的方法是尽量远离容易洪水暴发的地区。如同遇到其他自然现象一样，面对洪水最明智的做法可能就是避让和疏导。

(2)洪水过后瘟疫杀人

洪水带来的另一个重大危害是瘟疫横行，主要有消化道感染疾病、呼吸道感染疾病、肝炎、皮肤疾病、红眼病、疟疾等传染病。这些疾病，如果没有得到高度重视和及时控制，也会吞噬很多人的生命。

首先，洪涝灾害容易造成饮水水源污染，再加上灾后苍蝇、老鼠等密度增加，易导致消化道传染疾病流行。1931年长江洪水泛滥后，我国先后有9省流行霍乱，发病10万多例，死亡3万余人。近年来，我国霍乱的流行得到了控制，但其他肠道传染病的流行在水灾后时有发生。1991年，安徽发生水灾后，肠道传染病发病率比前一年上升了44.5%，死亡率升高了34.78%。1994年7月广西发生大水灾，忻城县的大塘镇三家村屯细菌性痢疾暴发，全村人口患病率37.9%，每个家庭都有病例发生，其中，有3例中毒型菌痢，病情危重。1991年，浙江省嘉善县发生洪水灾害，灾后伤寒流行，报告伤寒病例451例。

1998年，黑龙江甘南县遭受百年不遇的洪涝灾害，人们奋力抗灾,身体疲劳,抵抗力明显下降,加之灾后气温低等原因,使呼吸道感染疾病的人数大量增加。据防疫站统计,灾后首先流行的是呼吸道感染,其发病率仅次于肠道传染病,位居灾后多见疾病的第二位。安徽省 1991 年发生水灾,灾后对传染病流行情况调查发现,呼吸道感染较灾前上升 31.85%。

水灾发生后,由于防汛抗灾及周围水环境恶化,人们下肢长期浸泡在洪水中,双手也多接触污水,常常导致手足癣、浸渍性皮炎以及皮肤感染。据黑龙江甘南县水灾后的调查表明,灾后皮肤病发病率排第三位。

另外,发生洪涝时,人们接触污水的机会多了,污水常对人们的眼睛污染,导致红眼病的流行。2007 年重庆市洪涝灾害后,红眼病发生率比往年增加了 27 倍。而 2010 年,重庆连降暴雨,红眼病则再次流行。

洪涝灾害还可导致戊型肝炎流行。1986—1988 年,新疆南部发生水灾引起水源污染,导致了历史上最大的戊型肝炎暴发,持续流行 20 多个月,波及 3 个地州的 23 个城镇,发病人数达 12 万多,死亡近千人。

另外,水灾后蚊虫密度增加,可能由此引起疟疾、乙脑、登革热等虫媒传染病的暴发和流行。如安徽省在 2003 年水灾后,疟疾发病率比 2002 年同期升高了 269.25%。1987 年,我国台湾地区发生洪涝灾害,造成登革热流行,致 198 人患病。

暴雨和洪水,会迫使鼠类逃离原栖息地向高处转移,居民居住区便成为家鼠、野鼠逃生地,鼠和人群接触的机会大大增加,往往导致鼠源性传染病蔓延。

1954 年、1975 年、1991 年,我国前后发生了 3 次特大的洪涝灾害。每次洪灾后,出血热疫情均较前一年有所上升。例如,1991 年灾后出血热病例比前一年增加 9000 多例,死亡病人数增加 200 多人。安徽省水灾最为严重,其鼠疫流行率比前一年升高

68.02%,病例死亡率升高了65.63%。

1991年5月,河南汝南暴雨成灾,曾引起钩端螺旋体病流行。5月出现了首例病人,到9月下旬共发生209例,死亡18人。广西桂林市阳朔1994年洪涝灾害后出现钩端螺旋体病暴发流行,38天内就报告病例69例,死亡3例。

为防止和减少水灾后的传染瘟疫传播,在防洪预案中,一是加强灾后救助准备工作,准备充足的干净饮用水和符合卫生要求的食物;二是积极做好灾后卫生防疫工作。

1.3.2 “吞噬人类生存的根本”

由于暴雨引发洪水,往往先是河溪水位暴涨,然后是低洼地区进水被淹,大面积农田被淹,最后是村庄进水,房屋倒塌,道路、通讯、电力中断。如遇到大洪水,甚至造成河道决堤,则会淹没庄稼,冲毁农田、房屋、道路等。对受灾区的人们来讲,轻者有吃饭、饮水困难,转移避险及逃难。重者失去赖以生存的土地、农田、房屋及家园,背井离乡、流离失所。

如1931年8月长江大洪水,长江上游金沙江、嘉陵江、岷江均发生大洪水,当洪水东下时,又与中、下游洪水相遇,使荆江大堤等沿江堤防多处溃决,沿江两岸一片汪洋,洪灾遍及四川、湖北、湖南、江西、安徽、江苏、河南等省。大水淹没农田5090多万亩,庄稼颗粒无收。受灾人口2855万人,造成2000万灾民流离失所、无家可归。损毁房屋180万间,因灾死亡14.52万人,灾情惨重。武汉三镇,平地水深丈余,陆地行舟,商业停顿,百业俱废,物价飞涨,瘟疫流行,受淹时间长达3个多月。

1954年6月中旬至7月,长江中下游发生多次较大暴雨,暴雨强度大、面积广、持续时间长。8月上旬,暴雨移至长江上游及汉江流域。由于在上游与中下游洪水相遇,使上游洪水宣泄受阻,形成了20世纪以来的最大洪水。洪灾造成受灾农田4755万亩,受灾人口 1888 万人,因灾死亡 3.3 万人,损毁房屋 427.6 万间。武昌、汉口被洪水围困百日之久,京广铁路一百天不能正常通车。

2003 年以来,我国淮河发生了新中国成立以来第二个流域性大洪水,洪水规模仅次于 1954 年。同时,黄河中游干流局部河段发生历史最大洪水,长江及黄河的主要支流汉江、渭河发生了罕见的秋汛,部分中小河流发生了大洪水。据统计,2003 年全国有 30 个省(自治区、直辖市)以及新疆生产建设兵团等遭受不同程度洪涝灾害,农作物受灾面积达 30548 万亩,成灾面积 19500 万亩,绝收面积 6466 万亩,受灾人口达 2.26 亿人(次),因灾死亡 1551 人,倒塌房屋 245.4 万间,其直接经济损失高达 1300.5 亿元。

1.4 梅雨台风——“浙江特色”洪水

1.4.1 梅雨是老天赐予江南的“恩惠”

浙江地处中国东南沿海的长三角南翼,东临东海,南接福建,西与江西、安徽接壤,北与上海、江苏相连。境内最大的河流是钱塘江,因钱塘江的江流曲折,称之江,又称浙江。

浙江人民有着悠久的治河治水的历史,史传大禹治水时“大会诸侯于会稽”,丽水通济堰、鄞县它山堰、钱塘江两岸的明清古海塘等古代著名水利工程流传至今,有的仍在发挥效益。

浙江省东西和南北之直线距离均是 450 千米左右,陆域面积只有 10.18 万平方千米,为全国的 1.06%,是全国面积最小省份之一。浙江地形复杂多变,山地和丘陵共占 70.4%,平原和盆地仅占 23.2%,河流和湖泊占 6.4%,耕地面积仅有 3122.55 万亩,故有“七山一水二分田”之说。全省地势由西南向东北倾斜,可分为浙北平原、浙西丘陵地带、浙东丘陵地带、中部金衢盆地、东南沿海平原及滨海岛屿、浙南山地等六个地形区。省内有钱塘江、瓯江、苕溪、灵江、飞云江、甬江、鳌江、京杭运河等八大水系;并有杭州西湖、绍兴东湖、嘉兴南湖、宁波东钱湖四大名湖和人工湖泊千岛湖(新安江水库)。

由于其位于中、低纬度的沿海过渡地带,加之地形起伏大,同时受西风带和东风带天气系统的双重影响,各种气候灾害发生频繁,是我国受台风、暴雨、冰雹、干旱、寒潮、冻害、龙卷风等灾害影响最严重地区之一。

浙江降水量充沛,年均降水量在1600毫米左右,是我国降水较丰富的地区之一。全省多年平均水资源总量达937亿立方米,但由于人口密度高,省域面积小,人均水资源占有量只有2008立方米,低于全国人均水资源占有量,舟山等海岛人均水资源占有量最少,仅为每人600立方米。

因浙江独特的地理位置和气候条件,历来是洪涝台旱灾害多发。一是洪涝台旱等灾害交替发生,每年5、6月份梅雨期,易成洪涝,而7、8月份受太平洋副热带高压控制,又容易发生干旱,8—10月份沿海地区又常受台风侵袭,新中国成立以来有30次台风在浙江登陆,造成了巨大损失;二是江河具有源短流急的特点,洪水暴涨暴落,平原地区地势低洼,河口受海水潮位顶托,排水不畅,每年洪涝台灾害损失巨大;三是由于人口密度较高,水资源地区分布不均,加上随着经济社会的快速发展和水污染的加剧,使水资源供需矛盾日益突出。

由于受到各种天气系统的影响,浙江台风、梅雨、洪水、干旱等灾害频繁发生。20世纪80年代以来,浙江几乎每年都会发生大范围的季节性旱涝灾害。1996年6、7月,浙江的杭州、嘉兴、湖州等地出现了一次大洪水,造成严重的洪水内涝,直接经济损失达55亿元;1997年8月,浙江省东南沿海地区又遭受了9711号台风的袭击;2000年7、8月,“启德”“杰拉华”和“派比安”等3个台风连续在该区登陆,形成了严重的台风洪涝灾害。

浙江省的洪水有两种类型:一是梅雨型,其特征为历时长、总量大、范围广;二是台风雨型,其特征为历时短、强度大、范围小。虽梅雨和台风、暴雨在不同年份有很大的差异,但洪水灾害发生的季节和地理分布基本与暴雨一致。一般 6 月中下旬和 7 月上旬是梅涝的多发期,而 8 月下旬到 9 月是台涝的多发期。洪水和暴雨的时空分布大体一致。梅涝平均两年出现一次,每 4 年有 1 次大涝。台涝每 3 年平均有 2 次,其中每 3 年有 1 次大涝,一般台涝的范围和强度都比梅涝大。有时梅涝和台涝可以连年发生,1991 年至 1999 年连续发生梅汛期涝灾。最长的台涝连续发生 6 年,其中连续 5 年大涝(1959—1963 年),而 1985—1990 年 6 年连续洪水,其中 1987—1990 年这 4 年连续大涝。

历史上最严重的梅涝有 1954、1993、1999 年等,其中 1993 年 7 月 7 日,钱塘江上游、中游地区雨量达 500～800 毫米,比常年多 2.4 倍,原衢县梅汛期总雨量 1127 毫米,打破历史同期的极值。浙江台涝最严重的有 5612、6007、7209、9417、9711 号等台风引起的灾害。

当下,梅雨、台风暴雨引发的洪水仍是浙江省最严重的自然灾害,所造成的损失占各类自然灾害之首。

浙江每年梅汛期都有大雨并造成洪灾。根据 1950—2004 年的资料统计,梅汛期局部性的洪涝每年均有发生,20 世纪 90 年代受灾最为严重,累计受灾面积近 400 万公顷,直接经济损失达 400 余亿元,其中 1999 年直接经济损失近 200 亿元。1992 年至 1999 年梅雨洪水灾害造成损失见表 1-1。

表 1-1　1992—1999 年浙江梅雨洪水损失一览表

年份	受灾县(市)数	受灾面积(万亩)	受灾人口(万)	死亡人员(人)	损坏房屋(万间)	直接经济损失(亿元)
1992 年	30		1400	56	10.95	19.2
1994 年	59	760	708	64	10	40

续 表

年份	受灾县（市）数	受灾面积（万亩）	受灾人口（万）	死亡人员（人）	损坏房屋（万间）	直接经济损失（亿元）
1995年		870	1564	62		56
1997年	47		919	31		68
1999年	35		895	29		200

1.4.2 超强台风是浙江“特色”洪灾

台风，也称飓风。一般形成于热带或副热带、海面温度在26℃以上之海面上的热带气旋。按世界气象组织定义：热带气旋中心持续风速在12级至13级（即32.7～41.4米/秒）称为台风或飓风，在每年夏秋季节，我国毗邻的西北太平洋上会生成一些台风，随着时间推移，它们有的会消散于海洋上，有的则可能登上陆地，带来狂风暴雨。

根据我国GB/T 19201—2006《热带气旋等级》中的规定，近中心的最大风力大于或等于16级（风速≥51.0米/秒）的热带气旋称超强台风。超强台风的主要特征为：中心气压可达870hPa；近中心风力达16级及以上；常伴强降雨（24小时可达1600毫米）；风暴增水大（可达5米多）；常形成狂风、暴潮、暴雨，破坏能量巨大，破坏力极强。

台风灾害以其危害程度重、突发性强、影响范围广以及灾害链长而成为浙江省的主要自然灾害之一。

首先，是地理位置和气候条件所致，浙江受台风暴潮影响海岸线长达6600多千米；直接面临东海，台风可以长驱直入；沿海潮差大，是全国大潮差海区，钱塘江河口大潮差达7～9米，台州、温州沿海潮差也有6～8米；在台风影响期间，若遇到天文大潮与台风增水叠加形成的特高潮位，对沿海地区海塘安全构成极大的威胁。

其次，沿海地区经济比较发达，人口密集，生产要素集聚，台风灾害损失很大。钱塘江河口两岸和浙东沿海地区，分布着众多重要的工业和港口、发电厂、机场、高速公路等重要基础设施，人口众多、生产要素高度聚集，经济总量和财政收入占全省的80%以上，是浙江重要经济产业带和城市聚集区。

再次，近年袭击浙江的台风强度和数量呈逐年上升趋势。2004—2005年，有“云娜”“麦莎”“卡努”3个强台风在浙江登陆，2006年“桑美”超强台风又正面袭击浙江沿海。同时，登陆浙江台风的参数、要素屡破历史纪录。浙江省台风灾害损失呈上升趋势说明，防御台风特别是强台风、超强台风的任务变得越来越艰巨。

因而，如何有效地防御台风乃至超强台风，尽最大努力减少人员伤亡和经济损失，尽快恢复灾区正常生产生活秩序，保障浙江经济社会的可持续发展，满足全社会日益提高的安全保障需求，已成为亟待破解的新课题。

浙江每年都会受到台风的影响，据统计，1949年以来平均每年有3.3个台风影响浙江，每2年有1个台风正面登陆浙江。根据1949—2004年灾情资料统计表明，热带气旋在浙江引起较明显灾害的就有39年，共78例，平均每年2例，全省共造成直接经济损失880余亿元，死亡10000余人，农田受灾1000多万公顷。

2004年和2005年，是浙江历史上台风灾害频发和重发之年。2004年有7个台风登陆或影响浙江，其中有0407号强热带风暴“蒲公英”、0414号台风“云娜”和0421号热带风暴“海马”在浙江正面登陆，0414号台风“云娜”是一个风力强度极大、降雨量高、造成灾害严重的台风，仅在浙江省造成的直接经济损失就高达181亿元，而0419号台风“艾利”虽在福建省登陆，但造成浙江省南部地区损失惨重，带来严重的社会影响。2005年台风的影响则更为严重，有0509号台风“麦莎”和0515号台风“卡努”先后在浙江登陆并造成严重影响。同时，0505号台风“海棠”、0513号台风“泰利”及0519号台风“龙王”虽在福建省登陆，但伴随台风而来的风和雨都给浙江带来一定灾害，特别是由其诱发的泥石流等次生灾害都造成严重人员伤亡。2005年台风、暴雨造成直接经济损失就高达251亿元。

统计及研究发现，影响浙江的台风路径主要可分以下5类：

Ⅰ类为台风中心直接在浙江沿海登陆。这类台风共有38个，其中在浙江和福建两省边界—瓯江口登陆的有10个，在瓯江口—三门湾登陆的有21个，在三门湾—浙北沿海登陆的有7个。

Ⅱ类为台风中心在福建厦门以北登陆。以上两类台风对浙江的危害大。

Ⅲ类为台风中心在厦门到珠江口登陆而后转向东北。

Ⅳ类为台风中心在上海与浙江边界以北登陆。

Ⅴ类为台风中心进入东经125°以西，并紧擦浙江沿海北上转向的。以上三类台风一般对浙江省的影响较小。

另外，影响浙江省的台风还有以下特点：登陆浙江省沿海的台风多数处于强盛期，38个登陆浙江的台风中，强台风有6个，超强台风有2个。影响时间长、范围广大，特别在浙江中部沿海登陆的台风多数横贯浙江全省。在浙江登陆台风风暴潮与天文大潮叠加时，对浙江沿海的破坏力极大。台风暴雨历时短、总能量大、降雨强度高。统计资料显示，在浙江登陆的台风暴雨1小时、3小时、6小时、24小时降雨量分别高达173、268、464、864毫米。在厦门以北登陆影响浙江的台风，单站雨量均超过100毫米，其中超过300毫米的就有13个。

超强台风对浙江的影响也给了浙江人民不少启示：强台风及超强台风登陆浙江的概率较大，防台工作必须坚持常备不懈、居安思危，保障可持续发展。必须坚决贯彻“以人为本，安全第一”的方针，必须坚持“防、避、抢、救”相结合的原则。工程措施是防台减灾的重要基础和必要条件；提高应急处置能力是关键；多角度、全方位强化防台风意识是根本。

超强台风带来的狂风暴雨、风暴潮的破坏力极大,给海上船只、避风港、海塘、海港、房屋等基础设施带来严重的破坏,往往引发流域性洪水、诱发山洪及泥石流等地质灾害。所以我们必须考虑超强台风对生产、生活等基础设施的影响,要坚持常备不懈,未雨绸缪,积极应对,进一步做好防汛防台工作。

第2章

变幻莫测——洪水的类型及规律

2.1 洪水泛滥——认识“洪水之家”

2.1.1 “大家长”——暴雨洪水

暴雨洪水是指由于暴雨引起的江河水量快速增加并使水位急剧上升而形成的洪水。按暴雨的成因可分为台风暴雨洪水、雷暴雨洪水(骤发暴雨洪水)、锋面暴雨洪水等。

中国河流的主要大洪水多是暴雨洪水,一般发生在夏、秋季节,南方地区春季也有发生。对暴雨产生的洪水,降雨量是最重要的技术数据。水文气象规定的雨名及相对应的降雨量见表 2-1。

表 2-1 水文气象规定雨名与降雨量关系表

雨名及分类	24 小时降雨量(毫米)	12 小时降雨量(毫米)	3 小时降雨量(毫米)
小雨	＜10	＜5	≥20 毫米则称短时暴雨
中雨	10～24.9	5～9.9	
大雨	25～49.9	10～29.9	
暴雨	50～99.9	30～69.9	
大暴雨	100～249.9	70～139.9	
特大暴雨	＞250	＞140	

具有强度大、笼罩范围广特点的大暴雨,常常是形成江河特大洪水的主要原因。我国的大暴雨在时间和空间尺度上具有较大差别:如黄河流域及其以北,一次大暴雨历时常为 2～7 天,降雨面积

为 3 万～10 万平方千米，降水量 100 亿～550 亿立方米；而长江中下游一次大暴雨历时多为 5～9 天，控制面积达 10 万～20 万平方千米，总降水量高达 300 亿～700 亿立方米；东南沿海由台风引发的大暴雨，历时一般 1～2 天，控制面积在 8 万平方千米以下，相应的总降水量约 100 亿～170 亿立方米。

大范围的暴雨往往引发流域性大洪水，必须严加关注。其主要由以下两类天气系统引起：一是西风带低值系统，包括锋面、气旋、切变线、低涡和槽等参数，会影响我国大部分地区。这类暴雨往往具有持续时间长、覆盖范围广、降水总量大等特点。大江大河流域洪水主要由这类暴雨引发。二是低纬度热带天气系统，主要是热带风暴及台风。其主要影响东南沿海和华南各省，洪水峰高量大，可以在一定范围内造成严重的洪水灾害。此外，在西北地区，由于夏季强对流天气影响易产生短历时局部大暴雨。此类短历时的大暴雨，常常对局部地区造成毁灭性灾害。

一般情况下，每年大暴雨洪水发生的时间有一定规律。4 月至 8 月中旬，随着西太平洋副热带高压脊线由南向北移动，夏季的集中雨带也由华南向江淮、华北、东北等地区推进，依次形成了 4、5 月份的珠江流域前汛期洪水，6、7 月份的江淮梅雨洪水和 7、8 月份的华北及东北地区的盛夏暴雨洪水。如天气反常，副高脊线在华南上空停滞时间较长，长江中下游及淮河流域则会形成长时间的梅雨期，连续出现大面积暴雨，可能造成大范围洪涝灾害。如 1931 年、1954 年和 1998 年的特大洪水，均是在这种天气情况下形成的。

当 7、8 月副高脊线北移时，形成于西太平洋的热带风暴和台风在东南沿海登陆，则易出现第二次暴雨洪水高峰。特别是有少数台风深入内陆，又与西风带低值系统结合，往往可形成高强度的大面积降雨。如，1935 年 7 月长江中游的湘、鄂西地区持续 5 天特大暴雨，暴雨中心累计雨量高达 1281.8 毫米，暴雨范围达 12 万平方千米，使长江的澧水、清江、汉江等大支流同时暴发特大洪水。

澧水河三江口水文站洪峰流量31100立方米/秒,接近历史最大洪水外包值。1963年8月海河流域特大暴雨,1975年8月淮河流域(河南驻马店)特大暴雨都属于这种情况。

从暴雨洪水的地区分布来看,自黑龙江呼玛沿大兴安岭经阴山、贺兰山直到西藏高原东南部,这条东北—西南方向的大斜线位置,正相当于年均24小时雨量50毫米等值线,把我国大陆分成面积基本相等的东、西两大区域。东部区域暴雨发生的频率高、洪水量值大,是我国主要的暴雨洪水区;而西部区域产生暴雨的机会少,范围也会大为减小。

另外,东部区块还有洪峰流量年际间变化极不稳定的重要特征。即常遇洪水与偶发特大洪水,在量值上差别较大。根据调查及实测最大流量与年均最大流量资料比较,长江以南地区相差2～3倍,黄河流域达4～8倍,而辽河、海河流域相差高达6～20倍,这种洪峰流量的不稳定性,给江河的规划及开发治理带来很大困难。

2.1.2 "脾气最大"——山洪

山洪是指山区的溪沟中发生暴涨暴落的洪水(见图2-1)。山洪因其所流经的河道坡度陡峻,地质地形条件复杂,往往具有历时短、流速很快、挟带泥石多、冲刷力强、破坏力大等特性。由局地暴雨引起的山洪,其持续历时几十分钟到几个小时,但常造成局部性洪灾较重,人员及财产损失很大。中国的山区面积占国土的2/3,全国50%以上的县都有山区,山洪现象也颇为普遍。由于山洪涨落迅猛,溪沟短,流域小,常规的水文预报方法难以满足实际要求,常用物象测雨或当地的天气谚语进行预报。

据浙江统计资料显示,1949—2006年以来,受灾农田面积大于6.67万公顷(100万亩)的洪涝灾害共发生90次,平均每年1.55次,平均每次受灾农田面积约20万公顷,倒塌民房3.5万余间,受灾人口约1419万,死亡190人。1949—2006年,洪涝灾害造成的直接经济损失总计高达 2202.5 亿元，年均 38 亿元，占全省历年平均国内生产总值的 2.06%。

图 2-1　温州苍南山洪暴发现场

山洪冲毁房屋、农田、道路及桥梁，常造成人民群众的生命和财产损失。如：1933 年 12 月 31 日美国洛杉矶忽降暴雨引起山洪暴发，冲毁房屋 400 栋，淹死 40 人，直接经济损失 5000 万美元。1934 年 7 月 11 日，日本石川县下平取川一次暴雨山洪，使一之濑村及赤岩等村庄被水淹没，有 50 余人失踪，福冈金泽市的第二发电所全部被冲走。

山西省平顺县东当村，1956 年 8 月 2—3 日连降暴雨，流域面积仅 1 平方千米的狼郊沟山洪暴发，造成沟崖坍塌，河道堵塞，形成天然堰塞湖，随后由于水位抬高，挡水坝体突然溃决，将村里 92 人冲走，冲毁房屋 109 间，带来灭顶之灾。

面对山洪的巨大危害，我们应该积极做好山洪的预防工作，做到未雨绸缪。

(1)要尽量科学预测及时预报。由于山洪灾害突发性强，而防御难度大，要坚持以人为本、以防为主的原则，要根据小流域地形、地质、纵坡、降雨等情况，认真研究山洪灾害发生的特点和基本规律，科学、合理地谋划防治方案和对策，科学制订防御应急预案，防御这种突发性的自然灾害。

具体操作上来讲，要在雨季来临前，水利、气象、水文、国土资源等部门积极沟通、协作，做好雨情、水情的预测工作，及时做出强降雨及洪水预报，遇有险情征兆要按预案，积极组织群众转移，确保人民群众的生命安全，减轻山洪灾害的损失。

(2)加大山洪灾害的相关常识和防御山洪方法宣传普及工作，是预防山洪减少灾害损失行之有效的方法。要把这项工作抓到实处，真正普及到民众之中。增强人民群众的洪灾意识和自我防护能力。群众了解了山洪形成的原因和山洪的特征，就会提高警觉性、常备不懈。自觉而科学地避灾、防灾、救灾，这也是在发生山洪灾害时减少人员伤亡的最好手段。

(3)加强水行政执法，规范工程建设。避免因筑路、修渠等活动影响山体的稳定，人为造成山洪的地质灾害隐患。要加强工程临时驻地建设和管理，避免把房屋建在山洪灾害易发区、河滩(溪)等低洼地区，从根源上减少山洪的侵害。要建立完善的山洪预警系统。落实专门的防灾巡查员，他们在发现突发短历时暴雨可能形成山洪时，要立即向群众报警，并报告当地防汛防旱指挥中心，以利及时启动预警、预报体系和防洪减灾预案，及时紧急撤离群众，从而最大程度上减轻山洪灾害的损失。

(4)大力加强水土保持工作的管理，从源头上减少山洪灾害的发生。要加强在建工程的监督，使各在建工程按原计划的水保方案实施水土保持措施，有效减少水土流失。要实施退耕还林、还草以及大力开展植树造林等恢复植被的工作，提高山区的雨水涵养能力，减缓降雨后形成地表径流的速度和流量，以进一步减少山洪灾害的发生。

另外，要搞好山洪的防治，实现防洪减灾目标，必须扎实做好以下两项基础工作：

(1)合理地划分山洪危险影响区。针对当地的气候、地质及地貌等条件，在分析历史上山洪灾害造成危害及损失的基础上，确定山洪易发区域，并在此区域内做好有关预防工程及准备，做到有备无患。根据山洪灾害发生的可能性大小及损失的严重程度，将山洪的易发区划分为危险区及警戒区。危险区一般指已发生过滑坡、岩壁崩塌和泥石流的地区，以及河道中20年一遇洪水位以下的滩地及低洼地带；警戒区是指经监测一旦遭遇强降雨，极有可能发生山体崩塌、滑坡、泥石流的区域，以及河道20年一遇的洪水位至历史最高洪水位之间的地带。

(2)探索规律，科学确定引发山洪灾害的特征雨量。因山洪是由降雨形成，因此，确定山洪致灾的特征雨量是山洪防治和制订山洪防御方案的关键数据。一般可根据当地植被及下垫面条件和对历史山洪灾害形成及演变过程分析，确定出警戒雨量和危险雨量。

警戒雨量是指当一定时段降雨达到这一特征值时，如降雨仍继续，则有可能引发山洪灾害的雨量；危险雨量是指当某一定时段降雨达到该特征值时，即有可能发生山洪灾害的雨量。特征雨量一般按1小时、2小时……6小时等来划分降雨时段，并确定出相应的特征雨量值，具体划分和数值确定要根据当地气象、植被、地貌、历史山洪资料等实际情况选择。

除此之外，山洪预防还要处理好避灾与治理、当前与长远以及发展与保护的相关关系。

2.1.3 “猝不及防”——泥石流

泥石流是指山地溪沟饱含大量泥沙、石块的水流，急速流动的突发性洪(泥)流(见图2-2)。泥石流暴发比较突然，运动快速、历时短暂、破坏力极大。泥石流是一种特殊的固体径流，泥土、沙砾等固体物质含量可达30%～80%。固态流体沿纵坡做惯性运动。遇到障碍物不绕流，对阻碍、堆积物进行正面冲击，常造成人类生命及财产的重大损失。我国的泥石流高发区主要分布在西南、青藏高原等地区。华北、东北的部分山区以及台湾、海南等地亦有零星分布。

图 2-2　奉化溪口一山体发生泥石流

浙江地处我国的东南沿海，以中低山和丘陵盆地为主，其降雨兼受台风雨、梅雨交替变化影响，地面出露岩石以火山碎屑岩、沉积岩等为主。这种独特的地形、地质和降雨条件，使浙江的泥石流的形成发育有其独特性，如流域面积小（一般小于1平方千米），流程短（一般小于800米），相对高差小（一般100～600米）等；泥石流的年内分布特性与暴雨的年内分布大体一致，多呈现比较明显的双峰现象,6—9 月发生泥石流的次数明显偏多。

据调查,区内绝大多数泥石流的形成是由于高强度持续局地性降雨,沟谷上游坡面的失稳引发滑坡、崩塌等转化而成。

有统计资料以来,截至 2009 年,浙江共有 350 条沟谷发生泥石流,从流域等特征来看,发生泥石流的流域,80%具有沟床坡降大、相对高差小、两侧山坡陡、主沟流程短及流域面积小等特征。从典型泥石流的形成过程看,多数泥石流的形成是由于沟源区土体及固体碎屑在前期降雨、径流的渗透和浸泡下,含水量逐步增加,自重力加大,导致堆积的碎屑物内摩擦角和内聚力减小,堆积的碎屑物在持续的强降水下液化、失稳,并沿剪切脆弱面滑动形成滑坡。在滑坡、崩塌体下滑过程中,与持续降雨及水流相遇,经过自然的混合搅拌,形成冲击力很强的泥石流体。2009 年 8 月 10 日因受"莫拉克"台风降雨影响,浙江泰顺发生泥石流,即先产生滑坡,后在持续强降雨下直接转化成泥石流,导致 6 人死亡、1 人重伤。

泥石流发生在时间上具有一定的规律,即有较强的季节性和周期性。

我国泥石流的暴发主要是由连降暴雨尤其是降特大暴雨而激发。因此,一般泥石流发生的时间是与集中降大雨时间相一致,具有很明显的季节性。四川、云南等西南地区的降雨一般在 6—9 月份,因此,这个时期西南地区的泥石流多发;而西北地区强降雨多是 7、8 月份,因此该地区的泥石流多发生在 7、8 两个月。据统计,西北地区发生在这两个月的泥石流灾害占该地区全部泥石流的 90%以上。

泥石流的发生和暴雨、洪水的发生一样,具有相同的周期性,其活动周期与暴雨、洪水的活动周期基本一致。当暴雨、洪水两者的活动周期与季节性相叠加时,常是形成泥石流活动的高峰期。

根据泥石流发生原因、条件和特征,我们可采取一些预防措施来减缓灾难的影响：

(1)不要把房屋建在沟口及沟道上。受自然场地限制，有些村庄建在山麓扇形地上。但山麓的扇形地往往是泥石流活动历史的见证，从长远来讲，大多数沟谷都有发生泥石流的危险。因此，在房屋选址和村庄规划建设时，房屋不要占据泄水沟道或离溪沟岸坡过近；已占据沟道的房屋应向外迁移。

(2)不要在冲沟中堆放垃圾。在冲沟中堆放垃圾、弃土、弃渣，对泥石流的发生提供固体物源和条件；当弃土、弃渣量大时，形成堆积坝，影响泄水，一旦堆积土体溃决时则形成泥石流。因此，在雨季之前，要清除沟道中的弃土、垃圾等障碍物，保证沟道泄洪畅通。

(3)保护并改善山区生态环境。泥石流的产生和活动与当地生态环境有紧密关系。一般来讲，生态环境好，发生泥石流频率低、影响范围小；生态环境差时，泥石流发生频率高、范围大、危害重。提高山区小流域的植被覆盖率，在被保护的村庄周边营造防护林，既可抑制泥石流形成、减小泥石流发生频率，又可以起到保护生命财产安全屏障的作用。

(4)暴雨时不要在沟谷停留。暴雨天不要在沟谷停留，时刻提高警惕，如听到上游有异常声音，迅速向两岸上坡高处逃离。雨季如需要穿越沟谷时，先仔细观察，确认安全后要迅速通过。即使是雨季的晴天，同样也要注意提防泥石流灾害。

(5)加强泥石流监测预警。对流域的降雨过程和降雨量进行监测(接收当地天气预报)，根据降雨判断激发泥石流的可能性；监测沟岸滑坡体的活动情况和沟谷中松散土石体的堆积情况，是监测泥石流的主要内容。在泥石流多发区设置观测站点，一旦发现有泥石流趋势，要及时向下游发出预警警报并做好预防工作。

2.1.4 “摧毁水利枢纽的致命一击”——溃坝洪水

大坝在蓄水状态下突然崩溃而形成的向下游急速推进的特大洪流，称溃坝洪水。习惯上把因地震滑坡或冰川堵塞河道引起水位上涨后，堵塞处突然崩溃而暴发的洪水也叫溃坝洪水（见图2-3）。溃坝发生时，上游水体居高临下，在巨大势能作用下喷涌而出，具有流速迅猛、峰高量大、变化急骤、危害特大的特点。

图2-3 浙江舟山一小水库溃坝

溃坝洪水的发生原因可分为自然和人为两大因素。如发生超标准洪水、较大的冰凌、一定级别的地震等因素导致大坝溃决的属于自然因素。因设计不周、施工质量不良、管理不善、战争破坏等原因致使大坝溃决时，则属于人为因素。

由于溃坝时间短，下泄水流的洪峰流量集中、运动速度大、破坏力强，造成的灾害远远大于一般暴雨洪水或融雪洪水。溃坝洪水的破坏能力与库蓄水体积、坝前上游水深、水头高度、溃决过程及坝址下游河道的两岸地形等密切相关。溃坝前库蓄水体积越大，坝址水头越高，破坏力就越强。溃坝事实表明，溃坝洪水造成的灾害往往是毁灭性的。

例如 1933 年，岷江上游叠溪发生大地震，岷江两岸坍塌的石方堵塞岷江达 45 天，使上游出现深约 100 米的堰塞湖，随后，堰塞湖的挡水体部分突然溃决，水体骤然泄放，将灌县的一条街道全部冲毁，没留下任何痕迹，使流经成都平原的岷江金马河段彻底改道。

1975 年 8 月，河南板桥、石漫滩两座大型水库由于洪水漫顶发生溃坝，几十亿立方米水体冲出水库，淹没土地 1500 万亩，冲毁京广铁路 82 千米，使其运输中断 18 天。又如 1976 年 6 月 5 日，美国的蒂顿土坝在第一次蓄水时，由于土坝的右侧底部发生较大管涌导致溃坝，使库内 3.03 亿立方米水体突然下泄，淹没了坝下游 780 平方千米面积，其中耕地 60 万亩，洪水淹没了爱达荷州的雷克斯堡和休格两座小城镇，死亡 14 人，2.5 万人无家可归，损毁铁路 51 千米，直接经济损失 10 亿美元。

由以上实例可见，溃坝洪水的危害非常严重。重大溃坝往往造成坝下几十里甚至上百里范围内被淹，给当地社会经济和交通运输造成严重破坏，导致人民群众生命财产的重大损失。世界各国都非常重视重要水库大坝的防洪安全，如设置副坝和非常泄洪道，在汛期暴雨洪峰来临前，提前通过溢洪道预泄洪水，腾出一定的库容拦蓄洪水，减轻洪水对大坝的威胁；遇战争和有地震预兆时，要大大降低水库蓄水位；平时对大坝定期养护、检查，汛期安排专人巡查、监控、加强通讯和报警系统的建设等。

近年来，随着大坝安全监测技术的发展和我国对大坝安全的重视，越来越多的自动化安全监测设施和技术已应用于重要的水利工程中。

2.1.5　冰雪洪水是季节性洪水

在我们实际生活中的洪水并不全是由降雨造成，有时冰川、冰雪融化也能引起洪水，中国的冰川洪水主要分布在西部天山中段北坡的玛纳斯地区，天山西段南坡的台兰河、木扎特河，喀喇昆仑山叶尔羌河，昆仑山喀拉喀什河、祁连山西部的党河、昌马河以及喜马拉雅山北坡雅鲁藏布江的一些支流。

融雪洪水主要分布在新疆的阿尔泰山及东北地区的一些河流。俄罗斯的高加索、中亚、欧洲的阿尔卑斯山以及北美西海岸山脉等也有冰雪洪水。

主要的冰川洪水包括：一是由于冰川的正常融化，形成一年一度的季节性洪水，一般出现在每年的 7、8 月份。二是具有突发性的冰川洪水。正常冰川洪水的洪峰、洪量及洪水形态在地质、地貌条件不变的情况下，洪水过程线不会有明显的暴涨暴落，一般是缓慢连续变化，呈较肥胖的单峰型或双峰型。冰川洪水的流量与气温变化具有明显的同步关系，而与降水变化是非同步的。因此，与暴雨洪水完全不同，冰川性河流遇到降水天气，日照减少，温度降低，河流水量会明显减少；反而在晴朗天气，高温持续时间长，河流的水量就显著增大。

而突发性冰川洪水属于冰川洪水的特殊情况，这种冰川洪水具有突然暴发、历时短暂、洪峰呈指数猛涨猛落的特点。它一般是冰湖溃决时的突发性快速排泄所致。

在温冰川中，冰内和冰下空穴中蓄水，形成冰内湖，当湖内水体越积越多，外部出口处冰坝不能阻挡时可发生溃决而形成洪水。而且冰川跃动、冰体崩落、雪崩和地震等都有可能造成冰坝溃决。突发性冰川洪水大多发生在夏末或秋季，偶有发生在冬季，无一定规律，一年一次或几年一次。挪威、冰岛、俄罗斯、美国、加拿大、新西兰等国家都有这种洪水记载。典型实例是 1922 年和 1934 年冰岛的格里姆斯沃特恩冰川洪水，两次洪峰流量均达到 5 万立方米/秒。1961 年 9 月 3 日，新疆喀喇昆仑山的叶尔羌河上游发生的最大的一次冰川洪水，库鲁克兰干水文站记录到最大流量为 6670 立方米/秒，是该河多年平均流量的 40 多倍。

一般融雪洪水发生的时间比冰川洪水早些，多在每年的 4—6 月。较大的融雪洪水洪峰流量出现在 5—6 月。纬度相近的河流，山区融雪洪水较平原发生的晚些。我国阿尔泰山区河道的融雪洪水一般发生在 4—5 月，到 6 月就结束了。往往特大融雪洪水可导致洪灾。如 1948 年加拿大不列颠哥伦比亚省的费雷泽河，因冬季降雪量较大，在春夏高温持续时间长的情况下，形成了灾害性的融雪洪水。

一般高寒山区河流由积雪融水、冰川融水、雨水及地下水等补给，称混合补给河流。

当春夏气温回升到零摄氏度以上时，冰与雪则融化为液态水。气温越高、太阳辐射越强、冰川面积和积雪厚度越大，则融化强度越大。由一部分冰川和积雪融化的水形成地表径流直接补给河流，而另一部分通过下渗以浅表地下水的形式补给河流，此时往往形成春、夏季冰雪洪水。

随着全球气候变暖的加剧，冰雪消融的速度越来越快，冰雪融化性洪水的发生频率在增加，冰川泥石流的隐患也在增加，因此，必须加强冰雪消融的观察及冰湖水位的监测，建立预报、预警系统，进行冰湖溃决洪水预测、预报，为河道下游的防洪安全和水电安全运行提供技术支撑；要对当地广大人民群众进行冰雪消融形成洪水的原理和危害的宣传教育，使他们了解、认识和防范灾害的有关知识，科学预防，尽量减小灾害损失。

2.2 客观认知——洪水的规律所在

2.2.1 “有迹可循”——季节性明显

在水利行业，把洪水集中出现的季节时段称为汛期。各地江河每年汛期来临的时间有一定规律，这主要取决于夏季雨带的南北移动和秋季台风暴雨。

我国的暴雨洪水具有明显的季节性。全国各地出现洪水的时间大体上与气候雨带的南北移动相吻合。一般来说，南方河流入汛时间较早、汛期历时长；北方地区的河流入汛时间晚、汛期历时比较短。具体讲，江南丘陵区湘江、赣江、瓯江等河流，汛期出现得最早；而汉江、嘉陵江等河系，是全国汛期终止最晚的。全国绝大部分河流的汛期长3—4个月，每年的7、8月份，全国七大江河水系均可能发生洪水。因此，这段时期特别是“七下八上”，即7月下旬到8月上旬，公认为是我国防汛最为关键的时期。

我国江河的洪水以暴雨洪水为主，暴雨带大体上呈东西走向，随着西太平洋副热带高压（简称副高）的北进与南撤而来回移动，江河洪水因此具有季节性特征。其一般规律为：4月至6月上旬，副高在北纬15—20°，形成“华南雨季”，南岭附近的珠江流域及洞庭湖、鄱阳湖水系为多发洪水季节，珠江流域5、6月份发生洪水的概率为53%，而洞庭湖、鄱阳湖的年最大洪峰多出现在6月份。6月中旬至7月上旬，副高第一次北移至北纬20—25°，形成“江淮梅雨季节”，长江和淮河流域7月份发生洪水的概率超50%，太湖流域历史前十的大洪水中有7次在7月。7月中下旬，副高第二次北跳至北纬30°，雨带则移至黄河流域，7月下旬至8月中旬，副高跃过北纬30°，即形成“华北东北雨季”，此时黄河、海河、松辽流域进入了“七下八上”关键汛期，发生洪水的概率为50%左右，全年降雨量常集中在几次暴雨过程中。到8月下旬至9月，副高南撤，形成“华西秋雨”，汉江、嘉陵江、淮河、渭河等河流可能发生秋汛，与此同时，受海上热带气旋影响，南方出现台风型暴雨洪水的可能较大。

请注意，我国夏秋台风比较活跃，多在华南、东南沿海以及台湾、海南等地登陆，有时纵深到我国中部及北部地区，台风从东南沿海登陆以后，转向北上，若与北方的冷空气相遇，可能形成大范围的暴雨洪水，尤其是在河南、河北等地，如 1975 年河南特大洪水、1996 年海河大洪水等。

此外，每年的 2—4 月，黄河宁蒙河段、松花江依兰江段可能发生凌汛；4—6 月，东北、新疆、西藏等地发生融雪洪水可能性较大；7—8 月，新疆、西藏等地受高温影响，可能发生冰川洪水。

以下以长江流域为例，简要介绍洪水的季节性规律。长江流域洪水主要为暴雨洪水，上游的暴雨主要由切变线、西南低涡、西风槽等天气系统形成；中游除了以上原因外，还有台风的影响，有时台风转成的低气压会造成很大暴雨；下游则以台风为主。

从 4—5 月开始，洞庭湖、鄱阳湖水系进入雨季；6 月中旬至 7 月中旬长江中下游进入梅雨季节；而 7 月下旬至 8 月为川西高原和汉江流域雨季，长江中下游受副高控制，常出现伏旱；直到 9 月至 10 月中旬，川东和汉江流域进入“华西秋雨”阶段。

长江流域的大洪水主要发生在 7 月份，据资料统计，1860—2003 年的 143 年中，长江共发生较大洪水 34 次，在 7 月份发生大洪水 19 次，约占 56%。长江大洪水分流域性和区域性两类，在正常年份，长江上游与中游雨季可以错开，不易发生流域性的大洪水，但如中游雨季延长，且上游雨季提前，则上、中游洪水很有可能遭遇，继而发生峰高、量大、历时较长的流域性大洪水，如 1560 年、1788 年、1931 年、1954 年、1998 年大洪水；区域性大洪水由区域性暴雨形成，发生机会较多，在长江的上、中、下游均可能发生，但一般历时较短，如“1935 · 7”长江中游洪水、“1969 · 7”清江流域洪水以及历史上的1870年、1860年等洪水。

我国江河频繁发生的暴雨洪水，与我国的季风气候和地理条件密切相关，具有季风雨带的季节性位移使得江河洪水呈现地域和阶段性变化的特征。当前，随着全球气候变暖，需要进一步关注气候变化对我国江河洪水造成的影响，特别是要加强对超强台风、局部暴雨、高温干旱等极端天气事件的分析研究，不断提高防洪减灾的水平。

2.2.2 "来势汹汹"——洪峰流量大

洪峰流量是在一次洪水过程中，河道某一断面上出现流量最大、流速最快、水位最高、水面比降最大时的流量。常用单位为立方米/秒。其反映洪水过程中瞬时最大流量的状态。

一条河道的洪峰流量主要取决于流域降雨量大小、降雨历时长短、流域地形陡峻以及植被等因素。往往降雨量大，地面坡度陡，植被条件差，汇流速度快，洪峰的量级就大，否则相反。

江河某一断面的洪水流量(或水位)过程，通常有涨水、峰顶和落水等三个阶段，将此过程绘制成两边低中间高的图形，称为洪水过程线。根据洪水过程线的形状可分"尖瘦"与"肥胖"两类。一般大江大河流域面积大，洪水来源多，洪水历时长，涨落速度平缓，过程线较肥胖。有的年份形成一峰接一峰现象，称多峰形态。这种洪水，意味着汛期较长。如长江流域1998年大洪水，宜昌站(断面)连续出现了八次洪峰，高水位持续时间很长。

据历史记载，自公元前185年至1911年的2096年间，长江共发生较大洪水灾害214次。有些洪水历时长，洪峰流量大，灾害损失惨重。如1788年长江全流域出现大洪水和水灾。7月23日宜昌站洪峰流量高达86000立方米/秒。荆江大堤决口20处，洪水冲入荆州城内，水深达五六米，两个月以后水才退去。

而1860年大洪水，宜昌站洪峰流量约为92500立方米/秒，枝城洪峰流量达 110000 立方米/秒。这一年洪水从 6 月中旬开始，延续了 40 多天，灾害损失非常严重，又出现了一次罕见的 11 月份大洪水。

1870 年嘉陵江流域洪水，北碚站洪峰流量也达 57300 立方米/秒，大约有 3 万平方千米的地区被洪水淹没，湖北的 30 多个州县和湖南的 20 多个州县均遭受严重洪水灾害。

1935 年 7 月上旬，湖北五峰等地持续 5 天普降特大暴雨，导致了长江区域性特大洪水。主要受灾地为澧水、汉水中下游地区。淹没耕地 2200 多万亩，受灾人口 1000 万，死亡人口达 14.2 万。

1954 年 7 月发生百年罕见的长江全流域型特大洪水，汉口站最高洪水位高达 29.73 米，最大洪峰流量 76100 立方米/秒。受灾农田总面积达 5400 万亩，受灾人口 1800 多万，京广铁路线中断 100 多天不能正常通车。

由此可见，洪峰流量大，极有可能暴发大洪水灾害，我们必须及早做好预测与防护作用，以确保人民群众的生命财产安全与社会稳定。

2.2.3 “跳跃式”——年际变化不稳定

暴雨洪水的另一特性是年际变化幅度不稳定。某一流域的大洪水年和枯水年洪峰流量极不稳定，变幅很大。

同一河流同一站点的洪峰流量，各年相差甚大，变幅很大。特别是北方河流更为突出。长江以南地区河流，大洪水年的洪峰流量一般为小洪水年的 2～3 倍；而北方地区的河流（如海河流域），大洪水年和小洪水年洪峰流量可相差几十倍甚至上百倍。

我国地域降雨量分布不均衡，也导致大洪水的来源与组成复杂。一般来说，东南沿海地区多，西北干旱内陆地区少；平原地区多些，而高原山地少。广东广西的大部和江苏、浙江、福建沿海及台湾省，受台风暴雨影响大一些；长江中下游、淮河流域和海河流域受暴雨洪水影响最大。

河流洪水的来源与组成及变化一般很复杂。其主要影响因素有流域的自然地理环境和降雨等气象条件。特别对流域面积大、支流众多、各支流的自然地理环境和气象气候条件差异较大的河流，洪水的年际变化更为复杂。

洪水年际变幅大、洪水流量不稳定是暴雨洪水的一个重要特征，洪水的年际变化比暴雨降雨量的变化更为剧烈。一般用历年调查或实测最大流量 Q_m 与年最大流量均值 $\bar{Q}$ 的比值 K($K=Q_m/\bar{Q}$)表示洪水变化大小，不同地区、不同河道、不同时间，则数值不同。

一般长江及其以南湿润地区的年际变化相对稳定，K 值一般为 2～3；淮河、黄河中游为 4～8；海河、滦河、辽河流域年际变化最不稳定，K 值可达 6～10，最大在 10 以上。该不稳定程度可用数理统计中的变差系数 C_v 值来表示，变幅小时 C_v 值小些，变幅大则 C_v 值越大。如江南丘陵、珠江流域、浙江福建沿海地区 C_v 值在 0.3～0.5；淮河、秦岭一带 C_v 值为 0.5～1.0；而黄河、海河、滦河、辽河流域 C_v 值最大，可达 1.0～1.5。

以汉江上游的石泉及安康水文站为例，径流年际变化的总体特征可用变差系数 C_v 或年极值比来表示。由石泉和安康两站 1954 年 7 月至 2005 年 6 月共 51 年的天然来水资料，分析计算得到石泉站的 C_v 值为 0.421，其最大与最小年径流比为 7.968；安康站的 C_v 值为 0.347，最大与最小年径流比为 4.928。由此可见，我国江河的洪水年际变化较大且极不稳定，常遇洪水与偶尔发生的稀遇大洪水，洪峰流量值相差悬殊，这种流量不稳定的特性给江河治理、水利工程建设带来很大难度。

第3章

追根溯源——洪水的形成及诱因

3.1 天地之间——洪水来源于自然

3.1.1 气候的“冲击”

众所周知，洪水是由于降雨量过大而江河湖泊又不能承受，形成大水漫堤、堤防决口，造成洪水泛滥、淹没农田、冲毁房屋等灾害。

一般而言，气候条件直接影响降雨量的多少，对洪水的发生有直接影响。根据地理位置及海洋、地形等因素，气候条件类型分为十几种，典型的气候类型如下：

热带雨林气候，全年受太阳辐射影响，受赤道低气压控制，形成上升气流。终年高温多雨，月平均气温在 25～28℃，年降水量大多在 2000 毫米以上。

热带草原气候，分布在南北纬 10～20°和热带雨林南北两侧信风带。全年高温，一年可分为干湿两大季节，干季大地一片枯黄，湿季则一片葱绿，年降水量大多在 400～1500 毫米。

热带季风气候，分布于印度半岛，中南半岛，中国的西双版纳和台湾南部、海南岛南部。具有终年高温，有明显旱、雨季变化(印度半岛为凉热雨三季)等特征，年降水量为 1500～2000 毫米。

亚热带季风性气候，分布在大陆东岸南北纬 25～30 度，最高月气温大于 25℃，其特征：四季分明，夏季高温多雨，冬季低温少雨，全年降水量 1000～1600 毫米。

温带大陆性气候，一般分布于温带大陆内部或高山背风区。其深居内陆，受海洋水汽影响小，具有夏热冬冷、温差较大、降水稀少、气候干燥等特点。另外还有亚寒带针叶林气候、高山高原气候、寒带冰原气候等气候类型。

由以上气候类型可知，不同的气候类型其降雨量不同，有些类型之间降雨量差异很大。因此，气候条件类型对洪水灾害的发生有着举足轻重的作用。

浙江属亚热带季风气候，其季风气候显著，一年四季分明，年气温适中，空气湿润，光照时间长，降雨量丰沛，雨热季节变化同步，气候资源配置多样化，但濒临东海，台风等气象灾害频发，年平均雨量在 980～2000 毫米。

春季，东亚季风处于冬季向夏季转换并交替的时期，南北气流交会频繁，此时低气压和锋面的活动加剧。浙江省春季气候具有阴冷多雨等特点，沿海和近海会出现大风，雨水逐渐增多，天气晴雨变化不定，正如“春天孩儿脸，一日变三变”。全省春季平均气温在 13～18℃，自内陆地区向沿海及海岛地区气温呈递减趋势；春季的降水量为 320～700 毫米，降水量由西南向东北沿海地区逐步递减；全省雨日为 41～62 天。春季可能发生暴雨、冰雹、大风、倒春寒等主要气象灾害。

夏季，随着夏季风环流系统的建立，全省盛行东南风，此时西北太平洋的副热带高压活动对浙江天气影响较大，同时北方南下的冷空气对浙江天气仍有一定影响。初夏，全省逐步进入梅汛期，俗称“梅雨”季节，暴雨、大暴雨出现的概率大为增加，易造成洪涝灾害；盛夏时节，受副热带高压影响，浙江容易出现晴热干燥天气，可形成短期干旱现象。因此，浙江夏季的气候具有气温高、光照强、降水多、空气湿润、气象灾害频繁等特点。全省夏季平均气温 24～28℃，气温呈中部地区向周边地区递减分布的规律；各地降雨量 290～750 毫米，东部山区降雨量较多，如括苍山、四明山、雁荡山等，海岛和中部地区降水量相对较少；全省雨日为 32～55 天。夏季我省主要气象灾害有台风、雷暴、暴雨、高温、龙卷风等。

秋季时，夏季风在减弱，并向冬季风过渡，气旋活动频繁，锋面降雨较多，气温冷暖变化较大。初秋，全省易出现淅沥不停的阴雨天气，俗称“秋拉撒”；到仲秋，受高压天气系统控制，出现天高云淡、风和日丽的秋季天气，正所谓“十月小阳春”；深秋时，北方冷空气影响增多，冷暖、晴雨的天气转换频繁，气温起伏较大。全省秋季平均气温在 16～21℃，东南沿海气温偏高，西北山区则较低；各地秋季降水量为 210～430 毫米，中部和南部的沿海山区降水量较多，东北部地区虽降水量偏少，但其年际变化大；全省各地降雨日为 28～42 天。我省秋季的主要气象灾害仍为台风、暴雨，常出现阴雨寡照、大雾等天气。

冬季，蒙古冷高压活动情况影响东亚冬季风的强弱，浙江天气主要受制于北方的冷气团（冬季风）影响，天气过程类型较少。其冬季气候具有晴冷少雨、空气干燥的特点。全省的冬季平均气温在 3～9℃，气温呈由南向北递减、由东向西递减的分布趋势；各地降水量在 140～250 毫米，除东北部的海岛偏少外，其余各地差异较小；全省各地雨日在 28～41 天左右。浙江冬季的主要气象灾害为寒潮、冻害、大雪、大雾等。

由以上浙江省的气候类型及气候特点分析可见，由于梅雨连绵和台风暴雨影响，全省各地每年 6～7 月以及 8～10 月的降水量较大，也比较集中，常常会形成较大洪水或大洪水。特别是台风正面登陆或风雨带直接影响浙江时，台风暴雨与高潮位叠加，则会造成较大洪水内涝灾害，必须及早有效预防。

3.1.2 “低洼”的地形是内因

综观国内外发生大洪水的区域，地势低洼也是形成洪水乃至加重灾害的原因之一。水流至河流中下游时，由于地势低平，水流缓慢，雍高水位。如遇出口排水不畅，常会导致洪涝的发生。

浙江是我国著名的江南水乡。平原主要集中在浙北和沿海地区，主要有杭嘉湖平原、浙东萧绍甬平原、浙中温黄平原、浙东南沿海的温瑞平原和江南平原等。平原地区人口密集，地势平坦，水网密布，河道纵横，平均每平方千米有河道1.5～3.9千米，河道总长度达4万千米以上。

平原地区历史悠久，经济发达，人口众多。由于长期的社会历史变迁，生产力和物质财富的不断聚集，文化古城和历史名镇星罗棋布，有力促进了平原地区的社会经济发展。近年来，由于人口大量增长对土地需求急剧增加，大量湖泊和河道被填，平原水面保有率大幅下降，加上河道淤积、气候异常变化的影响，平原地区洪涝灾害也日趋严重。

由于自然和历史等原因，很多平原地区的城镇位于江边、河边，且地势低洼，每逢台风暴雨，往往河水倒灌，内水难以外排，形成灾害，严重影响居民的生产和生活。这些低洼区往往在老城区，房屋密集，人口密度较大，拆迁改造的难度大、成本高。对这些地区如何进行合理的洪涝治理也成为水利工作的重要问题，也是民生水利的立足点之一。

如2013年余姚特大洪涝灾害的发生，除台风降雨量超过历史最大这一主要原因外，姚江平原地势平缓、低洼也是原因之一。

2013年10月上旬以来，余姚城区在“菲特”台风影响中总降雨量600毫米以上，全市面雨量达555毫米。姚江的最高水位达5.33米，超警戒水位1.3米。不论24小时降雨量还是姚江最高洪水位均刷新新中国成立以来最高纪录。这种大洪水致主城区70％以上地区受淹，交通全部瘫痪，市区全线停水停电。山区的公路交通也全部中断。溪道、灌溉、排水等设施严重受损，平原河网的姚东浦塘全线漫堤。据统计，余姚全市21个乡镇、街道均受灾，145个行政村和社区被围，受灾人口832870人，严重受损房屋25650间，转移人口61665人。造成余姚市直接经济损失69.91亿元。灾后，有关水利专家在分析洪水原因时指出：

第一是余姚市特殊的地理位置所致。姚江流域洪水出口只有排往甬江一条通道，且受到高潮位潮水及奉化江洪水顶托，排水不畅，使洪涝不分。同时，余姚市区地处姚江的平原腹地，地势平坦低洼，受四明山区洪水和西北平原汇水共同影响，正处在流域的"锅底"，极易造成洪涝灾害。

二是受到历史罕见的强降雨。此次"菲特"台风，在余姚市域内的强降雨，达百年一遇，而且降雨时间集中，三日降雨量高达527毫米，使姚江持续处于高水位状态。

三是受高潮位顶托，姚江排水不畅。据测算，"菲特"台风期间，姚江流域总产水6.2亿立方米，梁辉、四明湖、陆埠等水库拦蓄洪水约0.8亿立方米，自上虞、余姚排入杭州湾1.5亿立方米。但洪水期正值天文大潮，位于三江口的姚江大闸需候潮排洪，再受到奉化江洪水和鄞东南抢排的顶托影响，排水不畅，至10日上午姚江大闸排水1.31亿立方米(前三日排水仅0.8亿立方米)，还有约2.57亿立方米涝水滞蓄在余姚城区，因而造成了严重长时间内涝。

3.1.3 "隐患"——河流的自然形态

河流流域面积大，支流多，干、支流水量大；一些河段形成"地上河"；河道弯曲，蜿蜒多变，排水不畅，也容易发生洪水灾害。

(1)长江中游之蜿蜒河道

河道自然形态蜿蜒多变(图3-1)，也是影响洪水的原因之一，历史资料表明，长江中游是洪水灾害的重灾区，其原因包括河道弯曲多变、纵坡变化及边界条件多变。

宜昌至枝城约60千米河段，为山区性河流向平原性河流的过渡段，枝城以下为平原性河流，河道蜿蜒曲折。因其河型不同、边界条件的差异，中游平原河段分为两大段，城陵矶以上的荆江河段及城陵矶至湖口段的城九(九江)河段。荆江河段北处于江汉平原，南与洞庭湖区接壤，河岸偶有基岩陡岸，成为河流的节点。以藕池口为界又分上、下荆江段。荆江段河床土颗粒粒径自上而下逐渐变细。河岸物质以二元结构为主，上层为土，下层为沙砾。河流洪水期的水面比降：由上荆江至城九河段，自上而下逐渐变缓。河道在冲积平原部分，上段为游荡型，流过一定距离后，转为弯曲型河流、继而转为分汊型河流，最后河口段为极不稳定的顺直河流。流量大小变化是外界施加于河流边界上的能量发生变化，河流将通过自动地调整自身的阻力、比降或河宽，以达到最小的能耗。如以增加河长、减小比降为主，则向弯曲性河流发展；以增加河宽为主，则向分汊型及游荡型河流发展。

图 3-1 蜿蜒河道照片

长江洪水期流量大、流速快，携带巨大的能量，对河岸、河床冲刷力很强，时有冲开某些薄弱点而发生溃决，这是上荆江洪灾频繁的原因之一。下荆江为土、砂二层结构，老滩土较厚，以粉质黏土及粉质壤土为主，下部砂层上细下粗，河流在调整自身的从变量时,因河岸的下层易冲刷,于是以崩岸的形式使河流弯曲,增加河长以减小比降。河流不断弯曲,逐渐形成弯颈且弯颈不断缩窄,在某洪水中自动冲开而裁弯,继而又发展新的弯道,形成以横向摆动为主的演变特性。在不断弯曲与裁弯,即渐变与突变交替的同时,河段逐渐向下游蠕动,而形成典型的蜿蜒性河流。事物突变常孕育着灾害,裁弯后河道水流随之进行系统调整,使得原有防洪、通航等设施面临新的河势,有的由安全变危险,原抵御洪水的效果可能降低或失效。尤其荆江与洞庭湖处于同一系统之中,随着裁弯后的河道调整,江湖关系也发生相应变化。1967—1972 年,下荆江进行了两次人工裁弯和一次自然裁弯,使裁弯段上游水位降低,进入洞庭湖水量减少,而下荆江流量增大,使下荆江的防洪形势更加严峻。

总之,河道弯曲多变,拐弯半径减小、蜿蜒河道伸长,都会引发洪水期洪水。因水流能量很大,在冲刷河岸弯道时,极有可能破坏岸壁或堤防而成灾。

(2)黄河淤积之影响

黄河的含沙量很大,造成河道淤积,河底逐渐抬高,同时则抬高洪水位,对形成漫堤、决堤等洪灾起到推波助澜的作用。

由于黄河上游水土流失严重,河水携带大量泥沙,到黄河下游,河道变宽,水流变慢,泥沙开始沉积,河床抬高,形成地上悬河。经常走水的河槽逐年淤高后,而又不能摆动。漫滩洪水在滩地上形成滩唇(自然堤),远离主槽滩地又很少落淤,主槽的抬升速度远远大于滩地抬升速度,造成槽高滩低。一旦洪水漫滩则形成很大的淹没损失。如 1996 年汛期前,黄河下游平滩流量不足 3500 立方米/秒,而 8 月份发生洪峰流量达 7860 立方米/秒、最大含沙量高达 126 千克/立方米,洪水通过时,花园口站洪水位达 94.73 米,创历史最高,使高滩上水,顺堤行洪,险些造成大堤的决堤,造成极不合理的洪水演进过程。由此可见,河道淤积,高程抬高,过流能力减小也是造成小水大灾的主要原因。

由于特殊的地理位置、地形条件，也可能成为洪水的推手之一。以黄河上游为例：

黄河上游地区洪水灾害，主要发生在兰州河段及宁夏、内蒙古河段的河套平原。由于上游地区降雨少，洪水出现频率小，洪峰流量不大，加之过去这些地区人烟稀少，经济不发达，所以洪水灾害比下游轻。黄河中游的龙门至潼关河段，两岸为黄土台塬，有滩地100多万亩，洪水漫滩时成灾，三门峡水库建成运用以后，渭河下游河道淤高，加重了洪灾。

①兰州段：黄河的兰州段西起西柳沟，东至桑园峡，长45千米，河面宽300～400米，最宽达600米，因桑园峡为一卡口，过水断面狭小，河槽只能通过3000立方米/秒的洪水，超过这一流量，即漫滩威胁市区安全。兰州市地处黄河河谷盆地中，两岸群山环抱，沟壑纵横，共有山洪沟道80多条，暴雨时山洪直泄而下，直接威胁到市区的防洪安全。

②宁夏段：黄河宁夏段洪水主要来自上游的吉迈至唐乃亥和循化至兰州区间。根据多年洪水资料，大洪水多发生在7、9两月，8月份发生的多系一般洪水。另外宁夏河段每年冬季结冰封河，而到次年春天冰融开河时，往往发生冰凌洪水灾害。据统计，自明初至新中国成立前的580年间，黄河宁夏段有记载的洪水达27次。

3.2　助纣为虐——人类是诱发灾害的“帮凶”

3.2.1　“全球变暖”诱发洪水

(1)碳排放与洪水灾害

所谓碳排放是指在生产、生活等人类活动中排放的温室气体(二氧化碳)。

世界权威气候变化研究机构在2013年底发布了最新碳排放

年度研究报告。报告数据显示，到 2013 年，全球碳排放量将达 360 亿吨，创下历史新高，再次敲响气候变化的警钟。有关研究表明，2010 年全球源于煤和石油等化石燃料的碳排放量与 1990 年相比，上升了 49%。如果加上森林破坏等其他方面相应的碳排放量，则 2013 年全球总碳排放量将高达 360 亿吨。

全球气候变暖是指全球气温升高。近 100 年来，全球气温经历了冷—暖两次波动，总体看还是上升趋势。进入 20 世纪 80 年代以来，全球气温有明显上升。1981—1990 年全球平均气温比 100 年前上升了 0.48℃，最近 30 年地表的平均温度已经上升了 0.6℃。导致全球变暖的主要原因是人类在近一个世纪以来大量使用矿物燃料（如煤、石油等），排放出大量的 CO_2 等多种温室气体。由于这些气体对来自太阳辐射的短波具有高度的透过性，而对地球反射出来的较长波辐射具有高度吸收性，也就是常说的“温室效应”，导致全球温度上升、气候变暖。

由于 CO_2 等温室气体的大量排放，全球气温升高，而全球变暖的后果，可导致全球降水量重新分配。冰川和冻土消融，海平面上升等，则会导致暴雨、洪涝、干旱等自然灾害频繁发生。既危害了自然生态系统的平衡，更威胁到人类的食物供应和居住环境。

因此，我们必须进行节能减排，降低碳排放量，减小温室效应对气候等的影响，减少洪水、飓风、干旱等引起的自然灾害。

(2)气候异常变化与水旱灾害

自 2007 年 7 月 19 日开始，强降雨连续不停，英国的泰晤士河和塞文河水位暴涨，超过 1947 年最高水位纪录。英国的英格兰中西部地区及威尔士大部分地区遭遇了 60 年来最严重的洪涝灾害。几天后，伍斯特、沃里克、伯克、牛津、海尔福德、格罗斯特、林肯等 7 个郡受到了洪水的严重袭击。重灾区的许多城镇汪洋一片，1 万多幢房屋被洪水冲毁或面临严重危险，大量居民被迫撤离家园。城市及水厂、电站遭到水淹和破坏，造成供电、供水中断。多条铁路和公路被洪水冲断，当地交通陷入瘫痪。在格罗斯特城，原来熙熙攘攘的街道变成了污浊河道，汽车停车场成了小湖，停在低洼地带的汽车已经没顶，救援人员划着橡皮船救出受困的灾民。罕见洪灾给当地居民带来极大困难，受灾人口达 35 万，经济损失惨重。面对如此情况，英国政府采取紧急措施，出动包括皇家海军在内的各种力量加紧救灾。

欧洲当年的气候变化异常，引起人们极大关注。在英国发生严重洪涝灾害的同时，东欧、南欧地区却遭受了罕见的酷暑及干旱，气温普遍在 40℃以上。据报道，当年的 7 月 15 日至 22 日，匈牙利遭受了前所未有的热浪袭击，约 500 人不幸中暑而死。罗马尼亚、保加利亚、意大利等国纷纷出现了历史最高气温纪录。罗马尼亚有 30 多人因中暑而亡，同时希腊出现了严重的森林火灾。

相关专家分析后认为欧洲气候异常有多种原因。第一是来自南方的高空暖气流与来自北方的冷气流相碰撞形成了急流，夏天整个英国处于低气压区，随着急流南移，强降雨则从天而降。第二是赤道太平洋地区出现了拉尼娜现象，引起急流快速南移。第三，据英国气象局与多家气候研究机构共同合作，利用超级计算机进行了一项气候模型研究。结果显示，过去几十年里，世界某些地区降雨持续增多与人类排放温室气体（碳排放）导致的全球变暖有关。全球变暖很可能导致更大的降雨量，因为升温的大气中含有更多水蒸气和更大的能量。

3.2.2　与水争地——洪灾隐患

城市建设以及农村围湖造田导致了大量的河道、湖泊等水域面积缩小甚至消亡，因此当瞬间降雨量较大时，雨水只能涌向面积本来较小的水域，导致积水无法排出，甚至低洼地区出现洪水倒灌，产生水浸、水淹等灾害。

20 世纪 50 年代以来，我国的湖泊面积及数量在迅速减少，仅面积在 1 平方千米以上的湖泊就减少了 543 个。据长江中下游湖南、湖北、江西、安徽、江苏五省湖泊统计资料显示，新中国成立初，原有湖泊面积达 2.9 万平方千米，到 20 世纪 80 年代，保留的面积仅为 1.9 万平方千米，消亡了 1 万多平方千米，而有“千湖之省”美称的湖北省，20 世纪 50 年代有湖泊 1066 个，现仅剩 309 个。被誉为“水乡泽国”的江苏省，其具有水网密布、湖荡众多的特点，自 1957 年以来，因围湖造田所削减的湖泊面积达 1500 多平方千米，消亡湖泊 40 多个。

据统计，全国被开垦的湖泊至少有 110 多万公顷，损失淡水资源调节量 390 亿立方米。近年来，随着各地经济建设迅猛发展，流域用水量剧增，湖泊来水量减少，入不敷出，水位下降，面积缩小，致使一些湖泊消失，一些大湖面积也在不断缩小。

中国的鄱阳湖、洞庭湖、洪湖、滇池等湖泊，自 20 世纪 60 年代以来，大规模围垦造田，使湖水面积急剧缩小，加剧了湖区环境生态的劣变。

洪湖是湖北省最大淡水湖，在全国淡水湖中排名第 7。近年来，因围湖造田、过度捕捞等导致湖水面缩小、水草濒临枯竭、鸟类及鱼类资源迅速减少。20 世纪 50 年代，洪湖面积达 760 平方千米，现在湖泊面积锐减到 348 平方千米。经多次围湖，累计占有水面达 30 万亩，现存水面 53 万亩。由于湖容减小，严重减弱湖区的调蓄洪水和抗灾功能，以致汛期渍涝灾害频繁、低湖田土壤环境恶化，生产效益下降。

大量的围湖造田(图 3-2)很容易造成洪涝灾害。长江流域的洞庭湖、鄱阳湖就是典型案例：新中国成立后长江中游进行了大量的围湖造田，洞庭湖原来是我国的第一大淡水湖。多年平均年径流量为 2016 亿立方米，约占长江流域地表水资源的 21%，其比重为长江流域各水系之首。但长期以来，由于经济发展中没有很好地处理人与自然的关系，使长江中游四水流域水土流失严重，湖区泥沙大量淤积，再加上人工围湖造田，使湖面面积急剧减少，从新中国成立前的 4350 平方千米萎缩到 1995 年的 2625 平方千米。

图 3-2　20 世纪 60 年代围湖造田

湖区水面面积的减小，造成湖床和水位不断抬升，导致其蓄洪和泄洪能力大大减弱，“人水”矛盾突出，几年来洪涝灾害频繁与大量的湖面面积减少有一定关系，并使得水灾造成的经济损失越来越大。根治水患，恢复湖面、湿地生态功能，实现各湖区社会经济持续发展的问题已迫在眉睫。

与水争地的另一个例证是浙江的古代鉴湖。鉴湖又名镜湖，东汉永和五年（140 年）由会稽郡太守马臻开始带领百姓筑塘建造。从马臻起，在会稽城东西，山区北坡修筑长堤，形成一个大蓄水塘，即镜湖，可灌田 13.5 万余亩。旱则放湖水灌田，涝则放田水入海。《水经注》称之为长湖，说它宽 5 里，长 130 里。沿湖有水门 69 座，引水灌田万顷，尾水排入海。到宋代，由于湖底淤积，豪强垦占，湖面缩小。到元代，仅少数特别低洼处还保留着潴水，鉴湖已经名存实亡。今零星散布的芝塘湖、百家湖、鉴湖、百塔湖、洋牌湖等都是古鉴湖的残迹.

当时围绕是垦田还是还湖争议颇多，但争议归争议，围垦仍然十分严重。鉴湖水面面积的减小，人工围垦是最根本的原因，是人类活动的结果。

围湖造田首先是加快了湖泊沼泽化的进程，使湖泊面积不断缩小，使湖泊基本丧失了原有的调蓄功能，地表径流调蓄出现困难，导致旱涝灾害频繁发生。

因此，水利的开发利用应与除水害的建设同步进行，要统一规划，否则，我们就要受到大自然惩罚。

3.2.3 生态植被破坏酿灾难

众所周知，森林及草木植被在水土保持和预防洪水灾害中具有一定的积极作用。首先，森林有保水作用，森林能保住一定雨水，不致全流入江河，导致流量过大。其次，森林能防止水土流失，减少泥沙流入江河中，防止像黄河一样的地上河，降低发生大洪灾的概率。

人类过度砍伐森林，盲目开发耕地，大肆破坏草原植被，造成山地水土流失、土地沙漠化，使自然环境严重恶化。人类向自然界过度的索取，遭到了大自然无情的报复：飓风、暴雨、暴风雪、洪涝、干旱、酷暑、森林大火等不期而至，频频袭击地球。

1998 年发生在我国长江、松花江等地的百年不遇的洪涝灾害，也与长江上游森林滥砍滥伐、植被破坏、水土流失面积加大等有关，这次全国性的洪涝灾害，直接经济损失达 250 多亿美元。

水土流失是指人类对土地不合理利用，特别是对水土资源不合理的开发和经营，使土壤覆盖物遭受破坏，裸露的土壤受水力冲刷侵蚀，流失量大于母质层育化成土壤的量，土壤流失由表土流失、心土流失直至母质流失，终使岩石暴露。

以长江流域为例,湖南省洞庭湖由于风沙多,每年有1400多公顷沙洲露出水面。湖水面积由1954年的3915平方千米缩减到1978年的2740平方千米。而更为严重的是洞庭湖水面已高出湖周陆地3米。这样,就丧失了它应承担的长江的分洪和蓄洪的作用,为长江中下游发生洪水埋下了隐患。

可以明显地看到,长江洪水泛滥是长江流域森林乱砍滥伐造成的水土流失及中下游围湖造田、乱占河道带来的直接后果,嘉陵江、涪江、沱江等几条流域水土流失也十分严重,约20%以上的泥沙淤积于水库。据有关专家预测,照此下去,再过50年,长江流域的一些水库都要淤平或者成为泥沙库。

长江两岸有4亿人口居住,20世纪50年代中期,长江上游森林覆盖率为22%,由于不断进行的农地开垦、建厂和城市化,使两岸80%的森林被砍伐殆尽。

由于年复一年的土沙淤积,长江某些江段的河床从多年前就已经开始高出地面,成为继黄河之后的“悬河”。长江的“碧水”也早已荡然无存,其浑黄程度可以和黄河媲美。

通过年年防洪的实践经验,人们已经逐步认识到:要想完全消除洪水灾害的发生是不可能的。我们既要适当控制洪水、改造自然;又必须主动适应洪水,与自然协调共处,这样才能保证社会的可持续发展。

因此,我们的指导思想是要从无序、无节制地与洪水争地转变为有序、可持续地与洪水协调共处。为此要从以建设防洪工程体系为主的战略发展到在防洪工程体系的基础上建成全面的防洪减灾工作体系,以达到在江河发生常遇和较大洪水时,防洪工程设施能有效运用,国家经济活动和社会生活不受影响,保持正常运作;在江河遭遇大洪水和特大洪水时,有预定方案和切实措施,国家经济社会活动不致发生动荡,不致影响国家长远计划的完成或造成严重的环境灾难。

3.2.4 “城市化”带来水灾隐患

城市化，是指随着工业化进程的推进和社会经济的发展，人们社会活动中农业活动的比重逐渐下降、非农业活动比重逐渐上升的过程，与这种经济结构变动相适应的，是农村人口与城镇人口的此消彼长，同时居民点的城市基础设施建设等物质表象和居民的生活方式、生活质量向城镇型转化并稳定，这样一个系统性过程被称为城镇化过程。一般城镇化水平的大小是以都市人口占全国人口的比例来评定，数值越高，城镇化水平越高。

图 3-3　城市建设图

城市化进程中，需要建设大量的居民生产、生活的基础设施，如道路、桥梁、房屋（图 3-3）、工厂、电力、水厂、公园等。这就需要大量的土地资源，常挤占河流、湖泊等水面。为方便生产生活，又需要对大量的道路、广场、工厂等表面覆盖层进行硬化(混凝土等)。为生活方便及防止水淹,房屋建设往往要抬高原地面高程。城市化建设的结果,第一,河道、池塘被破坏,或原来的湖泊水面被道路、厂房占用,使原本进行调蓄、存储洪水的空间变小,城市调蓄水功能降低,会造成低洼地区的内涝灾害。第二,地表覆盖面及城区道路地面硬化,使得降雨形成积水之后,水流不能及时下渗,地表水不能转化为地下水,使产流量增加,流动速度加快。对防洪也是不利因素。第三,由于近年我国经济飞速发展,城市化进程发展迅猛,城市防洪排水管道的规划、设计标准较低(一般10—20年一遇),有些城市原来排水设施陈旧落后,排水能力严重不足,城市化推进太快,占用大量耕地稻田,也降低了调蓄水功能。这些都会导致严重的城市洪水和内涝灾害的发生。

2012年7月21日,北京城遭遇当年最大的雨,总体达到特大暴雨级别。一天内,市气象台连发五个预警,暴雨级别最高上升到橙色。截至22日2时,全市平均降雨量164毫米,为61年以来最大。其中,最大降雨点房山区河北镇达到460毫米。暴雨引发房山地区山洪暴发。全市主要积水道路63处,积水30厘米以上路段30处;路面塌方31处;3处在建地铁基坑进水;轨道7号线明挖基坑雨水流入;5条运行地铁线路的12个站口因漏雨或进水临时封闭,机场线东直门至T3航站楼段停运;1条110千伏站水淹停运,25条10千伏架空线路发生永久性故障;降雨造成京原等铁路线临时停运8条。

截至7月23日,暴雨洪涝灾害造成全市78万人受灾,37人死亡,7人失踪,9万人紧急转移安置。全市受灾人口190万人,经济损失140亿元。

洪水过后,北京水利部门对特大洪水灾难进行总结时指出:一是降雨总量多,降雨强度大,强降雨历时长,有的地区超过500年一遇标准。二是一些旅游景点和工程项目建设挤占了规划的蓄滞洪区以及城镇河道空间，影响了蓄洪及河道的泄洪。三是部分地区侵占、挤占城市排水通道或排水管道，致使排水不畅。

第4章

软硬兼施——防御洪水之道

4.1 缜密规划——防洪主要方略

4.1.1 "战略部署"——"防洪规划"

防洪规划是指为防治某一特定地理范围内(流域或地区)的洪水灾害而制订的一种总体防洪方案。它是战略性计划,对该河道防洪、治理及开发利用设施的建设起到长期的指导作用。

防洪规划的对象,是江河流域形成的自然地理单元,常称流域,如我国的长江、黄河、珠江、淮河、海河等七大江河流域和一些单独入海的中小河流的防洪规划是对全流域性的总体规划。对支流众多的大流域来讲,流域总体防洪方案的重点是针对沿干流两岸分布的被保护地区的防洪减灾安全,对于其主要支流的防洪问题,必要时也可另做补充防洪规划(支流)。另外,还有对江河的某一重点河段、某一地区进行防洪规划及防洪工程的规划等。地区及支流的防洪规划是全流域总体防洪规划的一部分,是有机的一个整体,要服从总体规划的指导,并与其相互协调。

江河防洪系统是一个系统工程,它是由人为要素及自然要素共同组成的复合系统。在自然水系中,河道是排泄洪水的途径,并对洪水起到槽蓄的作用;与河道相通的天然湖泊对洪水起到不容忽视的调蓄作用。显然,应该将河道、湖泊等自然要素看作江河防洪系统中的主要组成部分。堤防、分洪蓄洪区、水库、河道整治等防洪工程及其他的防洪非工程措施则属于防洪系统中的人为要素。在进行江河防洪规划时,必须充分认识河流的洪水演进过程和特性，包括河道及湖泊对洪水的自然调蓄作用，河道宣泄洪水能力及大洪水漫溢、泛滥后的淹没情况。防洪规划的目的在于对河流水流特性认识的基础上，合理采取防洪措施（包括工程措施和非工程措施），以提高江河抗御大洪水的能力及尽量减少洪水灾害的损失。

根据防洪规划编制的经验，提出防洪规划中的一些指导性的原则，以便更好地处理和协调各方的关系。

(1)需要与可能的关系。我们根据历史洪水灾害调查及社会、经济的发展状况，提出防洪的保护对象（可造成重大灾害的河段，重要城市、大面积农田等）及其防洪基本标准的要求。根据河流的自然地理条件、技术上的可行性、经济上的合理，研究可能采取的防洪措施，探讨满足防洪要求的可能程度。

(2)防洪与兴利的关系。防洪规划也是流域综合开发利用规划的有机组成部分。在开发和治理河流时，应尽量使水资源利用与防洪减灾相结合、相统一，规划中采取的工程措施（如水库）既提高防洪保护对象的防洪标准，又要保障水资源开发利用的效益。

(3)局部与整体的关系。防洪规划强调从全局出发，系统考虑上下游、左右岸的关系及得失，做到统筹兼顾。为保证重点保护对象的安全，必须考虑在非常情况下（发生超防洪标准的特大洪水时），采取必要的不利于局部的防洪措施（如启用分蓄洪工程），做出局部利益的牺牲，以确保全局及重点地区的安全。

(4)蓄洪泄洪兼顾。在干支流兴建水库拦蓄洪水，削减下泄洪峰流量的同时，还必须通过修筑加高堤防及河道整治，扩大河槽行洪泄洪能力，再辅以分（蓄）洪措施，合理安排大洪水出路。

(5)工程措施与非工程措施相结合。江河防洪工程措施是为了提高江河防洪标准，但防洪工程需要巨额投资，并占用大量土地及造成大量居民搬迁等；非工程措施是通过法令、政策以及工程以外的技术手段，辅以较少投资，达到减轻洪灾损失之效果。

(6)近期与远景相协调。江河的总体防洪规划体现其防洪的远景目标。编制总体防洪规划时,必须同时考虑分期实施的布置和安排,逐步提高江河整体抗御洪水的能力。分期实施方案也要与远景计划相一致、相适应;同时还要考虑近期发生超标准洪水的紧急对策。

(7)考虑可持续发展。流域防洪规划必须考虑实现江河防洪整体系统的可持续发展,如及时采取水土保持措施,防止大面积水土流失,保护和改善流域的植被及生态环境,减轻泥沙淤积等因素对防洪的不利影响。另外,充分考虑防洪工程措施可能对生态环境产生的负面影响,在防洪规划中应认真研究,尽量将不良影响减轻到最小。

4.1.2 防洪规划的意义及作用

防洪规划是指导流域防洪、兴利、减灾工作的纲领性文件,是制订流域防治洪水措施的总体部署,是防洪工程建设必要的前期工作,一般在总流域规划或地区水利规划的基础上,进行支流的流域、地区的、单个城市的以及单项工程的防洪规划。

防洪规划也是江河、湖泊治理和防洪工程设施建设的依据。在全面考虑防洪、兴利等情况下,严格执行防洪规划,才能够保证防洪工作有序展开,减少重复工程建设,避免国家人力、财力和物力的浪费,使各项防洪工程措施发挥最大的工程效益。曾有一段时间,人们对防洪规划的重要意义认识不足,甚至在防洪实际工作中违反规划,主观臆断、凭想象指挥的现象时有发生,有些不按规划实施,导致盲目修建的工程设施不能发挥应有的作用,给国家造成不必要的经济损失。因此,要高度重视并认真做好防洪规划的编制,在江河、湖泊治理的活动中,必须严格按照防洪规划执行。

国家确定的重要江河、湖泊的防洪规划,要由国务院水行政主管部门根据该江河、湖泊所在流域的综合规划,会同有关部门和地方的省、自治区、直辖市人民政府编制，然后报国务院批准。

其他江河、湖泊的防洪规划或区域防洪规划，由县级以上的地方人民政府水行政主管部门，分别根据流域综合规划、区域综合规划，会同有关部门和有关市县编制，报本级的人民政府批准，并报上一级人民政府水行政主管部门备案；跨省、直辖市、自治区的江河、河段、湖泊的防洪规划由相关流域管理机构会同江河、湖泊所在地的省、自治区、直辖市人民政府水行政主管部门、有关主管部门编制，分别经有关省、自治区、直辖市人民政府审查提出意见并修改后，报国务院水行政主管部门批准。

城市防洪规划，由城市人民政府组织水行政主管部门、建设行政主管部门和其他有关部门依据流域防洪规划、上一级人民政府区域防洪规划编制，按照国务院规定的审批程序批准后纳入城市总体规划。

修改防洪规划，应当报经原审批机关的批准。

4.1.3 “战略部署”的核心——“防洪规划的内容”

防洪规划工作的内容包括资料收集、拟定防洪目标、洪水分析、防洪工程的比较与选定、洪水调度等。

(1)收集资料。收集、分析流域及保护区域的自然地理条件、水文气象、洪水特性与灾害可能造成的损失、社会及经济现状等，要进行现场实地调查研究，获取第一手资料，并在规划进展中逐步充实资料，使规划更适应当地的实际情况。

拟订规划目标与防洪标准时，根据不同防护对象的作用及重要性、历史洪灾损失的情况，考虑防洪措施具体条件，进行技术、经济、安全等分析论证，提出规划目标和要求，参照相关设计规范慎重选取防洪标准或分期实施的标准。

(2)洪水分析。根据洪水实测系列与历史洪水等资料，计算洪水特征值，分析洪水基本规律，拟订出设计洪水与可能最大洪水。

(3)制订防洪方案。比较、研究各种可能的防洪工程措施,对规划拟建的各类防洪工程的作用、投资进行分析及估算,组成若干典型的防洪方案(包括非工程措施),并对其中的主要防洪工程进行规划,提出其技术经济指标。如:①堤防工程:根据设计标准及相应流量(水位)拟定堤线、堤防的横断面与纵断面尺寸等。②河道整治工程:按照稳定河势利于行洪、防洪等要求,拟定治导线,部署护岸、堵汊、丁坝、疏浚、河道展宽工程等。③分洪工程:对超过河段防护安全泄量的洪水,因地制宜选取分流洪口门及设施、蓄滞洪区、避洪设施等。④水库工程:根据被保护区的防洪标准,按综合利用原则、控制洪水来源和下游区间洪水等条件,研究、拟定水库的防洪限制水位、防洪蓄水位、设计洪水位、校核洪水位、防洪库容(见水库特征值)、水库泄洪设施及其最大流量、防洪调度方案等。

(4)研究可采取的非工程措施及其效果。如洪水预报预警系统、洪泛区管理、洪水保险制度与超标准洪水紧急措施等。对各典型方案进行经济论证,分析其综合利用效益,选取最优防洪方案。最后对选定方案的各主要工程建设指标、条件及在防洪中的地位做出评价,结合综合效益提出工程实施程序。

(5)防洪调度是根据洪水特性及其演变规律和防护区的具体情况,运用拟定防洪工程设施,调节河流洪水的方案。在防洪调度中,既要考虑防洪、发电、航运等经济部门的综合利用效益,又要考虑工程本身的安全,尽可能达到防护区洪灾总损失最小和工程综合效益最大的原则。

防洪规划的编制是涉及面广且十分复杂的工作,主要包括以下几方面:

第一是确定防护对象及其重要性,根据国民经济发展的需要及工程的重要程度,按确保重点、兼顾一般的原则,确定不同的防护对象及级别。

第二是确定治理目标和任务，根据不同防护对象及其重要性和洪水灾害后的严重程度，结合现有防洪条件确定适当的防洪标准及其工作任务。

第三是制订具体的防洪措施和实施方案，包括选择、优化防洪系统和防洪调度方式等。

第四是根据布置的防洪措施推求淹没水位、淹没范围以及洪泛区、蓄滞洪区和防洪保护区的范围，规定蓄滞洪区的使用原则。

洪泛区指尚无水利工程设施保护的洪水泛滥所及的地区；

蓄滞洪区是指河堤背水面以外临时贮存洪水的低洼地区及湖泊等；

防洪保护区是指在防洪标准内，防洪工程设施能保护的地区。

蓄滞洪区是洪水调蓄的重要场所，当遇到超过某一标准洪水时，为保护防洪保护区的安全，尽量减少损失，按“牺牲局部，保护全局”的原则，利用蓄滞洪区进行分洪并滞洪。该地区范围的划定及启用与洪水标准、特点和防洪需要直接相关，涉及其他地区、部门的切身利益。因此，必须统一协调，综合考虑。一旦确定，必须严格地执行。

4.1.4　浙江“五水共治”——防洪规划之要

浙江地处东南沿海，河流大多独流入海，并具有上游源短流急、暴涨暴落、下游地势低洼、潮汐顶托、排水不畅等特点。所以，发生较大洪涝灾害频繁，防洪抗台工作压力大、任务重。

在浙江省委、省政府的领导下，全省人民积极投入到抗洪防洪工作中，修建了大量的防洪、抗台、排涝、发电等工程。到 2012 年底，共修建水库 4334 座，总库容 445 亿立方米。其中大、中型水库 191 座，控制流域面积 3.2 万平方千米，有效防洪库容 44.6 亿立方米。修筑海塘 2723 千米、江河堤防 1.47 万千米。基本建成了“上蓄、中防、下排”的流域防洪工程体系，保护了全省 70%的人口和耕地。

我省的防洪工程在防御洪、涝、台灾害中发挥了巨大作用，并随着基层防汛体系建设的深入及水雨情预报、预警系统的逐步完善，基本实现了大灾“不死人、少伤人、少损失”的目标。

2013 年强台风“菲特”造成大面积的短历时强降雨，3 天全省的面雨量 204 毫米，余姚全市面雨量达 527 毫米，全省大中型水库拦蓄洪水 25 亿立方米，没有水库出险；浙南沿海出现百年一遇的高潮位，没有一处海塘决口。

当前，浙江省防洪工程体系中“短板”主要是：平原主要河道的排洪能力不足，淹没范围大、持续时间长、财产损失巨大；江河治理尚未达规划标准，部分河段防护标准低，干支流堤防建设不统一、不配套；城市防洪强排工程亟待加强、完善；病险水库和海塘仍动态发生。

另外，受全球变暖等影响，极端天气现象频发；浙江省城镇化进程加快，20 年间城市面积扩大了近 4 倍，水域面积明显减少，行洪河道大量阻塞，部分基础设施建设破坏了河网水系；随着江河堤防的建设，对水流约束更强，出现了江河水位“越治越高”的现象，部分河口潮水顶托严重，排水不畅。以上几方面，也在一定程度上影响了防洪能力。

浙江省围绕防洪建设目标，规划了“633 工程”，其中“强库、固堤、扩排”等三类防洪工程，总投资达到 2048 亿元。

(1)强库工程

规划建设南岸、钱江源等防洪水库 11 座，总库容 8.21 亿立方米，防洪库容达 2.61 亿立方米，提高钱塘江上游、好溪、楠溪江等干流的拦蓄防洪能力。确保完成除险加固病险水库 600 座，将水库年病险发生率控制在 3%以内。

(2)固堤工程

新建加固海塘及堤防 3500 千米，其中海塘 200 千米、干堤

1000千米、中小河流堤防2300千米，整治圩区280万亩，完善高标准海塘配套建设，七大流域干流及中小河流重要河段基本达到规划标准。

(3)扩排工程

新增扩大外排口门30个，使口门宽度增加20%，拓浚排洪河道2000千米；新增强排泵站33座，增加向外海的强排能力2000立方米/秒。进一步增强沿海滨湖主要平原排洪能力。

按照“三年明显见效、五年全面改观、七年实现质变”的总体要求，精心组织，统筹安排，突出重点，全力推进防洪水工程建设，确保完成各项目标任务。

从工程投资讲，强库工程安排总投资189亿元，固堤工程总投资711亿元，扩排工程总投资1148亿元(表4-1)。

表4-1 浙江省“五水共治”防洪水项目分类表

序号	项目类型	总投资(亿元)	建设内容
全省合计	2048		
一	强库工程	189	新建南岸、钱江源等11座防洪水库，完成除险加固水库600座
二	固堤工程	711	加固堤防3500千米，其中海塘200千米、干堤1000千米、中小河流堤防2300千米，大力推进杭嘉湖圩区整治
三	扩排工程	1148	拓浚排洪河道2000千米，增加强排能力2000立方米/秒

按阶段投资，2014—2016年安排投资664亿元，2017—2018年安排投资487亿元，2019—2020年安排投资503亿元。

4.2 水来土屯——防洪主要工程措施

4.2.1 “工程措施”的内容及作用

防洪的工程措施指为控制和防御洪水以减小洪水灾害损失而修建的各种水利工程，主要包括水库、防洪堤与防洪墙、分洪闸工程、河道整治工程、排水闸站等。此外，水土保持工程也可归为防洪工程措施，它具有一定的蓄水、拦沙、减轻洪患的作用。

堤防是古今中外使用最广泛的一种防洪工程措施。沿河筑堤，束水行洪，提高河道宣泄洪水的能力，防止洪水泛滥。该措施对防御正常洪水较为经济，简单易行。但筑堤也会带来一些不利的影响。不筑堤，洪水泛滥时，漫溢的洪水将其携带的泥沙散落于洪泛平原，形成肥沃的土地；而筑堤后，泥沙淤积在河道，往往会抬高河床，恶化防洪情势。因筑堤后缩窄了河槽，通过相同流量时的对应水位抬高，再加堤防屏障阻隔，使沿河地区洪水排水不畅。另外，当洪水超过堤防防洪标准时，可能造成洪水漫堤和堤防溃决，大堤一旦决口，与此超标准洪水自然泛滥的情形相比，溃堤造成的洪水灾害损失也将更大些。即对超标准的洪水而言，堤防对防洪有可能带来负效应。

河道整治是流域综合开发时的一项综合性工程措施，是根据防洪、发电、航运、供水、城市景观等方面的要求，结合天然河道的演变规律，合理进行河道的局部整治措施。对防洪来讲，河道整治的目的是稳定河势、护滩保堤、提高河道宣泄洪水及自身的防护能力。主要包括：天然河道裁弯取直，修建丁坝、顺坝、锁坝堤防护坡等。

对天然河道裁弯取直，可缩短河线，增大水面比降，提高河道行洪能力，并可拉低上游临近河段的洪水位。对局部河段扩宽或挖深的措施，也是为扩大河道过水断面，降低洪水位，增加其过水能力。丁坝、顺坝等工程是为稳定河势、护滩保堤;丁坝具有挑流、矶头削减水势作用,顺坝起束窄河道和引导水流等功能;锁坝是为了堵汊强干;此外护岸是保护堤防、防止被水流破坏冲刷。

修建分洪道(分洪闸等)是有效的减洪措施。在河流的适当位置开辟分洪道行洪,将超出河道安全容量的部分流量分入其他河流或蓄滞洪区。分洪道可提高其临近的下游重点保护河段的防洪标准。规划时必须分析分洪后对沿程及其承泄区产生的不良影响及后果,不能造成简单的洪水转移。

蓄滞洪工程是指利用天然洼地、湖泊或沿河地势平缓的区域,修建周边围堤、进洪口门和排洪设施等,从而形成分蓄滞洪区,以分洪削峰,蓄滞部分洪水。分蓄洪区是在出现大洪水时应急使用。分蓄洪区一般选择地多人稀、土地肥沃、地势低洼地区。而我国人多地少,许多分蓄洪区内经济过度开发、人口众多,这可能导致分洪损失恶性膨胀的后果。因此,必须在分蓄洪区内采取配套的防洪非工程措施,以保障区内居民可靠避洪或安全撤离,尽量减小分洪经济损失。

水库是水资源开发利用的主要综合性工程措施,其具有调蓄洪水、发电、供水、灌溉等综合利用效益。大江大河的防洪规划中,首先考虑利用有利地形、合理布置干支流建设水库,对洪水进行有效的调控。但修建水库工程投资巨大,还有土地淹没、人口迁移等问题。在多沙河流上,要充分研究修建水库后上游泥沙淤积和下游冲刷对河道带来的各种影响。

综上所述,防洪工程措施通过修建工程,达到对洪水的蓄、滞、分、泄调控的目的。其效果主要包括:第一,提高了江河防御洪水的能力,即提高了江河的防洪标准,减小了洪灾的出现频率。第二,当发生超防洪标准的大洪水时,虽不能避免洪水灾害,但能在一定程度上减轻洪灾损失。

必须强调,由于受自然、技术、经济等条件的约束,不可能由防洪工程措施对洪水进行完全控制。也就是说，防洪工程措施只能减轻洪灾损失，不可能根除洪灾。

4.2.2 上游水库拦蓄

在河道中上游修建水库，是拦蓄洪水最有效的工程措施之一，如图 4-1。水库可调蓄洪水、削减洪峰，对提高江河防洪标准、减轻或避免洪水灾害，起着十分重要的作用。

图 4-1 浙江新安江水库

在防洪区上游干流及大的支流兴建能调蓄洪水的水库，用水库的拦蓄洪水，消减泄入下游河道的洪峰流量，达到减小洪水以及灾害损失的目的。水库对洪水的调节有两种方式，第一是滞洪：就是使洪水在水库中暂时停留一段时间。如水库的溢洪道无闸门控制,水库正常蓄水位与溢洪道堰顶平齐时,大坝开始泄洪,河道来水大于溢洪道的泄水,有一部分水体暂时存储在水库中。第二是蓄洪:如溢洪道不设闸门,可在汛期前将水库水位降到低于溢洪道堰顶高程水库限制水位(正常蓄水位以下),则限制水位至溢洪道堰顶之间的库容,就起到蓄洪作用。当溢洪道设有闸门时,水库能更多地起到蓄洪作用,可改变闸门开启度来调节下泄流量的大小。因有闸门调控,此类水库防洪限制水位可高出溢洪道堰顶,并在泄洪时灵活调节闸门开度来控制下泄流量,具有滞洪和蓄洪的双重效果。

我国是世界上洪水灾害最严重的国家之一,大部分洪水灾害是由暴雨洪水所致。因此,为有效控制洪水灾害,修建了大量的水库用于拦蓄洪水。目前全国已有各类水库86000多座,其中大型水库300余座,中型水库2000余座。随着投入使用的水库数量迅速增长,水库安全度汛和如何利用水库库容对洪水进行更有效的防洪、兴利调蓄控制,已成为我国防洪实践中最受关注的问题。在长期的防洪减灾实践中,我国已对水库防洪调度开展了大量的研究,也积累了许多有益的经验。水利部先后颁布了《综合利用水库调度通则》和《水库洪水调度考评规定》等规章、规程,对我国规范水库防洪调度和提高技术水平,起到了积极有效的指导和促进作用。

水库防洪调度的任务是根据规划确定的水库安全防洪标准、下游防护对象的防洪要求、防洪调度方式及各防洪特征水位,对入库洪水进行合理调蓄,以达到保障大坝安全和满足下游的防洪要求。

当水库遇到大坝设计标准的洪水时,水库最高实际洪水位不超过设计洪水位,相应水库的运行状况属水库正常运用情况;当遭遇超大坝设计标准的大洪水时,应力保大坝的安全,并尽量减轻下游的洪水灾害损失。此时,水库属于非常运用情况,应充分泄洪(包括非常溢洪道),以控制发生校核洪水时,库水位不超过校核洪水位。

水库运用一段时间，若流域的水文、水库工程设施状况、下游河道状态、要求防洪任务等发生重大变化，要及时提出对水库参数、洪水调度方式、防洪调度规则等进行复核和修订，以确保水库防洪调度满足安全要求。

目前我国已有一些大型水库和少量中型水库建立了雨水情自动测报系统，并利用计算机网络开展水情信息处理、洪水预报、调洪计算及调度决策等工作，进一步提高了水库调度水平。但是，全国各地水库防洪调度工作发展很不平衡，总的来看，水库防洪调度的科学水平还有待进一步提高。

4.2.3 中游分导、蓄滞兼顾

我国主要河流的中下游，多处于丘陵、平原地区，主要依靠两岸堤防来保障防洪安全。目前一般堤防只能防御 10～20 年一遇的洪水，重要堤段可达防御 50～100 年一遇的洪水，因此，必须考虑发生超标准洪水时的安全问题。也就是说，一旦发生特大洪水，采取那些有计划、有准备的分(蓄、滞)洪措施，确保重要城镇、工矿企业及沿岸人民群众的防洪安全，并尽可能减小洪水灾害的损失。

分洪工程是在河流中游采用较多工程措施，在适当位置修建引洪道和分洪闸，将超河道安全泄量的洪水分泄出去，减小下游干流河道的洪水负担。分泄出的洪水可流入其他河流、湖泊，或由分洪道直接入海，也可流入预定的容泄区。

分洪闸设置在分洪口门处，以利控制进洪量；也可不设闸门只设溢洪堰，当洪水超过河道安全泄量(水位)时自由溢流。此外，一般分洪工程正常年景不启用，只在遭遇特大洪水的特殊情况下才使用。

一般情况下，分洪闸的底板高程比较高，孔数较多，总的闸门宽度大(如图 4-2 所示)。为保障分洪区的工农业生产和群众生命财产安全，只有当洪峰流量比较大、水位涨到下游河段有危险时，才开闸放水。河水有所下降后，再将所蓄洪水排入河内或其他承泄区。

图 4-2　北京小清河分洪闸

蓄洪区内的村庄应建在较高地区或四周有强固围堤的安全区域，也可在大堤或小高地上设立安全台，利于居民临时避水。在蓄洪区内，可修建一些临时生产棚供生产居住。

理想的蓄洪区应具备下列条件：(1)可利用的湖泊、洼地面积大、容积多，淹没损失小；周围高地多，可减少堤防工程量，利于建设安全区。(2)作物的生长收获季节能与洪水季节错开，如北方河流秋天是汛期，冬小麦可以错开季节，称为一水一麦。(3)位置应尽量靠近被保护区域，使分洪的作用更为显著。(4)最好修建进洪闸门，以利控制运用。

蓄滞洪区是指河堤外洪水临时储存的低洼地区及湖泊等，其中多数是历史上江河洪水常淹没的区域。

蓄滞洪区包括行洪道、分洪区、蓄洪区和滞洪区。

行洪道是指天然河道及其两侧或河岸大堤之间，在大洪水时用于宣泄洪水的区域。分洪区是利用平原区低洼地、淀泊修筑围堤，或利用原有低洼圩垸分泄江河超标准洪水的区域。滞洪区是指分洪区起调节洪水区域，具有“上吐下吞”的能力（见图 4-3）。

蓄滞洪区是江河防洪体系中的重要组成部分，是保障江河防洪安全、减轻水灾损失的有效措施。为了保证重点地区防洪安全，将有条件地区开辟成蓄滞洪区，按计划蓄滞洪水，是流域或区域防洪规划现实的与经济合理的防洪措施。目前，我国主要蓄滞洪区达 98 处，主要分布在长江、黄河、淮河、海河四大河流的中下游地区。

图 4-3 白洋淀——华北平原中部的蓄滞洪区

对蓄滞洪区启用，应按照既定的流域或区域防洪调度方案实施，一般其启用条件是：某防洪重点区的防洪安全受到威胁，河道水位超过危险水位（规定值），则按照调度权限，根据防御洪水调度方案和防洪预案，由相应的人民政府、防汛指挥部下达启用令，由其所在地人民政府负责组织实施。蓄滞洪区启用前必须认真做好下列准备工作：一是做好蓄滞洪区实施的调度程序；二是做好分洪口门和进洪闸开启准备，必要时落实口门爆破方案和控制措施；三是做好区内群众的安全转移、安置及避险工作等。一定要在安全准备充足的情况下,启用蓄滞洪区。保障人民群众生命财产安全,尽量减少灾害造成的经济损失。

4.2.4 下游防洪处理的秘诀

河流与人类的生产和生活有着密切的关系,古时候,人们逐水而居,但也深受水害。随着社会的进步和经济的发展,人类对河流除害兴利的要求日益提高,治理河道以及水生态恢复也是现代生态文明建设的重要部分。

河道整治工程,尊重河道演变规律,因势利导,调整、稳定河道主流,以改善水流、泥沙运动和保障堤防安全的工程措施。要按照国民经济各部门对河道的要求,进行总体规划、综合整治。

防止洪水灾害是治河的第一要务。防洪对河道的要求有两个:一是必须能安全宣泄设计洪水流量;二是要防止水流冲刷河岸,危及堤防、村庄和城镇安全。一般来讲,一条河流需要采取多种防洪措施,配合运用。例如水库、堤防、整治河道等,才能达到经济合理的效果。整治河道是防洪综合措施的一个内容,也是河道下游防洪的主要措施。整治河道、控制流势对确保堤防安全非常重要。

河道整治的目的除防洪减灾外,还有航运、取水、保护滩地、生态环保等要求。河道整治目的不同,具体措施也不尽相同。如以防洪为主要目的时,可采用修建护岸工程和控导工程的方法来保护河岸、控导河势。而以航运为目的的河道整治,以枯水整治建筑物来保证航运水深及航行安全。

另外,河道整治时,要注意上下游、左右岸统筹兼顾,除害与兴利相结合,以达到综合治理的目标。对平原河道整治(含河口段),主要有控制和调整河势、裁弯取直、河道展宽及疏浚等。

河道整治具体措施有:①修建河道整治建筑物,主要有平顺护岸、丁坝(图4-4)、顺坝、矶头、锁坝、潜坝、鱼嘴等,多使用土石料、混凝土(块、板及排)、土工织物等。②河道裁弯工程,用于蜿蜒性河道,可增加河段泄洪能力,降低洪水位,缩短航程。③实施河道展宽、疏浚工程,适用于狭窄而有展宽条件的河道。可用机械开挖、爆破或人工开挖,增加水深及过流能力。

对直接入海的河道,下游(河口)排水能力往往对防洪排涝起到关键作用。因此,建设河口的排水通道(闸),及时候潮排洪,必要时建设强排泵站,确保河道下游排水通畅,不受潮水顶托。

如我省余姚市经历了 2013 年大洪水灾害之后,规划建设了泗门等大型排水泵站。用于加强在高潮位情况下强行向外江的排洪能力。泗门排水泵站设计排涝流量为 100 立方米/秒,泵站总装机功率 5 兆瓦,共安装 4 台竖井贯流泵,单机设计流量 25 立方米/秒,单机功率 1250 千瓦。泗门泵站属大(1)型,Ⅰ等工程,工程施工总工期 12 个月,总投资 3.6 亿元。目前余姚泗门排水泵站已经具备排水能力。

图 4-4 黄河堤防布置的丁坝

4.2.5 浙江主要防洪工程及其任务

根据全省五水共治总体规划，在“防洪水”工程措施方面，按照“一年强势推进、三年解决重点”的总要求，安排 2014—2016 年实施计划，防洪计划投资 664 亿元，全省各市计划完成主要指标见表 4-2。

表 4-2 浙江省“五水共治”防洪水 2014—2016 年各市计划任务指标

类型	指标	合计	杭州	宁波	温州	嘉兴	湖州	绍兴	金华	舟山	台州	衢州	丽水
强库	水库除险加固(座)	300	35	33	17	/	6	34	51	21	32	52	19
固堤	塘堤加固(千米)	1500	210	127	200	100	70	80	165	30	150	183	185
	圩区治理(万亩)	120	12	/	/	74	34	/	/	/	/	/	/
强排	河道疏浚(千米)	450	70	78	72	40	120	40	/	/	30	/	/
	强排能力(立方米/秒)	840	405	400	/	/	/	/	/	35	/	/	/

以“十百千万治水大行动”为载体，以二十大防洪重点项目建设为抓手，全面推进全省病险水库除险加固、海塘河堤加固、区域骨干工程建设，治理杭嘉湖、温黄北部等区域和甬江、鳌江、浦阳江、兰江等河流，加强防洪薄弱环节。

(1)强库工程的具体项目

建成平阳顺溪、诸暨永宁两座中型水库，以及瓯海桃源等小型水库，鳌江、浦阳江等流域上蓄防洪能力进一步提高。开工建设缙云潜明水库一期工程；完成永嘉南岸水库前期工作，开展政策处理，做好开工准备；大力推进开化钱江源、龙泉安吉、安吉顺天等大中型防洪水库前期工作。

继续巩固病险水库除险加固成果，加强水库安全动态监测，开展大坝安全鉴定,及时消除安全隐患;完成新昌长诏、金华安地等大中型病险水库除险加固以及一批小型水库(300座)的除险加固,将水库年病险发生率控制在3%以内。三年全省计划投资54亿元。

(2)固堤工程的具体项目

以钱塘江、瓯江、鳌江等河口为重点,加固已建标准海塘,提高低标准海塘防御标准,完善沿塘配套建设,巩固、完善、提高海塘防御风暴潮的能力。加快推进钱塘江、瓯江、甬江、鳌江、飞云江、椒江等六条独流入海河流治理,推进中小河流治理,优先对洪涝易发、人口集中、经济集聚、农田连片的河段进行堤岸加固和疏浚整治,基本完成列入全国中小河流专项规划的独流入海和中小河流建设任务。完成海塘河堤加固1500千米。加快推进杭嘉湖王凝、湘溪等圩区建设,配套实施圩堤加高加固、水闸和泵站更新改造,完成圩区整治面积120万亩。三年全省计划投资296亿元。

(3)扩排工程的具体项目

大力推进太湖流域治理五大工程建设,完成三堡等排涝泵站,杭嘉湖地区新增入海强排能力230立方米/秒。加强宁波平原排涝格局研究,加快推进姚江北排和鄞奉平原排涝工程建设,宁波新增入海强排能力400立方米/秒。加快推进萧绍平原排涝口门建设和骨干河道治理,开工建设沥北河—滨江河、新三江闸排涝配套河道等工程,建成钱江枢纽、顺坝、四工段、华家等排涝泵站,新增入海强排能力210立方米/秒。大力实施温黄平原骨干排洪河道整治,基本建成金清二期、台州栅岭汪工程,开工建设台州东官河、大田排涝一期工程,加快洪家场浦建设,推进青龙浦、湖漫隧洞、江厦泵站、方山隧洞等前期工作。

进一步研究理顺温瑞平原排涝格局,完成永嘉三塘隧洞工程,加快推进温州东片、西片排洪和江南垟平原骨干河道等项目前期建设。三年内全省计划完成拓浚排洪河道 450 千米，新增入海强排能力 840 立方米/秒，计划投资 314 亿元。

(4)平阳县鳌江干流治理麻萧段防洪工程

①工程概况。平阳县鳌江干流治理麻萧段防洪工程是浙江省鳌江治理工程的重要组成部分。工程位于鳌江干流下游，保护范围主要为麻步镇、萧江镇桃源片和江西洋平原，保护区内总人口约 52.4 万。鳌江干流麻萧段的显桥—麻步—岱口段河道长约 17.5 千米，东至萧江镇包岙，西与水头镇防洪三期工程相连，现状为河道较窄，过流能力严重不足，下游易受潮水顶托，两岸无堤防或仅有防洪能力较差的土堤，沿堤水闸规模较小，且严重老化，每遇台风暴雨极易发生洪涝灾害，严重威胁人民群众生命财产安全，制约了当地经济社会发展。

通过实施该项目，将逐步提高麻萧片防洪除涝能力，进一步改善水利建设滞后于当地经济发展水平的不利现状，在上游规划水库(顺溪水库、岳溪水库及三座河道型水库)建成后，与已建上周—麻布大桥堤防和萧江标准堤形成防洪闭合，鳌江干流陶贡段、渔塘段、麻步镇段和桃源段的防洪标准从现在的不足 2 年一遇提高到 10—20 年一遇(其中麻步镇南岸段远期达到 50 年一遇)，工程建设对保障当地人民群众生命财产安全、促进区域经济社会可持续发展将起到重要作用。

②工程建设任务和主要内容。平阳县鳌江干流治理麻萧段防洪工程任务以防洪(潮)排涝为主，兼顾改善水环境等综合利用。工程建设内容由堤防和水闸组成。新建堤防 20.35 千米(其中陶贡段 5.58 千米，渔塘段 2.75 千米，麻步镇北岸段 2.10 千米，麻步镇南岸段 4.63 千米，桃源段 5.29 千米)，沿堤配套新建、重建 10 座水闸，总净宽 60 米。麻步镇南岸段防洪(潮)标准为 20 年一遇(远期 50 年一遇)，堤防级别为 3 级；渔塘段、麻步镇北岸段、桃源段防洪(潮)标准为 20 年一遇，堤防级别为 4 级；陶贡段防洪标准

为10年一遇(不同超高),堤防级别为5级。

工程堤线按照规划要求,顺应河势,合理布置,显桥—麻布三桥控制堤距不小于150米,麻布三桥—包岙控制堤距不小于160米。沿线堤防根据地形、地质条件分段采用扶壁式、斜坡式、框架式、双挡墙式等不同堤岸结构形式。乡村段主要采用斜坡式土石堤,堤身填筑采用闭气土方;镇区段和乡村房屋密集区段堤防主要采用扶壁式和框架式防洪墙堤,堤基采用砼灌注桩处理。

工程总投资9.38亿元,建设总工期47个月。

③工程建设计划。平阳县鳌江干流治理麻萧段防洪工程分四段实施,施工总工期从2012年11月起至2016年10月止。

4.3 以柔克刚——防洪非工程措施

4.3.1 "非工程措施"的内涵及作用

防洪工程措施可以起到一定的防洪安全保障作用,但也有不足之处。如建设困难、投资巨大、破坏生态环境等,再有近年来超标准洪水频繁发生,防洪工程的防洪标准是固定而有限的,工程措施不可能完全解决洪水灾害问题。基于此,人们开始认识人与洪水的关系。在这样的背景下,提出了防洪非工程措施问题,并受到了广泛的认可。

防洪非工程措施是指为减少洪泛区洪水灾害损失,采取颁布和实施法令、政策及防洪工程以外的技术手段等方面的措施。如洪泛区管理、避洪安全设施、洪水预报与警报、安全撤离计划、洪水保险等都属于防洪非工程措施。

洪泛区管理是减轻洪灾损失的一项重要的非工程措施。这里所说的洪泛区主要是分洪区、蓄洪区(包括滞洪区),包括为特大洪水的防洪安排出路涉及的行洪范围,而不泛指洪泛平原。通过政府颁布法律、法规及政策加强对洪泛区的管理,实现对指定洪泛区进行有计划的、合理的管理和开发利用。我国大江大河的下游人口密集、经济发达，洪泛区已出现过度开发的势头，要对这种不合理开发的现状，通过政府制定政策及法令予以限制和调整。如采用调整税率等政策对不合理开发的区域进行控制及管理。

在洪泛区（分洪区）建设避洪安全设施是为保护分洪区、蓄（滞）洪区内群众生命安全及减少损失，如修筑避水台、安全台、躲水楼、安全区等避洪设施。

对离大堤较远的居民，可就近利用天然高地堆筑土台作为避水台，其台面高程应超过蓄洪高水位加风浪高。躲水楼采用混凝土框架结构，底层墙壁可临时拆除以利过水，第二层楼面高程应超过蓄洪高水位加风浪高。安全台（村台）应沿堤选择避开急流、崩岸和深水区，台面和堤顶高程齐平。安全区一般是靠近堤防，利用有利地形修筑围堤形成一个安全完整的堤圩。

避洪设施对分洪区内人民群众的生命、财产安全有很大作用，但因分蓄洪区内人口众多，避洪设施建设和管理需要投入巨额资金，必须合理规划，逐步实施、加强管理，使其发挥应有的效益。

洪水预报和洪水警报系统是防洪减灾的有效技术手段。利用水情自动预测、预报系统，从自动采集和传输雨情、水情等信息，及时做出洪水预报，到利用洪水预报的预见期，进行洪水调度及洪水演算，预见出现的分洪、行洪灾情，并及时发出洪水警报，以利分洪区群众安全转移，使洪灾损失最大限度地减小。

安全撤离计划是指在接到洪水警报及撤离命令后，处于洪水威胁的洪泛区内居民按计划路线和方案安全撤离的安排，使分洪区居民及其主要财产能安全撤离。撤离计划主要包括：建立撤离指挥组织机构、确定撤离路线、撤离方式（使用的交通工具）、撤离次序等方面的具体安排。每年汛前要对撤离计划进行核实和修正，确保接到撤离命令时能有序、安全地撤离。必要时，要组织进行撤离演练，以保证计划的有效性。

洪水保险是在国家有关优惠政策（补贴）指导下，让蓄滞洪区的居民参加的关于庄稼、家庭财产等被洪水淹没损失的专门保险。作为一项防洪非工程措施，其对有效减少居民洪灾损失、恢复灾后生产生活等起到积极有利的作用。国际上有许多国家已实行洪水保险措施，我国目前还处于研究和准备试行阶段。

洪水保险不能起到直接减小洪涝灾害损失的作用，但是，它对防洪事业具有以下两方面积极意义：一是它将极不规则的洪水灾害损失的时序分布，转化为均匀支付的年洪水保险费，从而减小突发性洪灾对国民经济和灾区受灾群众的严重冲击和不利影响；第二是积极配合了洪泛区管理，对有不同洪灾风险的区域规定缴纳不同数量的洪水保险费，可以借助于洪水保险对洪泛区的合理开发利用起促进作用。

4.3.2 洪水预测、预警与安全避险

洪水的预测预报是根据洪水形成过程和运动规律，利用现时水文气象资料，预测未来一定时段内可能发生的洪水情况。其是防汛抢险和防洪调度运用等决策的依据，也直接为水资源的合理利用和保护、水利工程的建设和管理及工农业的安全生产服务。主要预报项目有：洪峰水位、洪峰最大流量、洪峰出现的时间和一次洪水总量等。通常，把预见期为2天以内的称短期预报；预见期在2～10天的称中期预报；预见期在10天～1年的称为长期预报。

由于大气环流、海洋潮汐、各种地球物理因子都是时刻变化的，地上下垫面产流、汇流条件等也受到人为因素而变化，它们对洪水形成和演变都会产生不同的影响，故短期洪水预报大多采用基于物理成因的经验方法，而中、长期预报与天气气候、气象预报关联更密切一些，因影响长期天气过程变化的因子尤为复杂，故长期洪水预报方法尚处于研究探索阶段。一般来讲，洪水预报精确

度愈高，预见期愈长，减少洪水灾害损失的作用就愈强，水利工程发挥的防洪减灾效益就愈充分。

在我国的实际操作中，一线常用的洪水预报方法分：流域降雨径流预报和河道洪水预报。

流域降雨径流预报产流阶段计算方法：降雨径流相关图、产流公式、蓄满产流模型等；汇流阶段的计算方法：谢尔曼单位线、汇流系数、Nash 单位线、非线性单位线、扩散模型；河道洪水预报河道汇流计算方法：水位流量相关法、马斯京根、汇流系数、调洪演算、洪峰相关；河道预报区降雨径流产流的计算方法：降雨径流相关图、产流公式、蓄满产流模型；河道预报区降雨径流汇流的计算方法：谢尔曼单位线、经验汇流、峰量相关、扩散模型；其中降雨径流相关图、谢尔曼单位线和马斯京根法是 20 世纪 30 年代产生的，经过时代的淘汰、筛选、优化，成为传统预报方法的主流。

现代洪水预报系统是各项洪水预报技术（设备）的综合系统，是一项重要的防洪减灾的非工程处理技术。在洪水到来前，利用卫星、雷达和电子计算机等设备，把遥感卫星收集的水文气象数据，通过无线电系统传输到计算机，进行计算、分析等综合处理，较准确地做出洪峰、洪量、洪水位、流速、洪水历时、洪水到达时间等洪水特征值的预报，密切配合防洪工程的洪水调度及防汛指挥，减小或避免洪水灾害的损失。现代洪水预报系统主要包括：①信息采集系统：下垫面信息、多普勒雷达信息、降雨信息、河道实时水情信息等的采集、传递。②数据库系统：利用计算机技术，建立上述信息管理的数据库。③预报模型：利用水文预报技术及专家系统，开发适应流域各水系现状特性的水文、水力学等预报模型。

安全避险也是减少洪水灾害损失（人员伤亡）的有效方法，它属于非工程措施。为更好地做好防洪防台工作，减少或避免人员伤亡，浙江省人民政府办公厅于 2008 年 7 月印发了《浙江省防御洪涝台灾害人员避险转移办法》，主要包括总则、预防预警、组织实施和法律责任共四章。其中第三章第二十条提到:"按照紧急避险通告或者人员转移指令自行转移有困难的,当地人民政府应当组织集中转移,告知被转移人员灾害的危害性及转移地点和转移方式。组织转移的人民政府应当组织必要的交通工具,并妥善安排被转移人员的基本生活。有条件的企事业单位应当为本单位职工的转移提供必要的交通工具。被转移人员应当服从统一安排和管理,并自备必要的生活用品和食品。被转移地区的村(居)民委员会和有关企事业单位应当协助政府做好相关人员转移工作。"这就为人员受灾后进行避险转移提供了依据和保障。

4.3.3 林水结合是防洪减灾必经之路

人类不可能根治洪水灾害,大江大河的季节性洪水是自然规律,无法扭转。但我们可通过各种努力,尽可能地减小灾害的影响。

历史上发生的一些特大洪水给予我们很深刻的教训,也给了人类一些警示,揭示了破坏植被、乱砍树木等造成水土流失是洪灾成因之一,反映了保护水土资源、治理生态环境的重要性。痛定思痛,寻求根治水患的对策已势在必行。

中国是世界上水土流失最严重的国家之一。据统计,全国水土流失面积达 367 万平方千米,占国土陆地面积的 38.2%。水土流失使大量泥沙随水下泄,淤积到下游河道,削弱了行洪能力,一旦上游来洪量增大,就容易引起洪涝灾害。

1998 年夏季,长江、松花江、嫩江出现了自 1954 年以来的特大洪水。据专家分析,洪灾的发生就是对生态环境破坏必然反馈的结果。在长江、嫩江、松花江等流域生态系统遭到一定程度的破坏,其环境功能显著下降的情况下,再加上大量的人类生产活动造成空气污染,使大气中二氧化碳大量增加,引起地球变暖、气候异常,造成了这种异常的持续性大暴雨。

上游山区植被遭严重破坏后，遇降雨量较大时，雨水未受到植被有效阻挡，形成了大量地表径流，快速汇入河流，则在短时间内导致河水流量暴涨。水土流失还导致下游河床、湖泊和水库淤塞，使河流行洪不畅，部分水利工程效益降低，削弱了水库、河道蓄水调洪等功能。同时，因河床抬高，许多地区的地下水位升高，农田土壤次生潜育化严重，其肥力下降，产量减小。

长期持续过量采伐，也使黑龙江省的森林遭到了严重的破坏，森林覆盖率严重地下降。再由于近几年东北森林火灾的频繁发生，破坏了原始森林结构，侵扰了生态平衡，更加剧了松花江、嫩江流域发生水灾的可能性。

森林、植被通过茂密的枝叶覆盖地面，树冠层、树干截留部分降水，可减弱降水对地表的击溅侵蚀；通过植物地表层及枯枝落叶层可降低地表径流的动能，大大减小径流对地表的面蚀、沟蚀；通过植物及枯枝落叶层改良土壤结构，可增大土壤渗透性及蓄水功能。

据四川省试验研究结果表明，旱季时桤柏混交林内地下的出水量比无林地多出20.3倍，雨季时多81.6倍。可见，植被将下渗的水贮存在土壤中，在涵养水源水分的同时，也防止了土壤侵蚀。增加植被面积提高植被质量会起到防治水患、改善生态环境、实现生态系统良性循环的积极作用。

营造生态经济型防护林体系，增加林地面积，增强土壤蓄水的能力，可有效减少地表径流，从根本上解决水土流失问题，进而更好地防治水患，这是防洪减灾的根本措施，是治本之计。因此，走林水结合、综合治理之路是防洪减灾的必然选择。

4.3.4 洪水风险图的应用

洪水风险图是根据防洪调度、调洪验算成果，利用GIS等先进技术手段，编制的标明不同重现期洪水在泛滥时最大淹没范围、标示洪泛区内各处受洪水灾害危险程度的专用地图(见图 4-5)。图中有地形等高线、坐标位置、微地貌、行政区划、重要设施、淹没范围边界线等,详细的洪水风险图中还用不同颜色标出不同淹没深度的淹没范围、淹没历时、居民避洪疏散道路、位置等。往往一个地区的洪水风险图是一本洪水风险图册,图册中含该地区不同地段、不同时间各自的洪水风险图。洪水风险图册中还应附有淹没区的社会、经济资料和原受淹时的典型相片或情景描述、防汛指挥系统的组织机构及风险图比例精度、编图的依据等。

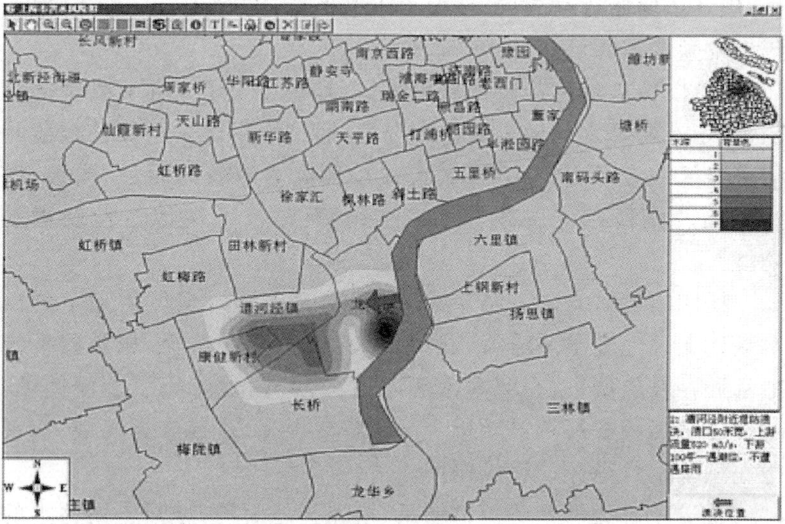

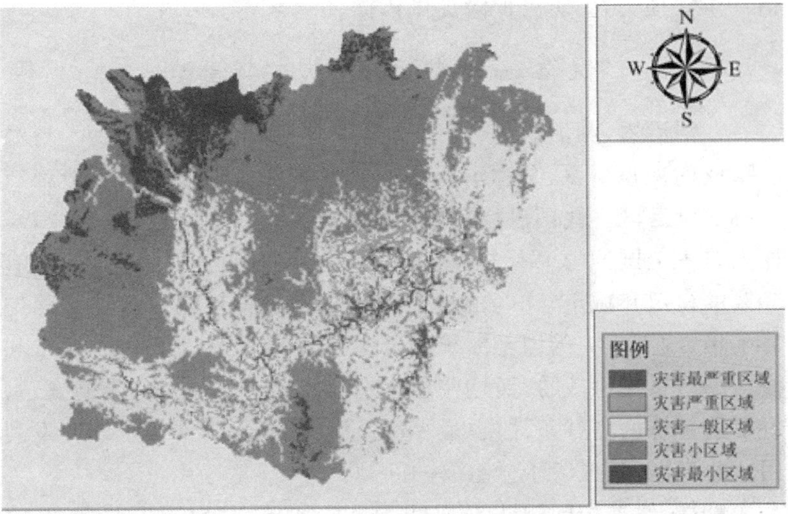

图 4-5　洪水风险图实例(堤防溃决)

洪水风险图始于 20 世纪 60 年代,美国为推行洪水保险计划而绘制了洪水风险图。1978 年,日本开始引入,并绘制了东京都的洪水风险图,其是东亚地区较早的洪水风险图。1988 年,联合国亚太地区社会发展理事会在曼谷召开了根据洪水风险分析及洪水风险图改进防洪系统专家会议。会后,洪水风险图在亚太地区逐渐推广。2004 年,我国防汛抗旱总指挥办公室组织编制了《洪水风险图编制导则》并颁布实施。2005 年 7 月,按照《洪水风险图编制导则》的要求,在全国范围内开始了洪水风险图编制及应用工作。

洪水风险图对合理布置防洪工程措施、确定江河(防洪区)防洪标准、洪水保险收费办法及标准、堤防保护范围、科学管理洪泛区、指导防汛抢险、制定各地的土地开发利用规划、提高广大国民的防洪减灾意识等方面具有非常重要的意义。

根据洪水风险图并结合泛区内社会经济发展状况,还可合理估计洪灾损失，为防洪保险提供依据。

4.3.5 “保障”——洪泛区的规划与管理

江河沿岸、湖泊周边、滨海易受洪水淹没的地区，是洪水泛滥所形成的冲积平原，又称洪泛平原。各大江大河中下游一般都有广阔的洪泛区。我国洪泛平原面积约占全国土地面积的10%，居住人口占全国50%以上。如匈牙利洪泛区占国土面积的25%，有80%的村镇和城市、50%的铁路和公路都在该区内。荷兰全国地势平坦，约有1/4的国土面积低于海平面，常受海潮、暴雨、洪水和渍涝的严重灾害威胁，而这些地区土地肥沃、人口密集、交通发达，有发展经济的良好条件，也最易遭受洪灾的侵袭，如何合理开发利用这些地区，就成为十分重要的问题。

以往，对这个问题认识不足，洪泛区的开发利用不够合理，使得区内人口不断增长，城市规模越来越大，财富越加密集。虽然近年来修建了大量防洪工程，取得了较好的防洪效益，使其受洪水灾害的概率有所降低，但洪涝灾害仍有发生，损失越来越大。

在洪泛区合理规划的基础上，通过颁布法律、法规、命令或制定专门政策等方式，对区内土地使用和其他建筑物的修建、使用等实施专项管理，并绘制标明洪水风险的分区图以供使用，称为洪泛区管理。洪泛区管理的内容一般包括：在洪泛区采取减小洪水灾害损失的措施；限制与洪水风险不相适应的经济和社会发展；对减少洪灾损失和土地利用等进行综合规划安排；保持洪泛区行洪、滞洪的功能。

洪泛区管理是一项比较复杂的工作，世界各国发展水平不一。我国于1988年颁布并于2010年修订的《中华人民共和国水法》明确规定：“在防洪河道和滞洪区内，土地利用和各种建设必须符合防洪的要求。”如四川省按规划，将沿长江的江滨土地按洪水风险分析要求的高程，划分为禁止开发区和限制开发区。

为减少洪灾经济损失，对洪泛区已开发的地区，在经济上合理、技术上可行的前提下，一般宜用防洪工程措施保护；对不合理的开发利用要限制发展。对洪泛区实行区域规划，制定、完善管理法规，逐步推行综合的洪泛区管理。

对洪泛区管理的具体内容包括以下几个方面：建立健全专门管理机构；制订蓄滞洪区总体规划和安全工程建设规划并监督实施；编制防洪调度、运用、准备和群众撤离安置措施；分洪的后救助、补偿和善后工作；进行日常管理，加强防洪安全措施建设与管理，控制人口增长和限制经济发展；制定相关法律、法规，依法管理蓄滞洪区。

4.3.6　防洪保险——洪水灾害后的保障

洪水保险是一种因洪水造成经济损失，有保险公司按保险合同进行赔偿的灾害保险，是指投保者每年缴纳一定数量的保费，来保障自己因水灾而造成经济损失的赔偿权益。

承保人每年向投保人收取保险费，一旦投保人在保险期内因洪涝灾害蒙受经济损失，承保人按既定契约予以经济赔偿或按契约规定的其他方面的赔偿。

洪水保险虽不能防止洪水的发生，却可把随机的洪水灾害损失变成一个均匀年支付系列，把局部地区的洪灾损失均匀分摊到广大投保地区。因此，它是把洪水风险在时间和空间上进行规避和转移的方法。其可有效降低国家抗洪救灾费用，同时对维护受洪灾地区经济的可持续发展和灾后恢复生产、生活保障有着重要的意义。

(1)洪水保险的作用

①在较大(全国)范围内分摊洪水造成的损失，增强全社会消纳洪灾损失的能力。

②充分体现国家引导大众对洪泛平原进行合理有序开发的政

策导向。洪泛平原开发是有风险的，在有洪水风险的地方进行经济开发，就应付出与本地区防洪费用相应的洪水保险费，达到对洪泛平原进行合理有序开发的目的。

③增强居民的防洪减灾意识，减轻政府财政负担。

④洪水保险作为一种社会行为，能促进社会的公正、互助和友善，作为经济行为，利于提高洪泛平原开发经济效益和社会效益。

我国的保险公司，大多由国家统一经营，近年来，在全国开展了对暴雨、洪水、海啸、冰凌、泥石流等造成的灾害保险赔偿业务。20 世纪 80 年代开始对洪水保险的研究，进行了一些形式的尝试，如综合型洪水保险、专业型洪水保险、定向型洪水保险等，积累了大量的经验。

近年来，全国针对洪泛区的定向型洪涝灾害保险仍在开展，有些保险公司开展洪水财险、青苗险等业务。对受灾投保企业和个人迅速恢复生产、重建家园，保障社会经济的稳定发展，起到了积极的作用。但我国洪水保险还处于初步探索阶段，没有系统的洪水保险补偿机制，相关的政策法规还不完善。

目前，国家已经开始探讨将洪水保险作为加强洪水风险管理的一种手段，出台相关政策和法律文件，保障洪泛区人民群众的切身利益，更加合理有序地开发洪泛区。

(2)浙江抗洪保险案例

浙江省每年梅雨和台风暴雨时有发生，政府、保险公司、企业及居民对参加洪水保险非常重视。政府主导，出台相关优惠政策，保险公司实施，企业及居民投保积极性高。施行洪水保险制度已有些年头，并在多次抗洪救灾中发挥了巨大的社会及经济效益。

2011 年 6 月，浙江遭受四轮大面积强降雨袭击，太湖流域的东苕溪及杭嘉湖平原等地多次发生大洪水，洪涝灾害损失严重。针对多年未遇洪水灾情，浙江保险业积极行动，全力以赴投入抗洪抢险及赔付工作中。

浙江保险业主要做好四项工作：启动保险业灾害事故突发事件应急预案，建立了 24 小时值班制度及灾情险情日报制度，保持信息通畅，设立大灾理赔领导组织；成立全省保险业防汛抗灾应急指挥中心，省保监局和保险行业协会相关单位负责人分别带队指导工作；确定易受损的重点投保单位，开展风险排查活动，协助保户及时安全转移财产和人员，尽量减少洪水灾害损失；指导保险公司优化大灾理赔预案，组织查勘定损力量，积极调配赔款资金，开辟“绿色理赔通道”，及时优质地做好理赔服务。按照“农业在先、农民优先”的原则，采取限时查勘、全面查勘，使保险查勘面达到 100%，对农房采取保险赔款支付和查勘工作同步进行的方式，并确保在一周内全部查勘、定损、赔付完毕。

截至 2011 年 6 月 20 日，全省保险业接到因洪水造成的企业财险报案 1217 件，报损 9560 万元，预估赔款 6024 万元；工程涉洪水险 97 件，报损 3975 万元，预估赔款 1856 万元；农业涉洪水险 639 件，报损 1112 万元，预估赔款 764 万元；因洪水淹没农房保险 4005 件，报损 2211 万元，预估赔款 792 万元；其他险 1586 件，报损 1126 万元，预估赔款 836 万元。

以史为鉴——防治洪水之成败

第 5 章

5.1 制胜举措——防洪水的经验之道

5.1.1 1998 年长江抗洪胜利

1998 年 6 月至 9 月,长江流域发生特大洪水。7 月 2 日,宜昌出现第一次洪峰,最大洪峰流量为 54500 立方米/秒,监利、九江等水文站水位超过历史最高水位。7 月 18 日迎来第二次洪峰,流量 55900 立方米/秒。24 日宜昌出现了第三次洪峰。8 月 7—17 日,又连续出现 3 次洪峰,致使中游水位不断攀升。8 月 16 日出现 63300 立方米/秒的第六次最大洪峰。大洪峰向中下游推进中,与清江、洞庭湖以及汉江的洪水遭遇,水文站水位超过历史实测最高水位,随后又出现了第 7 次和第 8 次洪峰。

1998 年长江上游洪水总量大,但洪峰流量小于 1954 年。长江中下游主要水文站洪峰流量与 1954 年、1931 年比较(详见表 5-1),1998 年螺山、汉口、大通等水文站洪峰流量均小于 1954 年,汉口洪峰流量则大于 1931 年。

表 5-1 1998 年、1954 年、1931 年长江洪峰流量对比表

(单位:立方米/秒)

水文站	1998 年	1954 年	1931 年
宜昌	63300	66800	64600
螺山	67800	78800	
汉口	71100	76100	59900
大通	82300	92600	

在洪水总量上看,1998 年宜昌站最大 30 天洪量与 1954 年相

当,比 1931 年多 314 亿立方米;60 天洪量比 1954 年多 97 亿立方米,比 1931 年多 652 亿立方米,从洪水总量看,洪水约为 100 年一遇。

在长时间高水位、大流量的状态下,千里长江两岸大堤处于浸泡中,沿江两岸管涌、漏水险情不断。一些民垸、围堤决口,使两岸千万居民的生命财产处于洪水威胁之中。在这种洪水危机之时,在中共中央国务院领导下,长江沿线军民积极投入抗洪抢险中。中央军委紧急调度中国人民解放军、武警部队等力量,积极防汛抢险。长江沿线百万军民团结一心,积极投入防洪抢险之中,在 2 个月的时间里,取得了一个又一个的胜利。

1998 年的抗洪斗争的胜利(见图 5-1),是中国人民唱出的又一曲团结奋斗、自强不息、人定胜天的壮歌。

图 5-1　1998 年抗洪全面胜利

5.1.2 苏轼疏浚西湖

“水光潋滟晴方好，山色空蒙雨亦奇。欲把西湖比西子，淡妆浓抹总相宜。”这首苏东坡吟诵西湖的《饮湖上初晴后雨》诗，更使西湖名扬天下，西湖由此称为“西子湖”。

西湖，位于杭州市西部，是中国主要观赏性淡水湖，也是国家重点风景名胜区。西湖三面环山，面积约 6.39 平方千米，东西宽约 2.8 千米，南北长约 3.2 千米，平均深度 1.21 米，最大深度 6.52 米，绕湖一周约 15 千米。湖被孤山、白堤、苏堤、杨公堤分隔为外西湖、西里湖、北里湖、小南湖及岳湖等，苏堤、白堤越过湖面，小瀛洲、湖心亭、阮公墩三小岛鼎立于西湖湖心，夕照山的雷峰塔与保俶塔隔湖相映，形成了“一山、二塔、三岛、三堤、五湖”的格局。2011 年 6 月，杭州西湖被列入世界文化遗产名录。

西湖不仅有秀丽的自然风光，而且其具有大约 1000 万立方米的水容量，对杭州防洪也起到至关重要的作用。

宋哲宗元祐四年(1089 年)，苏轼第二次到杭州赴任时，升任杭州知州，时年 54 岁，时隔 15 年再见西湖已茅草丛生、淤塞严重、侵占过半，于是他广泛听取百姓意见，积极上书朝廷治理西湖。苏轼说：“熙宁中，臣通判本州，湖之葑合者，盖十二三耳；而今者十六、七年之间，遂塞其半。父老皆言，十年以来，水浅葑横，如云翳空，倏忽便满，更二十年，无西湖矣。”

由于西湖对全城起着防洪、农田灌溉、提供饮用水源等重要作用，他说道：“然后民足于水，邑日富，百万生聚待此而后食。今湖狭水浅，六井渐坏，若二十年之后尽为葑田，则举城之人复饮咸苦，势必耗散。”面临着这样严重的威胁，苏轼立即着手制订疏浚西湖的方案，向朝廷上了《乞开杭州西湖状》的奏章。朝廷很快批准了苏东坡奏章，并命令及早开工实施。

苏东坡主持了这次规模空前的疏浚工程，他动用民工 20 万人，对西湖进行了彻底整扩治理。拆毁湖中私围的葑田,恢复湖面,并对全湖进行了挖深、清淤及挖深疏浚,挖掘出了大量淤泥,在当时的条件下,如果把湖中淤泥全都运到湖边,既费时又费力,还占用土地,事倍功半。于是他决定在湖中偏西处筑一条沟通南北湖岸的长堤,后人称为苏公堤。又在全湖最深处(即今湖心亭一带)建立石塔三座,禁止在此范围内养殖菱藕等,后来演变成现在的"三潭印月"。当今看来,苏堤及三潭印月虽为人作,宛自天成,有浑然天成之感,都成为西湖美丽的景观,堪称苏轼治理西湖杰作之一。(见图 5-2)

图 5-2　清朝时期的西湖苏堤

5.1.3　成功经验——行禅水库顺利防汛应急抢险

浙江永嘉行禅水库始建于 1969 年,并于 1974 年加高大坝约 4 米,是一座以灌溉为主的小(二)型水库,坝址以上的集雨面积 0.9 平方千米,坝高 21.5 米,总库容 13 万立方米,相应的库水位 498.2 米(假定高程,下同),正常库容 10 万立方米,相应库水位 496.5

米。1999 年“9·4”洪灾后，大坝背水坡有鼓出现象，被列为病险水库。2001 年，对溢洪道、坝坡等进行了加固处理，处理后发现大坝右坝肩仍存在渗漏现象。

2004 年 8 月 12 日，台风“云娜”正面袭击永嘉县，全县过程降雨量达 394 毫米，其中中堡雨量站最大达 786.5 毫米，该县的山塘、水库全线告急，防洪安全经受了一次严峻的考验。8 月 23 日，18 号台风“艾利”又接踵而至，永嘉县境内短时间内普降大雨，给全县的水利工程特别是病险山塘、水库的安全度汛带来了更为严峻的考验。8 月 25 日下午 6 时 20 分，行禅水库的巡查员在巡查中发现了大坝坝体漏水量明显加大，背水坡出现了凹陷，当日水库水位 497.0 米，溢洪道水深约 0.5 米，大坝背水坡面出现上、下 2 处塌坑，同时发现在高程约 493.5 米有一处出流量约 0.05 立方米/秒的“管涌”现象，在高程约 489 米处有出流量约 0.05 立方米/秒的大坝坝肩漏水，水流略有浑浊，并有细小的土颗粒带出。6 时 30 分，瓯北水管所接到驻村干部的险情报告，他们及时向县防汛指挥部汇报，当时正在县城坐镇指挥的县长立即带领水利局长和技术人员赶赴现场，8 时 20 分整，在永嘉县指导抗台工作的温州市局及水利厅专家也赶赴现场进行指挥工作。

根据大坝险情主要原因和险情危害性，现场抢险指挥部立即提出抢险工程措施和非工程措施结合的方案：

(1)立即转移下游相关人员，对现场严密监测。(2)制订科学方案，全力抢险，决定在水库大坝左坝肩原灌溉涵管处开挖临时溢洪道，强行泄洪的紧急抢险措施。(3)保障好抢险成果，实施后续的除险加固。

在全体水利指挥人员、工程技术人员和工人的艰苦努力下，终于成功安全下泄洪水，保住了大坝，确保了下游人民群众的生命及财产安全。

通过成功抢险的实例，总结得出以下经验：

(1)落实责任制很重要。从工程发生险情到抢险工作的胜利完成,各岗位的人员须全心投入。抢险成功与防汛安全责任人落实到位、抢险人员尽职尽责是密切相关的。(2)防汛检查、监测预警是保障。在重大汛情期间要确保水库必须有1名以上巡查员,坚持昼夜24小时巡查,乡镇驻村干部要及时了解、报告险情,各相关人员要在第一时间发现险情,为人员转移、危险排除赢得时间。(3)预案完善是核心。防汛预案是指导防汛的重要依据,当发现险情时,及时启动防汛预案,转移下游危险地带人员,通过一系列有效措施,避免人员伤亡事故的发生。另外,进一步完善水库应急抢险预案,制定不同险情下不同的应对措施,做到有条不紊避险、排险和抢险。(4)方案科学、抢险及时是关键。水利专家组以最快速度赶赴现场,经查看现场及认真细致分析,得出"存在溃坝危险"的结论,为及时转移下游人员提供了决策基础。根据当时水雨情和大坝险情,制订出开挖临时溢洪道逐层降低水位的泄洪抢险措施,为排险工作顺利、有序地开展提供了坚实的技术保障,及时调用大型机械结合人力抢险,快速降低水库水位,是抢险工作取得突破性进展的关键措施。(5)协同作战要发扬。防汛抢险涉及防汛设备、材料、人员等方面,需要地方部队、水利、交通、城建等相关部门的通力合作才行。

5.1.4 东苕溪成功防御"6·19"洪水

东苕溪,又名龙溪、仇溪,位于浙江省东北部,以南苕溪为正源。源出东天目山北部平顶山南麓,海拔高程1166.8米,南流折东流,分别与中、北苕溪回流至瓶窑后称东苕溪。此地域为东天目高山暴雨区,多年平均降水量1600～1900毫米,汛期降水丰沛。流域内各支流呈梳子状分布,坡陡河短,汇流速度快,易发生洪涝灾害,典型的如1996年"6·30"梅雨洪水。

2011年6月3日开始东苕溪流域持续降雨,降雨分布比较均匀，主要集中在3—19日，总降雨量达420毫米，余杭、长乐等地高达460毫米，降雨较小的瓶窑石门水库、良渚康门水库等地约390毫米。其中13—15日降雨量普遍在120毫米以上，18日24小时降雨量普遍达87毫米以上，且分布均匀。

15日后东苕溪流域全线超警戒水位，控制站瓶窑站19日达到6.61米的最高水位，超警戒水位0.95米，距保证水位仅差0.05米。余杭站17日5时水位达7.98米，超警戒水位1.32米。四岭水库15日18时达到最高洪水位74.27米，库容达1688万立方米，超汛限水位4.71米。26座小型水库和200多座山塘全部蓄满并泄洪。

面对洪水险情，杭州市政府、余杭区政府果断采取了一系列防洪措施：

(1)进行了相关防御洪水部署，从3日开始，随着汛情不断发展，区防汛指挥部及时下达紧急通知，部署了各项防洪工作。市气象、水文等部门严密监测，实行滚动水情预报，及时发布预警信息。各镇乡、街道和区防指成员单位做好工程设施、设备检查，提前落实防汛抢险队伍和物资。14日省、市、区三级防汛指挥部门召开联合防汛紧急会议，通报天气形势，并再次部署了各项防汛抗洪工作，14日20时区防指启动防汛Ⅳ级应急响应，余杭区全面进入防汛紧急状态。15日晨，东苕溪全线超过警戒水位，区防指及时将防汛应急响应提高至Ⅲ级，以平时4倍的力量加强值班和指挥部的管理工作，并及时派出3组技术人员到各重要地点检查、指导防汛工作，防指主要成员单位派驻人员到总值班室值班，以利及时处理防汛指挥部的相关工作。

(2)采取了积极的洪水调度政策。本次降雨过程长、阶段性集中降水较大，给防洪调度带来一定难度。区防指办一方面会同气象、水文、国土等部门密切监视水情、雨情、灾情，并与省、市防汛办同步连线，随时进行专业技术会商。在省、市防汛办的高度重视和临安市、德清县等县市的大力支持下，通过对上游的青山水库、水涛庄水库、四岭水库等工程拦洪错峰，对下游德清大闸开闸泄洪等有效调度措施，最大限度地控制了东苕溪干流水位，确保在第3次洪峰时北湖滞洪区不分洪(距分洪水位仅差13厘米)。为减轻西险大塘和下游杭嘉湖平原防汛压力，在第4次洪峰来临时，会商决定开启北湖滞洪区，蓄纳洪水约1000万立方米。

(3)区政府还进行了危险区域巡查工作。15日上午6时区防办发出紧急通知，启动西险大塘"100米/1人"巡塘制度，同时要求各地各部门进一步加大水利工程和在建涉河工程的巡查力度。全区堤防巡查员、水库山塘巡查员、山洪灾害预警员、气象协理员、地质灾害检测员等1000多人全部及时到岗，加密巡查。及时转移危险地区的380多名人员，及时报告和处理地质灾害5处，确保了洪水区人民生命财产安全。

"6·19"洪水成功预防的同时，也暴露出一些问题和薄弱环节，需以后不断改进和研究：

(1)在今后的水利建设工作中加大防洪投入，及时解决防洪、减灾工程薄弱环节。如北塘发生多处渗漏和滑坡；低洼的瓶窑老镇在洪水面前显得十分危险；局部区域排涝标准偏低，仍较薄弱，农业受灾较重。

(2)进一步研究蓄滞洪区和易受灾地区的防洪管理。蓄滞洪区和易受灾地区的防洪管理是难题，其关系到人民群众生命安全及财产损失，涉及防洪调度措施能否顺利执行。针对管理对象动态变化问题，乡镇和工程管理单位要进一步研究人员动态管理办法。如建立并及时更新转移人员数据库，建立分片联系制度和进一步落实责任制，明确转移信号等，建立全面、完整的动态管理体系，确保转移工作更快捷、高效。

(3)探讨雨洪资源合理利用问题。随着我国气象、水文科技水平的不断提高，以及监测、预警体系的不断完善，已为雨洪资源的合理利用创造了良好的条件。可开展大、中型水库"动态汛限"的新模式研究，在确保防洪安全基础上合理开发、利用雨洪资源，为社会经济健康、较快发展提供更全面有力的保障。

5.2 殷鉴不远——防洪水之教训谨记

5.2.1 天使之城饱受洪水之灾

曼谷有“天使之城”“佛庙之都”之誉，自 2011 年 7、8 月开始，泰国中部的大城、红统、巴吞他尼等地受淹，洪水席卷全国，灾情越趋严重，灾民死伤达 600 名以上，很多农田、工厂、民房、佛寺、学校被淹。

9 月，曼谷受到特大水灾威胁，人心惶惶。人们收看灾情进展，准备防汛材料、设备，满城一片恐怖，超市食品如大米、瓶装水、方便面等被抢购一空。

10 月，洪水杀气腾腾地杀进曼谷（图 5-3），防水堤被冲毁，淹没了民房、学校、企业厂房、商店市场等。洪水积聚并泛滥开来，灾民弃家出逃，人去楼空，曼谷市区一片肃杀。

图 5-3 曼谷市大洪水

直到2011年11月底,这座天使之城仍泡在洪水中。曼谷市区已被淹没了60%,滚滚洪水淹没曼谷的运河和公路,包围了地铁站等公共运输系统,洪水已经进入城市腹地,而政府无力抵御洪水。黑色洪水泛着臭味,垃圾成堆。为防止垃圾污染环境导致大规模疫情发生,市政府联合自然资源与环境部并与志愿者一起,开展用垃圾换食品活动。民众可用垃圾塑料盒换鸡蛋、大米,这样利于促进当地民众主动收集垃圾,集中处理。

地处热带的曼谷,受灾的民众在酷热潮湿的环境中,细菌、病毒随水蔓延;已发现"鼠尿病"患者,还有很多人得了皮肤病。针对灾后防疫和疾病控制问题,泰国卫生部呼吁民众在洪水消退后立即打扫房屋地板和墙壁,消除沾染在地面、衣物及家具上的病菌。对易受病毒感染的人群,应该穿戴防护面具,并及时清洗手臂、衣物消毒。

据泰国政府统计,此次洪水淹没曼谷在内的10府82个县,受灾人口440万左右,708人在洪灾中罹难,失踪3人。造成经济损失达130亿美元,国内生产总值减少2个百分点。旅游业是支撑泰国经济的重要部分,每当泰国的雨季过后,是泰国旅游黄金时期。但今年,迟迟不退的洪水让很多游客改变旅行路线,造成了全国旅游业经济损失5.2亿~8.2亿美元。

2011年泰国大洪水,时间长、范围大、淹水深,损失惨重,影响深远,而究其原因,主要有以下几个方面:

一是雨季集中,气候异常,遭遇50年一遇的台风暴雨,降水量大。

二是曼谷地处平原,地势低洼,排水不畅。在遭遇天文大潮后,河水受海水顶托难以排出。

三是流域内植被被破坏严重,涵养水分能力大为下降。

四是城市内排涝标准低,设施不全,政府防洪意识淡薄等。

5.2.2 美国新奥尔良市洪水

2005 年 8 月 29 日，飓风“卡特里娜”横扫墨西哥湾沿岸，使美国密西西比、路易斯安那、阿拉巴马等州洪水泛滥，新奥尔良市变成了水乡泽国。8 月 30 日凌晨，路易斯安那州新奥尔良市的防洪堤出现宽达 61 米的大决口，庞恰特雷恩湖的洪水铺天盖地般涌入市区，许多街道顷刻淹入深水之中。人们利用直升机等试着向决口投掷沙袋，但无济于事，洪水迅速泛滥蔓延。很快，大水淹没了全市大部分街区，有的地方积水深达 6 米，两个机场则整体被洪水吞噬。

8 月 30 日，美国军方向决口处空投数吨重的沙袋、混凝土块，随后迅速加固堤身。但是，洪水仍在上涨，时间非常紧迫。

当天，路易斯安那州布兰科州长下令“放弃”新奥尔良市，命令全体工作人员撤离。在下达这道“弃城令”时，布兰科含泪说：“灾难造成的损失远远超过我们最坏的想象，情况已经难以控制了。”前市长心痛地表示：“我们已经失去了这座城市，庞贝古城的灾难在新奥尔良重演了。”

随着洪水不断上涨，市区旅馆和医院中的人员已经开始撤离。虽然大多数居民都在飓风到来前撤离，但仍有数千人没能转移，被洪水困在阁楼和屋顶上。美国海岸警卫队的直升机和警方救援船参与了抢险救灾，已从被洪水围困的医院、住宅中救出成百上千名居民，但救援的速度远远赶不上洪水泛滥的速度。

在密西西比州，仅哈里森县就至少有 100 人死亡。在该州海滨城市比洛克西，飓风卷起的大浪摧毁了海边的房屋和赌场，情形犹如发生海啸。飓风过后，这座约有 5 万居民的海滨小城遭到了毁灭性的打击：数百栋房屋被飓风刮起，房屋仅存地基，建筑物的残骸落在海滩上，街心公园覆盖着厚达 1.2 米的残砖断瓦，一条 3 英尺长的鲨鱼竟游上了大街……

“卡特里娜”飓风已造成密西西比、路易斯安那、阿拉巴马和佛罗里达等州约 230 万户家庭断电，近 500 万人受灾，许多人没有饮用水和食物。有数千人暂时栖身于红十字会搭建的临时避难所，并在那里待上几个星期。

此次飓风洪水灾害，比美国历史上破坏程度最严重、致 200 多人死亡的飓风“卡米尔”造成的危害要严重好几倍。密西西比州州长巴伯尔在空中视察灾情时说：“有很多沿海地区我们无法到达，看起来损失很多，这的确是一场非常严重的灾难。”

更为雪上加霜的是，部分灾区刮起了抢劫之风，在新奥尔良中心商业区的运河街，抢劫者砸开衣料店和珠宝店的门，蹚过齐腰的水进行哄抢。与此同时，新奥尔良的一些监狱发生暴乱，一些囚犯趁乱越狱，其中一所监狱的犯人还将一名副狱长和他的妻子及 4 个孩子扣为人质。

据估计，飓风“卡特里娜”给美国经济造成的损失将是美国历史上最大的一次。保险业专家指出，飓风造成的经济损失将超过 260 亿美元，保险赔偿额将仅次于“9・11”事件。

洪水过后，分析新奥尔良飓风洪水灾难的主要原因有：第一，飓风暴雨降水量大。第二，新奥尔良市位于密西西比河三角洲，地势低于海平面。第三，为了经济利益，不计后果，挤占水面及湿地，破坏了暴风雨的缓冲带。第四，对新奥尔良市的防洪堤安全重视不够，忽视预测及检查，没有采取相对预案和防范对策。

洪水是一种自然现象，完全避免它很难，但却可以有效地预防，对洪水进行管理，减轻洪水给人类造成的痛苦，尽量做到在一定程度上人与洪水和谐共处。

5.2.3　惨痛记忆之“75・8”洪水来袭

1975 年 8 月上旬，受 3 号台风的影响，河南省洪汝河、沙颍河、唐白河流域以及驻马店地区，遭遇了一场特大暴雨袭击，造成板桥、石漫滩两座大型水库(图 5-4)及多座中、小型水库溃坝,2.6 万人死亡的惨剧。

图 5-4　大坝冲毁后的板桥水库

这场台风暴雨中心雨量大、雨势猛、面积广,为我国历史上罕见,列入中国大陆降雨纪录的首位,最大暴雨中心林庄 6 小时降雨量达 830 毫米,24 小时降雨量 1005 毫米,72 小时雨量高达 1605 毫米,其中 6 小时降雨量为世界之最。

8 月 5—7 日三日雨量大于 600 毫米的面积为 8200 平方千米,为国内外罕见。当地群众对“75 · 8”暴雨描述为:大雨前天气闷热,“乌鸦满山坡”,老鼠搬家,鸡不进窝;大雨时狂风暴雨,雷雨交加,几步路外不见人,屋面积水四指深;大雨后,鸟虫绝迹,死雀遍地。当时降雨量之大可见一斑。

在特大洪水袭击下,驻马店、许昌、周口、南阳和舞阳 5 个地区的 30 个市县受灾,受灾人口 1015.5 万人,淹没耕地 1780.3 万亩,倒塌房屋 524.8 万间,死亡 2.6 万人,死亡牲畜 30.23 万头,冲毁京广铁路102千米，中断铁路交通16天。冲毁河道堤防810多千米，决口2100余处，长340多千米，直接经济损失近百亿元。

由于洪水太大，板桥、石漫滩两座大型水库于8月8日凌晨因洪水漫顶而相继溃决，竹沟、田岗及58座中、小型水库相继垮坝，老王坡、泥河洼滞洪区先后堤防漫决，洪汝河和沙颍河堤防到处漫溢，互相串流，最大积水面积12000平方千米。板桥、石漫滩水库溃坝流量达78100和30000立方米/秒，使国家和人民生命财产遭受极为惨重的损失，特别是板桥水库以下沿汝河两岸宽10千米、长50千米的地区，村庄、房屋几乎一扫而空，是新中国成立以来最沉痛的溃坝事故。

据事后调查分析，板桥、石漫滩水库垮坝失事的主要原因有以下几个方面：

(1)水库大坝为土石坝，水库设计防洪标准偏小，防洪能力严重不足，实际发生的洪水远大于设计洪水。两座水库分别建于新中国成立初期，治淮初期雨量、洪水资料少，使得分析成果偏小。两水库垮坝前实际防洪能力严重不足，板桥水库采用百年一遇洪水设计，千年一遇洪水校核，校核入库洪峰流量为5080立方米/秒，3天洪量3.3亿立方米，最大泄洪能力仅1742立方米/秒；石漫滩水库采用50年一遇洪水设计，500年一遇洪水校核，校核入库洪峰流量1675立方米/秒，3天洪量0.88亿立方米，最大泄洪能力仅390立方米/秒。而在"75·8"大水期间，板桥水库最大入库洪峰流量达13000立方米/秒，3天洪量6.97亿立方米；石漫滩最大入库洪峰流量6180立方米/秒，3天洪量2.18亿立方米，远远超过设计标准。水库垮坝时洪水位超过坝顶1.6米以上，洪水漫过土坝坝顶，大坝溃决是必然结果。

(2)防汛指挥机构不健全，通信设施差，非工程措施薄弱，也是造成水库溃败的原因之一。当时正处于"文化大革命"时期，一些熟悉防汛工作的技术人员被下放劳动，影响了防汛指挥及技术决策。水库的水文预报、测报工作薄弱，没有畅通的报汛线路，在防汛最紧张的时候电话线中断，水库与外界失去联系，不能及时掌握上、下游汛情，情况不明，指挥不灵。板桥水库在8月7日14时通讯联络与外界完全中断，垮坝失事时，无法及时通知下游群众转移。

（3）重兴利、轻除害，没有按超标准洪水的紧急措施管理、调度运用也是一大教训。当时片面夸大水利工程蓄水作用，强调水库蓄水兴利功能，重灌溉，轻防洪。8月5日板桥水库失事前，库水位比规定水位高出1.18米，超蓄水量3200万立方米，虽超蓄水量仅占来洪量的5%，不是造成水库溃坝的决定因素，但反映出水库调度运用方面的问题。另外，当时水库每年防汛经费很少（几千元），没有备用通信工具和备用电源，防汛物资、抢险队伍严重不足，无应对超标准洪水的措施和预案。

"75·8"特大洪水灾害过后，水电部组织水利有关单位对"75·8"特大暴雨洪水进行了实地调查，开展了全国主要江河历史洪水调查和洪水发生条件及其规律等多项分析研究；对水利水电工程设计洪水、设计标准、规程进行了研究、修订；对防洪标准低、工程质量差、度汛安全有问题的水库，分批分期进行除险加固。同时，在防汛通讯、水文测报、预警、洪水调度和防洪管理等方面，也采取了相应的措施，使防洪工程措施和非工程措施相结合的体系有了较大的改善和加强，提高对洪水客观规律的认识，把科技防治洪水推向一个新阶段。

在认真吸取"75·8"惨痛教训后，国家分别于1992年和1998年完成了对板桥、石漫滩两座水库的复建，复建后的水库防洪库容分别比原来增加了20%和50%，泄洪能力增大了7.6倍和9.0倍。两座水库大坝复建后，板桥水库大坝河床段改为混凝土溢流坝，石漫滩水库大坝改为碾压混凝土坝，大大提高了水库工程的安全度，可充分发挥两座水库的防洪及兴利效益，以造福人民。

人水和谐——防御洪水的未来之路

第 6 章

6.1 和谐共处——对洪水明智的选择

6.1.1 国际防洪减灾的主要经验

位于欧洲中西部的德国、法国、荷兰，地理上相邻。三个国家总面积约95万平方千米，人口总数约1.35亿。长期以来，这三个国家对于防洪减灾和环境治理问题都非常重视，从而积累了丰富的治水经验。

德国的国土面积为356760平方千米，人口总数约7000万。主要河流包括莱茵河、多瑙河、威悉河、易北河、奥得河等。中、西欧的重要河流是莱茵河和多瑙河，它们流经多个欧洲国家(包括德国)。

德国的多年平均降水量约800毫米，降雨主要发生在夏季;冬季有大量的降雪，山区积雪期长达3～6个月;在大雨或冰雪融化之后，经常出现洪水。1961年1～7月，在阿勒尔河及其支流莱纳河和奥克河接连不断出现洪水，导致5.8万平方千米农田和草场受淹，许多村庄和公路被毁坏;由于排水不畅，农田和草场都长时间浸泡在水中，阿勒尔河下游部分地方淹没历时长达200多天。1997年夏天，德国奥得河(位于德国和波兰边界)遭遇100年一遇的大洪水，高水位持续了4个星期，出动抢险兵力(消防队、警察、部队)多达1万人次，抢险用掉沙袋850万个。

位于欧洲西部的法国，地势东南高西北低，国土面积总共547030平方千米，人口约5000万。主要河流包括卢瓦尔河、罗讷河、塞纳河、莱茵河和加龙河。

法国多年平均降水量为700～1000毫米。引起降水的主要原因一是来自西边大西洋的水汽，时间较长，洪水历时也长；另一个是来自南部的地中海，时间短，洪水涨落快；在中部地区有时这两股气流互相遭遇，产生大范围强降雨，形成大洪水。例如1910年塞纳河、马斯河同时发生超50年一遇的大洪水，巴黎市区25%的地方被淹，国会大厦受浸，经济损失严重。

荷兰位于欧洲大陆西部，西、北部濒临北海，东接德国，南邻比利时，国土面积37290平方千米，人口约1500万。荷兰地处莱茵河、马斯河和斯海尔德河下游入海口的三角洲。

荷兰多年平均降水量为750毫米。荷兰很大一部分土地处在海平面以下，海水入侵问题很严重。荷兰的洪涝灾害，西部来自北海的风暴潮，东部主要来自莱茵河、马斯河和斯海尔德河的涨水，荷兰历史上是一个洪涝和风暴潮灾害十分严重的国家。1953年2月1日，荷兰三角洲地区内河涨水与北海大潮相遇，洪水泛滥，圩堤数百处决口，20万公顷农田受淹，1835人丧生，7.2万人被迫离开家园，大量房屋和其他财产遭受破坏。

德国、法国和荷兰三国自然条件优越，海拔一般不高，气候温和，年降雨量适中，且时空分配较均匀。三个国家在历史上都遭受过较严重的洪水灾害。为了防洪减灾，他们对河道都进行了大规模的治理并修建许多诸如水库、堤防、涵闸等防洪工程，曾经在治理思路上长期沿袭单一目标的治理。随着社会和经济的发展，人们物质生活水平提高了，对水环境提出了更高的要求，三国在治水观念上相应有了很大的转变，即由过去单一地修建防洪工程来达到防灾减灾目标，转变为保护水环境的多目标综合治理，即环境水利的概念。单一目标的治理，虽然取得了很大成效，但存在不足，如为了开发利用土地，采取围垦河滩和对河道实施“裁弯取直”等工程措施，改变了河流的自然蓄泄条件，导致洪峰提前和洪峰流量增大，从而增加了洪灾的风险。

单一目标治理破坏了自然环境的本来面貌，往往给生态环境带来长时期的不利影响，从而又严重威胁到人类自身的利益和安全。因此，对江河的治理宜采取综合治理的办法。

治理江河修建防洪工程首先应从生态保护和环境治理的全局角度考虑，把工程措施与水环境、社会环境结合起来。

河流生成和运动有其自然摆动的范围，人类在治水中必须给它们保留足够的行洪区，并保证蓄洪区的蓄洪功能。德、法两国水管理部门都设在环境部。德、法、荷三国的河流防洪规划都要求有环境评价，同时还要征求当地居民的意见。

近些年来，三国都将水利工程规划建设与建造更加优美的环境紧密结合起来，普遍采取了“退田还河”和还河道以原态的措施。如德国、荷兰在一些河流上舍直取弯，铲除堤防，恢复泛区自然蓄水状态，保持水生动物适宜的生存条件，以创造良好的自然环境。

这是当今欧洲在防洪观念上的重大转变，也是经济发达国家治水基本要求和主要特征之一。德、法、荷三国森林覆盖率很高，既营造了优美的自然环境，也实现了水土保持，减缓了水流的汇集时间，客观上起到了正本清源、减小洪涝灾害的作用。

在防洪抢险方面，德、法、荷三国同我国一样，体现“有所弃，才能有所守”的思想。如德国科隆市防御标准为100年一遇，但在发生10年一遇、50年一遇或100年一遇洪水时，允许一些地区被淹。

德、法、荷三国保护的主要对象是工业区，尤其是化学工业区。1995年莱茵河大水，科隆市部分被淹，居民生活很正常，甚至形成了独特的“洪水旅游”现象。

特殊的地理位置和气候条件决定了我国是一个洪涝灾害十分频繁和严重的国家。新中国成立以来，党中央、国务院非常重视大江大河的治理和灾害防御，经过努力，目前已在我国七大江河初步建立了防洪体系，并且取得了战胜数次大洪水的伟大成就，这是任何其他国家都难以相比的。

但是由于各种条件的制约，我国现有防洪体系还远不能满足社会和经济发展的要求。与德、法、荷三国相比，我们在防洪理念、江河治理和防灾减灾方面还存在一定差距。

我们的国情不同，不能照搬照套他国的做法，与这三个国家相比，我国在江河治理和防洪减灾方面还存在一定的差距，他们防洪减灾的经验和思路，有很多值得我们学习和借鉴之处。

6.1.2 优化防洪组织管理

防汛工作是在各级政府领导下组织群众与洪水斗争的一项社会活动。由于洪水灾害危及国民经济建设和人民生命财产的安全，所以国家历来都把防洪工作作为维护社会安定和促进国民经济发展的一件大事来抓，在《中华人民共和国水法》中，专门设立了“防汛与抗洪”一章，该章中规定了“各级人民政府应当加强领导，采取措施，做好防汛抢险工作，任何单位和个人都有参加防汛抢险的义务”和“县级以上人民政府防汛指挥机构统一指挥防汛抗洪工作”。对县级以上人民政府防汛指挥机构的职责和权限等，都做出了一些规定，为加强防汛工作，《中华人民共和国防洪法》对防汛的组织、任务、职责等都做了更加具体的规定。通过实践证明，建立坚强的防汛组织机构和制定严格的责任制度，是做好防汛和抢险工作的有力保证。

各级防汛部门应建立常设机构，把防汛工作像其他水利工作一样，作为一项长期的任务来抓，主要原因是：

(1)我国地域辽阔，跨越寒、温、热三带，受到强烈的季风影响，降雨的时空分布和年际之间量级极不均匀，各地均具有产生不同类型洪水和出现洪水灾害的自然条件。(2)我国汛期虽然是季节性的，但每年洪水发生的时间、地区和大小均不相同，年年都有防汛任务,全国如此,就一个地区(市)、一个县(市)也是一样。(3)我国除江河防洪标准比较低外,危险水库占水库总数的1/3左右,主要是水库的防洪标准低,工程质量差,遭遇较大洪水,很容易出现险情。在汛期或高水位期间,只能依靠加强防守,采取各种有效的防御措施。(4)随着国民经济的发展和人口的不断增加,今后一旦防汛工程失事,造成的经济损失和人员的伤亡更加严重,对防汛抢险则不断地提出更高的要求。因此,保障社会安定、减轻洪水灾害的任务也日益加重。(5)防汛工作是人类同洪水的斗争。现代科学手段还不能对洪水发生规律及时、准确地做出预测预报,只能年年准备、年年防守。

防洪机构担负着发动群众、组织各方面的社会力量、从事防汛指挥决策等重大任务,而且在进行防汛工作中,具有多方面的联系和协调,因此,需要建立强有力的组织机构,做到统一指挥、统一行动。各防汛工程的防汛一般均由县、乡(镇)两级防汛组织负责。

除了国务院、省级、地(市)级成立防汛指挥机构外,有防汛任务的县(市)人民政府也应成立防汛指挥部,由县有关部门、当地驻军和人民武装部队负责人组成,由县负责人任指挥。其办事机构设在县级行政主管部门的水利局,负责管辖范围内的日常防汛工作。有防汛任务的乡、镇也应成立防汛组织,负责所辖范围内防洪工程的防汛工作。有关气象、水文部门负责提供气象、水文信息和预报。

防汛工作按照统一领导、分级分部门负责的原则,建立健全各级、各部门的防汛机构,发挥有机的协作配合,形成完整的防汛组织体系。防汛机构要做到正规化、专业化,并在实际工作中不断加强机构的自身建设,提高防汛人员的素质,引用先进设备和技术;充分发挥防汛机构的指挥战斗作用。

各级防汛指挥部在同级人民政府和上级防汛指挥部的领导下,是所辖地区防汛的权力机构,行使政府防汛指挥权和监督权。根据统一指挥,分级、分部门负责的原则,各级防汛机构要明确职责，保持工作的连续性，做到及时反映本地区的防汛情况，果断地执行防汛抢险调度指令。

唯有各尽其职，才能真的做到有效管理，实现稳态形势。

6.1.3 回归自然——"退田还湖、退耕还林"

(1)退田还湖

退田还湖是将围垦湖边或湖内淤地改造成的农田恢复为湖面的工程措施。内陆湖泊具有调节江河流量的作用，有利于生态平衡。但是，20世纪70年代以来，在中国各湖泊的围湖造田势头愈来愈大，已经对湖泊的调节能力产生了重大负面影响。1998年长江特大洪水期间，作为原来对长江洪水具有调节能力的洞庭湖、鄱阳湖和洪湖等湖泊，都因围湖造田而失去调节能力。《中华人民共和国水法》和《中华人民共和国河道管理条例》都规定，不能盲目围垦，应逐步退田还湖。

2007年12月，在岳阳"湿地保护与可持续利用国际研讨会"上，各国代表反复确认了湿地保护主流化是确保湿地可持续利用的有效机制，并就"洞庭湖湿地兴盛与区域社会可持续发展的密切关系就是典型案例之一"达成共识。昔日八百里洞庭，吞长江，纳四水，浩浩荡荡，为中国第一大淡水湖，是著名的鱼米之乡，是鸟类和其他野生动植物的天堂。然而由于自然因素和人类活动的影响，湖区一度人水争地，造成湿地萎缩，水生生物资源锐减，使得洞庭湖湿地生态系统的服务功能受到了严重破坏。

洞庭湖湿地保护(见图6-1)主流化逐步列入了洞庭湖区乃至长江中下游国民经济可持续发展的议事日程。东洞庭湖、西洞庭湖、南洞庭湖先后被列为国际重要湿地，大规模的退田还湖工程、湿地恢复和保护工程、联合国开发计划署支持下的湿地生物多样性保护项目以及世界自然基金会支持下的生命之河项目逐步开展，有效地遏制了洞庭湖湿地生态系统的退化趋势，一个生机勃勃、润泽四方的洞庭湖正逐渐展现在世人面前。

图 6-1　洞庭湖湿地保护区

位于浙江北部、杭州萧山区西南部的湘湖(见图 6-2、图 6-3),就是一个典型的围湖造田以致生态严重破坏的案例。湘湖退田还湖综合服务工程,以恢复湖面为重点,涉及生态保护、环境美化、景观修复、水质治理、文脉延续、建筑新建等多方面内容,总控制规划面积 51.7 平方千米,其中湖面面积 7.5 平方千米。工程分为一、二、三期,其中一期 4.6 平方千米,保护与开发工程自 2003 年动工建设,恢复湖面 1800 亩(合 120 万平方米),搬迁民房 1402 户(涉及 4079 人)和 41 家工厂,拆除建筑近 39.5 万平方米,收储水面、山林和土地 8600 亩(合约 573.33 万平方米),新建了安置房 29 万平方米,完成了一湖、二带、五大景区 26 个景点的建设任务,一期于 2006 年建成,沿线人文、休闲景点带于 2010 年完善提升。湘湖二期工程总面积 5.95 平方千米,恢复湖面 2 平方千米,拆迁民房 390 户、企业 76 家,共拆迁房屋面积 35 万平方米;收储山林土地 1 万亩,迁移苗木 3000 亩,开挖土方 356 万立方米,建成了 11 千米景区交通道路、10 千米电瓶车观光慢行道路、15 千米步行道,二期工程到 2011 年 9 月 14 日建成。湘湖三期目前已开始设计规划,计划对湘湖农场进行整体搬迁，包括居民 426 户，人口 1023 人，企业 36 家，恢复湖面 4.3 平方千米。

图 6-2 实施“退田还湖”之前的湘湖

湘湖一、二期已建成区是杭州市萧山区的应急备用水源工程，供水容积 430 万立方米，满足规划水平 2015 年 125 万立方米/日供水规模 3 天以上的取水要求。该工程在 2011 年在应对“新安江水污染”事件中发挥了重要作用，为萧山城区居民紧急供应 40 万立方米清洁水源。

图 6-3 2011 年湘湖“退田还湖”工程二期竣工初景

(2)退耕还林

找国退耕还林工程始于1999年,是迄今为止我国政策性最强、投资量最大、涉及面最广、群众参与程度最高的一项生态建设工程,也是最大的强农惠农项目,仅中央投入的工程资金就超过4300多亿元,是迄今为止世界上最大的生态建设工程。

退耕还林工程就是从保护和生态环境出发,将水土流失严重的耕地和沙化、盐碱化、石漠化严重的耕地以及粮食产量低而不稳的耕地,有计划、有步骤地停止耕种,因地制宜地造林种草、恢复植被。

长期以来,由于盲目毁林开垦和进行陡坡地、沙化地耕种,造成了我国严重的水土流失和风沙危害,洪涝、干旱、沙尘暴等自然灾害频频发生,人民群众的生产、生活受到严重影响,国家的生态安全受到严重威胁。1999年,四川、陕西、甘肃3省率先开展了退耕还林试点,由此揭开了我国退耕还林的序幕。2002年1月10日,国务院西部开发办公室召开退耕还林工作电视电话会议,确定全面启动退耕还林工程。

2012年上半年,浙江台州黄岩长潭水库退耕还林生态建设一期工程启动,拟建面积约2000亩的生态湿地。

长潭水库面积35.5平方千米,蓄水约9亿立方米,是我省境内仅次于千岛湖的第二大水库。据该水库管理人员介绍,水库自1995年开始向椒、黄、路三区以及温岭市、玉环200多万居民、100多万亩农田和数万家企业供水,是台州人民的"大水缸"。

不过,这些年来,长潭水库从年龄上来说,已步入"中老年",富营养化、藻类繁殖等"疾病"也逐渐显现。而保护库区的源头工作非常重要,为此,长潭水库进行了一系列退耕还林生态建设工作。

长潭水库库区退耕还林生态建设工程(一期)招标工程已经开始。建设工程(一期)位于水库南端,拟建生态湿地面积约2000亩。同时还包括景观和路面的建设,届时,将建成集水库水质保护和休闲观光相结合的综合功能完整的复合生态湿地。

可见，退耕还林、退田还湖都是回归自然的有力措施，能够更好地实现人类与大自然和谐共处的新局面。

6.2　推陈出新——水灾害的“防治新对策”

6.2.1　“生态水利”——人水和谐新局势

所谓生态水利是人类文明发展到“生态文明”时代的水资源利用的一种途径和方式。它以尊重和维护生态环境为主旨，开发水利、发展经济，为人类社会持续发展服务。生态水利涵盖了水利事业和水利产业目标，又突出了环境目标，与可持续发展的三维目标即经济、社会、环境是一致的。

生态水利是一个长期的系统工程，需有现代科学技术，尤其是生物科学，以及雄厚的经济实力做基础才能实现。生态水利的进一步发展将成为自动化生态水利。未来的生态水利将是这样的：流域的中上游由“绿色水库”和“绿树水库”及水库、湖泊组成的调蓄系统可有效地调节水资源。流域内实施生态农业，农作物一般只使用无害农药，不施用有害农药、化肥和激素；洪涝区种植的春夏作物可耐半个月的水淹而照样有良好的收成；干旱区的作物即使一个月不下雨也不怕干旱。城镇实现生态化，工业和生活废水90％以上循环利用，达到微量排污。水资源得到有效保护，能比较合理地分配资源；沿海地区通过海水淡化而获取廉价的水资源，部分地区应用生物工程措施种植盐生植物，直接利用海水灌溉。水资源在不破坏生态环境的基础上得到充分利用，如潮汐电站、海浪电站为沿海提供充足的环保能源。水资源管理实行自动化测报，流域水利管理中心可显示各时空的资源量和质，并按生态经济规律自动调控水资源，真正实现绿色、健康、有机发展。

而水利工作中最本质的问题，就是如何处理人与自然的关系。

钱正英院士指出，从“靠天吃饭”“人定胜天”到“人与自然和谐共处”，代表人类处理与自然关系的不同阶段的理念。20世纪中叶以来，世界上许多国家相继走上了经济快速发展的道路，同时，大规模人类活动对生态环境的冲击日趋严重。人们意识到必须从根本上重新定位并协调处理好人与自然之间的关系。在治水方面，问题集中到了“如何坚持以人为本，如何明确人类的责任，如何建立人与自然之间良性互动的关系，以及如何公正处理人类社会内部分享自然资源与分担灾害风险的矛盾”。

在协调人与洪水关系的问题上，人们已经醒悟到，“洪水形成的灾害大大超出了人类的控制能力”“要完全消除洪水灾害是不可能的”。当人们强调“人与自然和谐”的时候，决不能忽视“自然”本身具有既伤害人类社会又危及生态环境的“肆虐”一面，健全的水利工程体系与更为完善的防洪安全保障体系，是实现人类“与洪水共处”的基础与前提。

在我国人多地少的国情下，不能简单地倡导“让人群远离洪水”或“还洪水以空间”，人与自然的和谐要体现在人与洪水对洪泛区土地合理、有效的共享上；在发展中选择并承受一定的风险，一方有难，八方支援，百折不挠，重建家园，也是人与洪水相处的一种模式。

防洪工程手段要从点与线扩展到面，综合运用法律、经济、行政、教育、技术等非工程措施来推动更加有利于全局与长远利益、有助于人与自然良性互动的工程措施，辅以风险分担与风险补偿政策，形成与河流共处、与洪水共存的治水方略。

6.2.2 雨洪资源的利用

(1)雨洪资源利用概念

众所周知，洪水具有利害双重性，利是为我们提供社会可持续发展所必需的水土资源、生物多样性环境以及生态环境资源。害是指洪水往往造成人民群众生命及巨额财产损失。在人类对自然改造能力较低下的时期，洪水基本不受人类的干预，往往形成自然泛滥，携带大量泥沙和养分广泛淤积于流域的中下游地区，常形成了大量的肥沃土地，从而形成大江大河流域的中下游平原和生物多样性的大面积沿河湿地。因此，人类及人类文明得以发展，从该角度来讲，洪水为人类带来的利益要大于其造成的危害。

近年来，随着人们对洪水利害双重性认识的不断深入，治水思想和实践逐步被赋予新的内容。李仪祉、姚汉源等提出了“利用洪水与蓄水地下”的设想及概念。总结出要给洪水以空间和出路、人水和谐相处等新观念。进入 21 世纪以来，极端天气现象不断发生，我国北方干旱缺水、水生态环境恶化不断加重，而南方洪水内涝接连发生。我国广大水利学者和水利管理者，结合我国实际情况，提出了“雨洪资源利用(化)”的概念，并广泛达成共识，成为体现水利行业新治水思路中的一项重要工作内容。

雨洪资源利用是指：在保障现有防洪工程有一定安全度，并满足上下游生产、生活、生态用水的前提下，利用水库、河道、洼地等工程措施和经济、管理、调度等非工程措施拦蓄洪水，延长洪水在地表及地下的停留时间，以用于经济社会用水和生态环境保护，回补地下水，改善河湖及洼地的水面景观，改善人类生态和居住环境的行为。

雨洪资源利用的对象是：在现有水利工程正常运用和正常调度的情况下，处于排泄入大海及泛滥的洪涝水，包括水利工程防洪标准内及超过标准的江河洪水，防洪工程正常调度所不能蓄用的洪水，以及河道洪水泛滥和城市内涝水等。

另外，雨洪资源利用必须遵循安全、经济、可行和社会公平等原则，雨洪资源利用的目的是获取整体上更大的综合利益。在雨洪资源利用时，要避免盲目强调洪水利益而忽视工程安全、经济效益和社会风险等。“以人为本”必须保障工程安全和人民群众生命安全。而且,根据洪水具有利害双重性,在雨洪资源利用过程中,常会伴随着利益和风险的重新分配,因此,政府部门应通过政策法规手段对这一重新分配加以规范,使雨洪资源利用的行为有法可依,让利益受损者得到相应的经济补偿。

(2)雨洪资源利用条件及方式

由于地理位置、地形条件和气候等因素影响,我国长江、黄河、淮河、海河等流域降水时空分布很不平衡,特别是黄河、海河等流域,年际降水差别大,丰枯交替特征明显,年内主要分布在汛期的几次集中的降水,极可能出现汛期洪涝灾害。而枯水期又多发生严重的干旱缺水现象。如海河流域:年内6—9月降水量占全年的85%左右;年际,最大年降水量是最小年降水量的2.23倍。而河川径流年内分配和年际变幅更大,1952年径流量最大为542亿立方米,为平均值的2.46倍。1999年最小只有92亿,是多年平均值的42%。最大、最小年河川径流量的比值为5.9,其降水丰枯交替特征明显。20世纪的60年代为丰水期,洪涝灾害严重且频繁。而到80年代,进入枯水期,干旱缺水严重。进入20世纪90年代,由于我国社会经济进入高速发展期,用水量急剧增加,地下水采补平衡被打破。到2002年,海河流域地下水超采达到900亿立方米,除滨海沿线外,平原地区地下水平均埋深由3～10米增加到5～35米,由于流域存在包气带岩性比较粗大的河段和地质带,有利于地表水和地下水的交换,这为地下水回补提供了库容和地质条件。

另外,海河流域湿地大量消失,水生态严重恶化、水污染问题突出。必须利用有条件的蓄滞洪区扩大并修复部分湿地。计划到2030年,将目前仅有的122平方千米湿地扩大到1000平方千米左右。而洪水资源是规划中湿地恢复的主要水源之一。

海河流域的洪水利用方式主要有:

①在保证水库及防洪安全的前提下,适当调整水库的汛限水

位,可以尽量多蓄洪水。也可在汛前将蓄水放于下游河道,利于提高平原区的地下水位。或利用洪水前峰清洗污染河道、改善水环境。

②完善和建设洪水利用的平原水库、蓄水闸、挡潮闸等工程体系,有控制地引洪水于河道、蓄滞洪区、湿地等低洼地区,改善水生态环境,并有效地回补地下水。

③利用遇到较大洪水进行蓄滞洪区蓄水的时机,有意识延长蓄滞洪水的时间,回补地下水。

④建设或完善流域、水系、河渠的水流沟通系统,综合利用水库、河网、渠系、湿地和蓄滞洪区等,优化调度、调洪互济,蓄洪或回补地下水。并适当建设和完善城镇雨洪利用工程体系,兼顾防洪、治涝和雨洪资源利用等多项效益。

(3)北京城市雨洪资源利用

近年来我国城市化水平不断提高,城市水资源短缺和雨洪灾害逐渐得到人们的普遍关注。目前,我国城市雨洪利用还处于发展阶段,个别城市和地区已经进入工程实施和推广阶段。北京、上海、大连、郑州、西安等城市的雨水收集利用已经取得了一定成效,很多建筑物已建有雨水收集设施,但处理和回用系统还并不完善,其中比较典型的有山东的长岛县、大连的獐子岛和浙江的舟山市葫芦岛等雨水集流利用工程。大部分城市的雨水利用仍处于探索与研究阶段。

现以北京奥运会场馆为例来说明我国的雨洪资源利用技术。国家体育场等雨洪利用系统的功能是将体育场用地范围内的降雨变为可用的水资源,即回收雨水和将雨水处理后回用到绿化、冲洗等方面。整套系统主要由雨水收集管道、贮水池、泵送系统、雨水处理系统、回用水供水系统和自动控制系统等组成。主体设施大部分建设在体育场建筑室外地下,与景观体系融为一体。在鸟巢、奥林匹克公园中心区、五棵松体育馆等15个奥运场馆及设施中全部装有雨洪回收利用系统，年平均雨水利用量达 105 万吨。

北京奥运以“绿色奥运”为理念，致力于雨水收集、污水处理、大气污染治理等综合效益，力求为奥运会创造一个优美、洁净的环境，同时借助奥运的平台推动北京的生态环境建设。北京奥运在水资源综合利用和节水设施等方面，通过集成应用雨洪利用、中水回用、污水处理及再生利用等经济适用节水技术，使奥运场馆（区）多年平均雨水综合利用率超过 80%。奥运场馆中水回用、污水处理及再生利用率达到 100%；通过大气污染控制、城市污水处理、垃圾处理等生态改善与环境综合治理技术，加快了资源节约、空气清新、水质洁净、环境优美的北京生态型城市建设的步伐。

到 2014 年 6 月，雨洪资源已成为北京市利用非常规水资源的重点和亮点。全市已建成各类雨水利用工程 2100 余处，其中城镇雨水利用工程 967 处。2013 年全市雨水综合利用量达 1.7 亿立方米，相当于 85 个昆明湖。在这 1.7 亿立方米的综合利用量中，城镇利用量 1.1 亿立方米，农村利用量 6500 万立方米。除此之外，全市城镇地区 2.2 万公顷的公共绿地，市政人行步道透水地面铺装等，为减少地面径流、促进地下水入渗也发挥了极大作用。

在雨水利用工程建设研究与实践中，北京市因地制宜地总结出“渗、蓄、滞、排”不同形式的雨洪控制与利用工程建设的模式，形成了适用于建筑小区、大型公共场所、河湖等类型的雨洪控制与雨水利用技术体系。

北京市雨水利用的形式可归结为三类：第一类是以下凹式绿地、透水地面铺装为代表的，利于促进雨水入渗的雨水利用工程；第二类是以人工湖、蓄水池为代表的，利于积蓄利用、滞蓄减排的雨水利用工程；第三类就是集两项或两项以上雨水入渗、积蓄、滞蓄减排技术措施于一体的综合雨水利用工程。

另外，北京市已启动了新一批集雨工程建设，2014 年新建和将建 250 项雨水利用工程；在住宅小区、社会单位建设 500 个集雨樽。继近三年为 100 个小区免费铺设透水砖后，还将继续实施小区透水砖更换，预计实施面积 2.5 万平方米。

6.3 依法治水——实现防洪执法新局面

6.3.1 “警钟长鸣”——防洪相关的法律条文

防洪减灾政策与法规是政府为防洪减灾目的而制定的有约束力的经济与社会活动行为规范。政策与法规既是管理者意志的体现，也是实现科学管理的保证。政府利用防洪减灾政策与法规鼓励符合防洪减灾要求的经济社会活动，约束和制裁不利于防洪减灾要求的经济社会行为，保证防洪减灾目标的实现。由此可见，防洪减灾政策与法规是通过约束人类自身的行为，以期协调人与洪水的关系，达到减轻洪水灾害的目的，因此，防洪减灾政策与法规是一种防洪减灾非工程处理技术。

防洪减灾政策与法规贯穿防洪减灾全过程，涉及防洪减灾的所有方面，是一个完整的、与其他法律和政策充分匹配的政策法规体系，为防洪减灾提供全面的政策与法律支撑。我国已制定了《中华人民共和国水法》《中华人民共和国防洪法》等专门法律，在防洪减灾中发挥了重要作用。

(1)现有法律缺少城市防洪规定

城市发生内涝的后果一般都会很严重，这也是公众对于城市内涝分外关注的一个重要原因。在城市，聚集着大量的人口，我国的现代化建设成果也主要在城市中体现出来。政府机关、商业和金融机构以及工厂等建筑物及其他财产均在城市之中。一旦城市发生内涝，将会导致人员伤亡和巨额财产损失的后果。“我国正在推行全国性的城市化进程。如果不对城市防洪做出预先安排，进行科学规划，必将给未来的城市安全带来重大隐患，且今后难以弥补。”

城市内涝的后果如此严重,但是现行法律中却缺少相关规定。虽然我国已经制定了防洪法,但从内容上看,该法主要适用于江河湖海的防洪,只有少数条文涉及城市防洪。近年来,城市内涝这种新型水灾频繁出现,造成了较为严重的后果,主要原因在于城市建设缺乏防洪规划,防洪措施不到位,损害防洪设施的行为较为多见,但由于现行防洪法未做相应规定,导致城市防洪难以取得良好效果。因此,我国非常有必要制定专门的城市防洪法,让城市内涝的问题解决起来有法可依。

(2)立法应当强化政府防洪责任

城市防洪法至少要解决四个方面的问题:

第一,保护城市居民的生命及财产安全。城市人口密集,突发性洪水灾害极易造成群体性人员伤亡和毁灭性财产损失。必须重视城市防洪问题,才能从根本上减少人员伤亡及财产损失。

第二,实现人与自然的和谐共处。人与人之间、人与自然之间基于洪水风险的利害关系是客观存在的,并且会随着社会经济的发展而日趋复杂,必须采取法律、行政、工程等综合性手段,使之得到合理调整,促进人与自然的和谐。

第三,强化政府在城市防洪中的义务和责任。自然的风险无处不在,将这些风险降到最低,是政府管理中不可或缺的内容。政府对于公共设施的建设和维护,应当以保障公民的生命健康安全为标准。

第四,设立城市防洪的强制性法律要求。目前我国许多城市在汛期均出现内涝,其中主要原因之一就在于没有法律的强制性要求,在城市建设中未做防洪规划,防洪设施和具体措施不到位。只有依靠法律的强制性要求,明确职责与权益以及大家共同遵守的规则,内涝问题才能得到更好的解决。

(3)应设立强制性城市防洪标准

在城市防内涝立法方面,发达国家有强制性预防城市内涝的法律制度，对城市内涝防范、治理措施以及问责手段，规定得相当详尽。

1968年，美国通过了《国家洪水保险法》。联邦紧急事务管理局还组织绘制了洪水保险图，规定在城市行洪区内不准建任何建筑，在非行洪区内可以修建建筑物，但修建前必须购买洪水保险。德国制定了《城市内涝保险法》，不仅减轻了政府的防洪负担和压力，也培养了公民的防洪意识。日本制定了《下水道法》，对下水道的排水能力和各项技术指标都有严格规定。我国在制定城市防洪法时，可以借鉴国外防止城市内涝立法的经验。

城市防洪法的具体内容，首先应该包括加强城市防洪预警预报系统的建设，建立完善洪水风险管理体系的内容。通过法律规定，使得我国各大城市细化各类灾害和突发事件应急预案，加强消防、防洪、防震、防疫等设施设备和队伍建设，完善重要物资紧急储备体系，健全快速响应机制。其次，应规定相关部门的统筹协调机制。城市防洪综合性强，涉及部门多，要重视各部门之间的协调合作，强化城市防洪的综合管理，要统筹城市交通、市政和防洪排涝建设，加强管理，保障市民交通顺畅。按照分级负责的原则，积极推行防汛责任制，层层签订安全责任书，并将重点防洪工程的责任单位和责任人通过媒体向全社会公布，接受群众监督。

法律中还应设立强制性的城市防洪标准。根据城市地形特点、河流水系和保护对象的重要程度，选定适宜的防洪标准，通过工程措施和非工程措施相结合，建设完善的城市防洪工程体系，既要满足防洪要求，也要为城市建设和发展创造良好的外部环境，把城市防洪与市政建设、旅游休闲、城市排水、环境整治和生态改善等有机结合起来。同时还应强化地方政府在城市防洪中的义务和责任。地方政府是城市防洪的第一责任人，必须设立专门的机构，建设全面的防洪工程，制订防洪预案，采取有效的防洪措施。对于失责的人员和机构，应当追究其法律责任。

除了加强立法工作，城市内涝的治理还需要建立长远规划。城市规划需要做到"全局设计、长远考虑"，因此，应将防洪规划列入城市规划之中。

各地政府必须杜绝追求短期效益，改变只重地表、不重地下的城市发展思路。同时还应科学安排城市排水调度，建设环保型的透水沥青马路，提升城市道路的雨水吸附、渗透能力。应做好5月12日全国"防灾减灾日"的宣传工作，增强市民公共安全防灾文化意识，积极开展体验教育和应急演练，建设综合减灾示范社区，提高市民防灾减灾意识和自救互救能力。

6.3.2 防洪执法之基——《防洪法》

《中华人民共和国防洪法》于1997年8月29日全国人民代表大会常务委员会审议通过，自1998年1月1日起施行。《防洪法》包括总则、防洪规划、治理与防护、防洪区和防洪工程设施的管理、防汛抗洪、保障措施、法律责任和附则，共8章66条。

(1)防洪法的立法宗旨和制定意义

防洪法作为一部调整人类在与自然的斗争中所形成的社会关系的专业法律，其根本目的是减轻洪涝灾害，维护人民的生命和财产安全，保障社会经济的稳定发展。

①洪涝灾害是中华民族的心腹之患，减轻和防御洪涝灾害，是多少年来中华儿女为之不懈努力的奋斗目标。我国是一个江河众多的国家，流域面积在100平方千米以上的河流有5万多条，总长度约45万千米。水资源和河川径流在地区上分布很不均匀，在时间分配上比较集中，年际变化很大，连丰、连枯年份经常出现，加之复杂的地理、气候条件，我国成为世界上水旱灾害最严重的国家之一。就洪灾而言，全国2/3的国土面积受着不同程度的洪涝灾害的侵袭，洪水灾害十分频繁。据历史记载，从公元前206年至1949年的2155年间，中国发生较大洪水灾害1092次，平均每两

年就有一次较大的水灾。新中国成立以后和20世纪以来，虽然我国在水利建设方面取得了举世瞩目的成就，但洪涝灾害的频繁程度并未减少，洪涝灾害仍然是我国经济社会发展进程中的心腹之患。特别是随着经济社会的发展，产业和财富进一步集中，同样的洪水给社会经济带来的损失及对人民生活质量的影响远远大于历史上的任何时期。因此，采取各种措施，防御、减轻洪涝灾害，维护经济社会的稳定发展显得尤为重要，这也是防洪法立法的宗旨所在。

②一段时期以来，一些地方乱砍滥伐、围湖造田等现象十分普遍，导致植被破坏，水土流失加剧，江河湖库淤积，滞洪、行洪能力锐减，同样的洪水，水位越来越高，持续时间越来越长，防洪形势日趋严峻。同时，受利益的驱使，一些地方对河道及防洪工程设施缺乏强有力的保护，对蓄滞洪区的安全与建设缺乏有效管理，加上防洪规划难以落实、防洪投入不足，致使防洪标准偏低，洪灾损失严重。制定防洪法，就是要针对上述问题进行规范，借助法律手段，理顺防洪活动中的各种社会关系，最终达到预防、治理、减轻洪涝灾害之目的，从而保障人民的生命和财产安全，促进经济社会的发展。

(2)防洪工作的原则

《防洪法》第二条规定，防洪工作实行全面规划、统筹兼顾、预防为主、综合治理、局部利益服从全局利益的原则。

①洪水的流域性特征决定了防洪活动是一项复杂的、综合的流域性工程。江河洪水是一个按照流域运动的动态整体，其上下游及干支流的洪水传递都相互关联，有其内在的运动规律。洪水成因复杂，涉及地理、环境、气候等多种因素，泛滥后所造成的损失往往也是多方面的。因此，防洪活动必须根据洪水的特点，根据该流域的经济发展的状况及在国民经济中的地位，结合国土整治、生态环境的保护及水资源的综合开发等情况，进行跨地区、跨行业的

综合分析，全面规划。由于防洪工程是一项投资巨大的公益性事业，在我国目前经济尚不发达的情况下，更要注重全面规划，避免重复建设等不必要的浪费。规划是工作的目标，对全盘工作起了统领的作用。防洪规划就是统领防洪工作的战略部署，是防洪工作的基本依据。因此，在防洪工作中必须坚持全面规划这一重要原则。

②根据防洪工作的特点及洪水灾害造成的严重后果，本法强调了防洪工作要坚持统筹兼顾的原则。所谓统筹兼顾，是指在防洪工作中必须兼顾上下游、左右岸、干支流的关系，局部利益和整体利益的关系，重点防护和一般防护的关系。由于防洪工作是一项跨地区、跨部门的综合性活动，涉及方方面面，与百姓的生活息息相关。因此，防洪工作必须统筹兼顾，谨防顾此失彼，努力用最低的代价获得最高的防洪效益。

③防洪工作一是要预防，二是要治理，其中预防更为重要。做好预防工作，就是要未雨绸缪、有备无患。预防为主，要求人们在思想上高度重视，行动上坚持不懈地抓好防洪工作。洪涝灾害，是一种自然灾害，人类不可能完全避免，但是人类可以通过采取一些措施，如根据气候变化情况及地理特点等对洪水来临的时间和程度进行综合分析，制订防汛抗洪的应急预案，修建高标准的防洪堤坝，加强薄弱环节的建设，加强上游的水土保持等来防治洪灾。只有长期不间断地做好预防工作，洪水来临时，才能够及时、稳妥地采取各种应急措施，减少洪水给人类造成的损失。

④防治洪水是一项系统工程，只有多措并举、综合治理，形成综合的防洪体系，才能有效地治理洪水，偏废了任何一方，都会使防洪工作陷于困境。1998 年我国长江和松花江、嫩江所遭遇的流域性特大洪水，主要是由于气候异常所造成的，但洪水来势如此凶猛，与多年来上游地区乱砍滥伐森林、植被破坏及修建阻水工程、河道不畅等都有重大关系。如果不立即着手进行森林保护工作，

防治水土流失，治理小流域，疏浚河道，只靠修筑堤坝是难以从根本上挡住洪水的。这使我们进一步认识到综合治理的重要性。综合治理还包括根据水的特性，通过治理，变水害为水利，为干旱地区提供水资源。历史经验告诉我们，采取单一措施进行防洪，其效果是有限的，只有采取综合措施，进行系统防治，才是防治洪水的根本途径。因此，本法将综合治理作为一项基本原则确定下来。

⑤防洪工作还须遵循局部利益服从全局利益这一重要原则。这个原则适用于我国防洪工作的各个方面，其中包括对蓄滞洪区的规定。我国一方面地域辽阔，洪涝灾害频繁，同时由于经济发展水平所限，全社会用于修建水利工程设施的投入难以满足抵御各种标准洪水侵袭的要求，防洪能力十分有限。在这种情况下，为了将洪水损失减少到最低，不得已时只能牺牲局部利益以保大局。根据这一实际情况，国家在长江、黄河、淮河、海河等流域开辟了98 处蓄滞洪区，在遇到较大洪水时，动用蓄滞洪区分蓄洪水，以确保重点地区的防洪安全。强调局部利益服从全局利益，就是强调从大局出发，从全国人民的整体利益出发，从某一地区的大多数人的利益出发来处理防汛抗洪事务，用尽量小的牺牲换取尽量多的人员生命和财产的安全。实践中，由于启用蓄滞洪区主要涉及该地区内人民群众的财产和经济利益，涉及人民群众的生命安全，一些地区的领导在洪水泛滥、大坝面临决堤的情况下，往往不敢下命令启用蓄滞洪区，使国家防汛抗洪的统一领导和具体部署难以贯彻执行。因此，坚持局部利益服从全局利益的原则，对实践有直接的指导意义，无论是领导同志还是普通群众，都要牢固树立从大局出发的思想，洪水无情，只有在必要时勇于舍小家、保大家，才能使洪水得到有效的遏制，减小受到的损失。

(3)保障措施与法律责任

①保障措施。防洪工作作为一项社会性的公益事业，不以营利为目的，需要大量的投入。无论是江河、湖泊的治理，防洪工程

的建设，还是水毁防洪工程的修复，抗洪抢险的顺利进行，都需要有坚实的经济支持才能做到。因此，《防洪法》专门设立了保障措施一章，分别就人民政府在防洪投入方面的责任、中央和地方在防洪投入范围上的划分、防洪工程建设维护资金的筹集、企事业单位和农村居民在防洪投入方面的义务等做了明确的规定，以保证防洪事业的稳步发展。

②法律责任。《防洪法》就防洪规划、治理与防护、防洪区和防洪工程设施的管理、防汛抗洪、保障等与防洪工作紧密相连的问题做了规定，设立了一系列的法律制度，目的就在于防御与减轻洪涝灾害，维护人民的生命和财产安全，保障社会主义现代化建设顺利进行。为了确保这些制度得到实施，必须对违反这些制度的行为进行处罚。因此，《防洪法》专门设立了法律责任一章，分别就违法行为的种类及相应的处罚措施、处罚幅度等内容做了明确的规定。

6.3.3 浙江防洪执法——《浙江省防汛防台抗旱条例》

《浙江省防汛防台抗旱条例》自 2007 年 4 月 15 日起施行。这是为防御和减轻洪涝、台风、干旱灾害，维护人民群众生命和财产安全，保障经济社会可持续发展，根据《中华人民共和国水法》《中华人民共和国防洪法》《中华人民共和国防汛条例》等法律、法规，结合浙江省实际而制定的，适用于在该省行政区域内从事防汛防台抗旱活动。

《条例》包括总则、防汛防台抗旱职责、防汛防台抗旱准备、防汛防台与抗旱、保障措施、法律责任和附则等 7 章，共 56 条。《浙江省防汛防台抗旱条例》根据国家有关法律、法规，结合浙江省实际，对防汛防台抗旱工作做出了全面规范，确定了一系列新原则、新要求和新规定，具有较强的针对性和可操作性。《条例》的颁布实施，标志着浙江省防汛防台抗旱工作进入了法制化、规范化和科学化的新阶段。

案例

2011 年 6 月，温州市水利局领导在苍南县境内进行防汛安全工作明察暗访之际，发现钱库镇望里办事处护法寺水库存在游船违规入库经营、库区违章建筑等安全隐患。因此，便第一时间将情况反馈给相关部门。接到信息反馈后，苍南县防汛指挥部门和水利局领导高度重视该情况，迅速组织水政执法人员和相关工作人员对事发地段实施检查，及时查实违法情况，并快速制作和送达防汛清障文书，责令当事人限期自行清除违章物。同年的 6 月 23 日下午，苍南县水利局水政监察大队执法人员会同钱库水利管理所工作人员，顶着烈日，冒着酷暑，爬山越坎，来到钱库镇望里办事处护法寺水库，将 8 份防汛清障文书一一送达当事人手中。

若违法当事人没有在规定期限内自行清除违章物，苍南县防汛指挥部门将依法组织防汛清障活动，彻底清除防汛安全隐患，确保全县防汛安全万无一失。

江山港是江山人民的母亲河，属钱塘江水系，与百姓生活也是息息相关。可由于非法采砂等原因，江山港河道坑洼不平、脏乱差现象随处可见，沿线群众意见很大。

2012 年，浙江省江山市上余镇大夫第村书记徐树才利用职务之便，非法采砂破坏防洪堤，顶风作案，目无法纪，指使社会上的一些不良人员对抗执法，即使到东窗事发也依旧态度恶劣，严重违反《中华人民共和国防洪法》《浙江省防汛防台抗旱条例》等相关规定。如果得不到处罚谈何治理。江山市纪委对徐树才一系列违法乱纪行为彻底清查，对破坏防洪堤及泄密事件进行调查，并做出处罚结果，给百姓一个交代，还江山港一片宁静。

参考文献

[1] 王颖,闻婷.图说洪水与干旱[M].长春:吉林音像出版社,2013.
[2] 姜树海,范子武,吴时强.洪水风险评估和防洪安全决策[M].北京:中国水利水电出版社,2005.
[3] 秦志义.我国洪涝灾害的概况及防治[D].北京:华北科技学院,2013.
[4] 丁春梅,何晓锋,万成杨.浙江省山洪灾害成因分析及防治对策[J].人民黄河,2010,32(4).
[5] 曾越,陆隽,蔡旭东.防洪抢险技术[M].北京:中国水利水电出版社,2013.
[6] 岳丽霞.浙江省泥石流形成及成灾特点[J].山地学报,2012,30(1).
[7] 熊治平.洪水与防洪[M].武汉:武汉大学水利水电学院,2013.
[8] 孙春鹏,周砺,李新红.我国江河洪水季节性规律初步分析[J].中国防汛抗旱,2010,20(5).
[9] 王家祁,骆承政.中国暴雨和洪水特性的研究[J].水文,2006,26(3).
[10] 许有鹏,于瑞宏,马宗伟.长江中下游洪水灾害成因及洪水特征模拟分析[J].长江流域资源与环境,2005,14(5).
[11] 张彦芳,金向华.平原水乡低洼地区洪涝治理模式浅析[J].

浙江水利科技,2008 (4).
[12] 苏人琼.黄河流域灾害环境综合治理对策[M].郑州:黄河水利出版社,2008.
[13] 齐璞.21世纪黄河下游河道治理主攻方向.http://www/irtces.org.2004-12-10/2010-11-27.
[14] 潘家铮.千秋功罪话水坝[M].北京:清华大学出版社,2000.
[15] 顾浩.中国治水史鉴[M].北京:中国水利水电出版社,2005.
[16] 陈惠源.江河防洪调度与决策[M].武汉:武汉水利电力大学出版社,1999.
[17] 辛全才,牟献友.水利工程概论[M].郑州:黄河水利出版社,2011.
[18] 郭松义.水利史话[M].北京:社会科学文献出版社,2011.
[19] 沈强勇,沈宇翔,汪建江.对东苕溪"6·19"洪水防御案例的思考[J].浙江水利水电专科学校学报,2011,23 (3).
[20] 程晓陶,万洪涛,吴兴征.防洪减灾科技发展现状与趋势[J].中国水利,2004 (22).
[21] 梁宜.世界各国防洪减灾管理[J].水利电力科技,2002,28 (3).
[22] 王开元.浅谈德法荷三国防洪减灾的主要做法和经验[J].人民珠江,2001 (1).
[23] 郭大本.世界七大洲自然环境状况(待续) [J].黑龙江水专学报,2003,30 (1).
[24] 邓坚,富曾慈,邱瑞田等.关于我国防洪问题的几点思考:从德、法、荷三国防洪减灾看我国防洪工作 [J].中国水利,2000 (4).
[25] 周丽娟,胡亚玲.在北疆经济建设中对防洪工作的思考 [J].内蒙古水利,2009 (4).
[26] 丁雁飞.法国水务管理经验及对松辽流域相关问题的思考

[J]. 东北水利水电,2007 (11).
[27] 李平. 顺德防洪决策指挥系统的设计. 重庆师范大学,2003.
[28] 杨卫忠. 新中国防汛抗旱组织队伍建设[J]. 中国防汛抗旱,2009.
[29] 邓三龙. 落实科学发展观 切实保护洞庭湖湿地[J]. 湖南林业,2007(7).
[30] 杨小秋. 加快后续产业建设 巩固退耕还林成果[J]. 科技情报开发与经济,2009,19(1).
[31] 廖成勇,刘艳,肖玉虹. 我国城市生态林建设基本情况[J]. 科学月刊,2010 (9).
[32] 李得选,张顺详. 对防治风沙工程的措施之我见[J]. 防护林科技,2011 (3).
[33] 李薇,孙庆来. 浅谈退耕还林工程成果的巩固:以山西省退耕还林为例[J]. 华东森林经理,2012,26 (2).
[34] 刘雪梅,朱维斌. 苏锡常地区推进农业节水灌溉工程的建议[J]. 中国环保产业,2003(11).
[35] 张荣峰,罗运龙. 浅谈生态水利[J]. 水利经济,2001.
[36] 沈明球,周玲,郝玉. 我国海水综合利用现状及发展趋势研究[J]. 海洋开发与管理,2010,27(7).
[37] 左平. 黄河下游滩区附加洪水风险损失补偿研究. 河海大学,2007.
[38] 赵洪杰. 流域防洪体系效果评价研究. 河海大学,2007.
[39] 李金贵. 水利防灾减灾攻坚开战[J]. 地球,2011(5).
[40] 陈秀万. 中国洪水灾害分析[J]. 海洋地质与第四纪地质1995,15(3).
[41]《防洪法》立法后评估课题组.《防洪法》立法后评估[J]. 水利发展研究,2012(9).
[42] 曹铮. 北京雨洪水"蓄起来"[N]. 中国水利报,2014-7-11.

[43] 向立云,魏智敏.洪水资源化——概念、途径与策略[J].水利发展研究,2005(7).
[44] 熊育群.抗洪英雄大禹(随笔)[J].青海湖,2011(9).
[45] 李萌.英汉动物词汇文化内涵的来源[J].承德民族师专学报,2011,31(3).
[46] 钟晋阳.基于GIS的浙江省洪水灾害风险区划[D].乌鲁木齐:新疆农业大学,2009.
[47] 张硕辅.湖南省山洪灾害防治的基本思路[J].中国水利,2003(6).
[48] 丁慧峰.江河洪水的特点与防控治理措施[J].山西科技,2008(2).
[49] 李炜.探讨泥石流地质灾害的成因和后果以及防治措施[J].甘肃农业,2011(8).
[50] 王家祁,骆承政.中国暴雨和洪水特性的研究[J].水文,2006,26(3).
[51] 卢章磊.谈山洪灾害对电网设施的损害及其预防——以卢氏7.30洪灾为例[J].今日科苑,2008(22).
[52] 元元.认识泥石流[J].青年科学,2010(10).
[53] 沈泰,殷瑞兰.论长江中游洪灾与对策[J].中国水利,2003(2).
[54] 周义成,李孟双,田雨春.通辽市防洪减灾工作现状及存在问题[J].水利建设与管理,2008(3).
[55] 国家防办赴美培训团.美国的防洪减灾管理和洪水保险[J].防汛与抗旱,2002(3).
[56] 刘国纬.论防洪减灾非工程措施的定义与分类[[J].水科学进展,2003,14(1).
[57] 包晓斌.植被建设与水患防治[EB/OL].(2011-03-17)[2013-12-10] http://wenku.baidu.com/link.

[58] 杨栗晶，刘秀珍. 试论在城市防洪中采取非工程措施的必要性[J]. 广东水利电力职业技术学院学报，2003，1(1).
[59] 黄勤，美国洪水保险体制的启示[J]. 时代经贸，2007，5(87).
[60] 叶宗欧，李国华. 永嘉县行禅水库防汛应急抢险案例分析[EB/OL]. (2011-12-15) [2014-02-04] http://www.wzsl.gov.cn/system/2011/12/15/010925567.shtml
[61] 荆楚网. 洪水吞噬数百人新奥尔良几遭灭顶 飓风重创美国[EB/OL]. (2005-09-01) [2013-10-09] http://www.cnhubei.com/200508/ca857139.htm.
[62] 程晓陶. 国际社会推进水旱灾害管理的主要特点与趋向[J]. 河南水利与南水北调，2011(5).
[63] 中国洪水管理战略项目组. 中国洪水管理战略框架和行动计划[J]. 中国水利，2006(23).
[64] 王开元. 浅谈德法荷三国防洪减灾的主要做法和经验[J]. 人民珠江，2001(1).
[65] 程晓陶. 新时期大规模的治水活动迫切需要科学理论的指导——论有中国特色的洪水风险管理[J]. 水利发展研究，2001(4).
[66] 卢光辉. 低度冲击径流抑制技术之功能与应用[J]. 水土保持研究，2001(4).
[67] 李军，高贺春，李睿. 洪水风险分析理论和方法[J]. 东北水利水电，2008(10).
[68] 甘小荣. 洪水风险与保险研究[D]. 南京：河海大学，2007.
[69] 雨水资源再利用—雨水洪水利用—水资源与节水综合论坛[EB/OL]. (2006-12-19) [2014-05-09] http://www.chinacitywater.org/bbs.
[70] 普法课堂. 明确城市防洪强制性法律要求[EB/OL]. (2013-07-27) [2014-07-10]. http://www.legaldaily.com.cn/in-

dex/content/

[71] 曹铮. 北京雨洪水"蓄起来"[N]. 中国水利报，2014-7-11(01).

[72] 向立云,魏智敏. 洪水资源化—概念、途径与策略[J]. 水利发展研究,2005(7).

后 记

为积极响应浙江省委、省政府“五水共治”的号召，积极行动起来，更好地普及“五水共治”知识和了解“五水共治”的任务、内容及意义，浙江省社会科学界联合会与浙江水利水电学院共同开展了“‘五水共治’科普丛书”的编写工作，以满足基层水利工作者、广大人民群众在“五水共治”工作中的需求。

《防洪水》从远古大洪水开篇，叙述了洪水的危害、类型、特点及规律，追溯其成因，然后进入防御洪水之道以及我们的经验教训，最后指出防洪水的发展趋势。全书在讲理论的同时，结合古今中外防洪典型案例，由表及里，点面结合，图文并茂，可以让读者对“防洪水”有一个较全面、清晰的认知。

在编写本书的同时，我们通过学习、整理基本的防洪理论知识和国内外防洪水的经验教训以及浙江省较为典型的案例，也更深刻地理解了我省“五水共治”的内涵及意义，对“防洪水”有了更深入的认识。

在本书撰写过程中，浙江省水利厅朱法君、浙江水利水电勘测设计院谢丽华、浙江工商大学沈东升、浙江省文联郑晓林等多位专家提出了许多宝贵的意见和建议，在此表示由衷的谢意。同时，感谢读者耐心阅读本书，敬请批评指正。

“五水共治”科普丛书（3）

主编　周鹤鸣　邹　冰

排涝水

PAI LAO SHUI

陈晓东　胡秀君　编著

治污水　防洪水　排涝水　保供水　抓节水

浙江工商大学出版社
ZHEJIANG GONGSHANG UNIVERSITY PRESS

图书在版编目(CIP)数据

排涝水 / 陈晓东，胡秀君编著. —杭州 : 浙江工商大学出版社，2014.12(2015.1 重印)
("五水共治"科普丛书 / 周鹤鸣，邹冰主编)
ISBN 978-7-5178-0739-1

Ⅰ. ①排… Ⅱ. ①陈… ②胡… Ⅲ. ①除涝－普及读物 Ⅳ. ①TV87－49

中国版本图书馆 CIP 数据核字(2014)第 265312 号

排涝水
陈晓东　胡秀君 编著

出 版 人	鲍观明
责任编辑	刘　韵
责任校对	汪志鸿
封面设计	王妤驰
责任印制	包建辉
出版发行	浙江工商大学出版社 (杭州市教工路 198 号　邮政编码 310012) (E-mail:zjgsupress@163.com) (网址:http://www.zjgsupress.com) 电话:0571-88904980,88831806(传真)
排　　版	杭州朝曦图文设计有限公司
印　　刷	杭州恒力通印务有限公司
开　　本	850mm×1168mm　1/32
印　　张	4
字　　数	101 千
版 印 次	2014 年 12 月第 1 版　2015 年 1 月第 2 次印刷
书　　号	ISBN 978-7-5178-0739-1
定　　价	49.50 元(全五册)

浙江工商大学出版社营销部邮购电话　0571-88904970

“五水共治”科普丛书编委会

序

水是生产之基，生态之要，生命之源。治水历来是兴国安邦的大事，中华民族的文明史，也可以说是一部除水害、兴水利的治水史。浙江因水而名，因水而兴，因水而美，但我们浙江还是一个“缺水”的省份。“缺水”主要有海岛地区资源性缺水，也有山区工程性缺水，更主要的是污染造成的水质性缺水。近些年来出现了“江南水乡没水喝”的情况，比较深刻地揭示出粗放式增长模式消耗资源环境的种种弊端。

党的十八大报告提出，“建设生态文明，是关系人民福祉、关乎民族未来的长远大计……把生态文明建设放在突出地位，融入经济建设、政治建设、文化建设、社会建设各方面和全过程，努力建设美丽中国，实现中华民族永续发展”。2013 年，浙江省委、省政府提出以“重整山河”的雄心和“壮士断腕”的决心，打响“铁腕治水”攻坚战，以治污水、防洪水、排涝水、保供水、抓节水“五水共治”为突破口，倒逼转型升级，打好经济转型升级“组合拳”。这是省委、省政府推进浙江省新一轮改革的关键之举，是一项顺应群众呼声的民生工程。

“五水共治”符合党的群众路线教育实践活动落实整改的要求，是新形势下浙江社会主义物质文明建设的要求、精神文明建设的需求、生态文明建设的诉求、政治文明建设的追求。“五水共治”，要治污先行，也要齐抓共治，它是一项庞大的系统工程，必须用系统的思维和方法才能落实。

“治污水”必须抓好治理黑河、臭河、垃圾河，实现城镇截污纳管、农村污水处理、生活垃圾集中处理。与此同时，必须实现农业转型，坚持生态化、集约化发展方向，推进种养殖业的集聚化、规模化经营和污物排放的集中化、无害化处理，控制农业面源污染。

“防洪水”必须重点推进强库、固堤、扩排三类工程建设，强化流域统筹，疏堵并举，制服洪水之虎。

“排涝水”必须重点强库堤、疏通道、攻强排，打通断头河，开辟新河道，着力消除易淹易涝片区。

“保供水”必须重点推进开源、引调、提升三类工程建设，保障饮水之源，提升饮水质量。

“抓节水”必须重点进行改装器具、减少漏损、再生利用和雨水收集利用示范等工作，合理利用水资源。

为普及全省对“五水共治”行动的深刻认识，浙江省社会科学界联合会和浙江水利水电学院组织了水文、生态、环境、水利、法律、政策等方面的专家和学者，编写了这套“‘五水共治’科普丛书”。丛书作者通过大量实地调研和数据资料整理，运用专业知识和文化力量，深刻分析了“污水、洪水、涝水、供水、节水”现状与问题，总结了国内外治水的主要成就与经验，梳理了当前治水所面临的主要问题，阐述了治水的基本理念和途径，传播了水文化，为浙江省的“五水共治”工作贡献了智慧。这项工作很有意义，值得肯定。

本丛书内容丰富，文字生动，图文并茂，寓教于乐。它有三个主要特点：一是视野开阔。从古到今，从国内到国外，广泛联系实际，在宏大的背景下对治水经验、教训和成就进行了全面深刻的剖

析和多角度的思考。二是有理有据。既有科学依据又有文化内涵，详细阐述了治水理念、措施与途径，具有较强的指导性。三是深入浅出。语言朴实，案例生动，很接地气，是关于“五水共治”的一部好作品，适合大众百姓阅读，值得学习和推荐。

是为序。

符宁平

2014 年 9 月

目　　录

天下奇观——内陆城市也能看海

第 1 章

1.1 北京"7·21"暴雨事件

2012年7月21日，北京暴雨疯狂肆虐，雨量历史罕见。全市受灾人口达190万人，其中77人遇难，经济损失近百亿元。

1.1.1 "七下八上"威力尽显

气象观测显示，"7·21"暴雨除延庆外，北京90%以上的行政区域降雨量都在100毫米以上，全市平均降雨达190.3毫米。11个气象站观测到的雨量突破了建站以来的历史极值，部分地区一天降雨量达到甚至超过了年平均降雨量。有记录的最大降雨量出现在房山区河北镇，为460毫米，达到了特大暴雨量级。

本次暴雨过程中的短时雨强也同样惊人。气象上规定，24小时降水量为50毫米或以上的强降雨称为"暴雨"，但在"7·21"暴雨中，北京有些地区一小时内的降雨量就超过了50毫米，平谷挂甲峪更是高达100毫米，雨量之大超乎想象。

受强降雨影响，首都机场21日全天共取消航班571架次，延误航班701架次，最高峰时有近8万人滞留机场。暴雨还导致京港澳高速公路出京方向17.5公里处的南岗洼铁路桥下严重积水，积水最严重时，被淹路段长约900米，平均水深4米，最深处6米，桥下积水20余万立方米犹如水库，81辆汽车被困水下。

这场暴雨历史罕见，由于雨量大、雨势强，北京出现严重城市内涝，部分中小河流和水库出现汛情。据北京市防汛抗旱指挥部消息，截至8月5日，北京区域内共发现79具遇难者遗体，全市受灾人口达190万人，因灾造成经济损失近百亿元。

7月21日的北京暴雨已经过去，但这次暴雨引发的关于城市内涝问题的争议却并没有如道路上的积水一样迅速退去。随着灾情的逐步统计和公布，近百亿的损失和77人的遇难数字，让人们心情沉痛地重新审视北京这座庞大都市光鲜外表背后的种种隐患，再度思考作为人类文明载体的城市和愈加躁动易怒的自然之间的相处之道。

雨量大、雨势强、范围广、影响重得有些“超乎想象”，21日当天北京大雨倾盆、四处“汪洋”，而20日和22日前后两天北京的天气却非常晴好，有一些网友不理解，为何降雨不是相对持续，而是这种短时间内变化极大的突发性强降雨？

中央气象台首席预报员孙军表示，暴雨的首要因素是水汽条件充足，但有了充足的水汽也只是“万事俱备只欠东风”，必须出现一个天气系统，能使得这个地区的暖湿气流上升，才会产生降水。此次北京等地强降雨就是这种情况，在冷空气东移南下和较强天气系统的作用下水汽产生剧烈上升运动，再加上大气层结构极不稳定，上升运动就越发剧烈，水汽凝结速度加快，同时空气接近饱和，导致降雨效率极高。

总体来说，此次北京“7·21”暴雨具有雨量大、雨势强、范围广、影响重的特点，部分地区一天降雨量甚至达到或超过了年平均降雨量，这些都是“极端性”的体现，在北京历史上极为罕见。

暴雨预报难度大，气象部门滚动服务全力应对。针对这次暴雨过程，北京市气象局对这次的预报起报较早，20日曾两次发布专题预报，指出21日傍晚到夜间有暴雨，部分地区可能有大暴雨。21日，市气象台一天连发五个预警，18时30分暴雨预警级别上升到橙色，并先后启动四级至二级应急响应，加强值守，靠前指挥，滚动服务。

其间，北京市气象台向市委、市政府、市防汛办及交管局等有关部门发布重要天气报告 5 期，发布全市部分气象观测站雨量表及全市雨量分布图 18 次，并与市地研所联合发布了地质灾害三级预警。针对灾情最重的房山区，区气象局采取每小时电话汇报一次、每 3 小时更新一次的方式向区委区政府汇报情况。

此外，部门应急联动也迅速启动。市政府和各区县政府根据预报、预警信号级别及时反应，快速联动，采取措施积极应对和处置暴雨带来的各种影响。

中央气象台从 20 日下午就开始发布暴雨蓝色预警，21 日中午升级为黄色，加强加密与各省市区会商，提醒发布预警。总的来说，气象部门对这次过程预警发布是比较早的，预警级别也是比较高的。

1.1.2 暴雨倾城成因

(1)冷暖空气交汇。气象上有一种说法叫“七下八上”，即 7 月下旬 8 月上旬这段时间，华北地区进入降雨集中期，容易出现雨量集中、强度较大的降雨过程。这和我国整个雨带随着季节从南向北推的规律是相吻合的，即从最早的华南前汛期开始，到江南梅雨，再到当前的华北雨季。

出现强降水的原因主要在于水汽条件充沛。我国属于季风气候，当季风北推到华北地区时，就为强降雨提供了充足的水汽供应条件。此次降雨前，北京的天气非常闷热，说明了空气中的水汽含量非常大。据估算，北京上空大气中的水汽累积含量已经达到了 50 毫米左右的量级，即使不算上外来水汽的供应，只是单纯空中的水汽降落到地面就够达到暴雨量级了。

由于从北向南的冷空气和从西向南的暖湿空气在华北一带突然交汇促使这一地带产生了强降雨。此次“7·21”暴雨事件影响范围较大，影响了整个华北地区，冷暖空气正好交汇于北京上空。并且，持续几天的闷热给京城积蓄了充沛的水汽，北京以南的水汽又源源不断地输入，将空气湿度送至饱和，为降雨营造了良好的水汽条件。而北京西部、北部环山的特殊地形，则使被堵截的气流更加“勤奋”地做抬升运动。这种情形下，一遇到冷空气活动，对流云团就即刻得到强烈发展。

此外，北京的东面存在一个高压天气系统，它的阻碍导致北京降雨系统的东移，因此降雨持续了较长时间。

(2)热岛效应。城市化增加降雨量，下垫面热力大促使云系新生，城市化导致的热岛效应，也是加大雨量的因素之一。早在 2002 年，美宇航局戈达德航天飞行中心的谢泼德博士就发表过论文称，受热岛效应影响，城市地区气温有可能比周围郊区或农村高出 0.56～5.6℃。这些多余的热量会破坏城市空气循环的稳定，并有可能促进降水云层的形成，使降雨量增多。

城市化的发展，改变了城市的下垫面，地面热力比原先大。这导致城区气温难以回落，水汽无法流失。在此次降雨过程中，正是由于地面热力大，产生对流运动，使得云系不断地新生和发展，加大了降雨强度。不过也有气象专家认为，城市化进程对降水的影响有着非常复杂的物理机制，因此，尚不能断言像北京这种特大城市，城市化进程是造成降水时空分布特征发生变化的主要原因。

北京暴雨灾害让我们再次看到了生命的脆弱，也带给了我们更多的思考。古人云，月有阴晴圆缺，人有旦夕祸福。我们无法预料，明天和风险哪个先来到。谁能料想仅仅一场暴雨就可以轻易地夺去那么多人的生命，又有谁会想到这事居然就发生在自己的身边。

(3)城市防灾能力有待加强。北京 2013 年的移动泵车比上年多了 1 倍以上，汛期时分别布控在 18 处容易出现积水的地区。不可否认，各部门提前防范、积极抢险，防灾抗灾能力有了一定的提升，但也显示出极端天气气候事件频发的情况下，大城市防灾减灾的脆弱性。

吕宁思在凤凰卫视《正点新闻》中说，排水系统比高楼大厦更能代表现代化。他认为这一次的大暴雨是对过去多年来急速现代化的一种检验。大自然的一些挑战或者突袭，给我们城市设计及管理带来了比较深刻的教训。

因此，我们亟待提升大城市防范涝灾的能力。城市应该根据不同区域的地理条件、人口密度以及建筑物的分布，设定不同的防汛建设标准，不断加强城市地下管道的建设和配套管理，完善城市内涝防御应急体系建设。

1.1.3 灾难过后的思考

(1)加强自我防范意识，切忌侥幸心理和麻痹大意。尽管气象部门提前预报了此次过程，但人员伤亡和财产损失还是发生了。气象专家表示，公众是灾害性天气的直接面对者，更应该提高防范意识，认识到极端天气的严重性和危害性，多了解科普常识，做好自我保护。例如若提前收到气象部门发布的预警信息，或是看到强降雨已经开始，就应尽量避免开车出门，看到积水严重的低洼地段要尽早撤离以避开危险，更不要存在侥幸心理试图去过湍急的水流。

当受到洪水威胁时，如果时间充裕，应按照预定路线，有组织地向山坡、高地等处转移；在措手不及、已经受到洪水包围的情况下，要尽可能利用船只、木排、门板、木床等，做水上转移。若洪水来得太快，已经来不及转移时，要立即爬上屋顶、楼房高屋、大树、高墙，做暂时避险，等待援救，不要单身游水转移。在山区，如果连降大雨，会容易暴发山洪，应该注意避免渡河，以防止被山洪冲走，还要注意防止山体滑坡、滚石、泥石流的伤害。

(2)着眼于长效根本的解决之道。“重点还是要把死的应急预案转化为活的应急能力。”国家行政学院应急项目专家李明在北京“7·21”特大暴雨后表示，今后应急预案应该常演练常修改，达到灾害真正来临时，不看预案，相关部门就能立即投入行动的效果。

气象部门当天8时启动Ⅳ级应急响应，一天连发5次预警，防汛部门在78个泵站、56个下沉式桥区备勤，1000余名安全员在重点区域巡查疏导……7月21日的北京并不缺乏应急措施，但依旧没有抵挡住暴雨的肆虐。

每一场暴雨留下的不应该只是仓皇的教训，每一次灾后的反思不能只停留在发现问题。防灾减灾应当是一项综合性工程，不能"头痛医头，脚痛医脚"。要深挖根源，综合治理，防治结合，真正把防灾减灾工作当作百年大计来抓，当作民心工程来做，如此方为治本之道。

(3)不只"看海"，更看一座城市的"良心"。当人们在微博上用祈祷蜡烛的表情代替"看海"调侃的时候，当人们开始为用头撞车窗试图逃生的车主丁志健唏嘘的时候，当暴雨结束后两天京港澳高速仍然积水难排的时候，所有人都意识到，自然再次动用了它最擅长的力量，再次拷问这座飞速发展的城市是否已经拥有了与之相匹配的抗灾能力。

下水道号称一座城市的"良心"。台湾文化名人龙应台曾说："检验一座城市或一个国家是不是够现代化，一场大雨足矣。或许有钱去建高楼大厦，却还没有心力去发展下水道；高楼大厦看得见，下水道看不见。你要等一场大雨来才能看出真面目来。"

中国社会科学院城市发展与环境研究所副研究员黄顺江认为，"像北京这样的大城市，而且是国际化的大都市，防洪规划设计必须按照国际城市的通行标准，也就是要有国际水准，要能够向东京、巴黎这样的城市看齐。"首先，规划设计要具有前瞻性，也就是要考虑到发展。"要超前一点，留有余地，而不能只看眼前。"再次，规划设计必须具有宏观和综合性。也就是说，一个防洪设施，要考虑到周边形势，要考虑到相互影响和突发情况。最后，防洪设计还要站在战略高度。黄顺江表示，并不是任何地方都要求高标准，但在重点部位、关键地段、战略性节点,必须采用超高标准。“例如,北京的二环路、三环路及长安街等几条土要大街,还有出京高速公路等,都是战略性地段。上述路段,尤其是路口和立交桥等处,更是战略性节点,必须绝对保证时时畅通,不允许出现积水情况。”

1.2 杭州多次上演“水漫金山”

1.2.1 “罗莎”灌瘫杭州

2013 年 10 月 9 日,40 年未遇的强暴雨致使杭州主城区街巷遭受罕见水灾,1500 多户居民家中进水,部分小区停水停电,19 所学校被淹停课。

据气象部门介绍,受“罗莎”与冷空气交汇影响,10 月 7 日 20 时至 8 日 20 时,杭州主城区日降水量创下新中国成立以来最大日降水量纪录。

据城管部门不完全统计,截至 8 日 22 时,杭州主城区有 1563 户居民家中进水,只能依靠冲锋舟进出。水灾最为严重的城西地区,一个变电所被淹,致使附近小区大面积停电。位于杭州小和山高教园区的浙江工业大学屏峰校区和浙江科技学院都因为水深过膝而停课。据了解,8 日至少有 19 所学校因水灾而停课。

城市内涝致使杭州交通一度陷入瘫痪。杭州主城区有 533 处道路积水,最高水位达 1.5 米,40 多个路口因为积水过深失去通行能力,至少 150 辆汽车在水中熄火。许多市民不得不放弃一切活动,留在家中。

西湖、运河水位暴涨,均超过警戒水位,西湖水位以每小时 5 厘米的速度上涨,而作为杭州城市地面积水自然出口的运河则出现倒灌,加剧了城市内涝。

10 月 7 日,杭州市区上空乌云密布,风力加大,并伴有阵雨。当日 15 时 40 分,福建省气象台发布台风橙色预警信号,称台风

“罗莎”于 15 时 30 分在闽浙交界的福鼎市沙埕镇登陆。登陆后台风继续以每小时 20 公里左右的速度向北偏西方向移动，强度逐渐减弱。

“罗莎”的危害主要表现为大风大雨。先说风况，“罗莎”强度大，范围广，因为其移动速度慢，所以 8 级以上大风对浙江影响持续时间已达 100 个小时以上。浙中南沿海最大风力达 12～13 级；沿海海面风力最大的站为洞头虎头屿，39.8 米/秒，陆地风力最大的站为苍南渔寮，35.3 米/秒。省气象台专家说，一个台风的风灾持续时间如此之长，为近年所罕见。再看雨情，据省水文局统计，受“罗莎”影响，浙江从 10 月 6 日 8 时开始降雨，至 8 日 17 时，全省面平均降雨量为 166.8 毫米。地市面平均雨量大于 150 毫米的有温州、台州、宁波、湖州、舟山、绍兴、丽水；县市面平均雨量大于 250 毫米的有乐清市、温州市本级、永嘉县、瑞安市、青田县、奉化、临海市、宁海县、苍南县。初步估算，如此强的降雨量，可能只仅次于 2005 年的“海棠”台风了。要知道，“海棠”的降雨量曾创下 1949 年以来的最高纪录。

1.2.2　“菲特”席卷杭城

浙江省气象台 2013 年 10 月 6 日 16 时预测，从 6 日傍晚到 7 日，浙南和沿海地区有暴雨到大暴雨，局部特大暴雨；其他地区阴有中到大雨，局部暴雨，个别大暴雨。而在浙江北部沿海海面，6 日夜间到 7 日，风力将达 10～12 级，风浪 9 级。浙江中部南部沿海海面，6 日夜间到 7 日，将迎来 12～14 级的大风，风浪也在 9 级以上。杭州湾水面，同一时间段的风力则为 9～11 级。“菲特”虽不是朝杭州正面扑来，但影响很大，且持续时间较长。10 月 5 日开始，杭州的风力明显加强，给游人增添了丝丝凉意，傍晚到夜里，下起了小雨。真正感受到“菲特”的威力，要从 6 日开始。“菲特”影响杭州的时间，主要是 6 日早上到 10 月 8 日早上。也就是说，从 6 日开始，杭州将全面降雨，从 6 日晚开始，降雨量增强为暴雨。暴雨主要时段，则集中从 6 日 20 时开始，持续到 7 日 20 时。这期间，杭州平均降雨量在 80 到 120 毫米范围。其中，在临安西部，钱塘江、富春江、新安江沿岸一些地方，会达到 150 毫米以上；主城区和萧山区一带，常会出现降雨增量的情况，预计这次也不会例外。“菲特”降雨大，风力也足。市气象台工作人员说，杭州市民普遍会感受到的风力是 5～7 级，但江湖水面，仍然会达到 7～9 级的大风。和风相比，对杭州影响最大的是雨，特别是临安西部山区，会有 100 毫米以上的暴雨，这样的雨量如果集中在某一个地区，可能会是灾难性的。新中国成立迄今，只有三场影响到杭州的秋台风，最近一次是在苍南登陆的“罗莎”，时间是 2007 年 10 月 7 日下午，当时造成杭州地区，特别是杭州北部降水严重，全市的降雨量是 138 毫米，最大的降雨量在临安，为 342 毫米，主城区也有地方达到 200 毫米以上。当时城区不少低洼地带受淹严重。

同样是 10 月光临的秋台风，“菲特”让大家想起 2007 年“罗莎”水淹杭城的景象。那么这次“菲特”的雨量有没有超过“罗莎”呢？截至 5 日 8 点，杭州市区一共下了 277 毫米的雨。根据当年的媒体报道，2007 年“罗莎”影响杭州时，从 10 月 6 日下午开始持续降雨，至 10 月 8 日 20 时，累计雨量达到 238.8 毫米，而历史上台风影响杭州市区最大过程降水量是 253.5 毫米。如果从杭州国家基本气候站（馒头山）这个单个站点的数据来看，10 月 6 日 20 时至 7 日 20 时，累计雨量达 246.4 毫米，打破了 2007 年 10 月 8 日历史最大单日降雨量 191.3 毫米的纪录。可以说，这次“菲特”的影响已超过当年的“罗莎”，也创下了台风影响杭州市区的最大雨量纪录。此次台风过程降水在秋台风过程中较为罕见，如杭州日雨量刷新 1951 年以来杭州单站日雨量纪录。从 6 日 20 时至 7 日 20 时，全省单日面雨量已达 150 毫米，破我省有记录以来的最大单日面雨量。而之前全省单日面雨量历史最高值为 109 毫米，出现在1962年。根据中央气象台专家的说法，从1949年到2012年，在10月1日到10日这段时间里登陆我国的台风只有15个，而2013年的“菲特”是10月份登陆我国大陆最强的热带气旋。

1.3 “菲特”肆虐余姚

1.3.1 “菲特”之凶猛

相比于“菲特”对杭州的影响，余姚受灾情况更加严重，“菲特”和“余姚”紧紧牵动着浙江人民的心。

“菲特”重创浙江，其中宁波余姚市为受灾最为严重的地区之一，70%以上城区被淹。据当地政府通报，全市83万人受灾，所幸还未接到伤亡报告。

据监测，至9日上午10时，强台风“菲特”给余姚全市带来499.9毫米的过程雨量。降雨量之大，为百年一遇。

至9日，余姚市主城区仍处于一片汪洋中，大部分住宅小区低层进水，大量小汽车像下饺子般浸泡在积水中，道路瘫痪，多个街道水深超过1米，且当地大部分地区仍停水停电无通讯信号。学校、单位和工厂都已停止运行。部分群众无足够食品，积水要到12日才可基本消除。

“菲特”之凶猛，让它成了新中国成立以来正面登陆我国大陆的最强“秋台风”(9月以后生成的台风)。浙江省防汛抗旱指挥部值班主任宣伟丽指出，余姚水灾主要是受到四明山区暴雨影响，姚江江堤个别出现漫堤险情。“70%以上城区受淹，交通瘫痪，因为进水导致部分变电所、水厂、通行设备障碍，供电供水出现困难。”余姚市防指于10月8日晚表示，截至8日晚8时，过程雨量496.4毫米，全市79个监测点中有39个超过500毫米，其中最大张公岭站809毫米。姚江水位最高达5.33米，超过警戒水位1.56米；24小时降雨量和姚江水位均创新中国成立以来最高纪录。截至

2013年10月8日晚7时，余姚21个乡镇、街道均受灾，145个行政村和社区被围，受灾人口832870人，房屋受损较严重的25650间，转移人口61665人。城区大面积受淹，交通瘫痪；山区公路交通全部中断；山区溪道、电站、灌溉等设施受损严重，平原河网的姚东浦塘全线漫堤。余姚全市直接经济损失达69.91亿元。

强降雨导致城区大范围积水，交通基本中断，学校停课，工厂停工，严重的内涝正在考验着这座东方港城。

截至2013年10月10日上午11时，余姚市高速班线仍全部停运，但建立了15条临时性路线，解决群众出行，440辆出租车仍继续停运。此次台风“菲特”带来的强降雨使甬江流域在4天时间内的平均降雨量达到440毫米左右，超过从正面登陆的“海葵”台风，特别是甬江流域面雨量接近百年一遇，出现历史罕见的特大流域性洪水。其中，灾区余姚的总降雨量相当于68个西湖的总水量。

2013年10月10日上午10点左右，余姚洪涝区一加油站发生汽油泄漏。在余姚市阳明街道一加油站附近的居民突然闻到汽油味，随后发现有汽油浮现在水面上，漏油面积不断扩大。

接到报警后，当地消防部门立即派出消防战士乘坐皮划艇前往现场。据现场勘查，该加油站储藏有3万公升汽油和3万公升柴油，发生泄漏的是汽油罐，罐体浸没在水下。2013年10月10日13点左右，加油站周边群众已被疏散。

现场救援人员介绍，已经使用木板和棉被对漂浮在水面上的漏油进行控制。由于发生泄漏的罐体浸没在水下，加上水质浑浊，抢修人员尚无法确定泄漏点的位置，相关紧急处置工作正在紧张进行中。

截至12时30分，泄漏汽油已经形成500平方米的油面，消防战士正在现场紧急处置。

截止至2013年10月9日，余姚城区积水普遍下降50厘米左右，但部分地区积水依旧较深，城区积水全部退去得要到10月12日左右。尽管四天"大水围城"没有导致人员伤亡，但给余姚造成的经济损失初步估计超过200亿元。浙江省民政厅10月10日下午表示，余姚全市食品和饮用水供应充足，除了政府采购的食品外，社会各界的捐赠食品和物资正在不断运往灾区。事关百姓基本生活的水、电、路灯公共基础设施也正在逐步恢复。

截止至2013年10月8日，浙江省军区先后派出2000多名官兵紧急前往宁波余姚救援。

截止至2013年10月8日，南京军区某集团军驻杭某师，出动20多辆军车，100余名官兵，带着救援设备赴余姚疏散被困人员。先遣部队已经到达余姚。

截止至2013年10月9日，宁波市政府已向重灾区余姚等地紧急调运3万份矿泉水、3万份饼干、2万份方便面和1万份糕点，向受灾严重地区供应油料33吨，出动50余艘冲锋舟、90台各类车辆投入抢险救灾，转移人口超过20万人。

截止至2013年10月10日下午，受强台风"菲特"影响，城区陷入汪洋的浙江余姚，城区积水已下降50厘米，但救灾仍存在电力抢修难以开展、排涝困难等问题。面对抗灾不力、反应迟钝的质疑，余姚市委书记毛宏芳表示，由于特殊的天气和地理原因，此次大灾不是通过人为努力、科学调度能马上解决的，他们的应急响应没有掉以轻心。

1.3.2 "菲特"肆虐成因

(1)台风本身。2013年第23号热带风暴"菲特"于2013年9月8日1时15分左右在福建省福鼎市沙埕镇沿海附近登陆，登陆时为强台风，近中心最大风力14级(42米/秒)，是10月份登陆我国大陆强度最强的秋季台风。

台风不仅仅是夏季独有的产物，秋季也有。而且更为特别的是，2013 年的副热带高压十分强盛，甚至在 10 月份依然西伸，给台风“菲特”引导北上福建影响浙江创造了条件。

秋台风多诞生于菲律宾以东洋面，海温条件优越且较少受到陆地干扰，能获得良好的发展空间，“菲特”就是因此后期才可以维持较强的强度。其次，秋台风比夏季台风移动路线、强度、速度都更加“诡异”，也更难预报。“菲特”在洋面发展时，受到频繁的冷空气影响，增大了其后续路径的不确定性，也让风力更明显，登陆前甚至出现 16～17 级的猛烈阵风。

与以往大部分台风相比，“菲特”令人忌惮的原因不只在于它是一个来势汹汹的秋台风，还在于它是个“一手台风”。未经台湾直接登陆，行进道路上未受到大型山脉的阻拦削弱，“菲特”就像一把锋利刀子，直接向我国大陆袭来，不受阻碍地朝着浙江腹地狂奔。这样的台风，多年来“菲特”是第二个。

如果说以上原因不能解释为什么余姚独独受灾最严重，让我们来看看余姚的降水实况：从 2013 年 10 月 6 日 20 时—9 日 10 时，“菲特”给该市带来过程雨量 499.9 毫米，全市 79 个监测点中有 39 个超过 500 毫米，其中最大张公岭站 809 毫米。姚江水位最高达 5.33 米，超过警戒水位 1.56 米；24 小时降雨量和姚江水位均创新中国成立以来余姚市的最高纪录。截至 2013 年 10 月 9 日 12 时，余姚城区在“菲特”影响下总共下雨 600 毫米以上，全市面雨量达 555 毫米，创历史纪录！

555 毫米有多大，直观地说，本次余姚一共下雨 8.2 亿吨，相当于 75 个杭州西湖的水量；如果这些雨水都是自来水，按 4 元一吨收费，总共要收费 33 亿元！另外，余姚地区地形以丘陵、山地为主，南部有四明山，受到地形雨的影响，余姚大雨自然可想而知，真可谓是“百年一遇”。

(2)地形原因。余姚市地形以丘陵、山地为主。山地占总面积的 52.73％，地势南高北低，南部四明山山峦起伏，间有盆地、谷地,最高峰芦山乡青虎湾岗,海拔979米;中部姚江平原,有弧山残丘,点缀两岸,台风发生后,四明山上的雨水还在源源不断地向平原地区汇集,造成严重城市内涝。特别是这种短时强降水,还是全省性的强降水,更加不利于洪涝迅速排走。

(3)时节原因。“菲特”登陆时间在10月6—7日之间,而10月7日这天,正是农历九月初三,恰逢海潮天文大潮的日子。届时风、雨、潮三者碰头,造成降水奇大,另外,由于天文大潮,海水倒灌我们暂且不论,起码不利于排涝倒是真的。

1.4 主要暴雨伤亡及损失统计

1.4.1 “7·21”特大暴雨

(1)北京地区损失统计。2012年7月25日晚9点半,北京市政府新闻办公室召开“7·21”特大自然灾害情况通报会,这也是“7·21”大暴雨之后,北京召开的第二场官方正式发布会。北京“7·21”暴雨导致除海淀区、西城区、顺义区外,其他13区县全部受灾,受灾人口190万,致77人遇难,直接经济损失116.4亿;紧急转移9.7万人,倒塌房屋1.07万间。北京全市平均降雨量170毫米,城区平均降雨量215毫米,最大雨量点发生在房山区河北镇,雨量为541毫米。

(2)河北地区损失统计。“7·21”暴雨除了对北京造成重大危害以外,对北京周边城市的影响也不容小觑。河北省保定、廊坊、承德、张家口、唐山、秦皇岛、衡水、沧州、石家庄等9个设区市的58个县(区)遭受严重洪涝灾害,受灾人口259.1万,31人死亡,20人失踪。紧急转移安置19.4万人,农作物受灾面积161.7千公顷,绝收面积23.4千公顷,倒塌房屋18861间,损坏房屋33586间,部分县电力、交通、通讯等基础设施损毁十分严重,道路、通讯中断。据民政部、国家减灾办初步统计,截至2012年7月24日14

时，上述省份 101 市（自治州、盟）、353 县（区、市、旗）、919.7 万人受灾，111 人死亡，47 人失踪，117.8 万人紧急转移安置或其他需紧急生活救助，5.4 万间房屋倒塌，14.4 万间房屋不同程度受损。另据初步统计，截至 24 日 12 时，当年以来风雹、洪涝、滑坡、泥石流等灾害已造成全国 31 个省（自治区、直辖市）和新疆生产建设兵团 1.1 亿人次受灾，721 人死亡，118 人失踪。7 月 21 日，涞水县全境突降暴雨，其中野三坡景区为 210 毫米，拒马河形成两次较大洪峰，水流量最高达每秒 2510 立方米，为 1963 年以来最大洪峰。洪水导致野三坡景区 12000 余名游客受困。

（3）天津损失统计。天津作为直辖市面积较小，但受灾区也涉及武清区、北辰区、蓟县等地，受灾人口 35756 人，农作物受灾面积 39792.6 公顷，倒塌居民住房 33 户、100 间，全市直接经济损失 14380.96 万元，其中农业直接经济损失 13699 万元。

（4）四川地区损失统计。四川省受灾区涉及成都市、自贡市、泸州市、绵阳市、德阳市、广元市、内江市、雅安市、宜宾市、乐山市、眉山市、资阳市、阿坝州和甘孜州 14 个市 42 个县区。受灾人口 220.1 万人。死亡 8 人（内江市威远县 6 人、成都市龙泉驿区 1 人、自贡市荣县 1 人），失踪 2 人（成都市龙泉驿区 1 人、泸州市泸县 1 人），紧急转移安置 35903 人；倒塌房屋 3378 户、11532 间，严重损房 2339 户、7304 间，一般损房 4625 户、11920 间；农作物受灾面积 5.9 万公顷。直接经济损失 13.1 亿元。四川省盆地西部的部分地方降了大到暴雨，最大降雨量达 234.5 毫米。

1.4.2 “菲特”对浙江的伤害

台风“菲特”仿佛捅漏了浙江的天空，城区、景区、郊区水位上涨，降雨量不断刷新纪录。此次台风虽未直接登陆浙江，但对浙江的影响大大超过以往。

“菲特”卷走 124 个亿，全省 707.3 万人受灾。截至 2013 年 10

月8日10时，全省11个市75个县（市、区）914个乡（镇、街道）707.3万人受灾，因灾死亡6人，失踪4人，倒塌房屋0.95万间；余姚、奉化、安吉等7县（市、区）城市受淹；农作物受灾面积302.53千公顷，成灾面积123.3千公顷，死亡大牲畜1.105万头，公路中断805条次，供电中断1020条次，通讯中断286条次；损坏堤防2057处、279.36千米，损坏护岸10072处，损坏水闸106座，损坏机电井89眼，损坏机电泵站697座，损坏水文设施120个。

因洪涝灾害造成的直接经济损失124.05亿元，其中农林牧渔业59.3亿元、工业交通运输业29.2亿元、水利设施11.84亿元。

“菲特”带来狂风暴雨的同时正好碰上农历九月初大潮，2013年10月6日8时至10月7日5时，浙江沿海实测高潮位全面超警戒潮位。受强降雨影响，水库河网水位迅速上升，全省13座大型水库和39座中型水库超汛限，西苕溪梅溪至杭长桥全线、东苕溪瓶窑等站和杭嘉湖东部、余姚、鄞州、温黄、温州平苍等平原河网主要水位站超保证水位；东苕溪德清、姚江流域、鄞西、虞北平原主要水位站超历史最高水位。另外，由于部分堤防长期被高水位浸泡，局部堤段出现险情。东苕溪径山镇北苕溪丈母塘吴山闸旁漫堤；西苕溪安吉段6个小斗倒斗；长兴段12处发生管涌；姚江余姚段多处发生险情。

“菲特”仿佛撕破了天空，降雨量不断刷新纪录，导致城区内涝，水位上涨。2013年10月8日早上8点半，省防指和宁波、嘉兴、绍兴市启动了防汛Ⅰ级应急响应，宁波甚至进入紧急防汛期。截至2013年10月7日8时，全省大中型水库已拦蓄洪水24.6亿立方米，水闸、泵站排涝9.5亿立方米。这是一个什么概念？相当于自台风7日登陆后，这两天拦截了300多个西湖进入城市。

第2章

深度剖析——涝水来自于哪里

2.1 涝的定义及其特征

涝灾是由于本地降水过多,地面径流不能及时排除,农田积水超过作物耐淹能力,造成农业减产的灾害。造成农作物减产的原因是,积水深度过大,时间过长,使土壤中的空气相继排出,造成作物根部氧气不足,根系部呼吸困难,并产生乙醇等有毒有害物质,从而影响作物生长,甚至造成作物死亡。

2.1.1 涝灾的特点

(1)季节性。我国地处欧亚大陆的东南部,东临太平洋,西部深入亚洲内陆,地势西高东低,呈三级阶梯状。南北则跨热带、亚热带和温带三个气候带。最基本、最突出的气候特征是大陆性季风气候。因此,降雨量有明显的季节性变化。这就基本决定了我国洪水发生的季节规律。春夏之交,我国华南地区暴雨开始增多,洪水发生概率随之加大。受其影响的珠江流域的东江、北江,在5—6月易发生洪水,西江则迟至6月中旬至7月中旬。6—7月间主雨带北移,受其影响,长江流域易发生洪水。四川盆地各水系和汉江流域洪水发生期持续较长,一般自7月至10月。7月至8月为淮河流域、黄河流域、海河流域和辽河流域主要洪水期。松花江流域洪水则迟至8月到9月。在季风活动影响下,我国江河洪水发生的季节变化规律大致如此。另外,浙江和福建由于受台风的影响,其雨期及易发生洪水期较长,为6月至10月。这是我国暴雨洪水的一般规律。在正常年份,暴雨进退有序,在同一地区停滞时间有限，不致形成大范围的洪涝灾害，但在气候异常年份，雨区在某区停滞，则将形成某一流域或某几条河流的大洪水。

(2)类似性。近 70 年中，全国发生了多次特大洪水，在历史上都可以找到与其成因和分布极为相似的特大洪水。例如著名的 1662 年海河流域特大洪水，由 7 天 7 夜的大暴雨所造成。暴雨主要分布在太行山东麓的大清河、子牙河流域，其中心位于滏阳河流域。这次暴雨的时空分布和 1963 年海河南系大暴雨极为相似，都造成了流域性的特大洪水灾害。又如 1801 年海河北系特大洪水，是由淫雨和多次暴雨形成的。这又和 1939 年海河北系大洪水的雨情和灾情没有多大的差别。其他流域也有不同年份发生时空分布都极其相似的大洪水的情况，例如，影响较大的有 1931 年和 1954 年长江中下游和淮河流域的特大洪水等。从全国来说，大洪水发生的年份也存在着相对集中的时期，20 世纪 30 年代和 50 年代特别频繁，为丰水期，10 年之中就分别发生大洪水 8 次和 11 次，平均 1 年左右就有一次大洪水发生。60 年代至 70 年代的大洪水相对较少，20 年中共发生大洪水 4 次。因此，进一步研究暴雨洪水的周期性规律，是防洪减灾的重要课题。

(3)普遍性。我国地域辽阔，自然环境差异很大，具有产生多种类型洪水和严重洪水灾害的自然条件和社会经济条件。除沙漠、极端干旱区和高寒区外，我国其余大约 2/3 的国土面积都存在不同程度和不同类型的洪水灾害。我国地貌组成中，山地、丘陵和高原约占国土总面积的 70%，山区洪水分布很广，并且发生频率很高。平原约占总面积的 20%，其中 7 大江河和滨海河流地区是我国洪水灾害最严重的地区，是防洪的重点地区。我国海岸线长达 18000 公里，当江河洪峰入海时，如与天文大潮遭遇，将形成大洪水。这种洪水对长江、钱塘江和珠江河口区威胁很大。风暴潮带来的暴雨洪水灾害也威胁沿海地区。我国北方的一些河流，有时发生冰凌洪水。

(4)区域性。我国洪水灾害以暴雨成因为主,而暴雨的形成和地区关系密切。我国暴雨主要产生于青藏高原和东部平原之间的第二阶段地带,特别是第二阶段与第三阶段(东部平原区)的交界区,成为我国特大暴雨的主要分布地带。降雨汇入河道,则形成位于江河下游的东部地区的洪水。因此,我国暴雨洪水灾害主要分布于24小时50毫米降雨等值线以东,即燕山、太行山、伏牛山、武陵山和苗岭以东地区。形成洪水的自然条件是这样,社会经济条件也是这样。我国东南地区又是经济发达和人口稠密地区,两相配合,单位面积上的洪水损失也最大,由此形成了我国洪水灾害区域性的特点。

(5)破坏性。我国主要江河全年径流总量中的2/3都是洪水径流,降雨和河川径流的年内分配也很不均匀。主要江河洪水不仅峰高,而且量大。长江及东南沿海河流最大,7天洪量约占全年平均流量的10%～20%,北方河流有时甚至高达30%～40%。和地球上同纬度的其他地区相比,我国洪水的年际变化和年内分配差异之大,是少有的。常遇洪水与非常遇洪水量级差别很大。洪水威胁,从古至今,对我国社会和经济的发展都有着重大的影响,大江大河的特大洪水灾害,甚至带来全国范围的严重后果。据调查,我国20世纪发生的特大洪水淹地数十万平方公里,受灾人口数百万至数千万,死亡人口数十万,导致生产力的巨大破坏,甚至引起社会动荡。以1931年长江大水为例,洪灾遍及四川、湖北、湖南、江西、安徽、江苏等省,受灾面积达15万平方千米,淹没农田330多万亩,灾民达2800万人,死亡人数达14.5万。黄河的水灾更为频繁,由于含沙量大,黄河决口还将严重危害相邻流域,甚至造成水系的变迁等问题,引起严重的环境后果。

(6)可防御性。虽然我们不可能根治洪水灾害,但通过多种努力,可缩小洪水灾害的影响程度和空间范围,减少洪灾损失,达到预防目的。同时,通过一些组织措施,可把小范围的灾害损失分散到更大区域，减轻受灾区的经济负担；通过社会保险和救济增强区域抗灾能力。新中国成立以来，我国兴建了大量堤防工程，其中水库 8 万多座，加高培厚江河大堤 20 多万千米，显著提高了防御洪涝灾害的能力。当然，洪涝灾害的本质特性是对人类社会的严重危害，但从环境效应来看，洪涝灾害也有其有益的方面，例如冲刷河床淤积，改善河道的水力条件；输沙入海，营造河口三角洲；洪水泛滥将补充地下水，增加可调蓄利用的淡水量，以及将淤泥散布于田间，等等，对于国土环境未尝不是有益的方面。如何创造适当的条件，使洪水转害为利，是值得探讨的问题。

2.1.2 城市内涝

城市内涝是指极端强降雨（暴雨）或长历时的较强降雨超过城市排水能力致使城市内产生积水的现象，而城市内涝灾害是因城市内涝出现进而引发的诸如经济、财产和生命损失以及城市正常生活秩序破坏的现象与结果。依据近年来我国城市内涝灾害情况分析，我国城市内涝灾害表现出如下基本特点。

（1）普遍性和频发性。近年，不论是南方地区还是北方地区，城市内涝灾害普遍发生。据不完全统计，地处北方地区的北京、济南、长春等城市近些年都遭受过较为严重的内涝灾害，北京市的内涝灾害尤为频繁而严重，如近十年来北京先后于 2004、2006、2007、2008、2009、2011、2012 年发生了严重的内涝灾害，尤其是 2011 年 6 月下旬至 7 月下旬一个月的时间里，先后遭受了 3 次较为严重的内涝灾害。2011 年，我国南方地区的武汉、长沙及南京等城市也遭受了严重的内涝灾害。

（2）发生时间相对集中。对于北方地区的城市，城市内涝灾害主要集中发生于每年的 6—8 月；对于南方地区的城市，其内涝灾害相对集中发生于 5—8 月。

（3）灾害对象主要是城市交通系统和地下建筑空间。受城市内涝灾害影响最为严重的当数城市交通系统，如近年来北京市内涝灾害，几乎都会发生局部或大范围区域的交通瘫痪；其次，以地下轨道交通、地下商业为主的地下建筑空间受城市内涝灾害影响较重，如2011年6月23日北京城市内涝灾害中地铁陶然亭站进水，造成地铁停运；2007年7月18日济南市洪涝灾害造成市中心的银座地下购物广场进水，致使人员伤亡。

(4)快速性、严重性、随机性及相对规律性等。城市内涝灾害的快速性是指城市内涝灾害几乎与暴雨事件同时发生；严重性主要体现为不仅会造成严重的经济损失，还会造成人员伤亡事件；随机性是指城市内涝灾害直接起因是暴雨事件，因此其发生与暴雨事件一样具有随机性；相对规律性体现为城市内涝灾害基本发生于5—8月。

2.2 我国易涝区域分析

2.2.1 易涝区分布

我国的易涝区主要分布在平原地区。平原主要是由江、河、湖、海的泥沙堆积而成，地表起伏微缓，坡度变化很小，地势坦荡，水网稠密，土壤肥沃，是我国重要的农耕地区。我国的平原分布很广，但规模巨大的平原主要集中在大兴安岭—太行山—雪峰山一线以东的地区。这是一个依山连海、南北纵长的平原带。由于有东西走向的山岭穿插，这一平原带被分隔为几大块，由北而南依次为东北平原、华北平原和长江中下游平原。此外，在东南丘陵和岛屿的沿海地带也还有不少面积较小的河口三角洲平原，著名的有珠江三角洲平原。

(1)东北平原。东北平原位于中国的东北部，在大、小兴安岭和长白山之间，面积35万平方公里，是中国最大的平原，地面辽阔坦荡。东北部主要是由黑龙江、松花江和乌苏里江冲积而成的三江平原;南部主要是由辽河冲积而成的辽河平原;中部则为松花江和嫩江冲积而成的松嫩平原。海拔大部分在200米以下,其中三江平原大部分高程在50米以下。东北平原处于温带和暖温带范围,有大陆性和季风型气候特征。夏季短促而温暖多雨,冬季漫长而寒冷少雪,冬夏之间季风交替。降水量的85%~90%集中于暖季(5—10月),雨量的高峰在7、8、9三个月。年降水变率不大,为20%左右。春季低温和秋季霜冻现象频繁。江河两岸和洼地汛期常有洪涝灾害。东北平原山岭环绕、土层深厚、土地肥沃、黑土面积广大、中间地势低平,地面坡度很小,是中国重要的粮食、大豆、畜牧业生产基地。

(2)华北平原。华北平原位于中国东部,长城以南,淮河以北,东临黄海、渤海,西倚太行山和豫西山地。它是黄河、淮河、海河等河流冲积成的广阔平原,又称黄淮海平原,跨越京、津、冀、鲁、豫、皖、苏7省市,面积约30万平方公里。根据华北平原不同的区域特征,可分为四个亚区平原,分别是辽河下游平原、海河平原、黄泛平原和淮北平原。平均海拔100米以下,地势低平、土层深厚、土质肥沃。华北平原大体在淮河以南属于北亚热带湿润气候,以北则属于暖温带湿润或半湿润气候,降水集中,变率大,降水在年内分配高度集中和多暴雨,各地夏季降水可占全年50%~75%,降水年际变化甚大,年相对变率达20%~30%,京、津等地甚至在30%以上。旱涝灾害频繁,旱灾主要发生在春季,涝灾主要发生在夏季。

华北平原上多低洼地,凡是冲积扇与冲积扇之间,河流与河流之间,都是地势比较低洼、湖沼较多的地区。黄河冲积扇北面,保定与天津大沽之间是海河平原低洼地分布的中心,著名的白洋淀、文安洼和大洼等都分布在这一带;黄河冲积扇的东缘与山东丘陵接触处,是黄淮平原另一个低洼中心,山东西部著名的微山湖、东平湖等湖泊群就分布在这一带。黄河冲积扇以南,大别山以北,地势相对低洼，淮河自西而东流经其间，河、湖较密，大别山北麓岗谷湖洼交错分布，有城西湖、城东湖、瓦埠湖等纵长形湖泊。此外，在淮河下游还分布有洪泽湖、射阳湖、高宝湖等。低洼地区排水不畅，不仅易受洪水内涝威胁，而且因为地下水位高，干旱季节存在于地下水中和土壤下层的大量可溶性盐分，随毛细管水上升地表，积存于土壤中，易形成盐碱土。

(3)长江中下游平原。长江中下游平原位于湖北宜昌以东的长江中下游沿岸。自巫山向东至海滨，北接淮阳山，南接江南丘陵，由长江及其支流冲积而成。面积约 20 万平方千米。地势低平，地面高度大部在 50 米以下，有些地方的海拔不足 5 米，河网纵横、湖泊众多。中游平原包括两湖平原(湖北江汉平原、湖南洞庭湖平原总称)和江西鄱阳湖平原。下游平原包括苏皖沿江平原、里下河平原以及江苏、浙江、上海间的长江三角洲平原。其中长江三角洲地面高度已在 10 米以下。平原上河汊纵横交错，湖荡星罗棋布。著名的洞庭湖、鄱阳湖、太湖、高邮湖、巢湖、洪泽湖等大淡水湖都分布在这一狭长地带。长江中下游平原属亚热带季风性湿润气候，降水丰沛、河湖众多，水资源丰富。降水分布由东南向西北递减，季节分配比较均匀，以夏雨最多，春雨次之，秋雨更次，冬雨最少。夏初梅雨季节易发生洪涝灾害，7 月梅雨过后易发生伏旱，“旱涝急转”现象频繁。

(4)珠江三角洲平原。珠江三角洲平原位于广东省中南部，是珠江在广东中部入海处冲积成的三角洲。由西江、北江和东江冲积的三个小三角洲组成，面积约 1.13 万平方千米，平均海拔 50 米左右。属南亚热带海洋季风气候，终年温暖湿润。雨量丰沛，但在时间、空间的分配上很不均匀，变差较大，6—10 月，常有台风影响，降雨集中。由于暴雨、洪水、台风、暴潮、渍水等产生内涝，影响着工农业生产的发展和人民生命财产的安全。

2.2.2　易涝区主要类型

涝灾的形成与地形、地貌、排水条件有密切的关系，可划分为平原坡地、平原洼地、水网圩区、山区谷地、沼泽地等几种类型。

(1)平原坡地型。平原坡地主要分布在大江大河中下游的冲积或洪积平原，地域广阔，地势平坦，虽有排水系统和一定的排水能力，但在较大降雨情况下，往往因坡面漫流或洼地积水而形成灾害。

属于平原坡地类型的易涝易渍地区，主要是淮河流域的淮北平原，东北地区的松嫩平原、三江平原与辽河平原，海河流域的中下游平原，长江流域的江汉平原等，其余零星分布在长江、黄河及太湖流域。

(2)平原洼地型。平原洼地主要分布在沿江、河、湖、海周边的低洼地区，其地貌特点近似于平原坡地，但因受河、湖或海洋高水位的顶托，丧失自排能力或排水受阻，或排水动力不足而形成灾害。

沿江洼地如长江流域的江汉平原，受长江高水位顶托；沿湖洼地如洪泽湖、南四湖等滨湖地区，由于湖泊蓄水而形成洼地；沿河洼地如淮河流域沿淮地区受淮河高水位顶托。共同的特点是受外河高水位顶托，涝水难以自排。

(3)水网圩区型。在江河下游三角洲或滨湖冲积、沉积平原，由于人类长期开发而形成水网，水网水位全年或汛期超出耕地地面，因此必须筑圩(垸)防御，并依靠人力或动力排除圩内积水。当排水动力不足或遇超标准降雨时，则形成涝渍灾害，如太湖流域的阳澄、淀泖地区，淮河下游的里下河地区，珠江三角洲，长江流域的洞庭湖、鄱阳湖滨湖地区等，均属这一类型。水网圩区型涝渍灾害主要发生在淮河、长江和珠江流域。

(4)山区谷地型。山区谷地型涝渍灾害分布在丘陵山区的冲谷地带。其特点是山区谷地地势相对低下，遇大雨或长时间淫雨，土壤含水量大，受周围山丘下坡地侧向地下水的侵入，水流不畅，加之日照短，气温偏低而致涝致渍。

(5)沼泽湿地型。沼泽平原地势平缓，河网稀疏，河槽切割浅，滩地宽阔，排水能力低，雨季潜水往往到达地表，当年雨水第二年方能排尽。在沼泽平原进行大范围垦殖，往往因工程浩大，排水标准低和建筑物未能及时配套而在新开垦土地上发生频繁的涝渍灾害。我国沼泽平原的易涝易渍耕地主要分布在东北地区的三江平原，黄河、淮河、长江流域亦有零星分布。

2.3 浙江省涝灾成因

2.3.1 产生涝的地理因素

浙江省总体上是一个多山的省份，山地丘陵占浙江总面积的70%，并且大体上西部和南部的海拔较高。天台山、四明山、天目山、雁荡山几大山系贯穿全省，海拔一般在200～1000米。全省最高峰是西南部的黄茅尖(1929米)。全省面积10.18万平方公里，有“七山一水二分田”之称。

全省地势由西南向东北倾斜，总体上分为北部平原区和中南部丘陵山地区两部分，其中西部和南部边界海拔较高，在与安徽、江西和福建边界处，存在多个险要的关隘，为历来对外交通的要地。省内大部分山脉都呈东北—西南走向。具体可分为以下6个区：

浙北平原区：主要有杭嘉湖平原和宁绍平原。杭嘉湖平原是长江三角洲的一部分，地势极为低平，河网密布，有京杭大运河穿过，主要城市有杭州、嘉兴和湖州；宁绍平原位于浙江东部沿海，地势低洼，主要城市有宁波和绍兴。

浙西中山丘陵区：包括天目山、白际山、昱岭、千里岗、龙门山等山脉，海拔多在500米以下。

浙东盆地低山区：海拔多不足500米，主要山脉有会稽山、四明山、天台山等。山间分布有诸暨盆地、新嵊盆地、天台盆地、仙居盆地等。

浙中丘陵盆地区：本区位于千里岗与仙霞岭两山脉之间，其中金衢盆地沿衢江伸展，是浙江最大的盆地。

浙南中山区：是浙江地势最高级，省内的钱塘江南源和瓯江均发源此区，山间较大的盆地有丽水盆地、松古盆地等。是浙闽丘陵的一部分，有较多山峰高于海拔1000米，主要山脉有仙霞岭、洞宫山、括苍山、雁荡山等。

沿海丘陵平原区：在浙江东南沿海，自北向南还有温黄平原、温瑞平原、柳市平原等，温黄平原是因温岭、黄岩得名；温瑞平原则是因温州、瑞安得名。

浙江省水系的一个显著特征是，主要河流大部分源短流急，流域面积狭小。第一大河流是钱塘江，其正源新安江出自安徽省徽州地区，南源衢江。两江在建德市梅城镇汇合，注入杭州湾。建德以下较大的支流还有分水江、壶源溪、浦阳江、曹娥江等。曹娥江被认为是钱塘江最后一个大支流。其他主要独流入海的河流，还有瓯江、灵江、甬江、飞云江、鳌江等。位于浙江北部的苕溪注入太湖，属于长江流域的一部分。以上即是浙江七大水系。

浙江省的湖泊相对较少。最大的天然湖泊是宁波的东钱湖，水面面积19.89平方公里。最大的人工湖是千岛湖，即新安江水库，湖区面积573平方公里，位于淳安县。其他有名的湖泊有杭州的西湖、嘉兴的南湖等。合为浙江的四大名湖。

浙江汛期每年都有暴雨与洪灾，洪涝灾害是浙江最严重的自然灾害，它所造成的损失占浙江各类灾害损失的40%左右。按三种类型的洪水影响程度的不同，可以将浙江洪涝灾害划分为梅雨型暴雨洪水、台风型暴雨洪水和过渡性洪水。

梅雨暴雨由西向东逐渐减少，而台风暴雨则逐渐增强。钱塘江中上游地区，特别是在新安江、兰江、衢江流域雨涝灾害偏多。起源于天目山南北两侧的东、西苕溪沿溪两岸及下游太湖流域的杭嘉湖平原时有雨涝灾害发生。途经浙西南山间谷地的瓯江流域，时常会发生山体滑坡、泥石流、山洪等重大危害，对其下游温州市的瓯海、瑞安等县市会带来较重的内涝灾害，故特别提醒有关方面注意。

梅雨型暴雨洪水，主要分布在浙西地区，重点防范时段为5—6月梅雨季，一般出现由5—6月的梅雨暴雨形成的单峰。钱塘江中上游地区，特别是它的支流新安江、兰江、衢江流域是浙江雨涝灾害发生最频繁的地区，其次是东、西曹溪及太湖流域。另外，浙西南的瓯江流域，因暴雨引发的山体滑坡、泥石流等灾害对下游的县市会带来较大的危害。

台风型暴雨洪水，主要分布在浙东沿海地区，重点防范时段为8—9月。出现由5—6月的梅雨暴雨和8—10月的台风暴雨形成的双峰，但后峰大于前峰。浙江全省台风暴雨过程降雨量大于400毫米的区域主要分布在鳌江上游、瓯江下游、椒江下游、天台山区、四明山区以及天目山的部分地区等，在这些地区应重点关注台风暴雨引发的山洪。

过渡型洪水，主要分布在浙北、浙中和浙东南地区，因受梅雨与台风双重影响，重点防范时段为5—6月、8—9月，也出现由梅雨暴雨和台风暴雨形成的双峰，但后峰小于前峰。

梅雨型与台风型洪涝空间上的叠加情况：浙东地区为台风暴雨主控区，各类型洪水遭遇的情况不甚严重；浙西地区为梅雨暴雨主控区，由于梅雨暴雨的特点是分布面广、历时长、雨量大，因此在浙西地区，干支流洪水容易发生遭遇，其中兰江洪水与新安江洪水遭遇的情况最为严重；浙北地区，由于苕溪注入太湖，而当太湖流域出现大洪水时，苕溪洪水不但不能排入太湖，反而还要受到太湖洪水倒灌的影响，因而容易出现严重的涝灾。

由于特殊的地理位置和气候条件，每年夏、秋季节浙江省经常遭受台风侵袭。台风灾害以其突发性强、危害程度大、影响范围广和灾害链长而成为浙江省的主要自然灾害之一。浙江沿岸地理条件又十分有利于风暴潮波幅的增大，诱发风暴潮灾，因此严重的人员伤亡和财产损失往往是由风暴潮引起的，浙江还是风暴潮灾害的"重灾区"。

台风影响浙江时段集中在5—11月，其中7—9月是浙江台风活动最频繁的月份。其中直接在浙江登陆的台风对浙江的影响最大。浙江省台风灾害主要影响浙江省东部沿海地区。从台风灾害随地区分布的情况看，降水主要影响温州、海门、临海、宁波等沿海城市；而大风则在大陈岛、嵊泗、玉环、石浦等岛屿或紧邻东海的城市，而浙西北内陆地区受影响明显要小得多。台风灾害区的地理分布具有明显的山脉走向性，即不同灾害程度的台风灾害区的区界走向与山脉走向相似。台风灾害的危害性也由沿海向内陆呈梯级而急剧减弱。沿海地区潮灾严重，风暴潮灾害具有明显的季节性，主要出现在农历的6、7、8月份，主要是由于台风（热带风暴）所引起。浙江省沿海属强潮区，沿海潮差大，是全国大潮差区。浙江风暴潮的灾害地域，浙北多集中于杭州湾两岸的杭嘉湖平原和宁绍平原；浙东则发生在宁波、舟山一带及象山港沿海；浙中南的灾区主要是台州湾两岸的温黄平原及杭州湾沿海。

2.3.2 产生涝的气候因素

浙江位于我国东部沿海，处于欧亚大陆与西北太平洋的过渡地带，该地带属典型的亚热带季风气候区，受东亚季风影响，浙江冬夏盛行风向有显著变化，降水有明显的季节变化。由于浙江位于中、低纬度的沿海过渡地带，加之地形起伏较大，同时受西风带和东风带天气系统的双重影响，各种气象灾害频繁发生，是我国受台风、暴雨、干旱、寒潮、大风、冰雹、冻害、龙卷风等灾害影响最严重的地区之一。

浙江气候总的特点是：季风显著，四季分明，年气温适中，光照较多，雨量丰沛，空气湿润，雨热季节变化同步，气候资源配置多样，气象灾害繁多。全省年平均雨量在980～2000毫米。

春季，东亚季风处于冬季风向夏季风转换的交替季节，南北气流交会频繁，低气压和锋面活动加剧。浙江春季气候特点为阴冷多雨，沿海和近海时常出现大风，全省雨水增多，天气晴雨不定，正所谓"春天孩儿脸，一日变三变"。浙江春季全省降水量320～700毫米，降水量分布为由西南地区向东北沿海地区逐步递减；全省雨日41～62天。春季主要气象灾害有暴雨、冰雹、大风、倒春寒等。

夏季，随着夏季风环流系统建立，浙江境内盛行东南风，西北太平洋上的副热带高压活动对浙江天气有重要影响，而北方南下冷空气对浙江天气仍有一定影响。初夏，浙江各地逐步进入汛期，俗称"梅雨"季节，暴雨、大暴雨出现概率增加，易造成洪涝灾害；盛夏，受副热带高压影响，浙江易出现晴热干燥天气，造成干旱现象；夏季是热带风暴影响浙江概率最大的时期。浙江夏季气候特点为气温高、降水多、光照强、空气湿润，气象灾害频繁。全省各地降水量290～750毫米，东部山区降水量较多，如括苍山、雁荡山、四明山等，海岛和中部地区降水相对较少；全省各地雨日为32～55天。夏季主要气象灾害有台风、暴雨、干旱、高温、雷暴、大风、龙卷风等。

秋季，夏季风逐步减弱，并向冬季风过渡，气旋活动频繁，锋面降水较多，气温冷暖变化较大。浙江秋季气候特点：初秋，浙江易出现淅淅沥沥的阴雨天气，俗称"秋拉撒"；仲秋，受高压天气系统控制，浙江易出现天高云淡、风和日丽的秋高气爽天气，即所谓"十月小阳春"天气；深秋，北方冷空气影响开始增多，冷与暖、晴与雨的天气转换过程频繁，气温起伏较大。全省秋季降水量210～430

毫米，中部和南部的沿海山区降水量较多，东北部地区虽降水量略偏少，但其年际变化较大；全省各地雨日 28～42 天。秋季主要气象灾害有台风、暴雨、低温、阴雨寡照、大雾等。

冬季，东亚冬季风的强弱主要取决于蒙古冷高压的活动情况，浙江天气受制于北方冷气团（即冬季风）的影响，天气过程种类相对较少。浙江冬季气候特点是晴冷少雨、空气干燥。各地降水量 140～250 毫米，除东北部海岛偏少明显外，其余各地差异不大；全省各地雨日为 28～41 天。冬季主要气象灾害有寒潮、冻害、大风、大雪、大雾等。

浙江每年都会受到台风的影响，1949 年以来平均每年有 3.3 个台风影响浙江，每 2 年有 1 个台风登陆浙江。根据 1949—2004 年灾情资料统计，热带气旋在浙江引起较明显灾害的有 39 年，78 例，年均 1.48 例，共造成浙江直接经济损失 880 余亿元，死亡万余人，农田受灾 1000 余万公顷。

2004—2005 年是浙江历史上台风灾害频发和重发的两年。2004 年先后有 7 个台风登陆或影响浙江，其中有 0407 号强热带风暴“蒲公英”、0414 号台风“云娜”和 0421 号热带风暴“海马”在浙江登陆，特别是 0414 号台风“云娜”是一个强度强、造成灾害严重的台风，仅在浙江一省造成的直接经济损失就达到 181 亿元，而 0419 号台风“艾利”虽在福建省登陆，同样也给浙江省南部地区造成严重的影响；2005 年台风的影响则更为严重，其中有 0509 号台风“麦莎”和 0515 号台风“卡努”先后在浙江登陆并造成严重影响，同时，0505 号台风“海棠”、0513 号台风“泰利”和 0519 号台风“龙王”虽在福建登陆，但台风所带来的风和雨并且由此诱发的次生灾害都在浙江造成严重影响，而 0507 号强热带风暴“珊瑚”尽管在广东登陆，却也在浙江南部地区造成很大的损失。2005 年是浙江省气象灾害十分严重的一年，全省共造成直接经济损失 271 亿元，其中台风造成的直接经济损失就达到 251 亿元。同样，0601 号台风

“珍珠”在广东东部沿海登陆，在浙江大部也产生了强降水，其中温州地区个别地方出现 200 毫米以上的大暴雨，沿海地区还出现了大风。

浙江梅汛期每年都有暴雨与洪灾。根据 1950—2004 年的资料统计，梅汛期间局部性的洪涝每年都有发生，20 世纪 90 年代受灾最严重，累计受灾面积近 400 万公顷，直接经济损失达 400 余亿元，其中 1999 年直接经济损失近 200 亿元。

1992 年金、衢、杭、绍、温等地区 30 县市近 1400 万人受灾，死亡 56 人，房屋倒塌 2.55 万间，损坏 8.4 万间，直接经济损失达 19.2 亿元。

1994 年金、衢、杭、绍等 11 地区 59 个县市 708 万人受灾，5.7 万人无家可归，死亡 64 人，受淹农田 760 万亩，倒塌损坏房屋 10 万余间，损坏堤防 757 千米、渠道 726 千米，冲毁塘坝 5199 座，8635 家企业停产半停产，毁坏路基 1094 千米，浙赣线中断 18.5 小时，直接经济损失 40 亿元。

1995 年金、衢、丽、杭、嘉、湖等地区 1564 万人受灾，死亡 62 人，重伤 410 人，损坏堤防 765 千米，堤防决口 5017 处，4142 家企业停产半停产，直接经济损失 56 亿元。

1997 年全省 47 个县市 919 万人受灾，死亡 31 人，直接经济损失 68 亿元。

1999 年，浙北浙中地区遭受特大洪涝灾害，35 个县市有 34 个雨量破历史纪录，浙北大部分地区雨量为常年平均的 2～3 倍，新安江水位特高，首次开 8 孔泄洪，全省 895 万人受灾，死亡 29 人，直接经济损失 159 亿元。

2.3.3 产生涝的人为因素

城市内涝灾害是自然气候异常波动与人类城市社会经济活动相互作用的结果。表面上看，城市内涝灾害的发生直接由暴雨事件所致,但并不意味着城市遭遇暴雨事件就必然会发生城市内涝灾害。江西省赣州市属于经常遭遇暴雨事件的城市,但却几乎不存在城市内涝问题,其最主要原因是赣州市具有较好的城市排水系统。城市经常发生内涝灾害的原因,可概括为自然和人为的两个方面,而且城市内涝灾害频发更主要的是人类自身原因所导致。因此可以说,暴雨事件是城市内涝灾害发生的直接原因,而人类不合理的社会经济活动是我国城市内涝灾害频发的主要原因。

第一,人类的城市发展建设,在不知不觉当中降低了城市的排涝能力。众所周知,城市的排涝能力由两部分构成:一部分是自然湖泊、坑塘、河道、沟渠等形成的自然泄洪排涝能力;另一部分是城市排水管网系统构成的排涝能力。与早期相比,第一部分的泄洪排涝能力大为下降,原因是一些城市规划建设时,忽视了城市泄洪排涝建设或对其重视不够,使城区原有的一些天然湖泊、水塘等被填平改造、沟渠被堵塞占用,原来畅通的自然排水系统被打乱,结果使这部分排涝能力大为消减。对于第二部分的排涝能力同样存在下降的问题,其原因是城市的防洪排涝能力跟不上城市的快速发展,基础设施、排水管网、泄洪设施不完善,许多城市的排水系统既存在"先天不足"的问题,也存在后天规划建设和管护不当的问题。

第二,城市硬化面积的增加和绿地的减少导致内涝灾害风险。近些年,我国许多城市的规模、城区面积不断加大,城市内的硬化面积也日渐增加,而绿地面积却少有增加甚至还在减少。这样的一增一减的结果,使降雨入渗能力减弱甚至使降雨下渗功能丧失,从而使暴雨产流量增加、汇流速度加快,进而加大了城市的内涝灾害风险。

第三,城市水域及低洼地带面积减少,加大了城市排涝系统的压力。城市内原本存在的水域及低洼地带是暴雨洪水的蓄积场所,这些水域及低洼地带的存在会在很大程度上缓解和消减城市的内涝灾害风险。但许多城市随着规模的扩大,城区的低洼地带被填平,水域面积也人为缩减,如1984—2004年间,北京市四环内城区的水域面积由573.75公顷减少至496.16公顷,减少了近14%,年均减少1.4%。城市内低洼地带和水域面积的减少,大大降低了城市自身对暴雨洪水的调节能力,进而增加了城市排水系统的压力,使城市排水系统原有的设计能力逐渐下降,增加了城市的内涝灾害风险。

第四,城市地区的地下水过量开采导致地面沉降,降低了城市排涝能力。一方面使城市依靠自然地形坡度的排水能力丧失,进而增加了城市排水系统的负担;另一方面由于城区地面沉降,城市周边的暴雨汇流也会向城区汇集,同样增加了城市排水系统的压力。在这两方面压力的共同作用下,城市排水系统的排涝能力大为降低。

第五,当今城市居民流动性大而复杂,城市居民防御洪涝灾害的意识参差不齐,使城市发生内涝灾害的风险增强。我国许多大中城市的居民结构复杂,如北京市每年都有数以百万的流动人口,他们离开熟悉的家乡来到陌生的城市,对城市内涝灾害高风险区并不了解,在发生城市内涝时,难免做出不适宜或者错误的举动。如在2011年6月23日北京的内涝发生时,就有2名来自外地的务工人员因贸然下水帮助推车而丧失性命。

近些年来,我国诸多大中城市频繁发生严重的城市内涝灾害不仅严重影响了人们的正常生活秩序,也造成了严重的生命财产损失,引起社会各界的广泛关注。我国正处于平稳快速的城市化进程之中,尽早遏制我国城市内涝灾害频发且严重的态势,治理好城市内涝灾害,对于我国城市化平稳发展推进具有重要意义。通过对我国城市内涝灾害频发的原因分析表明,我国城市内涝灾害频发且严重的原因源自于自然和人为两个方面,但更重要且更多的是人为方面的,治理好我国的城市内涝灾害必须采取综合对策措施。

第3章

因势利导——城市农村排涝对策

3.1 排涝工程措施

3.1.1 排涝标准

排涝的原初意义应指水利建设中排除农田积水。而对于城市排涝,业界却观点不一、众说纷纭。有认为城市排涝即是城市排雨,亦有认为城市排涝只不过是农田水利排涝在城市中的应用。目前国家也未对城市排涝确定统一的标准及规范,这必然对城市排涝规划带来一定影响。书文认为,城市排涝是指流域范围内较大汇流面积上较长历时暴雨产生的涝水排放。首先,与防洪不同,城市排涝所排的是流域之内的雨水,而城市防洪则是针对流域之外的客水涌入,主要是防河洪、山洪(包括泥石流)和海洪;其次,与城市排水不同,城市排涝针对的是较大汇流面积上较长历时暴雨,而城市排雨则是解决较小汇流面积上短历时暴雨产生的排水问题。再次,与农田水利排涝不同,城市排涝不允许有淹没,要求涝水不漫溢。而农田水利排涝则注重量的排除,它允许有一定淹没时间和淹没水深。

基于上述理解,排涝规划的任务应是排除城区大面积的地面径流以及市政雨水管网所汇集雨水,它主要是通过采取系统的规划措施,利用内河、排水沟渠和排涝泵站、水闸建设将积水排除,以确保在发生标准内降雨时城市涝水不漫溢。

如何确定城市排涝标准,一直是城市排涝规划工作的重点和难点。特别是随着城市频繁遭受暴雨袭击,道路、地面积水及其引发的许多意想不到的城市问题,已成为困扰城市建设的一大难题。在这种情况下,许多城市都将提高河道排涝标准作为解决城市积水的重要措施,北京、上海、天津、广州等城市的河道排涝标准都已提高到 20 年一遇,甚至有专家提出,城市防洪标准与排涝标准应趋于一致。当然,是否有必要将排涝标准与防洪标准统一尚需研究,但是有一点可以肯定,加强对排涝标准的重视力度,适当提高排涝标准,应属现代城市发展的必然要求。因为对城市而言,无论是外洪还是内涝,都会产生灾害及损失,只不过内涝更频繁,外洪更严重。

在城市河道治理工作中经常困扰设计人员的一个问题是,河道流量计算选用市政排雨公式还是水利的洪峰流量公式。经实践验证,对于同一重现期,用市政排雨计算的结果往往大于水利计算的结果,而且差距较大。据研究,用城市暴雨 1～2 年重现期计算的流量等同于水利 8～30 年的重现期计算的流量。究其原因,在于城市排涝和城市排水分属水利和市政两个部门,其行业标准和学科侧重不同:

一是重现期含义不同。市政部门的排雨标准一般较低,重现期为 0.5～3 年一遇,其选样方法为年多个样法,即每年从各个历史的降雨资料中选择 6～8 个最大值,取资料年数 3～4 倍的最大值进行统计分析,该法在小重现期时可以比较真实地反映暴雨的统计规律,而对于高重现期则会偏大。而水利部门的城市排涝重现期一般较长,为 5～20 年,其重现期采用年一次选样法,即每年只取一次最大的暴雨资料,这种方法推求高重现期时比较准确,而对于小重现期则会偏小。一些城市如福州的研究人员都对此做过研究,结论为同一场降雨,城市排雨重现期为 1～5 年一遇,而城市排涝的重现期为 5～20 年一遇。

二是水利部门和市政部门推求设计流量所采用的方法不同。尽管两部门推理公式形式完全相同,都源自于公式 $Q=F\times q\times \psi$,

但由于推导假定条件的不同以及确定公式中参数方法的不同，使得计算结果相差很大，对于同一条件市政部门的计算结果往往大于水利部门的。主要是因为(1)市政部门推求公式时，为推求管网最大设计流量，采用极限强度原理，设定降雨历时等于汇流历时，排水区域的最大流量发生在全部汇水面积产生径流时，而对于部分汇流情况则不适用。(2)水利部门采用的推理公式研究了全面汇流和部分汇流两种情况下洪峰流量的计算方法。

可见，市政部门的暴雨强度公式适合于短历时、小重现期、较小区域的城市排水计算，而水利部门的流量公式适合于长历时、大重现期、较大区域的流量计算。在个体适用方面，西安的排涝研究具有借鉴意义。它针对西安市当地的具体气象、地理条件，提出了具体量化的数据：当降雨历时大于 90 分钟，重现期大于 10 年时，采用水利的城市排涝计算公式；当降雨历时小于 90 分钟、重现期小于 10 年时，采用市政的城市暴雨计算公式。

3.1.2 拓疏河道

城市河道的建设在水利建设中占有一席之地，也是城市排涝的主要官网，城市建设与水利建设统筹协调，疏浚城市和周边区域的河流水系，降低河床底部标高，拓宽河道，增大泄洪断面，严格按照规范标准加强河流堤防建设，将提高抗御洪水的能力。

河道整治工程所追求的重要目标就是要协调城镇发展与河道生态保护的关系，同时尽量维护河道原有的自然地貌和水文特征，保持河流景观与其周围环境的和谐。根据城镇河道自身特点，综合整治的措施包括生态护坡、水质修复治理及河道景观三个方面。

(1)生态护坡工程。在防洪与生态需求成为河道建设主要矛盾的背景下，采用生态护坡整治模式可以在满足城镇生态系统要求并创造良好生境条件的同时，使河坡具有一定的抗洪防冲能力。因而建设生态护坡工程已经成为国际上公认的解决河道整治问题行之有效的方法。生态护坡技术是基于水土保持学、生态学、水利工程学和生物科学等学科的基本原理，利用植物及植物与工程材料相结合的方法，在边坡上构建具有生态功能的护坡系统，通过生态工程的自我支撑、自我组织与自我修复等功能，实现边坡的抗冲蚀、抗滑动和生态恢复，以达到减少水土流失、维持坡面植物生存环境、提高坡面动物和微生物栖息地的质量、营造健康的河流生态系统和改善人居环境等目的。可见，真正意义的生态护坡应该是一个包括植物、动物、微生物的完整的生态系统。然而，目前国内很多生态护坡的建设仅仅考虑了护坡上的植物，而完全忽略了动物及微生物在边坡生态系统中的作用，没有从根本上实现生态护坡生态系统的完整性。所以，借鉴国外生态护坡技术，完善我国生态护坡技术体系，在工程建设中实现真正意义的生态护坡，将是我国今后生态护坡技术应用研究的重点。当前国内外采用的各种生态护坡技术主要有生物工程技术、土工网复合植被技术、植被型生态混凝土技术、多自然型技术等。

(2)水质修复治理工程。水污染治理是一个综合的系统工程，其主要措施包括污染水源的拦截、河床的清淤处理、有源活水和污水处理等方面，并辅以必要的植物措施，恢复河流的自净能力。河道污水治理关键要从污染源治理与截污入手，加强截污工程建设力度。同时，必须提倡清洁生产，大力控制污水的排放和处理。在保证一定水质的基础上，采用河流生态技术，进一步提高水质，美化环境。将环境工程中的生物修复技术应用到水利工程的河道综合整治中，是城镇河流特别是受污染河流整治的重要方向。生物修复技术因具有处理效果好、工程造价相对较低、运行成本低廉，还可以结合景观改善河道及其周边休闲场所的建设等优点，故该技术在实际操作中具有很高的应用价值，其发展前景十分广阔。目前水环境生物修复技术的主要类型有：土壤渗滤技术、人工湿地技术、稳定塘技术、人工浮岛技术等。

(3)河道景观工程。河道景观建设是对河道进行生态整治的重要环节,主要内容包括河道水域沿岸带及水域范围内的景观建设。景观建设的目的是通过对河道空间与平面、纵向与横向的综合整治,做到提高城镇水系防洪排涝和供水标准与河道景观相结合,河道清淤与环境保护相结合,河道整治与改善当地的人居环境相结合,最终营造人与自然和谐的水环境。河道景观工程主要包括以下几个方面。

①河道平面恢复。过去在河道平面设计时,一般采取拓宽断面、裁弯取直、修筑高堤等措施,这些方法在一定时期内解决了洪涝灾害的问题,但却淡化了河流的资源功能和生态功能,破坏了自然河流的生态链,导致生态环境的不断恶化。因此,在满足安全行洪断面的条件下,改变过去裁弯取直的办法,随着地形、层次的变化易弯则弯,易窄则窄,易宽则宽,恢复河流的纵向连续性和横向连通性;同时尽可能多安排一些蓄水湖池,这种袋囊状的结构不仅有益于防洪,且对景观和生态系统都具有重大意义。

②河道断面恢复。任何与生态过程相协调,尽量使其对环境破坏的影响达到最小的设计形式都称为生态设计。河道的断面恢复要综合考虑河道的防洪排水及生态景观的功能,不断优化断面设计,最终达到良好的生态河道体系。河道系统中一片草地、一块林地、一座山丘、一个岛屿都可能是一个自然生态系统,在恢复中应采取多种工程和管理措施,维持河道断面的自然性状。目前国内外典型的河道断面形式主要有:矩形断面、梯形断面、复式断面和双层断面。

③生态河堤工程。生态河堤建设是目前国际上河流治理与建设的新趋势。生态河堤是融现代水利工程学、环境科学、生物科学、生态学、美学等学科于一体的水利工程,它以保护、创造生物良好的生存环境和自然景观为前提,在考虑具有一定强度、安全性和耐久性的同时,充分考虑生态效果,把河堤改造成水体和土体、水

体和生物相互涵养，适合生物生长的仿自然状态。生态河堤不仅可发挥涵水保土的作用，而且能改善大气、水体和土壤的质量，进而将大大改善生态环境和人们的生活质量。沿岸景点的建设将增加周边环境的文化氛围，实现良好的社会效益和生态效益，这对城镇生态建设、拓展城镇发展空间等方面，具有重要意义。

④滨岸植被缓冲带工程。国内外研究实践表明，滨岸缓冲带是截留陆域面源污染物、改善河道水质的有效手段。作为河陆生态系统的连接地带，缓冲带对保持河道的生态性具有重要意义，主要体现在以下四方面：一是对地表径流可以起到滞缓作用，调节入河（水体）的洪峰流量；二是降低地表径流速度并对其中的颗粒态污染物起过滤和拦截作用；三是植物吸收、土壤吸附溶解态的污染物；四是促进氮的反硝化作用。城镇是人口大量集中和工业规模庞大的地方，势必会产生许多生活和工业垃圾，如得不到及时有效处理，将会随雨水直接进入地表或地下水，形成新的非点源污染，导致水环境恶化。滨岸植被缓冲带的建立，不仅可以吸收径流中的有机成分，减少进入水体中污染物的数量，而且对于营造滨岸景观、改善生态环境和减少水土流失具有重要意义。

3.1.3 堤防加固

江河湖海堤防的主要特点是：①多是顺河傍水而筑，争取获得更多的耕地。堤线多是靠近河岸，对堤基没有选择的余地，不像水库大坝那样，经过勘探，了解地质情况，多方案选择。而且堤防绝大多数都没有做基础处理。②干堤堤防修筑历史悠久，大部分江河堤防都经历了数百年，甚至千年的历史。由小堤建成干堤，成为现在的堤防。③堤防修筑，开始多由农民自发围垦，逐渐加高培厚而成。也不像修筑水库土坝那样，有精密的设计，严格地控制施工质量。因此，堤防填土混杂，修筑质量差，堤身内存在白蚁、鼠、獾等洞穴以及坟墓、坑道等多种隐患。④堤防受河势水流影响，冲淤变化，有些河段近临堤脚，取土筑堤、抢险堵口或决口冲刷，不仅破坏了堤后的地面覆盖层，形成很多的坑塘、洼地，还有一些过去堵口的柳席、柴草等杂物。⑤江河堤防位于河流中下游，堤防基础多为第四纪冲积层，二元或多元结构，上部或成层为相对不透水层，下部或成层为透水层。当汛期高水位时，堤身必然出现散浸或漏水，堤基将产生较高的承压水头，一旦超过堤后表土层的抵抗能力，就会被顶穿，下部细沙颗粒被承压水流带出，形成翻砂鼓水、泡泉或管涌等险情。

(1)堤防渗加固原则

为防止堤身、堤基渗流破坏，采取防渗加固措施，需要达到的目的是：①增强堤身、堤基的抵抗渗流破坏的能力，如提高堤身密实度，消除堤身、堤基隐患，适当放缓堤坡和填塘(洼地)固基等措施。②改变渗流出口比降和降低浸润线，应遵循“前堵、后排、中间截”的原则。“前堵”即在临水侧采取防渗铺盖、前戗、防渗斜墙和铺设土工膜等。但由于堤防临水侧往往受到河势水流的影响，冲刷范围常会改变，防渗铺盖和前戗的采用受到一定的限制；“中间截”多指在堤身进行黏土灌浆、劈裂灌浆、铺设土工膜、混凝土截渗墙和高压喷射灌浆等；“后排”主要指在堤防背水侧压渗、导渗沟和减压井等。

(2)堤防加固措施

①利用当地土沙石料进行防渗加固。

钻探(锥探)灌浆加固　对堤身进行钻探灌浆，这是较常用的方法。浆液材料一般就地选用黏土或沙壤土，视需要也可掺用少量水泥，搅拌成泥浆。钻孔的布置，视堤身隐患位置而确定，一般按梅花形布置。孔深应穿过隐患的部位。灌浆压力视孔深而定，一般在现场试验确定。黄河、长江使用这一方法较多，也取得较好效果。

铺盖防渗 堤基相对不透水层埋藏较深，透水层较厚，同时临水侧有稳定滩地的堤基宜采用铺盖防渗。铺盖的长度和厚度通过计算确定。当利用天然弱透水层作为防渗铺盖时，应检查天然弱透水层及下卧透水层的分布、厚度、级配、渗透系数和允许的渗透坡降等情况，在天然铺盖不足的部位应采用人工铺盖补强措施。

黏土截水槽 当堤基透水层较浅时，在迎水侧堤脚宜采用黏土截水槽或其他垂直防渗措施截渗。截水槽底部应达到相对不透水层或基岩。采用与堤身防渗体相同的土料填筑，其压实密度不应小于堤身的同类土料。截水槽的底宽，应根据回填土料、下卧的相对不透水层的允许渗透坡降及施工条件而定。

堤身临水侧筑前戗 在堤身临水侧填筑土平台，一般称为前戗。要求选择渗透系数小的土料进行填筑，以降低背水侧出逸比降，符合渗流控制"前堵"的原则。同时，也对堤身隐患起到补强作用。前戗的顶面高程应高出设计洪水位1米，一般顶宽为10米，临河坡度采用1∶3。

堤身背水侧筑后戗 在堤身背水侧，加大堤身断面，控制浸润线不在堤坡上出逸。要求后戗填筑的土料透水性比原堤身大，以符合渗流控制"后排"的原则。根据黄河多年来的防洪实践经验，险工、老口门堤段堤身控制浸润线按1∶10，平工堤段按1∶8考虑后戗填筑。后戗顶面高程高出浸润线背河堤坡出逸点1.5米，后戗顶宽一般4～6米，边坡为1∶5。当出逸点较高，修筑一级后戗不能满足要求时，可按多级后戗修筑，以节省土方量。

堤防淤背 利用吸泥船、泥浆泵等机械设备，吸取江河泥沙，由管道水力输送到堤身背水侧沉淤，在黄河上称为淤背。它是防止基础管涌破坏的有效控制渗流措施之一。淤背的厚度和宽度：厚度可通过计算确定，一般高出背河堤坡出逸点1.5米，淤背体边坡为1∶5。宽度则难以通过计算简单确定。计算可能得出数百米宽，显然难以实现。为此，需要根据经验和历史出现险情的范围来确定。根据黄河出现险情的情况调查，基本上集中在背水坡脚以外100米的范围以内，但也有一小部分发生在100米以外的。一般淤背的宽度，黄河险工堤段按100米宽控制；平工堤段按50米宽控制。长江淤背宽度，一般按100～200米控制，珠江的北江大堤按30～50米，并辅以减压井。如荆江大堤控制宽度为200米，可以控制历史出现管涌险情的90%以上。在某些情况下，在淤背末端又有新的险情出现，但规模较小，可通过排水减压设施进行控制。

淤背是防止渗流管涌破坏的有效措施之一。它的优点是：第一，可以避免在压重范围内发生管涌破坏，即使在淤背范围外发生管涌破坏，也加大了管涌距堤脚的距离，可以降低管涌的发展速度和危害程度。第二，可以填盖取土坑、水塘和洼地等，提高抵抗承压水头能力，减少管涌破坏。第三，在江河吸取的泥沙多为沙性土，渗透系数较大，淤积在堤身背水侧，有利于导渗。第四，淤背较宽，可有效地加固堤防，提高堤防整体稳定性。第五，在江河中取沙，对河道有一定的疏浚作用。同时，也减少挖毁农田，有利于粮食生产。第六，利用吸泥船水力冲填施工，可以连续作业，减少接合部，保证冲填质量。

但是，淤背也有不足之处：第一，施工受地理条件的制约，排距较远时，不仅增加施工困难，而且单位造价也随之增加。第二，占压了大片农田，而自身又不能耕种，使相应的迁占工作量增大。同时也增加了工作难度。第三，对周围环境有一定的影响。由于吹填土多为细沙或粉细沙，易产生风沙和水土流失，需要在淤背表面用黏土压盖，工程量大。第四，压盖了吹填范围的水域，给当地群众用水带来困难。

劈裂灌浆 沿堤身轴线小主应力面布钻孔，用一定的压力灌注泥浆，人为地劈开堤身，并利用浆堤互压，泥浆析水固结和堤身湿陷密实等作用，使所有与浆脉连通的裂缝、洞穴、砂层等隐患得到充填挤压密实，形成垂直连续的泥浆体防渗墙。首先在山东大沽河 200 千米长的堤身和堤基进行劈裂灌浆，解决堤身 5 米、堤基 3～4 米的垂直连续的渗漏问题，效果显著。后来在湖南、河北等省的一些堤防，也采取了这一措施加固了堤防，均取得了较好的效果。

②利用土工合成材料进行防渗加固。土工合成材料是人工合成的聚合物。一般分土工膜或复合土工膜，用在堤防工程上起防渗作用。另一种是土工织物，分无纺织物和有纺织物，用在堤防工程上起导渗作用。这种材料的使用，发展比较迅速，主要在于它有很多优点：一是整体性好，产品规格化。二是铺设简便，施工进度快。三是抗拉强度高，适应堤身变形。四是质地柔软，能与土料密切结合，重量轻，运输方便。五是经过处理后，其抗老化性能较好。临水侧斜坡面和水平防渗。在堤防迎水面堤身、堤基防渗，可按防渗和铺盖计算其长度，在堤坡上铺设应高于设计洪水位 1 米。在整修后的坡面上，由于土工膜与沙土间的摩擦系数小于土石料摩擦系数，为了堤坡稳定，防止土工膜与堤坡接触面滑动，常采用锯齿、齿槽、台阶等形式，将土工膜平置于基面上，四周边缘要展平，保持整齐。铺膜不应拉得太紧，要均匀地留有小褶皱，以保证膜本身良好的伸缩性。要从下向上，从一端向另一端平铺，铺放面积应是计算面积的 110%。土工膜的接缝有搭接、粘接和焊接。以粘接和焊接效果为好。铺好后，膜上要加保护层，不单是保护土工膜不受损坏，同时还要考虑水位下降时的反向渗压力。保护层一般使用沙壤土，其厚度不少于 0.5 米，并加以夯实。如需护坡，其上再铺砌垫层和块石。如福建省闽江下游堤防，大部分堤段基础是冲积淤沙及砾石，透水性强。高水位时，部分堤段出现严重管涌、漏水等险情，严重地威胁着堤防安全，必须进行防渗加固。按百年一遇设计洪水位和堤前稳定的滩地上进行土工膜防渗。采用沥青粘接，并加保护层 0.6～1.3 米，其上种草皮。铺设土工膜 28 块。

长 130 米，防渗面积为 3380 平方米，投资 6.5 万元，平均每平方米为 20 元。1998 年建成后，经过多次洪水考验，至今效果显著。

③利用水泥土、混凝土材料进行防渗加固。对堤身、堤基进行垂直防渗，以符合“中间截”的原则。由于使用机械设备不同，施工方法也多种多样，有泥浆槽防渗墙、板桩灌注防渗墙、高压喷射灌浆防渗墙、多头小直径涂层搅拌桩防渗墙、振动沉模防渗板墙、薄抓斗成槽防渗墙、液压开槽机成槽防渗墙、射水法成槽防渗墙、锯槽成墙防渗等。

3.1.4 排涝闸站

排涝闸作为水利工程重要枢纽工程，在排涝过程中发挥着重要作用，近年来，浙江省积极开展排涝闸站的新建和改建工程，为城市排涝建立了安全保障。

(1)智能自动化排涝闸站确保圩区安全。随着嘉兴市秀洲区 5 个圩区内 10 座排涝闸站智能自动化改造的完成，加上 4 座水位监测站的投入运行，这些圩区内的水情将得到智能化实时监控，圩内上万亩良田和居民区的安全将确保无虞。

一直以来，秀洲区是浙北洪涝的重灾区。为抵御洪涝灾害，区水利部门通过规划对王江泾、油车港和新塍镇重点受灾区域实施圩区水利工程建设，采取“建闸、固堤、增动力”的围圩排涝措施，保障农村生活生产安全。圩区建好了，大大小小数百座闸站的管理便成为确保防洪效益发挥和农业灌溉的重点工作。

“以前这些闸站的管理和运行，都是需要通过人工来完成的，存在许多不足之处。”据区水利部门有关负责人介绍，过去的闸站管理都是靠人工根据水位高低来完成，这不仅不能做到及时、准确、迅速反映水情和汛情，而且因为每个闸站运行需有专人负责，还需花费大量的管理费用。“另外，闸站也经常会发生偷盗现象，站内的设备安全得不到保证。如果遇到大暴雨、强降水，闸站管理人员的人身安全存在着一定的隐患。”

为了加强排涝闸站的运行管理，提高圩区工程日常运行管理水平和效率，区水利部门在北部重点防洪区域建设自动化管理系统示范区，改变以往农村排灌设施传统的管理模式。与普通的排涝闸站相比，改造后的闸站增设了多媒体控制主机和水泵运行仪等设备，另外，在闸站的室内外，安装了3个摄像头，分别监控室内水泵运行、室外出水口和闸门升降等情况。整套控制系统通过网络和总控平台相连，以实现远程控制。智能自动化改造后，实现了对排涝闸站的自动排水、网络远程控制排水和闸站内外水位网络的实时监测。同时，闸站还配备了防盗、防雷和启动预警设施，进一步增强了闸站的安全运行系数。

智能自动化排涝闸站的改造，丰富了圩区的管理手段，大大提高了雨情、水情、灾情信息采集的准确性及传输的及时性。

(2)钱江枢纽闸站雏形初露。在与杭州钱江新城隔江相望的钱江世纪城·宁围镇，除了林立的高楼和正在建设的奥体中心外，还有一个规模庞大的在建排涝工程——钱江枢纽闸站工程。

开阔的钱塘江边，2012年2月开工的钱江枢纽闸站，如今已经雏形初露。内河侧挡墙、两侧空箱、进出水池和泵室、闸室大多已经完工，现正在进行闸室上层主体建筑装修，项目有望在2014年主汛期前竣工。这项工程完工后，将使钱江世纪城和萧山城区拥有每秒50立方米向钱塘江排涝的强排能力，闸排与泵排相结合，基本可以满足其防洪排涝要求。

除了钱江世纪城的钱江枢纽闸站，萧山城厢镇东北角上的顺坝排涝闸站一期工程也正在紧张施工。据了解，顺坝村的长山直河，是这一片萧山平原往钱塘江的主排涝口。目前工程进度已超过50%，预计明年汛期前可投入使用。

如果说外排工程是提供行洪动力的心脏，那么，遍布平原的各类河道无疑就是密布的血管网络。冬春农田水利建设，萧山启动河网畅通工程，对全区的三级河道，以及部分镇、村级河道及池塘、河塘的疏浚清淤纳入区财政补助统一规划实施。

从 2014 年起至 2018 年，5 年时间内萧山区计划要投入 100 亿元水利建设资金，全面构筑水利安全防线，实现城区 24 小时降雨 250 毫米不受淹。

(3)百座排涝站汛期作用大。看到农田里的积水基本被排完，梅溪镇梅溪村村委会主任王传根松了一口气："要不是排涝站发挥大作用，这些农田的播种就成问题了。"

受前几轮强降雨天气影响，梅溪镇共有 6 万亩农田被淹，仅梅溪村一个村，就占到 1.2 万亩。为了及时进行排涝，梅溪镇启用了全镇 36 座排涝站，切实缓解了防洪压力。

除排涝站以外，一些农户也受惠于山塘整治工程。在安吉县孝丰镇狮古桥村，2010 年刚修好的牛头坞山塘发挥了大作用。山塘整治工程是小型农田水利重点县建设项目之一。2010 年全县完成 15 座山塘整治。在此基础上，2011 年继续完成 20 座山塘整治。

3.1.5 城市规划

城市排涝是一项系统工程，它需将防洪、排涝、排水工程有机结合起来，而非仅靠多修几条河道、多建几台泵站强排即能解决。与南方城市排涝以水网调蓄为主、兼有泵排为辅不同，北方城市由于水网缺乏，只能依靠有限的河道资源排放涝水，且暴雨的季节性强，泵的使用效率不高，在泵的使用上比较慎重。而竖向规划则是低洼地区排涝的有效措施。

合理地提高地面标高是治理低洼易涝地区的一个非常有效的措施，对此应统筹考虑，进行科学的竖向规划，即在现状地形分析基础上，结合防洪排涝水位，确定治理范围内道路的标高、坡度，以及地块的控制标高。目前南方一些排涝规划研究较先进的城市，如广州、福州、苏州等都已编制了全市的竖向规划。济南市尽管尚未完成全市的竖向规划，但也针对重点地区编制了竖向规划，如低洼易涝区的小清河沿岸及西客站地区的竖向规划，以期解决重点地区的易涝问题。在这项工作中，主要确定了以下原则：

(1)竖向规划中道路标高确定原则。竖向规划的重要目的之一，就是防止发生涝灾，使地面高程满足雨水能自流排放入河的要求。其标准一般与排涝标准一致，为此，城市道路的设计标高应高于内河相应的涝水位，并有一定的安全超高。同时道路标高应低于划定的汇水面积范围内街坊、场地的标高，以利于这些地块的雨水能及时地汇入道路下的雨水管道中。其中确定路段最低控制高程是首先要考虑的，其原则是要保证最低处的水可以顺利排入河道，广州、福州等南方城市计算路段最低控制高程的方法是综合考虑本路段雨水管出水口位置的河道规划涝水位、安全超高值、雨水管到出水口的距离以及管道最小水力坡降，具体推算公式如下：

$$H=h+L\cdot i\%+D$$

H 为道路上某点的最低控制高程；h 为本路段雨水管出水口处，河道规划的涝水位；L 为该点沿着雨水管走向到出水口的水平距离；i%为水力坡降，取 0.001；D 为安全超高值，取＞0.5 米(考虑雨水管最小埋深)。

上述方法是建立在最低点雨水利用雨水管道排入河道中，当超过雨水重现期标准而小于排涝标准时，易导致地面积水的情况发生，不满足排涝要求。笔者认为，为使地面雨水自流入河，道路的最低点应为道路与河道相交处，即桥梁所在位置附近，其桥面标高按照排涝水位超高 0.5 米，加结构厚度 1.0 米原则确定。这样该路段的最低点应是排涝水位标高加 1.5 米左右，然后其余道路标高，按照道路纵坡要求上推即可确定，随之而来的问题就是道路纵坡如何确定。

(2)道路纵坡设计原则。一般道路纵坡结合现状地形坡度确定，对于低洼地区满足规范最小坡度 0.003 难度往往很大，这是由丁这些地区现状地势低洼，满足最小高程要求的道路标高一般比现状标高抬高 1 米以上，加上地势平坦无坡，如再规划道路坡度，势必使道路整段越来越高，周围地区的填方量相应放大，对于方圆 l 平方公里的平坦低洼区，如果将最低点填方定为 1 米，考虑平坡时填方量为 100 万立方米，而考虑最小坡度为 0.003 后，则填方量最少为 350 万立方米，即每平方公里增 hH3.5 倍的填方量，可见道路坡度的取值对于规划的可实施性有很大影响。为此应尽量降低规划道路坡度，以保证路面排水为原则。在一些平坦地区，如苏州等，也有按平坡处理的，完全依靠路下雨水管道排水。

(3)确定地块高程的原则。地块高程最好普遍高于周边道路，最外围高程应比周边最低路段高程高出 0.3 米以上，其他高程按照地块最小地面排水坡度 0.003，在困难地段可降至 0.002 推算求得。

(4)低于周围道路的已建用地处理原则。对已有大面积建成区的城市来说，无法通过抬高道路和地坪的高程来满足竖向规划标准的提高，解决问题的最佳出路是要制定能降低市区原设计涝水位的高标准的排涝规划和综合整治措施，这就要求竖向规划与治涝规划要经常地互为反馈、互相制约；当无条件降低排涝水位时，可通过改造排水管道，改变出水口位置，令其排入涝水位较低的河道等措施排涝；再无他法时，只能选择局部强排的方法。

总之，中国已进入伟大复兴时期，城市建设步伐不断加快，人们对城市应对暴雨积水的要求也在不断提高。在这种情况下，加强城市排涝规划的研究，对于城市规划工作者而言，既是机遇，也是挑战。我们必须抢抓机遇，迎接挑战，这是我们的责任，我们责无旁贷。

3.1.6 排水管网

城市排水设施是城市极为重要的市政基础设施，是城市水污染防治与城市防洪排涝的必要设施。排水管网是城市排水设施的重要组成部分，“一丈不通，万丈无功”，管网有点滴的阻塞、损害就有可能发生污水外溢、道路积水，继而会出现污染环境、行人行车不安全等恶劣情况。因此加强城市排水管网的管理与养护，保障其安全运行，以此确保城市的环境卫生、安全与促进城市大发展就显得尤为重要。

(1)排水设施存在的问题

近年来，国内各地政府非常重视城市的发展与建设，不断地加大对城市市政基础设施建设的投入，排水设施也逐渐地得到了重视并获得了较大的发展，排水管网普及率得到了较大的提高。随着国家对节能减排、雨污分流、污水处理与中水回用、城市防洪排涝等涉水问题的高度重视，各地污水处理厂、排水管网、防洪排涝等涉水工程建设速度明显加快，然而在重视排水设施、防洪排涝工程建设的同时，却往往忽视了对已经建成并投入使用的排水管网的管理与养护工作，据了解与统计分析，目前大多数城市排水管网存在如下通病：

①排水管网设计标准偏低，重地上建设轻地下排水管网的建设，管网服务区域时常发生变化，已经投入使用的管网时常会发生难以满足实际需求的不良情况。

②管理与养护经费严重不足，造成如下城市排水管网管理与养护状况：由城中心向城外方向，管理力度与养护周期及质量逐级减弱与下降，管网的淤积、损毁等病害逐级加大。无证排污、私接、乱排等现象还很严重，没有设置必要的隔离(油)池等排水户屡见不鲜，隔离(油)池、化粪池等能按国家行业相关规定进行清理(淤)的微乎其微，超标污水、大量杂物等直排入公共排水管网，经常会

造成管网淤积堵塞、损毁等严重后果，增加了管网养护维修的费用，也给污水处理厂增加了处理的费用。没有结合本城市特点制定关于排水设施管理的相关规定或条例，管网的规划、建设、管理、养护等明显落后于发达城市，阻碍了城市的大发展。排水管网检测方法落后，缺乏周期性、准确度，不能很好地以此指导制定养护维修计划、规范依法排污行为。管网清淤疏浚维修操作方法还很原始，环境易被污染，安全系数依然偏低，清淤疏浚的周期性与行业相关规范要求还有一定的差距，清淤维修质量欠规范。以上等通病的存在势必会影响排水管网的安全运行，因此很有必要结合城市管网现状特点等加强管网的管理与养护工作。

(2)解决排水设施问题

①结合城市涉水的相关特点，建立健全关于排水管理方面的法规条例。以此规范排水设施的规划、建设、设计、施工、监理、验收与移交、监督管理、排水许可、养护维修、污水处理、中水回用等行为，以确保排水管网的完好安全运行与可持续使用，减少或杜绝水污染，保护水环境，保护城市安全，保障市民安居乐业。

②加强管网调查，以此指导管理与养护维修工作的正常、规范化开展。管网调查是掌握排水设施结构与运行情况的重要手段，其调查内容为：井盖等附属构筑物、水流充满度及流速流量、管道内气体、设施出现的问题、相连接主要支管线等情况。建立起管网调查、监测分析制度，通过定期的调查与监测可以及时跟踪排水设施信息，了解掌握管网现状，制定合理的养护周期以及养护计划，指导管理工作的开展。如：通过排水流量、水质等情况可以了解管网服务区域的排污量增减以及排水水质情况，以此指导排水管理工作的开展，规范排水行为；针对排水管渗漏、损毁等，可分析形成原因，制订切实可行的养护维修方案；通过调查对混流管道进行分析，以此指导雨污分流的可行性及工程的实施；通过调查，对现有排水设施的分析可指导排水的进一步规划与进行必要的改造提

高,等等。总之,通过调查以此指导管理与养护工作,可以规范与强化管理与养护工作的开展,很好地保障排水管网的安全运行。

③建立并规范巡查制度,以确保排水管网的完好运行。管网巡查包括:检查管线位置地面有无沉降,盖篦是否平稳完好,井及井内管道有无异常,水流是否正常,有无违规接管排放,有无堵塞杂物,有无异味疑似超标排放等。要做好记录,进行统计分析,以此完善调整养护维修方案及工作安排,确保管网的安全运行。

④逐步实施养护机械化,推广应用新技术、新工艺。随着社会的发展,排水设施的养护逐步从传统的工作效率低、安全系数低、环境污染大的人力清挖疏浚作业方式向效率高、安全系数高、污染小的机械化作业方式转变。比如:管道清淤疏浚采用高压冲洗车与真空吸污车相结合的方式进行,清挖检查井与收水井采用挖泥车进行清挖运输,这样不仅大大提高了劳动效率、减轻了劳动强度、降低了养护成本、保证了生产的安全、提高了质量,而且也减少了环境污染等。对于已经损坏的排水管道,如:渗漏、脱节、错口轻微等管道,可以采用内衬等非开挖技术进行维修,不仅减少了管网影响排水的安全运行时间,也减少了道路开挖,减少了因施工影响交通畅通的时间。

⑤尝试推行管理专业化、养护市场化。培养与引进懂技术会管理的专业人才,强化管理工作及自动化,以管促养,通过他们对管网的调查分析,制订合理的养护方案,配套合理有力的监督管理考核制度,将养护作业推向市场,选择优良的养护作业队伍,通过有效、有力、合理规范的养护,推动养护经费使用的最优化与最大化,以此确保提高排水管网的完好率,保障其安全运行。城市排水管网的安全运行对于水环境治理、城市的安全度汛、城市的发展等非常重要,只有加强排水管网的管理与养护工作,才能够确保其安全运行,因此欠发达的城市很有必要积极引进先进设备、广泛应用新技术新工艺、借鉴发达城市先进管理与养护经验,不断完善管理

的相关法规条例，提高管理与养护水平，科学治水，依法管水，才能够确保排水设施的完好运行，延长其使用寿命，更好地服务于城市，保障城市环境卫生与安全，保障经济健康发展、居家安乐。

3.2 排涝非工程措施

3.2.1 排涝预报

城市内涝大多由台风登陆引起的强降雨产生，对排涝措施的预先准备主要取决于对台风暴雨的前期预报。我国是世界上台风登陆最多、受台风所引发灾害影响程度最重的国家，平均每年登陆我国的台风有 7～8 个。台风登陆引发的暴雨、特大暴雨是造成灾害最直接的原因，因强降雨引起的水库崩塌造成洪水泛滥成灾，对人民生命财产安全威胁最大，暴雨引发山洪、泥石流等地质灾害是造成人员伤亡的最大因素。

随着科学技术的发展，最新、最现代化的大气探测技术被运用到了对台风探测中，如卫星、多普勒天气雷达、自动雨量站等技术手段。通过它们，人类对台风的认知有了新的进展，对引发台风的自然机理、发展、灭亡过程有了一定程度的了解，同时对其引发的暴雨，以及暴雨发展的物理机制也有一定的认知，这些为提高现阶段台风暴雨预报能力奠定了坚实的物质理论基础。

目前，预报台风暴雨的方法主要从以下 4 个方面去研究。一是天气概念模型；二是数值预报产品动力释用；三是相似预报方法；四是利用卫星、雷达等非常规观测资料的预报方法。现在第四和第二类比较成熟，宜在业务中推广使用，第二类数值预报模式常用来预报台风的位置和强度。

(1)天气概念模型。以四川省气象科学研究所郁淑华、国家气象中心王淑静为代表。郁淑华通过总结暴雨产生时的物理量场结构、降水特征和环流背景等，得到的不流场主要有横槽扰动、北槽南祸和切变低祸等，用到的物理量场主要有水汽通量散度、祸度、散度、Q矢量散度等，运用天气学原理对暴雨天气过程进行分析和研究，得出一套适合长江上游的暴雨天气概念模型，在预报业务中，通过比对天气实际情况与概念模型里的类型进行定性判别。王淑静探讨根据物理量场配置来预报暴雨，方法是：首先确定强雨带，以高空850hPa水汽通量轴线与量值大于10g/hPa·cm·s所在区域来判定；然后确定暴雨落区，以祸度平流、变压风福合区及湿位涡（MPV1＜0、MPV2＞0）和螺旋度等判别；最后人工订正暴雨落区。

（2）数值预报产品动力释用。数值预报产品除直接输出风、温度和降水等预报要素以外，各地气象单位以此为基础进行木地订正和对预报因子的处理都很常见，目的是产生更适合木地的暴雨落点、强度和预报指导预报产品。这方面以陕西气象部门的周全瑞、贺酷，国家气象中心夏建国等，江苏省沈树勤、于波，广西壮族自治区气象台杨望月等为代表。

（3）相似方法。利用相似原理来预报暴雨，事先假定相似的气象要素场和天气形势，其天气发展的过程也可能相似。气象部门的张延亭、单九生和陈炎从气象场因子，苏永清等从环流形势和产生暴雨的影响系统等方面用函数判别法进行天气相似性研究，取得了一定成果，预报方法已应用到暴雨预报业务中。

（4）卫星、雷达探测资料的应用。近代，随着数值预报模式的完善，其生成预报产品越来越准确，对预报业务的指导作用也越来越大，这归功于卫星、雷达技术的发展。

近十多年来，随着我国多普勒天气雷达规划与网点的布局建设工作的完成，各雷达站点的探测资料联网共享，各地高密度网格自动雨量站的建成，将有效提高我国对暴雨的探测与预报技术水平。通过它们能实时有效对大气环流形势如高低空急流、西风槽、冷空气等进行监测，对台风登陆后中尺度天气过程的行进演变、暴雨产生的物理机制有了深入的了解。同时研究表明，饱和湿下热面对台风潜热通量输送对台风降水范围和强度有重要影响。地形的影响也不容忽视，多数局地暴雨的发生与当地小气候有直接的关系。

3.2.2 运行调度

城市排水系统是由收集设施（收集污水、降雨径流等）、管网、水量调节池、泵站、污水处理厂及排放口等设备所组成的。但目前我国国内城市排水系统中，管网及泵站维护、生产运行调度、污水排放管理、防汛指挥等尚停留在人工阶段，系统的自动化程度低，应变能力差，监控调度不当会造成污水溢出、污水直排河道，污水泵站控制方式简单，常处于高能耗运行，深井泵水造成能量浪费，同时缺乏对突变或灾害天气情况的应变处理能力。

我国现代化的防汛指挥系统建设正在发展之中，从信息管理系统上升到决策支持系统的层次，应是今后发展的重点。可在有条件的城市建立防洪排涝智能应急响应系统，这是一个模拟和防御系统，在洪水发生的情况下，为救灾决策和快速反应措施的制定提供技术支持，为指挥抗洪救灾提供通讯保障，并跟踪、反馈各项命令的执行情况，以达到减少人员、耕地、财产和资源损失的目的。城市防洪排涝智能应急响应系统充分利用空间信息技术、计算机网络技术和现代通讯等高新技术，可解决防洪救灾中的重大技术难题，其数字式管理监控系统应用示范研究成果将对建立和完善现代化的城市及流域防洪指挥系统具有重要的现实意义。

城市雨水收集和利用在国内外已有较成熟的应用基础研究和技术措施。目前，应结合我国城市化的特点抓紧研究，找出适合各个城市特点的、经济合理的收集、利用方式与调度模式，进而建立并完善城市水源联网调度系统。如在城市中广泛利用公共场所，甚至住宅院落、地下室、地下隧洞等一切可利用的空间调蓄雨洪，减免城市内涝灾害；利用停车场、广场，铺设透水路面或碎石路面，并建有渗水井，使雨水尽快渗入地下；为防止上游雨洪涌入市区，在城市上游侧修建分洪水路，将水直接引至下游，在城市河道狭窄处修筑旁通水道等。

综合防洪管理系统是在统筹考虑现有防洪方案最佳结合的基础上，将洪灾(经济、社会与环境)损失降至最低，即一方面考虑洪水问题的程度和严重性，另一方面要考虑社会、经济与环境效益。科学全面而认真地进行综合防洪管理系统的规划，并按计划实施方案。

3.2.3 抢险队伍

城市内涝频发，不仅给城市居民生命财产带来巨大损失，也严重影响到社会的正常秩序。消防部队作为应急救援的骨干力量，要增强应对城市内涝这种新型灾害的能力，采取及时有效的处置措施，最大限度地抢救人民生命财产。

(1)城市内涝灾害应急救援的不利因素。实施城市内涝救援时，消防部队大多使用冲锋舟。由于船艇空间狭小，加之需要救助的被困人员较多，所以利用冲锋舟等小型船舶施救时，不宜多人作战。由于救援人员的体力、救援的工具和救援方法受到极大的限制，救援时间相对增长。救援现场过低的水温、急流以及水中大型漂浮物等情况，都会给救援行动造成极大的障碍。另外，较长的救援行动时间，过大的体力消耗，易造成消防官兵体力透支，使救援行动难以持续进行。此外，救援现场随时可能再次遭遇暴雨袭击，这就要求消防部队必须抓住救援的有利战机，以免救援难度进一步增大。城市内涝救援过程中，水流湍急，操作空间狭小，操作中还要注意水中的漂浮物和舟艇的平衡，因为操作难、危险系数高。这就要求消防官兵必须操作准确，心理素质过硬。只有通过有针对性的战术战法训练，才能使消防官兵具备应有的救援能力。由于现场环境条件复杂，对各类救援装备器材的技术性能和使用功能要求较高，如防水性、抗震性等。目前消防部队专门用于水上救援的装备器材种类较少，技术性能和使用功能单一。消防官兵只能利用常规的、较为原始的方法实施救援行动，降低了救援效率。此外，我国的消防部队缺乏大型救援装备，大都没有配备挖掘机械和直升机。灾害发生后，需要从地方和空军调集，涉及环节较多，到场时间晚，影响了救援行动的顺利进行。

(2)城市内涝应急救援存在的主要问题。消防部队大都没有制订专门的城市内涝灾害应急救援预案，灾害发生时只能依靠指挥员现场决策，难以保证救援方案科学合理，很容易造成救援现场混乱，使救援工作处于被动。对于城市内涝灾害救援，消防部队虽处于主导地位，但职责分工并未明确。消防部队在执行任务时需和其他部门协同行动，诸多部门同时参战，经常存在各自为战的情况。这些体制上的不完善均会造成救援现场指挥混乱、救援行动展开缓慢，严重影响了城市内涝灾害救援的顺利进行。城市内涝灾害应急救援过程中，由于灾情复杂，消防官兵缺乏处置经验，导致部分官兵过分慌张，行动缺乏章法，不按规程作业。有些官兵自身安全防护意识淡薄，安全责任落实不到位，都可能导致救援过程中官兵落水、触电、外伤等事故的发生。

(3)城市内涝应急救援的处置对策。消防部队要立足本辖区汛期的实际情况，组织专门人员研究城市内涝应急救援的战术措施，还要加强城市内涝应急救援指挥、救援业务技能训练。要让所属部队各级指挥员知道当水灾发生需要增援时，怎么汇报，报告哪些内容，以便让增援部队快速了解现场情况，加强协同配合。还可定期开展战例研讨，讨论在城市内涝救援中的得失，总结经验教训。消防部队要积极与城建部门联系，掌握辖区低洼地带分布情况，特别是位置较低的棚户区、立交桥等。组织官兵对辖区低洼地带的交通道路、排水设施等情况进行熟悉。要结合消防队站布置、执勤力量情况，统筹考虑发生灾害时的力量调集，为制订城市内涝灾害应急救援预案提供依据。要依靠政府领导，会同公安、城建、交通、通信等部门，建立快速响应机制，进一步制订城市内涝灾害应急救援联动预案。针对城市内涝突发性强、灾情发展迅速、救援战线较长的特点，消防部队应加强第一出动的力量调集。依据灾情科学合理地分配救援力量，如灾情不重，可调集手抬机动泵、消防摩托车等轻型装备到场。若灾情重大，需出动特种装备。考虑到城市内涝可能造成的交通拥堵，在被困人员、车辆较多的重点地段，可采取一点报警、多点出动的模式，以最快的速度赶赴现场实施救助。消防部队到场后要仔细侦察灾害现场及附近情况、被困人员位置与数量等，以便巧妙利用地形地物、器材装备展开救援。同时在救援过程中要注意安抚被困人员的心理情绪，使救援行动方便快速进行。救人时必须遵循的原则有：老人、孩子优先；器材优先，尽量使用抛绳包、游泳圈、安全气囊等物救援，不要徒手救援；团队优先，救援时可大声呼叫，争取有更多的人来共同施救，确保救援效果；优先抢救有意识的人；在多人同时溺水的情况下，应优先救援生命体征明显、就近的人。城市内涝灾害应急救援行动中，消防部队要在政府的统一领导和指挥下，做好与其他救援力量及相关部门的协调配合工作。根据各自职责分工，整合资源，形成整体合力。同时，要积极建立与气象、交警、医疗等相关部门的信息共享渠道，及时准确地掌握灾情信息，以便高效有序地开展救援工作。城市内涝救援现场威胁救援人员和被救者的生命安全的突发情况较多，因此务必要做好现场的安全防护措施，以保证救援行动顺利进行。救援行动过程中，作业人员应穿好救生衣，携带安全绳，并应穿着适合水上作业的服装。救援作业时，要用缆绳将船体拴牢在坚固物体上，并仔细观察水中有无坠落电线，严防人员触电。救援人员横渡时，必须用牢固的安全绳横穿湍流区域，并在两侧可靠固定，用个人安全绳及配套的保险环在保险绳上，确保行动安全。救援行动结束后，人员要进行全面洗消。由于城市内涝灾害救援任务量大，作战时间长，消防部队要强化战勤保障工作，做好连续战斗的充分准备。现场指挥部要根据具体任务科学合理分工，安排好一线救援官兵的轮换休息。尽可能调集足够的破拆、救生、侦检装备，以及大型照明装备等，还要调集供油车、发电车以及炊事保障车等。如有必要，可协调有关部门调集铲车、混凝土车等大型车辆。

3.2.4 物资储备

洪涝和干旱是我国较为普遍的自然灾害，其抢险工作十分重要，国家成立了防汛抗旱总指挥部(简称“防总”)承担全国的抗灾救灾管理和物资储运管理工作。国家防总按照国务院和水利部的要求，始终坚持“安全第一、常备不懈、以防为主、全力抢险”的工作方针，时刻做好防大汛、抗大旱、抢大险的思想准备。

(1)城市排涝物资的储备方式。城市排涝物资储备应从防御大灾的预想需要出发，采取国家、社会团体和群众备料相结合的储备方式，并逐步形成物资储备较为完备的体系，其构成主要是中央级排涝物资储备、各排涝机构自有储备(常用物资)、社会储备和机关团体、群众备料四种。排涝物资储备本着“宁可备而不用，不可用而不备”的原则，执行国家足额储备实物的原则进行物资的储备。

中央级防汛物资储备始终贯彻“安全第一、常备不懈、以防为主、全力抢险”的防汛方针，由国家防汛抗旱总指挥部办公室在全国指定了15个中央级物资储备定点仓库，采取委托储备的方式储备排涝物资，并坚持“讲究实效，足额储备”的原则，重点支持遭受特大洪、旱灾害地区物资的应急需要；常用物资储备，为保证排涝抢险应急物资的供应，常年储备一定数量的排涝物资，在排涝抢险中最快运抵现场，在“抢早、抢小”中发挥应急的作用，机关团体和群众备料根据《中华人民共和国防汛条例》第二十一条规定:“受洪水威胁的单位和群体应当储备一定的排涝抢险物料”,做到物尽其用,为排涝做好物资供应的基础。

(2)排涝物资储备与管理。排涝物资管理主要是指仓库管理,仓库管理是防汛物资管理的重要环节,是保持仓储物资安全完整的重要手段,必须执行严格防汛物资的管理法规、制度和标准。排涝物资管理具有专业性强、动态特殊性、回收保管等特点,搞好仓储管理,不仅能节约仓储管理成本,降低自然损耗,也对保障排涝物资的数量、质量、运输等具有重要的意义。对排涝物资储备必须按照区域的实际,向国家防总申请,准确足额储备物资,这是安全排涝的关键。防汛抗旱物资储备定额是为保证安全防范自然灾害所必需的经济合理物资储备数量的标准,相关职能单位应根据实际情况,严格执行国家水利部和防总的要求,科学计算、准确核定排涝物资储备定额,并及时建档立卡,并加强仓库的管理,强化排涝物资的控制,避免物资的超储积压,尽量做到物资储备经济合理,节约投入资金,做好物资仓库的管理工作。仓库管理作为保护排涝物资的重要举措,在整个救灾物资管理中作用突出。要求救灾物资仓库管理人员必须强化物资的验收入库、保管保养、质量检查、清仓盘点等环节,严格按照国家的相关规定做好仓库的日常管理工作。特别是对物资到货,必须在厂家和职能部门的共同监督下,对物资进行验收和检查,确认物资型号、规格、质量、数量准确,才能办理正式入库手续。根据各种排涝物资的不同功能和特性,并结合当地的气候特征,对物资采取科学的保养方法,确保物资在储运过程中数量和质量完整无损。在实际仓库管理工作中,对排涝物资的储备管理规定要求是:合理存放,妥善保管,账物相符;三清:数量清,规格清,质量清;两齐:库容整齐,堆码整齐;三一致:账、卡、物一致。明确仓储物资的管理制度,做到权责明晰,分工明确,岗位责任制度明确,保证各项制度的落实。做到无发货凭证不发、质量不合格不发、未验收不发，认真审查申领资料和物资的数量、质量，并做好记录。对仓储的防汛物资经常进行科学化、规范化保养，做到无锈蚀、无霉烂变质、无损坏，并严格按照"四号定位，五五摆放"的方法，存放分区、分类合理，并搞好仓库卫生，保持整洁，及时查检线路，确保防汛物资的仓储安全、完整。防总职能部门要在灾情前期对排涝物资进行检查，对救灾设备要检修、试验，对易烂、易潮的布物，要进行性能试验，应急物资要逐一试用，确保其使用功能。城市排涝救灾物资的管理工作中，物资的运输也是关键的环节，从而确保救灾物资及时发挥更大的作用。

3.2.5 法律体系建设

(1)中国城市逢雨必涝，专家呼吁立法治涝。2012 年，北京遭遇十年来最大降雨，局部地区雨量达百年一遇标准。市区多条道路积水拥堵，部分环路断路，多条地铁线路部分区段停运，暴雨积水造成了大规模的交通堵塞。这场令首都北京陷入尴尬的暴雨，引发了社会各界的舆论关注，专家和网友都纷纷呼吁，要解决城市"逢雨必涝""逢涝必堵"之困，排涝立法管理势在必行。

知名时事评论员曹景行在微博上表示："大雨围城"之所以在中国不少城市出现，反映的是很多城市管理者政绩观的扭曲。曹景行认为，眼下我们国家城市化建设非常快，而且许多现代化的建设都带来了新的问题，"一遇大水就不堪重负，就出问题，出洋相。这个背后难免看得出是现在城市管理者的政绩观念在作怪，地面上的东西看得出，投资下去就可以作为成绩，地面下的东西大家往往不注意，检查工作也很难钻到地下去。"

曹景行认为，对城市排涝、排水应立法来加以管理，"城市的(排涝排水)规划必须遵守法律，看来这是很必要的，而且确实到了要做这项工作的时候了"。

(2)杭州为城市河道规划立法，防止再现"雨天看海"。近年来，遭遇暴雨等极端天气，国内部分城市内涝的情形屡见报端。让城市远离被淹的窘境，就需要从规划上予以统筹。浙江省十二届人大常委会第四次会议于2013年7月26日批准的《杭州市城市河道建设和管理条例》明确提出，城市河道规划，保障防汛排涝排在第一位。

有专家指出，一些城市一遇到暴雨天气就容易发生内涝，这与城市建设和城市规划关系很大。以往城市河道众多，那是历经成百上千年水流冲刷留下的自然轨迹，有利于洪水的排泄。然而，近年来随着城市建设的加快推进，大片大片的河道被填满，"如人的血管被堵塞了"，发生内涝一点都不奇怪。

根据《杭州市城市河道建设和管理条例》规定，市城乡规划行政主管部门为城市河道规划编制的主管部门。市建设行政主管部门、市城市管理行政主管部门应当会同市行政主管部门编制建设和保护规划。编制的有关城市河道规划应当保障城市河道的防汛排涝、蓄水调配水、通航、水体通畅等基本功能，实现城市河道流畅、水清、岸绿、景美、宜居、繁荣的目标。

3.2.6 宣传教育

近年来，我国城市内涝频发，多地在采取解决办法的同时加强了宣传教育工作。《城市内涝应急自救宣传手册》里面列举了常见的户外遭遇内涝、家中遭遇内涝，以及自驾遭遇内涝等突发灾情的相关防范和自救方法。其中的自驾遇到内涝自救方法简单实用，牢牢记住它，危急时刻或许能够救你一命。

(1)暴雨天驾车出行应提前了解沿路容易积水的地方，尽量避开以往容易积水的地区和路段。

(2)驾车出行应避开傍晚下班交通高峰时段，并慎重考虑夜晚的出行计划。在连续暴雨的天气情况下，地下停车场很可能发生内涝，需要特别注意。

(3)事先判断水深情况,如果水深没有没过保险杠,可以尝试挂低速挡,加大油门匀速经过,中间千万不能踩刹车,不能换挡,不能让车辆停下来。

(4)在车辆被水浸时不要重新启动发动机。一般情况下,汽车被水淹没后,空气滤芯有可能进水。发动机吸水后,会造成火花塞无法点火,水也会被吸到汽缸里,导致发动机报废。

(5)车辆周围已经形成积水,最佳选择是立刻打开车门离开车辆。若积水已经较深,没过车体超过 1/2,打开车门不再可能,这时车窗就成了最佳的逃生路径。

(6)如果积水尚未堵住车窗,则应抓紧时间解开安全带,打开中控锁,摇下车窗逃生。若车体被整个淹没,水压致使车窗无法摇下,就要利用身边的防盗锁、羊角锤等工具砸破侧车窗逃生。

(7)在敲打车窗玻璃时,可敲打玻璃边缘位置,这样更容易敲碎,因为边缘处有缝隙。尤其值得一提的是,敲玻璃时不要敲前挡风玻璃,因为前挡风玻璃很难被敲碎。

第4章

制胜法宝——治涝水的成功之道

4.1 外来的和尚会念经

4.1.1 巴黎的排水工程

提到下水道，人们通常会联想到污秽、臭气熏天和浑身湿漉漉到处跑的老鼠。世界上许多城市的下水道也的确如此。但巴黎是个例外。巴黎的下水道不仅没有“脏、乱、差”的影子，而且成为巴黎的一个旅游热点，是巴黎人的骄傲。在这里，人们可以领略到一个完全不同，却又能与巴黎美丽市景相媲美的全新的、充满艺术与文化的世界。

巴黎下水道四壁整洁，地上没有脏物，干净程度可与巴黎的街道相媲美。置身其中，人们不会闻到预想中的腥臭味，只觉得有股淡淡的土腥气。可以毫不夸张地说，即使女士穿着干净美丽的裙子在里面行走，也不会被弄脏，与在卢浮宫中行走并没有什么两样。

巴黎下水道的入口在埃菲尔铁塔东侧，地处巴黎市中心。在正式进入下水道前，游人可参观入口处的“巴黎下水道博物馆”，通过文字、图片、影像和实景了解巴黎下水道的变迁和概况。之后，游人便可沿着螺旋铁梯走下去，再经过一段窄窄的巷道，便来到下水道。

巴黎的下水道十分宽敞，中间是宽约 3 米的排水道，两旁是宽约 1 米的供检修人员通行的便道。游客们乘坐改造过的排污船，沿着排水道进入巴黎的地下世界，每隔一段路，就会看到一个通往地面的铁梯，它们都通往街边的阴沟盖。墙上还有许多粗细不同、用途不一的管线整齐排列。

排水道里有很好的照明设备，路况畅明、通达、寂静，每条下水道两侧都贴有许多相关图片，指明路径，很像地铁站的线路图，每走过一个“驿站”，都有工作人员在游人的门票上盖个戳。排水道两旁还设有一些纪念品商店，它们以实物和照片的形式构成了“下水道博物馆”的展览长廊。

2347 公里长超过巴黎地铁。巴黎下水道的规模远比巴黎地铁浩大，密如蛛网的排水道总长为 2347 公里，平均每 50 米就有一个下水口，整个系统有 6000 多个地下蓄水池，每天要处理大量的城市污水。同时，巴黎市民饮用水的 50％是通过地下管道输入的。走在这宏大的地下工程中，人们不禁赞叹建设者的天才和巴黎作为大都市的气魄。

巴黎的地下排水系统基本是顺着城市的道路修建的，也就是说每条道路下面都有一条与之平行的排水沟，整个排水系统就像是一个完整的人体。它通过四通八达的供水管道向城市的每家每户输送自来水；紧挨着供水管道的是同样粗的排水管道，负责将各种生活污水运出巴黎。

巴黎地下排水系统的管理同样给人留下深刻的印象，每段排水道都有名字，它的名字与上面的路名是对应的。养护工人可以沿阴沟两边的人行窄道到达任何地方。

排水道的养护方法基本沿用 100 多年前贝尔格朗发明的办法。排水道的大部分管段的流速大于每秒 0.3 米，但仍然有大量的泥沙进入排水道。这是因为巴黎的供水系统分为饮用水和非饮用水。非饮用水主要用于冲洗马路、浇花。污水中所含的泥沙如果不清除，会造成排水道堵塞。因此排水道中配备了清沙船，大的十几米长，几个人合力操作。船体整个钢铁结构，像拖船一样扁平。小的清沙船 1 米多长，单人操纵。

另外，在断面比较宽、流速比较慢的阴沟里放置了直径约1米、外表像木酒桶、由木条拼成的巨大木球。它看来简单但符合流体力学原理，木球的放入使水流宽度变窄，压力增大，流速加快，便冲走了沉积物。大木球在主干道走，漂流17千米的距离要花整整7天的时间。

在保留19世纪残存物清除技术的同时，近年来，巴黎市政府还积极采用新技术，包括虹吸管、高压水柱和处理砂石的专业卡车等，同时大量使用现代技术管理排水道，包括以地理信息系统定期观察地下水管道状况、追踪是否达到需要清除的程度、每年固定对各段管道做两次检验并建立数据库，以便在订定管道系统维护政策时加以参考。

在横穿市区的塞纳河河底，有7条自动虹吸通道，它们将城南的废水引到城北。巴黎市区有26000个下水道盖口，其中18000个是可以进人的。为确保大众卫生的安全，巴黎市政府决定推行全面更换含铅管道的计划，以避免金属铅渗进水中。

4.1.2 东京的排水工程

东京旧称江户，面临东京湾，流经利根川、荒川等几条大河，除了每百年来一次的大地震以外，对东京影响最大的就是台风与大雨带来的大洪水。在历史上因为大洪水暴发而造成东京的母亲河江户川泛滥死伤惨重的事例比比皆是。到了20世纪50年代之后，东京的首都范围向外扩大了很多，排水系统也是不断提高，但是在首都圈范围内居住着3000万人口，一般的排水系统已经远远不能适应大城市的防御瞬间集中大雨、洪水、台风等自然灾难，自古以来日本一般的防洪措施是利用现有的天然水路，在周围多开掘人工水路，这样可以尽量让都市内的积水通过这些支流流入江户川等主干流，最后流入东京湾。可是这种多岔支流的构造也有很多局限性，如在平原地区因有很多住宅等原因，有时费用非常高,这样的人工排水越来越少。东京地区的地下排水系统主要是为避免受到台风雨水灾害的侵袭而建的。这一系统于 1992 年开工,2006 年竣工,堪称世界上最先进的下水道排水系统,其排水标准是“五至十年一遇”,由一连串混凝土立坑构成,地下河深达 60 米。

东京的雨水有两种渠道可以疏通:靠近河渠地域的雨水一般会通过各种建筑的排水管,以及路边的排水口直接流入雨水蓄积排放管道,最终通过大支流排入大海;其余地域的雨水,会随着每栋建筑的排水系统进入公共排雨管,再随下水道系统的净水排放管道流入公共水域。

为了保证排水道的畅通,东京下水道局从污水排放阶段就开始介入。他们规定,一些不溶于水的洗手间垃圾不允许直接排到下水道,而要先通过垃圾分类系统进行处理。此外,烹饪产生的油污也不允许直接倒入下水道中,因为油污除了会造成邻近的下水道口恶臭外,还会腐蚀排水管道。东京下水道局对此倡导的解决办法是:用报纸把油污擦干净,再把沾满油污的报纸当作可燃垃圾来处理。更干脆的办法是做菜少用油。下水道局甚至配备了专门介绍健康料理的网页和教室,介绍少油、健康的食谱。

东京设有降雨信息系统来预测和统计各种降雨数据,并进行各地的排水调度。利用统计结果,可以在一些容易浸水的地区采取特殊的处理措施。比如,东京江东区南沙地区就建立了雨水调整池,其中最大的一个池一次最多可以存储 2.5 万立方米的雨水。

日本琦玉县春日部市国道 16 号沿线的地下约 50 米处,有一座运用日本先进土木技术建造的排水“宫殿”“首都圈外围排水系统”。该排水系统由内径 10 米左右的下水道将 5 条深约 70 米、内径约 30 米的大型竖井连接起来,前 4 个竖井里导入的洪水通过下水道流入最后一个竖井,集中到由 59 根高 18 米、重 500 吨的大柱子撑起的长 177 米、宽 78 米的巨大蓄水池“调压水槽”,最后通过 4

台大功率的抽水泵，排入日本一级大河流江户川，最终汇入东京湾，全长6.3公里。

由于地势低洼，加上城市化进程的推进，春日部市等地区经常受到台风、洪水困扰，为解决内涝严重的问题，从1992年至2006年建成了这一大型地下排水系统。建成后的当年，该流域遭水浸的房屋数量由最严重年份的41544家减至245家，浸水面积由27840公顷减至65公顷，对日本琦玉县、东京都东部首都圈的防洪泄洪起到了极大的作用。

东京在防灾应急设施及机制的细节方面下了很大功夫。在东京低洼地带和下凹式立交桥等地，通常会设立告示牌，标明"浸水想定区域"(意为"可能积水区域")。在一些主要的下凹式立交桥隧洞两端，交通部门还会设立电子告示牌，一旦隧洞开始积水就打出醒目的"积水禁止通行"等字幕提示，过往司机在很远处就可以看到。

东京有两套预警体系值得参考。一是手机预警，东京都政府通过这一系统向全体市民发送短信告警，而且可以依托不同基站，向个别区域的用户发送特定的预警信息。

二是"大喇叭"广播系统，用于综合应急防灾通告。在市内大部分地方，都可以听到这种预警系统的播音。在"3·11"地震后，手机系统全面瘫痪，东京就曾用这一系统向全市播送海啸警报和灾害信息。此外，广播、电视等媒体也是东京都预警的常用手段。

东京将"归宅困难者"作为一个专门群体，为保障这一群体的安全做了大量工作。在发生此类灾害后，政府会开放公立中小学体育馆、政府办公楼等公共设施供民众过夜。此外，政府还会与商业酒店统一签署协议，在发生灾害时，由酒店开放大堂供市民免费过夜，部分酒店还会向市民提供平价房间。地铁还会加开临时车次，延长运营时间。

东京市内多河流，为防止城市内涝，东京从规划和建设阶段入手，充分利用城市水系的防洪功能，让大量降雨自然流归河道。

在规划阶段，东京重视保留城市中的河道和湖泊，为城区蓄洪溢洪留足空间。东京市内多中小河流，河面宽度多在 10～20 米。东京水务部门将这些河道下挖硬化，一些 10 米左右宽的河道在枯水时岸壁高度可达 5 米甚至更高，然后再连接周围区域的雨水管道。这种类似“毛细血管”的河道体系发挥了重要的行洪作用。

东京规划部门重视绿地、沙石地面的吸收雨水作用，尽量减少地面硬化面积。近年来，日本不少地方政府还将道路路面逐渐改变为环保的透水沥青。在一些公园的小广场，还建设有小型蓄水池，容积通常为数千立方米，用于雨季存水。

在北京 2012“7・21”强降雨中，周边区域洪水下泄，加剧了北京部分地区洪涝灾情。东京也面临同样的问题，为此，东京与周边各县建立了合作和联动机制，通过中央政府协调等方式，以流域为对象综合解决洪涝问题。

“首都圈外围排水”工程由日本政府国土交通省建设，开工于 1992 年，2006 年完工，总投资 2400 亿日元（约合 180 亿元人民币）。该工程的主体包括总长 6.3 公里、内径 10 米的地下管道，5 处直径 30 米、深 60 米的储水立坑，以及一处人造地下水库，水库长 177 米、宽 77 米、高度约 20 米。

该工程的目的和作用是，为防止中小河流上游在强降雨时突然大量来水造成洪涝灾害，在中小河流适当位置修建储水立坑，单个容积约为 4.2 万立方米。立坑之间由前述的 6.3 公里长、内径 10 米的管道相连。管道最终通向位于东京附近最大河流江户川旁边的地下水库。水库容积约数十万立方米，可以起到存蓄洪水的作用。同时，水库还装有 4 台由航空发动机改装而成的高速排水装置，单台功率达 14000 马力。全部开动时，可以每秒 200 立方米的速度排出洪水。

在出现强降雨天气时，市内下水道系统将雨水排入附近中小河流，中小河流水位上涨后溢出的洪水则进入“首都圈外围排水”工程的巨大立坑牙口管道，最终流入江户川。整个工程具有庞大的蓄洪容积（总储量 67 万立方米），又有很强的泄洪能力。

该工程在建成当年，所在流域雨季“浸水”房屋数量从最严重时的 41544 家减至 245 家，浸水面积从最严重时的 27840 公顷减至 65 公顷。

在日本，地方政府普遍将下水道设施的建设和管理作为重要工作，并对此投入巨大资源。东京城市下水、排水设施由公营企业“东京都下水道局”负责。“下水道局”也是东京都政府仅有的三家公营企业之一。

作为一家企业，东京都下水道局注册资金达 4.16 万亿日元（约合 3120 亿元人民币），拥有约 3500 名员工，每年财政支出约合人民币 520 亿元，其中设施建设费用约合人民币 100 亿元，设施维护费用约合人民币 120 亿元。这种人力、物力和财力的巨大投入，是东京建设完善下水管网系统的基本保障。

目前，东京下水道总长度已达 1.58 万公里，下水道管径达 8.5 米，市内各处建设有 20 处污水处理设施，每天污水处理能力达 556 万立方米。

为长期维持这种投入水平，日本中央和地方政府采取了多种措施。在东京，“下水道局”每年可以从国家财政、东京都政府和基层政府获得折合 70 余亿元人民币的补贴；每年可以发行大额企业债（2010 年度约合 95 亿元人民币），以未来收取的下水道使用费等收入作为偿债保障。此外，“下水道局”每年还可收取约 120 亿元人民币下水道使用费。为了提高下水道系统的使用效率，下水道局还利用下水道管网敷设光缆，为社会机构和企业提供通讯服务，并可收取一定费用填补财源。

4.1.3　青岛的排水工程

在中国，最不惧暴雨的城市，不是首都北京，也不是国际大都市上海，而是青岛。早在 100 多年前，德国人就为这个沿海小渔村设计了足够使用百年的现代排水系统，其中雨污分流模式，即使到今天，还有很多中国城市未能做到。

1898 年德国人登陆青岛，他们调集了当时一流的城市规划专家和建筑设计师来到青岛，按照 19 世纪末欧洲最先进的城市规划理念，实地勘察设计，形成了青岛的城建规划。其中，极具现代意识的城市下水管网，让 100 年后的青岛人依旧受益。

对于在暴雨前接连失守的都市，青岛德式排水，对今天有哪些经验可资借鉴？

青岛被公认是中国最干净的城市之一，很多青岛人认为，这是德国人便捷的排水系统遗留的财富。除了海洋气候，青岛石头路上基本没有裸露的尘土，完善的污水和雨水管道设施，对市容市貌的改善功不可没。

2004 年 10 月，青岛档案馆人员发现了一批记录青岛城市建设的原始档案，其中一部名为《胶澳发展备忘录》，系当年胶澳总督府组织编写。自 1898 年 10 月起，每年一记，直到 1914 年，不间断记录了 17 年，完整记下了当时德国建设地下管网的意图、理念及施工进度。

在沿海栈桥两侧挖了雨水排泄口，直径 2 米，大人都能钻进去。为了防止海水涨潮倒灌，利用了地势坡差，出口高于水平面。曾有市民跟随向导顺利穿越暗渠，"但现在已经严禁出入了，尽管还能排水，但一般人连入口也不知道在哪里。"

德国人修的地下排水设施主要有两种形式：地下是管道和暗渠，地上是明渠。第一批修建的暗渠集中在龙口路、江苏路、安徽路、中山路一带。德国人总共修了 12 个排水系统，相互独立又彼此连接,暗渠总长度为 5464 米。

档案显示,暗渠都是埋在地下 2 米,直径最粗半米,细的如同手腕粗;管道则是用烧制的陶瓷管,每截 2 米左右,带螺丝口。管道接口麻纱外面沥青封口,一般多为 1.5 到 2 米长的短管,方便检修。明渠和暗渠,每隔 50 米就修道挖隧道,用雨箅子分流,挡住随雨水冲刷而来的泥沙。这套系统基本覆盖了青岛老城区,现在在青岛西部老城区,100 多年前修建的暗渠至今还管用。

德国人第一次明确提出了雨污分流的概念。雨污分流的工程从论证到完工持续了 5 年之久,德国人显示了特有的耐心。1901 年的备忘录记录:粪便和污水依然直接排放到海中,而污水下水道已进行了招标,计划施工。而下一年的备忘录显示,这项工作终于有了眉目:把排放污水和建造下水道的工作,交给了一家德国公司。建筑工程大约需要 2 年时间完成。与此同时,雨水下水道与街道扩建同步。1905 年,雨污分流的下水道投入使用。备忘录显示,光本年度,就"铺设了 670 米的水泥下水道,2296 米的蛋形型管材水泥管道,1144 米的陶管管道,将 116 座楼和院落接入了下水"。在青岛市博物馆 2 楼,一段在城市管网改造中挖掘的蛋形型管材,已经作为文物展出。蛋形型管材截面形似鸭蛋,高约 80 厘米,宽约 40 厘米。上宽下窄的设计,保证排水通畅,污水无法积存在管内。管道的上半部分是水泥,下半部分则在水泥上贴了层瓷瓦,可以起到防腐蚀的作用。通过比较可知,德国人修建的管道,比如今城市大多数管道胸径都宽大。据报载,前几年青岛城市施工,在老城区挖出的一段德制下水陶管居然砸不破,而后期的管道已经锈迹斑斑。包括古力盖,德国时期的至今完好如初,并且设计巧妙,不易被盗。这成为德国制造质量可靠的又一佐证。类似的细节还有,德国制造的雨水管道带有反水阀,这样一来雨水冲刷的脏物只能进入雨水斗,而不会进入管道,因此不会造成管道堵塞,脏物也便于清理。管道堵塞的少,古力冒溢的就少。反水阀还能避免管道里的臭气散发到空中。此前，无论雨水和污水，德国人是直排式的，直接加压排放到远海。1905 年的备忘录则提出改变这一状况，特别提到，随着污水的积累，开始建立污水收集，并且建立了排水泵站。当年德国市政当局在青岛西部城区共建了 5 座泵站，太平路泵站是现存唯一的一座，除更换了一些老化的配件外，从水泵到房门、青石台阶等都还是原来的样子。太平路泵站至今仍可手动操作。

地下管网雨污分流之后，粪便污水跟雨水实现了分流。经过 7 年的建设，雨水、污水排水管道基本铺设完毕。1904 年到 1905 年的备忘录显示，青岛的卫生状况得到了很大改善。从这一年开始，下水管道问题在施政报告中第一次没有作为单独章节出现。此后，青岛的地下管网逐渐形成网络。根据统计，德占时期，在青岛修建的雨水管道 29.97 公里，污水管道 41.07 公里，雨污合流管道 9.28 公里。1930—1935 年，明沟暗渠总计 37 条，达 1.5 万多米，青岛的地下水网基本成型。这一成果享用至今。地下管网的德国经验，总结成三句话就是：有长远规划；地上地下建设同步；制度健全。

4.2　民族智慧千年传承

4.2.1　故宫

故宫三大殿三重台基上有 1142 个龙头排水孔，可瞬间将台面上的雨水排尽，并形成千龙吐水的壮丽景观。这些被排出的水，通过北高南低的地势泄入内金水河流出。故宫的排水，正是综合了各种排水法，既有地下水道，又有地面明沟，这些或大或小、或明或暗、纵横一气的排水设施，能够使宫内 90 多个院落、72 万平方米面积的雨水通畅排出。

据《法制晚报》报道，2012 年 7 月 21 日的北京大雨，故宫没有出现积水。这座有600年历史的系统建筑为何能够在61年不遇的大暴雨中不现积水?它的排水系统又有哪些特点?

据沈阳一位古城建筑专家介绍,紫禁城的排水有明暗两套系统。明排水是通过铺地做出泛水,通过各种排水口、吐水嘴排到周边河中,暗排是通过地下排水道将水排到河里,而这条河就是内外金水河。据其介绍,承德避暑山庄也是这样建设的排水系统。归纳起来,一句话,整个系统,通过明暗等手段,达到一个目的:汇总往外排。

据《元史》记载,至元二十八年(1291)七月己未,“雨坏都城,发兵二万人筑之”,57年后的至正八年五月,“京师大霖雨,京城崩圮”。而后,水灾不绝。据《明英宗实录》记载:景泰五年(1454)七月,京师霖雨,九门城垣塌决者甚多。万历三十五年(1607)闰六月,顺天府大雨如注,昼夜不止,经二旬。雨潦浸贯城,长安街水深五尺,洼者深至丈余,各衙门皆成巨浸。

上述史料显示,在明朝英宗时期,虽九门城垣塌决,但是紫禁城显然比元大都岿然淡定,没有出现“雨坏”局面。而万历年间的20天连续大雨,长安街出现积水,但故宫没有大面积积水情况发生。

永乐十八年(1420)落成的紫禁城的排水系统经受了考验,原因何在?

(1)三道防线预防洪水。专家介绍,从地势上看,北京北依燕山,东临渤海,西北高东南低,所以水向东南流。从紫禁城来看,北门神武门地平标高46.05米,南门午门地平标高44.28米,差约2米。其排水设施充分利用了这一地形特点而建。

专家称,这套排水系统的总特点,是将东西方向的雨水汇流入南北干沟内,然后流入内金水河。

疏通各个宫殿院落的排水系统有干线、支线,有明沟、暗沟、涵洞、流水沟眼等,经过精心测量、规划设计和施工,每年固定时间淘挖养护。值得一提的是,在城外安排了完整的排水系统,减轻了城内的负担。

紫禁城外至少有三道防线:一是明内城护城河及大明濠、太平湖;二是西苑太液池和后海;三是外金水河和紫禁城的筒子河(护城河)。这些河渠一方面可用于城市供水,另一方面汛情之下亦可用于排水,先在外围保证不至于大量雨水和山洪流入紫禁城。

(2)排水主干道内金水河。内金水河是紫禁城的内河。在紫禁城西北角楼偏东的南河帮上,有一石砌券洞,便是内金水河流入宫内的进水口,设有控水闸,可以控制水位高低,遇汛则可以关闭。

按照专家的说法,内金水河所引为西郊玉泉山水,因西在五行中属金,"金生丽水",故名金水河,"由神武门西地沟引护城河水流入宫内,沿西一带经武英殿前,至太和门前金水桥下,复流经文渊阁前至三座门,从銮驾库东南出紫禁城。"

内金水河全长2000多米,河帮、河底通用白石铺砌。河道曲折蜿蜒,或隐或现,传流整座紫禁城。不只用于美化环境、欣赏鱼藻,在兴建施工时,它是建筑用水的来源,而平时也是作为城内井水之外,消防用水的来源。

紫禁城内大小90多个院落,通过本院的排水沟道,利用北高南低的地势就近排入地下暗沟,最后都汇流于内金水河,再至东华门南隅的水闸流出,与外金水河汇合。

(3)御路甬道加暗沟汇总内金水河。紫禁城占地面积72公顷,庭院都是中高边低、北高南低,遇雨首先流入四周房基下的石水槽,亦即明沟。台阶或建筑物之类的障碍物则都开有券洞,亦即沟眼,方便地面水穿过障碍物。地面或明沟的水再通过入水口流入地下。入水口多为方石板镂雕成明清铜币(大钱)形,即外圆中方镂成5个空洞,可以进水,称作钱眼。

以故宫前三殿太和殿、中和殿和保和殿为例,前三殿建在8.13米高的三层台基上,台基四周栏杆的底部,有排放雨水的孔洞;每根望柱下还有一个雕琢精美的石龙头,名曰“螭首”,其口内为凿通的圆孔,也是辅助排水的孔道。每逢雨天,雨水从1142个排水孔喷出,呈现“千龙喷水”景观,逐层下落,流到院内,使得台面无积水。台基四周设有石槽排水沟。

前三殿、后三宫都有一条南北向的御路。东西六宫等院落也都有南北向的甬道。御路、甬道均为中间高两边低的形式,顺其地势,雨水能够直接从中间向两边排水。

如当太和殿的御路确定后,为使排水流畅,在铺砌地面前还要确定水流方向并找好坡度,将雨水汇集到东西两侧的排水明沟,又称荷叶沟内,引入院东南角的水沟门,经泊岸下的暗沟流入内金水河。

东西六宫诸院落基本为前后两进,院落之间有长街相间隔。甬道把院落分成两个排水区域,后院向前院排水,为使排水顺畅,需要预先确定前后院的水流落差坡度,俗称泛水。雨水自前院东西两侧水沟门经明沟,流入长街的暗沟内,再经支线汇入干线总汇于内金水河。

因为殿宇楼阁、假山亭台、鱼池花木的存在,御花园是故宫排水最复杂的地方。具体做法是先以御路将御花园分为东西两个排水渠,其间再细分若干小排水渠。以每个小区域的最低点作为暗沟的入水口。暗沟相互连通,再与园外干沟贯通,形成地下排水网络。

(4)多条纵横沟渠内外排水。在故宫北城墙内、红宫墙外,即东西联房前,有一条东西向的大干沟,深约1.5米,宽约六七十厘米。上盖长方形石板,每隔20多块石板就有4块石板,两边凿出4个豁口,对在一起则是16个小洞,以便雨水漏入。沟西端与城隍庙内的金水河相通,雨水则泄入该处。东端则沿宫墙向南延伸,成为南北纵向干沟,雨水流入清史馆的金水河段。

除此之外,还有3条南北纵横直接进入内金水河的沟渠。一条在东六宫冬眠和宁寿宫的夹道里，北通神武门内的纬沟，往南绕过御茶膳房往东，再往南注入文华殿东面的内金水河。其中又经分叉，西穿奉先殿南群房，由西南墙角穿出。自箭亭东侧往南，由文华殿西墙外注入内金水河。

第4条南北沟渠自乾清门院内的西南角穿出，横过内右门穿入养心殿南库，然后由南库穿出隆宗门外，往南折，至武英殿东面的断虹桥处注入内金水河。

另外，东一、东二、西一、西二长街等小巷内都有短距离的南北向纵沟，分别接通乾清门内和乾清宫后向东、西泄水的纬沟和各宫廷院落的纬沟，利用中央高、四周低、北部高、南部低和某些小沟中间高、两端低的自然跌落，迅速将雨水汇总，排入内河，流出宫外。

4.2.2 赣州"福寿沟"造福千年

北宋熙宁年间(1068—1077年)刘彝任赣州知州。当时的虔州城三面环水，水患不断。尤其是贡江洪水暴发时，洪水每每倒灌入城。刘彝根据街道布局、地形特点，采取分区排水的原则，建成了福寿沟排水系统。

福寿沟其实是两条沟：福沟和寿沟，"寿沟受城北之水，东南之水由福沟而出"。

两沟大致以文清路为界。其中，福沟自南门开始经建国路中段、均井巷、攀高铺至八境路，在这条线以东的沟道属福沟系统，集水面积约2.3平方公里，主沟长约11.6公里，通过水窗口、刑祠庙、八境公园3个出口流入贡江和八境路(北门)出水口注入章江。寿沟自新赣南路、大小新开路、西津路至西门。在这条线以西、以北的属寿沟系统，集水面积约0.4平方公里，主沟长约1公里，通过西门口、城脚下2个出水口经过护城壕排入章江。

两沟全长12.6公里，对应地上区域2.7平方公里。因走向迂回曲折，形似篆体的"福""寿"二字，故名"福寿沟"。

历史上，福寿沟历经多次维护、疏通，新中国成立后也曾经逐段进行清理、修复和改建，至今仍然承担着老城区近10万居民的日常排污功能。

赣州城区地形西南高、东北低，福寿沟通过科学合理的设计，利用地形的自然高差，采用自然流向的办法，使城市的雨污水自然排入江中和濠塘内。刘彝还采取改变断面、加大坡度等方法，确保水窗内能形成冲力强大的水流，足以带走泥沙。这个富有创造性的水窗设计，在章江岸边的排水系统中沿用至今。同时，福寿沟连接城内的数百口水塘用于调节雨水容量，现在的城市中央公园也起着同样的作用。

福寿沟的高标准、高规格、前瞻性设计，让它在日后的1000年时光里没有落伍。相比之下，赣州八一四大道几年前的内涝时常遭人诟病。八一四大道与关刀坪交会处地势低洼，加上地下排水管径过小，排水不及造成内涝。后来，一场彻底的大修总算解决了八一四大道的水患。

随着城市建设的飞速发展，福寿沟在整个城市排水系统中所占的比重越来越小，负担的排水量不及赣州总排放量的1/10，无论是流经的面积还是承载的人口，都不足以荫庇整个河套老城区，更遑论章江新区。近年来赣州之所以遇洪不涝，除了福寿沟仍然在承担重要职能，新的城市防洪排涝体系发挥着更为主要的作用——和福寿沟相比，现在已经实现了雨污分流，管径超过1.8米，开一辆车进去都没问题！

第5章

前车之鉴——排涝之路小心避让

5.1 规划建设须全面

城市规划是城市建设和发展的蓝图,体现了政府对城市发展的政策导向,能够在合理调整城市布局、协调各项建设、完善城市功能、优化城市土地和空间资源配置等多方面发挥重要作用。城市规划的好坏关系到城市总体功能能否有效发挥、城市各系统之间能否协调发展。然而,我国现在的城市建设具有很大的随意性和盲目性,导致生态环境破坏、城市内涝。灾害等城市问题日益严重,城市空间规划和城市排水系统建设均面临严峻的考验。

5.1.1 城市用地布局规划

城市用地是用于城市建设和保证城市功能运转所必需的空间,既包括城市规划区域范围内的已建设用地,也包括划入城市规划区的非建设用地,例如农田、林地、水面等。城市用地布局是城市总体布局的核心内容,用地布局合理性与否是影响城市整体功能运营经济性与否的关键因素。同时,城市用地布局也关系到城市安全性,因此,应加强城市用地布局的系统性和整体性,提高城市用地应对灾害的能力。

首先,在城市用地布局之前要进行城市用地适用性评价。自然环境是影响城市发展的一个基本条件,关系到城市的空间形态,影响城市工程的建设经济条件。城市用地的自然环境条件分析是城市规划的基础性工作,自然环境要素主要包括地质、水文、气候、地形、植被、风向等,因此,应对城市用地的地质条件、水文条件、气候条件和地形条件进行详细勘察、综合评价，尊重自然状态，趋利避害，城市建设与生态环境保护统筹考虑。

其次，强调城市用地布局合理化。当前我国正处于城市化加速发展时期，城市建设活动破坏了原有相对平衡的自然生态格局。必须探索适合城市发展的土地有效利用的方式，提升城市环境质量。根据相关研究结论得出，土地混合利用是近年来城市规划研究的热点，强调土地混合开发，有效引导城市土地与空间合理布局，通过城市各项用地的均衡分布，能够减少钟摆式交通引发的能耗和污染，降低城市空间灾害引发的可能性。

再次，加强城市生态化建设，保留城市天然水体等防灾空间，能够增强城市的自然承载力，提高城市长远发展的安全性。目前，国内许多城市已经出台了保护城市天然湖泊的地方性法规。城市建设时尽量不破坏城市天然水体，提高渗水地面比率，消除不合理布局产生的严重灾害隐患。

5.1.2　城市道路与竖向设计

(1)城市道路建设与防涝。①减少道路洼地。城市中的低洼地带容易成为城市内涝的重点区域，本文提出应减少道路洼地，限制城市下凹式立交桥、敞口式地下通道、地下车库等工程建设，改造现有此类工程，提高其防涝能力，减少此类场所发生内涝的隐患。②建设生态路面。城市道路建设能够改变地面的自然属性，城市地面硬化导致雨水难以自然渗透，影响了雨水径流特性，解决城市地面硬化问题是防止城市内涝发生的重要前提。非硬化铺设路面能增加城市的地面渗水能力和可渗水地面面积，将雨水变为地下水，减少地表径流量，因此，应改造现有非生态的路面结构为生态路面，应尽量选用透水材料建设城市路面。

(2)城市道路竖向设计与防涝。合理的城市道路竖向规划能够从源头上降低城市发生内涝问题的可能性，道路竖向规划应与排水系统相协调，制定有针对性的城市竖向控制标准。然而，目前我国许多城市对道路竖向控制重视不足，在以往规划建设中，存在就地块论地块、就道路论道路的倾向，城市道路竖向与排水系统不协调。在设计城市道路竖向时，应该保留自然的顺水流方向的地面坡向条件；制定系统的城市竖向分区控制标准，合理确定城市雨水自排区和引导区；对于水网密布和平原城市，也应编制道路竖向规划，充分利用城市道路路面能够排放高强度暴雨径流的功能特点。城市用地应结合地形、地质、水文条件及年均降雨量等因素合理选择地面排水方式，并与用地防洪、排涝规划相协调。CJJ83—99《城市用地竖向规划规范》中对城市用地地面排水做如下规定：地面排水坡度不宜小于0.2%；坡度小于0.2%时宜采用多坡向或特殊措施排水。在降雨量大、洪涝多发地区，为减少排放至排水管网及江、河、湖、海的雨水量，竖向设计可考虑雨水就地收集与利用，以利于排洪调蓄。道路标高应高于两侧绿地的设计标高，有利于路面雨水顺畅排至生态绿地，减免路面积水严重的发生。

5.1.3 城市排水系统规划

(1)城市排水设施建设。城市排涝标准的确定，是城市排水设施建设的前提。何时闸排、何时强排、如何协调地下管网，是一个系统工程。城市排水设施建设是城市防洪排涝的骨干工程，是保护城市水资源和保障城市居民生活环境安全的基础。城市排水设施完善与否是衡量一个国家和城市现代化水平的重要标志，其不仅关系到市民的日常生活，也关系到城市的整体形象和城市安全。城市排水设施和排水能力决定城市积水的程度。我国城市建设存在重收益轻环境、重短期轻长期、重地面轻地下的通病。由于地下基础设施的投资大、见效慢，许多城市忽视地下基础设施的建设，仅热衷于搞形象工程，排水设施建设无超前性和前瞻性，甚至没有制订系统的排水设施规划。我国许多城市甚至缺少排水设施，导致有强降雨等突发灾害发生时,给城市的安全带来巨大的隐患,根本经不起城市暴雨的检验。因此,城市规划必须重视城市基础设施的建设,尤其是具有重要作用的排水设施建设。根据前文对国内外城市排水设施建设的经验梳理可知,国外巴黎、柏林和我国古代静州、青岛等城市能够远离内涝之患,主要得益于规划设计完善的地下排水系统。借鉴国内外经典城市地下排水系统建设的经验,本文主张城市规划重视城市排水设施的建设,"地上""地下"并重。城市排水设施建设要和城镇化发展相匹配,统一规划,建立与城市发展相协调的城市排水体系。根据城市的地形、地貌等条件,在梳理和分析城市排水系统的基础上,确定城市排水设施的布局和规模。对于已建排水设施,应与城市建设相匹配,保证水池进出水量一致。雨水应就近排放,并实现雨污分流。

(2)提高雨水道设计重现期。我国许多城市的雨水道是在20世纪80年代以后修建的,受当时国家经济条件限制,雨水道设计标准偏低,导致许多20世纪80年代后新建和扩建的城区发生暴雨积水。为提高城市应对突发性暴雨积水的能力,必须提高雨水道设计重现期。欧美国家的城市雨水道设计标准一般用重现期10年,日本5~10年,干管的重现期高达50年以上。而我国目前雨水道设计重现期为1~3年,远低于其他发达国家。为预防城市内涝灾害,借鉴发达国家雨水道设计标准,建议城市根据自身发展状况,适当提高排水设施设计重现期。雨水道设计重现期标准应根据城市自身发展规模及条件进行确定,高等级的设计标准应高于低等级,可将特大城市及大城市的雨水道设计重现期的标准适当提高至3~10年,对于一些涝灾多发地区,可将重要干管的重现期提高至10年以上。

5.1.4 生态基础设施规划

(1)生态基础设施的内涵。生态基础设施(Ecological Infrastructure，简称 EI）是维护生命土地的安全和健康的关键性空间格局，是城市和居民获得持续的自然服务（生态服务）的基本保障，是城市扩张和土地开发利用不可触犯的刚性限制，生态基础设施必须先于城市建设用地的规划和设计而进行编制。根据俞孔坚、李迪华等针对我国快速城市化问题和国土生态安全，提出通过"反规划"途径建立城市生态基础设施。在城市规划中，应首先设计城市基础设施，形成高效地维护城市生态环境和土地生态安全的景观格局，即为逆向思维的城市规划方法。

（2）生态基础设施规划与防涝。考虑到城市建设需权衡经济效益、社会效益和环境效益三者之间的关系，城市排水设施不可能完全按照最大的标准来设置。仅依靠人工排水设施，不能全面应对异常强大暴雨带来的内涝灾害，而且，现有的城市排水管网也不能全部重新改造，因此，必须重视城市生态系统的营造，与城市人工排水设施相辅相成。生态基础设施建设的核心是给城市生态留有余地，必须保证绿地系统和城市水系的整体化和生态化建设。城市绿地及水系不仅具有塑造城市景观和提供休闲游憩场所等功能，在城市发生内涝灾害时，还可以起到蓄水减洪的作用。

借鉴"反规划"理论与生态规划理论，本文主张在城市总体规划中实行生态基础设施导向的城市发展途径，即由充足的城市绿地、渗水地面、水系等构成，充分发挥自然生态系统的渗、滞、蓄、排功能。防治城市内涝，首先应增加城市绿化面积，充分发挥城市绿网的生态功能，增加渗水地面，降低雨水径流量；其次，在城市建设中避免肆意占用天然湖塘和湿地等城市水系，重视保护与利用城市天然水系，在出现异常暴雨时可起到大规模蓄水的作用。例如，新加坡按照生态基础设施的原理改造河涌，提高河堤的蓄水量，平时作为城市景观，暴雨来临时作为蓄水池，具有较强的适应性和弹性。

5.1.5 雨水资源有效利用

(1)雨水利用与防涝。现代城市排涝应体现蓄、滞、排相结合的思想,减少雨水排放量,增加雨水就地入渗及储存利用。目前,当城市发生降雨时,城市管理者一般只考虑将雨水排放至管道中,对雨水的合理利用缺乏相应的关注和研究。城市内涝虽是一种自然灾害现象,如若有效管理雨水,可变害为利,成为保持城市生态平衡的重要保障之一。

(2)雨水利用途径。根据李宏等学者对雨水利用的景观途径的研究结论可知,雨水利用是一项典型的生态保护技术,在雨水收集利用过程中,变“排”为“蓄”,可打造雨水景观,创造宜人的城市生活空间。主要包括以下五条途径:一是在建筑、道路、广场周围适时地建立“雨水花园”,既能满足传统意义上的休闲游憩等功能,又能收集净化雨水,补充地下水位等;二是改变传统的设计方式,抬高路面标高,降低绿地标高,并在道路与绿地之间开挖一定深度和宽度的浅沟;三是减少城市建设中不必要的硬化地面,增加绿地,城市绿地应以乔灌草组成的群落为主;四是对现有渠化、硬化的驳库进行“软化”和“绿化”,建造能够保持水土、防治地表径流和污染、利于护岸的生态型驳岸;五是把能够建设绿地的屋顶建成绿色屋顶,滞留雨水,对不宜建设绿地的屋顶,将屋顶雨水通过雨漏管并过滤后引入地面蓄水池。

5.2 基础设施须完善

城市的排水基础设施是一个城市的血脉和经络,它代表着一个城市的政治、经济发展水平,代表着市民的生活和居住的质量。强化城市排水基础设施的应急管理十分重要。概括地讲,城市排水基础设施可归纳为以下内容:污水处理厂、排水管网、雨污水管网、泵站以及中水管网。

5.2.1 城市排水基础设施管理现状

(1)乱挖乱建的问题屡屡出现。在城市基础设施建设中,不按统一的规划进行,缺乏预见性、长远性和协调性。交通、水电、通信、城建等部门,没有统一协调,想挖就挖,想建就建。

(2)私接问题禁而不止。在城市排水基础设施上自建房屋禁而不止。私自搭建的房屋没有规划又无单位管理,随意拉线接入、占压管线,造成地下排水管网堵塞。这样既损坏了城市排水基础设施建设的整体性,又给出现突发事件时的救援工作带来困难。

(3)部分城市排水管网设施年久失修。在北京城里,有很多年代久远的排水管线,它们一直从古代沿用到今天,存在一定安全隐患。例如:故宫博物院内的暗渠等。2007 年 10 月,北京排水集团用先进的电视检查设备对故宫博物院内的排水设施进行了检查,发现管线部分损坏,且淤积严重,存在一定的安全隐患。但是此类管网的维修改造涉及社会影响、文物保护等多方面的因素,因此故宫博物院排水管网的安全隐患并不能在短时期内给予排除。

产生以上现象的原因主要是由于城市排水基础设施缺乏具体的应急管理制度。有关基础设施管理的部门缺乏统一的协调性。城市排水基础设施的企业管理职能弱化及复杂,造成了管理的空隙。

5.2.2 排水设施建设与运行中存在的问题

排水管道的建设与运行是随着城市的改造和道路建设逐渐实施的,受经济条件和城市建设等客观条件影响较大,当前我国城市排水设施建设与运行主要存在以下主要问题:

(1)排水设施建设不完善。有些城市由于没有建设污水处理厂的条件,雨污水均就近排放,系统不完善,雨污水出水口多,特别是接纳水体大多为季节性排水沟渠,在旱季排水沟渠成为污水沟,在改善市区卫生条件的同时却对城区自然环境造成污染雨污混流的现象比较普遍，管道内易积泥，多数城市的老城区现有的排水管网几乎全部为雨污混排，污水废水不经处理直接排入沟渠，极易形成沉淀，堵塞管渠；此外，管网的普及率较低，逐年建设的管道系统缺少统一的规划，布局不合理，满足不了排水的要求。

(2)排水设施私接现象比较严重。随着城市的发展，工业化的突飞猛进，城市居住人口与几十年前相比已增长了数倍，然而城市排水设施建筑却滞后于城市发展，使得城市排水设施服务量严重不足。城市建设的不断加快，大量的新建住宅小区拔地而起，但是仍有部分住宅小区没有将排水方案纳入住宅配套建设规划中，没有与小区的其他建设项目同时设计、同时施工，而是随意地私自乱接。另有一些老城区的危旧房在改扩建中，没有按照雨污水分流的要求建设，而是使用原有的雨污水合流管道，随意接入城市排水管网。

(3)排水管网设施老化。部分路段由于建设年代比较久远，因此其排水能力已无法满足目前的排放要求，再加上部分小区的雨水污水合流，排水管直接进入城市排水干道，造成下大雨时部分路段积水现象产生。还有一些排水体系因不是同期建设，或是某段后期随道路改建而进行了改造，出现排水断面上游大、下游小的情况，使得排水在下游形成卡脖，不利于排水的畅通。

(4)人们对排水设施的保护意识淡薄。居民对公共排水设施的保护意识淡薄，倾倒垃圾影响排水设施的正常运行。由于个别居民素质低，特别是在饮食街区小饭店门口向雨水井倾倒生活垃圾现象比较普遍，而且带有油污的污水极易在管道内淤积，使管道内水流不畅。有的环卫工人为了省事，将大量的沙土树叶等杂物直接扫入雨水井中，这也是导致管道淤积的重要原因。这不仅给我们的清掏养护工作增添了不必要的负担，同时也给防汛工作加大了难度。

(5)排水设施管理的力度不够。随着市政建设的发展,市政排水设施的养护管理工作中的人员不足的问题日趋严重。有的建设单位在排水设施建设项目竣工后,没有按国家规定组织验收就交付使用。在施工中由于清理不干净,接口处有砂浆挤入下水道,造成下水道的沉积和淤积,久而久之,会发生堵塞。在做完闭水试验后,堵塞物没有及时清理,日后也会造成路面冒水现象发生。再者,因资金有限,排水设施不能年年清挖。现有维护资金有限,不可能年年投入大量的资金对管渠进行彻底清淤。现有排水设施一般都是在3年以上疏浚一次,而且现在对排水设施的清淤工作还是以人力为主,因没有先进的清淤设备,清淤不够彻底。

5.2.3 城市排水设施科学化养护管理

随着城市的快速发展,排水管道逐渐增多,如果按照以往的养护管理模式,已经不能有效地对排水管道进行维护,使其发挥应有的功能。因此提高养护认识、完善养护管理、创新养护手段迫在眉睫。

完善对排水设施的养护管理,做到"保障设施运行、降低养护成本,延长使用寿命",就要抓住以下几个"关键":(1)养护要"细"。养护不仅要做,还要做"好"。怎样才能养护到位,保证排水设施运行,那就要做到"管理细、安排细、操作细"。细活出精品,因此养护人员要以"细"贯穿整个工作。(2)养护要"全"。对排水设施要做到全方位养护,不能只巡查不调查,不能只清淤不冲洗等。所有的工作都相辅相成,缺一不可。排水设施每一样附属构筑物都是排水管道的关键部位,只有排水管道所有设施都得到"呵护",保障结构完好,才能确保设施正常运行。(3)养护要"重点"。养护工作在抓全面的同时还要突出重点、突出核心工作。要以工作的主次性、重要性来安排工作,这样才能提高工作效率、增强养护质量、节约养护成本。(4)养护要"统筹"。养护工作既是一项琐碎的工作也是一项系统的工作，每一类工作既相互独立又相互关联。因此要将“细”“全”“重点”统筹安排，合理安排各项工作，才能做到提高效率、保证质量、节约成本。

5.3 应急管理须及时

城市内涝的产生涉及许多方面，在分析管理时需要大量数据源，制定高效准确的防涝管理系统能够解决分析管理的难题。城市防涝管理主要包括涝灾前预防、准备、监控，预警，损失评估和灾后重建四个环节。建立城市防涝管理系统的目的是制定预防措施、救灾和灾后重建等计划，精确预测涝灾可能发生的规模、范围以及影响程度。

5.3.1 建立防涝管理数字化系统

涝灾管理系统应具备预警功能，其运行效力的高低主要取决于即时信息的获取。GIS 技术能够高效处理空间信息和属性信息，为灾情分析提供快速精确的应用平台。开发基于 GIS 的城市防涝管理系统是势在必行的。根据熊苹等学者对 GIS 技术开发灾难管理系统的研究可知，城市防涝管理系统主要包括以下几点功能：第一，在涝灾预防阶段，利用 GIS 技术管理海量数据；第二，在涝灾预警阶段，利用 GIS 技术规划撤离路线、定位应急中心；第三，在应急救灾阶段，利用 GIS 技术和 GPS 技术进行定位搜寻抢救；第四，在赈灾和灾后重建阶段，利用 GIS 技术获取损失数据和人员伤亡情况。

另一方面，国内许多城市排水管网建设老旧且结构复杂，当发生城市内涝灾害时，由于城市管理人员不能及时掌握排水管网数据，导致无法迅速找到症结根源。因此，应建立基于 GIS 系统的城市排水管网系统，利用 GIS 系统与分布在排水管网内部的传感系统相结合，当城市发生大暴雨时，实时监测排水管网的水压异常并报警，为抢修排水管网提供宝贵的时间，从而避免城市内涝灾害的进一步扩大。

5.3.2 制定城市防涝法

在一些发达国家，防范城市内涝已上升到法律的高度。1965年，美国通过了水资源规划法案，同时成立了水资源理事会；1968年创立了全美洪水保险制度；此外，美国把蓄水也写进了法律，并规定城市新开发区域必须实行强制的“就地滞洪蓄水”；美国防范城市内涝的法律规定了城市内涝防范、治理措施和问责手段等内容。另外，德国有《城市内涝保险法》、法国有《城市防洪法》、日本有《下水道法》等，国外这些系统权威的城市防涝立法为城市规划应对城市内涝灾害提供了法律依据。

目前，我国城市内涝防治整体上处于无法可依的状态。现行的《中华人民共和国防洪法》主要指向城市防洪规划，对于城市内涝防范没有专门条款加以规定。其次，一些城市为治理城市排水防涝制定的地方性法规，因其缺乏明确的上位法律作为依据，这些地方性法规对排水设施规划建设等方面的相关规定不足。

国外健全的城市防涝法律体系以及我国城市防涝无法可依的现状问题均表明我国制定专门的城市防涝法律的急切性。城市防涝法律应主要对城市选址、城市规划设计、城市下水道工程、城市雨水综合利用、蓄水、城市排水系统的管理和监督、城市防涝预警和应急处理机制以及责任问责等内容进行强制性规定。

5.4 浙江排涝现状

5.4.1 浙江城市防洪排涝管理现状

(1)管理体制。目前浙江省城市防洪排涝安全管理的职能由建设、水利、城管、市政等部门承担。在11个地级市中，杭州、宁波、绍兴、金华、衢州、台州、舟山7市的城区防洪排涝管理责任单位为建设部门，湖州、嘉兴2市为建设和水利部门共同管理，温州市由城市防洪分指挥部管理，丽水市由水利部门管理。据调查，浙江省城市中约46%的城市防洪排涝管理由建设部门负责，21%的城市由水利部门负责，13%的城市由建设与水利部门共同管理，2%～6%的城市由城市管理、市政或其他部门负责管理，还有6%的城市尚未明确责任单位。

(2)监测预警与避灾场所。近几年来，浙江省通过实施基层防汛防台体系建设，城市监测预警网络和避灾场所建设也得到加强。据调查，在浙江省城市中约有7/10落实了城区监测预警人员和城区避灾场所。但有些内陆地区忽视了城区监测预警和避灾场所建设，认为城区的房屋比较牢固，抗灾能力较强，无须设立专门的监测预警人员和避灾场所。由于管理体制问题，城市风景区的监测预警也容易被忽视。

(3)防汛物资与抢险队伍。据调查，浙江省仅有1/2左右的城市储备了较为充足的防汛物资，建立了较为专业的抢险队伍。由于责任主体不明，部分城市的城区防汛物资和抢险队伍建设滞后，约有1/4的城市未落实防汛物资和抢险队伍，1/4的城市虽然已储备了部分防汛物资，也明确了抢险职责，但物资种类和数量远不能满足储备要求，抢险队伍也缺乏一定的规模和专业性。

(4)预案体系。经过多年的防汛防台预案体系建设，目前，浙江省不少城市编制了城市防洪排涝应急预案并不断修编完善，特别是随着基层防汛防台体系建设的不断深入，城市防洪排涝预案体系建设得到了较快发展。根据对全省防汛防台抗旱预案体系抽样调查，目前约有54%的地级城市和35%的县级城市编制了城市防洪排涝专项预案，总体上仍有约60%的城市未编制城市防洪排涝专项预案。从预案可操作性上看，现有的城市防洪排涝预案大多数由水利部门负责编制，在应对外江洪水方面，其措施具有较强的针对性，但在应对城市内涝方面，由于存在与建设等部门的协作问题，导致对城市易涝区域范围和受涝程度识别上不到位，编制的内涝排水方案可操作性不强。

(5)城区基层防汛防台体系建设。城区基层防汛防台体系建设是提升城市应对洪涝灾害能力的有效措施。至2010年底，全省约3/4的城市已完成城区基层防汛防台体系建设，这些城市在基层防汛防台体系建设中有针对性地开展了责任区网格划分，落实地下车库、地下仓库等地下空间，隧道、地下交通等交通设施，集市、地下商场等人流集中地和其他重要基础设施的监测预警责任人，储备必要的抢险物资，建设必要的抢险队伍，制订应对方案，城区应对洪涝灾害的能力得到有效提升。但从全省来看，仍有约25％的城市因管理体制等多种原因尚未全面完成建设任务。

5.4.2 存在的问题

(1)城市防洪排涝管理职责不清。目前浙江省城市防洪排涝管理的职能由建设、水利、城管、市政等多部门共同承担，大部分城市实行由水利部门负责外江防洪、建设部门负责城区内涝的管理模式，无形中将城市防洪与排涝分割管理，加上牵涉的管理机构多，造成职能交叉、权责不清，导致城市防洪与排涝管理衔接不畅，城区内涝与防洪管理脱节。此外，部分城市新区、开发区、大学城等尚未明确主管部门，部分城区和城乡接合部还存在防洪排涝“管理真空”现象。

(2)监测预警体系建设有待完善。经过多年建设，浙江省已基本建立起网格化的水雨情监测体系，气象预报准确性和精度也逐步提高，对台风、大范围降雨的预报、监测、预警能力已大大增强，但对防范由局地强降雨带来的城市内涝灾害而言，现有的监测预警体系仍存在一些问题：其一，城区监测点布设密度尚难满足局地短历时强降雨的监测。近年来，通过实施暴雨预警网格化建设，暴雨预警能力，特别是针对小流域山洪的预警能力大幅提升，但在城市布点偏少，难以有效实施对城区局地短历时强降雨的实时监测，且城区群测群防体系也有待进一步形成。其二，信息资源共享整合不足。现有的城市雨水情监测信息主要来源于3个部门：气象部门的气象观测站、水利部门的水文观测站和建设等其他部门的监测站点。由于当前浙江省城市防洪排涝管理体制上的分割管理，缺乏监测预警信息的共享机制，各自独立运行，资源整合程度低。其三，自动化程度有待提高，各地城市防洪排涝的自动化管理系统及其联网均有待建设。现有监测预警信息主要通过防汛指挥机构进行交流，大多仍停留在传真、电话、文件等传递形式，传输效率不高。

(3)城市防洪排涝预案体系建设滞后。在浙江省，仅有40%左右的城市编制了城市防洪排涝专项预案，而且主要是针对防御流域性洪水或外江洪水，缺少专门针对城市低洼区域、地下空间、重要基础设施的城市排涝应急方案，缺乏分区分片、具体到点的涝水外排和人员转移方案，城区防洪排涝预案体系有待进一步向社区、重要企事业等基层延伸。此外，虽然近年来在城市洪涝灾害风险分析、城市重点易涝区域、城市内河调度等方面开展了一些工作，但仍存在缺乏城市洪水风险图或更新不及时、易涝区应急管理措施不到位、风险评估机制未建立等问题。

(4)城区基层防汛防台体系建设未全覆盖。目前，浙江省基层防汛防台体系已基本建成并发挥作用。然而，基层防汛防台体系建设在城市街道、社区、企事业单位、城市重要基础设施、地下空间等区域的覆盖面仍不够广，许多城市尚未开展此项建设或体系未全面建成，由此导致城区防汛防台责任区网格划分不到位、网格责任人未落实、易涝易淹区无监测预警人员、避灾场所未明确、防汛物资储备不足、抢险队伍未落实、宣传教育不充分等问题。

(5)城市开发建设项目缺少必要的防洪排涝风险评估。目前，浙江省尚未建立城市开发建设项目防洪排涝风险评估机制，除涉河涉水项目外，防汛部门一般不参与城市建设项目的立项、审批，城市开发建设项目的防洪排涝风险论证更无从谈起。对城市开发建设项目，尤其是供电、交通、供水等生命线工程和其他与防洪排涝紧密相关的建设项目，进行必要的防洪排涝风险评估是避免建设项目随意改变排水格局、破坏原有防洪排涝系统、确保项目防洪排涝安全的前提，也是提高城市自身构成系统内部应对洪涝灾害能力的有效途径。因此，有必要开展城市开发建设项目的防洪排涝风险评估。

党的光辉——携手共建美好家园

第 6 章

6.1 “五水共治”之排涝水

排涝水，重点是强库堤、疏通道、攻强排，打通断头河，开辟新河道，着力消除易淹易涝片区。

建设目标：到2017年，基本消除易淹易涝片区和影响城市正常生活秩序的严重灾害现象，城市新区建设确保不发生新的内涝；力争用5年时间完成排水管网的雨污分流改造，用7年时间基本建成城市排水防涝工程体系。

主要任务：实施“固河堤、疏河道、新开河、畅管网、除涝点、强设施”六大工程。到2017年，加固、疏浚城市河道，打通断头河，同时力争建设雨水管网5000千米左右，提标改造标准偏低的管道3000千米，分流改造雨污合流管网3500公里，清淤现有的22500公里管网，改造强台风“菲特”及强降雨造成的积水点784处，增加应急设备提升抽水能力40万立方米/小时。

其中2014年，全省建设雨水管网1000公里，提标改造标准偏低的管道500公里，分流改造雨污合流管网300公里，清淤管网10000公里，改造易涝积水点500处左右，增加应急设备提升抽水能力10万立方米/小时，杭州、宁波两市综合整治城市河道100余条，全省编制完成城市排水(雨水)防涝综合规划。

6.2 “五水共治”政策引导下浙江省的排涝措施

6.2.1 “五水共治”排涝工程规划

大力推进太湖流域治理五大工程建设，完成三堡等排涝泵站，杭嘉湖新增入海强排能力 230 立方米/秒。加强宁波平原排涝格局研究，加快推进姚江北排和鄞奉平原排涝工程建设，宁波新增入海强排能力 400 立方米/秒。加快推进萧绍平原排涝口门建设和骨干河道治理，开工建设沥北河—滨江河、新三江闸排涝配套河道等工程，建成钱江枢纽、顺坝、四工段、华家等排涝泵站，新增入海强排能力 210 立方米/秒。大力实施温黄平原骨干排洪河道整治，基本建成金清二期、台州栅岭汪工程，开工建设台州东官河、大田排涝一期工程，加快洪家场浦建设，推进青龙浦、湖漫隧洞、江厦泵站、方山隧洞等前期工作。进一步研究梳理温瑞平原排涝格局，完成永嘉三塘隧洞工程，加快推进温州东片、西片排洪和江南垟平原骨干河道等项目前期和建设。三年全省计划完成拓浚排洪河道 450 公里，新增入海强排能力 840 立方米/秒，计划投资 314 亿元。

6.2.2　城市排涝工程规划

(1)杭州要建闲林水库和三堡排涝泵站一西一东保护主城区。2007 年 10 月 8 日，台风“罗莎”正面袭击杭州，造成城区历史上少有的大面积水淹。如果“罗莎”再次来袭，杭州该怎么办？2008 年，杭州市林水局向市政府提交了《关于加强主城区防汛抗台工作有关问题的报告》，分析了在防御“罗莎”中暴露出来的问题，提出了“堵、疏、通、排”的杭城治水思路，其中重点强调，杭州要新建两项工程——闲林水库和三堡排涝泵站。

①闲林水库堵住 1/3 的山水。留下、西溪一带的水系，西南部是发源于余杭板照山的上埠河流域，集雨面积 40 多平方公里，也就是说，在 40 多平方公里范围内的山水都是汇集到上埠河的；留下以东、天目山路以南，还有集雨面积达 17 平方公里的西湖群山，如屏风山、北高峰、棋盘山等，其中一路山水叫东穆坞溪。

杭州市林水局先从上游山水入手，提出“堵”的思路——建一个水库，从源头上截流。这座水库目前已经在建，叫闲林水库，设在余杭闲林镇桦树村一带，将分两期建造，一期储水容量997万立方米，2010已经建成。二期计划2020年建成，储水容量近2000万立方米，相当于两个西湖。如闲林水库建成，可以截住近1/3汇流往上埠河的山水。

②三堡排涝泵站一天可让运河水位降低20多厘米。最后的“排”，针对的是运河。运河对杭城的排水是非常重要的——杭州有两个水系，上塘河水系和运河水系，但最终，上塘河水系中绝大部分也是汇入到运河，然后，运河水再往北走，排入杭嘉湖平原。

但运河有水位低的致命缺点，警戒水位才2.7米——在“罗莎”中，下游杭嘉湖平原的水位达到3米多，这样一来，运河水就被“顶托”，排不出去了，四处漫溢。

对此，杭州市林水局提出的方案是——在运河和钱塘江连接处的三堡，建一个大型三堡排涝泵站，当杭州遭遇强降雨、运河水位高时，就启动泵站，把运河水往钱塘江排。

三堡排涝泵站目前正在后期建设中，投资10个亿，具体建法是——在现有三堡船闸西面，开挖一条专门用来泄洪的河道，宽70米、长约1.3公里，基本和运河三堡段平行。其排涝流量达到200立方米/秒，按这个速度，再发生像“罗莎”这样的极端强降雨情况，一天之内可以让运河水位降低二十多厘米。

(2)宁波未来6年投300亿元建防洪排涝工程，首先要加快推进江河堤防工程建设。接下来，宁波的构想是，以甬江流域为重点，大力实施“三江六岸”堤防加固工程。

“治水强基”的第二项工程，是河道整治工程建设。要全面整治鄞东南沿山干河、小浃江、姚江东排等骨干排涝河道，全面打通城区13条“断头河”，全面实施70条内河清淤清障工作。

第三项要加快推进上游分洪工程建设。接下来，相关部门将抓紧研究姚江、奉化江上游洪水调蓄和分流方案，规划建设姚江上游北排、姚江第二通道、奉化东江上游分洪工程。同时，要沿“三江”建设10个大功率的强排泵站。还要加快推进除险加固工程建设,用3年时间完成3座中型水库、69座小型水库和858座一万方以上屋顶山塘的治理任务。

另外,宁波城区应急排涝设施改造工程正式动工,该工程有11个施工点,分别是世纪大道、桑田路、兴宁路226弄、江东南路、立交路、柳汀街、苍松路、中山西路、通途路、环城北路和康庄南路的下穿通道。首批进场施工的下穿通道为江东南路、中山西路和康庄南路这三个路段。根据工程需要,施工过程中,范围内的绿化将进行移植,并在主体工程完工后进行修复。

据了解,2014年城区应急排涝设施改造工程分为市政设施改造、排水泵站改造及内河河道疏浚等三块内容。其中,城管市政部门负责的工程内容主要包括:下穿通道挡墙加高,道路的驼峰抬升以及下穿综合管线的封堵。共计改造挡墙约6700米,道路近11万平方米,管道封堵约140处,以防止下穿通道在特大强降雨时超量雨水、河水进入下穿区域,从而保证下穿通道的通行功能不受影响。

城区应急排涝设施改造工程是针对市区下穿通道易积易涝的特点而开展的。造成下穿通道积水严重的原因之一是现有挡墙和驼峰的标高不足,遇到特大强降水后,内河水位暴涨,雨水、河水、江水从挡墙、道路和管道漫进下穿通道内,超出了雨水泵站的设计排水能力,从而引发严重的积水。

(3)绍兴新三江闸排涝工程首条主干河道通水。随着袍江经济技术开发区斗门镇二眼江与菖蒲溇直江交汇处的围堰被打开一个宽一米多的口子,南来水流迅速涌进口子向北奔腾,菖蒲溇直江工程宣告通水。这也是绍兴市新三江闸排涝配套河道南片拓浚工程首条通水的主干河道。

菖蒲溇直江拓浚工程南起康宁路,北至斗门镇三江村,共拓浚河道2.65公里,改扩建桥梁7座。项目于2013年9月底开工,概算总投资 8000 多万元。

新三江闸排涝配套河道南片拓浚工程主要建设任务是防洪排涝和改善水生态环境，通过拓浚、清淤等工程措施实现城区 20 年一遇 24 小时暴雨不受淹、农村 20 年一遇 3 日暴雨基本不成灾的排涝标准。同时可明显增加平原河网可调蓄库容，有效降低洪水期平原河网水位，提高新三江闸外排效率，进一步提高绍兴中心城市“防洪水”“排涝水”能力。

工程初步设计于 2013 年 8 月由省发改委批复，系省重点工程。建设内容包括治理河道总长 15.47 公里，砌坎护岸 20.3 公里，改扩建桥梁 8 座。涉及袍江片的外官塘、菖蒲溇直江、三江大河和镜湖片的后横江、梅山江、河横江、九流渡、北环河、王家溇、新开河及横湖江共 11 条河道，概算总投资 8 亿元。据悉，袍江片剩下两条河道中，外官塘工程计划于 2014 年开工建设。镜湖片 8 条河道目前都已完成政策处理和土地征用工作，其中九流渡工程计划于 2014 年开工并全面完成。根据要求，所有河道将在 2016 年底前全面完成拓浚。

6.2.3 农村排涝工程现状

(1)“栅岭汪”护航温黄平原浙江系列水利工程改善人居环境。台州市栅岭汪排涝调蓄工程是温黄平原排涝骨干工程之一，项目规划依据为《浙江省温黄平原水利规划》(2005—2025)及《台州市城市总体规划》(2004—2020 年)。该工程建设任务以防洪排涝为主，结合城市水环境改善及备用水源建设，排涝标准为农田 10 年一遇、城区 20 年一遇。

每年七八月份，台州市路桥城区、螺洋、桐屿街道等地的居民就会犯愁。这里地处温黄平原，在一些低洼地带，年年都会遭遇洪涝灾害，遇到台风袭击，居民家中漫起齐腰深的水，田里的水稻、葡萄等农作物几乎绝收。这样的日子就要到头了。只要栅岭汪排涝调蓄工程项目一完工,以后将不再受洪涝灾害。

台州市路桥区、椒江区与黄岩区交界处,地势低洼。这里位于温黄平原腹部,且北、西、南三面环山,一遇汛期,极易积涝成灾,属于温黄平原重涝区。“尤其是桐屿区域,这里地面平均标高为 3.0 米,低于正常地面高程 0.3 米。一遇到暴雨或者台风天气,路桥城区和温岭泽国等地的雨水就都汇集到了这里,周围五六十个村庄都会被洪涝殃及。”

栅岭汪排涝调蓄工程位于金清水系末端,过去只有一个排涝河道,而且离排水出口有 40 多公里,涝水需等到其他水域水位降落后才得以最后排出,所以水位降落速度慢,受淹时间长。

而在工地附近,还有片片待收的果园。这里的村民都不怎么敢种植水稻、蔬菜等农作物了,因为农作物抗涝能力差,一旦受淹,几乎颗粒无收,所以现在田里大多种的是梨、桃、柑橘等果树。

据统计资料显示,新中国成立 60 年来,螺洋、桐屿等地共出现 37 次洪涝灾害。在 1997 年 11 号台风袭击下,路桥全区大面积受淹,桐屿等地的涝灾尤为严重,全区直接经济损失 16.28 亿元。而受台风“莫拉克”影响,路桥桐屿一带防洪渠受损严重,田里的水稻、葡萄等农作物几乎绝收。

2700 亩飞龙湖山水相依、绿水相印;4 条排涝河道河林相依、河海相连;1 条 1498 米长的栅岭汪隧道连通路桥和椒江,为台州市第一大排涝隧道;调蓄区周边还将新建 4 座节制闸,控制调蓄区与外河互通。按照“南水北排”“蓄排结合”的总体思路,工程包括湖、洞、河、闸四大建设内容,有效施工工期 42 个月,静态总投资约 11 亿元。

在施工现场,20 多台挖掘机、70 多辆工程车同时作业,现场机声隆隆,气氛热火朝天。项目经理陈定说,目前湖面已开挖 1700 亩,占总面积的 60%。

而摊开栅岭汪排涝调蓄工程的效果图,整个湖区的形状就像是一条舞动的飞龙，所以在规划图上，它又叫作飞龙湖。

根据规划设想，工程建设完工后，将真正打通各个排涝通道，最大限度地缩短排水距离，使得低洼地淹没时间从 58 小时缩短至 22 小时。通过与流域其他水利工程相结合，使得路桥城区、桐屿、螺洋等地的防洪排涝标准从 5 年一遇提高到 20 年一遇。其实在过去，温黄平原本来是有大量河道的。只不过，后来水域被大面积占用，河网的蓄水量从近 2 亿立方米下降到现在的 1.7 亿立方米左右。工程完工后还可增加 292 万立方米备用水源，实现水资源的有效利用，为城区增加了一片洁净水源，对改善城区生态环境、局地气候、人居环境等也有不可估量的作用。

(2)永嘉县三塘隧洞工程。永嘉县三塘隧洞分洪应急工程属省重点工程，总投资 7.07 亿元，总工期 36 个月，设计排涝标准为 20 年一遇，校核防洪(潮)标准为 50 年一遇。该工程的建成将极大地提升县城防洪排涝能力。

2012 年 12 月 21 日下午，永嘉县三塘隧洞分洪应急工程——下塘隧洞上游段顺利完成爆破开挖，至此下塘隧洞上游段已全线贯通。

下塘隧洞位于永嘉县三塘隧洞分洪应急工程Ⅲ标，由浙江省第一水电建设集团有限公司承建，是永嘉县三塘隧洞分洪应急工程的控制性工程之一，起着将下塘溪上游来洪引至楠溪江的重要作用。隧洞总长 2.4 千米，为加快施工进度，分上下游两段同时进行施工。下塘隧洞上游段 1.2 千米施工从进口向下游开挖，下游段 1.2 千米从埭下 2 号施工支洞向上下游开挖。随着 21 日下午的一声爆破，隧洞上游段 1.2 公里开挖全部完成，全线贯通。

6.3 解决排涝水,共建美好家园

6.3.1 浙江省启动实施防洪保供633工程

为贯彻落实省委、省政府“以治污水、防洪水、排涝水、保供水、抓节水‘五水共治’为突破口,倒逼转型升级,推动产业结构调整和产业升级”重大战略部署,近日,浙江省水利厅牵头制订了《浙江省防洪水实施方案》《浙江省保供水实施方案》。围绕“防洪水”和“保供水”,到2020年,我省将重点实施“防洪保供633工程”,即实施6类30大项3000亿元项目总投资的水利基础建设。届时,我省江河干流和主要平原防洪达到规划标准,全省集中式供水水源全面达标,农村饮水安全保障水平基本与城镇同步,基本实现“水安浙江、水润浙江、水秀浙江”的总体目标。

“强库”“固堤”“扩排”让山河安澜百姓安康。按照方案,在防洪水方面,到2020年,浙江省将安排“防洪保供633工程”中的“强库”“固堤”“扩排”等三类防洪水工程,总投资2048亿元。其中,安排强库工程总投资189亿元,固堤工程总投资711亿元,扩排工程总投资1148亿元。

(1)强库工程。建设南岸、钱江源等防洪水库11座,总库容8.21亿立方米,防洪库容2.61亿立方米,提高钱塘江上游、好溪、楠溪江等干流的防洪能力。确保完成病险水库除险加固600座,将水库年病险发生率控制在3%以内。2014—2016年,建成平阳顺溪、诸暨永宁两座中型水库,以及瓯海桃源等小型水库,鳌江、浦阳江等流域上蓄防洪能力进一步提高。开工建设缙云潜明水库一期工程;完成永嘉南岸水库前期工作,开展政策处理,做好开工准备;大力推进开化钱江源、龙泉安吉、安吉顺天等大中型防洪水库前期工作。继续巩固病险水库除险加固成果,加强水库安全动态监测,开展大坝安全鉴定,及时消除安全隐患;完成新昌长诏、金华安地等大中型病险水库除险加固以及一批小型水库等300座水库除险加固，将水库年病险发生率控制在3%以内，3年计划投资54亿元。

(2)固堤工程。新建加固海塘河堤3500公里，其中海塘200公里、干堤1000公里、中小河流堤防2300公里，整治圩区280万亩，高标准海塘配套完善，七大流域干流及中小河流重要河段基本达到规划标准。2014—2016年，我省以钱塘江、瓯江、鳌江等河口为重点，加固已建标准海塘，提高低标准海塘防御标准，完善沿塘配套建设，巩固、完善、提高海塘防御风暴潮的能力。加快推进钱塘江、瓯江、甬江、鳌江、飞云江、椒江等6条独流入海河流治理，推进中小河流治理，优先对洪涝易发、人口集中、经济集聚、农田连片的河段进行堤岸加固和疏浚整治，基本完成列入全国中小河流专项规划的独流入海和中小河流建设任务。完成海塘河堤加固1500公里。加快推进杭嘉湖王凝、湘溪等圩区建设，配套实施圩堤加高加固、水闸和泵站更新改造，完成圩区整治面积120万亩，3年计划投资296亿元。

(3)扩排工程。新增扩大外排口门30个，口门宽度增加20%，拓浚排洪河道2000公里；新增外排泵站33座，增加向外海及河口的强排能力2000立方米/秒。沿海滨湖主要平原排洪能力进一步增强。2014—2016年，大力推进太湖流域治理五大工程建设，完成三堡等排涝泵站，杭嘉湖新增入海强排能力230立方米/秒。加强宁波平原排涝格局研究，加快推进姚江北排和鄞奉平原排涝工程建设，宁波新增入海强排能力400立方米/秒。加快推进萧绍平原排涝口门建设和骨干河道治理，开工建设沥北河—滨江河、新三江闸排涝配套河道等工程，建成钱江枢纽、顺坝、四工段、华家等排涝泵站，新增入海强排能力210立方米/秒。大力实施温黄平原骨干排洪河道整治，基本建成金清二期、台州栅岭汪工程，开工建设台州东官河、大田排涝一期工程，加快洪家场浦建设，推进青龙浦、湖漫隧洞、江厦泵站、方山隧洞等前期工作。进一步研究梳理温瑞平原排涝格局，完成永嘉三塘隧洞工程，加快推进温州东片、西片排洪和江南垟平原骨干河道等项目前期建设。3年全省计划完成拓浚排洪河道400公里，新增入海强排能力840立方米/秒，计划投资54亿元。

6.3.2　杭州投入8000万解决城西内涝

每年进入雨季，很多人就为“逢雨就涝”的杭州担心，2014年，杭州计划投资8000万元，借“五水共治”之势解决城西内涝问题。

浙江省建设厅厅长谈月明透露，浙江省将通过完善城市内涝防治应急体系等五项措施，实施“固河堤、疏河道、新开河、畅管网、除涝点、强设施”六大工程，全面整治城市排涝难。

按照浙江省的计划，2014年汛期前，完善城市内涝防治应急预案，制订实施城市易涝隐患区域整治方案；2014年底前，编制完成城市排水防涝综合规划；2015年底前，基本消除社会反响大、影响面广的积淹水区；到2017年，要基本消除易淹易涝片区和影响城市正常生产生活秩序的严重内涝灾害现象。

根据杭州“逢雨就涝”的现状，杭州市已经制定了明确的工作目标，争取到2014年主汛期前，实现杭州城西地区短时强降雨积水及时排除、道路交通不中断、居民家中不进水等目标；到2016年，实现短时强降雨积水及时排除、交通不中断、重点路段不积水的总体目标。

同时，杭州市已经启动实施“城西留下片区排涝系统工程”。该工程项目已经列入省治水办“十百千万”工程计划的“十枢”项目，预计2016年完工。

6.3.3　浙江临安：清理疏通河道，提升防汛排涝能力

自“五水共治”行动开展以来，临安玲珑街道组织机关干部、各村两委会成员及党员群众600余人，对各村主要河道开展统一清

理，确保河道输水畅通，提升防汛排涝能力。玲珑街道针对实际，把“治污水、防洪水、保供水”列为重中之重，分解任务，落实责任，开展了一系列行之有效的治水行动。尤其进入汛期后，该街道把提升防汛排涝能力放在首位，一方面推进山塘、水库除险加固工程，完成水库除险加固 1 座，山塘除险加固 13 座，一方面推进重要堤防、河道整治加固，完成重要堤防加固 2 公里，农村灌排河道建设 3 千米。据街道分管领导介绍，玲珑街道以开展教育实践活动为契机，把每月的 16 日作为“清洁乡村党员活动日”，有计划、有组织地发动机关、企业和村里的党员干部对辖区锦溪河段及支流开展清理，同时发动群众共同参与，做到全民治水。据不完全统计，该街道参与“五水共治”行动的市民已超过 4000 余人次。

6.3.4 椒江投入 1560 万元疏通河道 116 千米

2008 年椒江区投入 1560 万元资金，疏通河道 116 千米。河道是社会与经济又好又快发展的水路交通命脉，是交通水路运输不可缺少的航道，也是排涝、排洪的重要通道。因社会和经济不断发展，人民生活水平不断提高，河道污染也越来越严重，河泥也没人挖，河道淤泥越积越多，造成支河道长草无法通航，严重影响排涝、排洪畅通，危及人民生命财产安全。

目前农民朋友也非常关心河道疏通，如三甲街道办事处的街浦河，全长 1.45 千米，原河宽 11 米，河深 4 米多，现该河深只有 1.6 米，满条河长草，街道办事处很重视，在沿河两岸村两委的积极努力和河两岸部门、单位的大力支持下筹集资金，在政府的补助下，投资 22 万元将河道疏通长 1.45 千米，深度达到 3.3 米。自 2008 年 12 月 21 日开始，利用挖泥船挖掘河道淤泥，用内河船运到五塘填入非法取土坑内，恢复粮田。通过河道疏通，恢复河道通航，也提高排涝、排洪能力。

参考文献

[1] 仟希岩,谢映霞,等.在城市发展转型中重构:关于城市内涝防治问题的战略思考[J].城市发展研究.2012,19(6):71—77.

[2] 李宏,梁献超,等.城市雨水利用中的景观营造[J].城市问题,2009(7):44—47.

[3] 张悦.关于城市暴雨内涝灾害的若干问题和对策[J].中国给水排水,2010,26(16):41—42.

[4] 邓培德.城市暴雨积水的原因分析与对策[J].给水排水,2011,37(12):37—40.

[5] 邢薇,赵冬泉,等.基于低影响开发(LID)的可持续城市雨水系统[J].中国给水排水,2011,27(20):13—16.

[6] 赵景伟,陈志龙,等.城办突发性灾害现象的城市规划应对[J].规划师,2012,28(3):35—45.

[7] 刘永琪,何永.关于北京城市排涝问题的探讨[J].城市发展研究,2012,28(1):126—129.

[8] 王峰,颜正惠,等.城办雨水内涝成因及对策[J].中国给水排水,2012,28(12):15—17.

[9] 刘诗雄.泉州市城市内涝治理工程措施探讨[J].中国水利,2012(19):48—49.

[10] 谢映霞.从城市内涝灾害频发看排水规划的发展趋势[J].城市规划,2013,37(2):45—50.

[11] 王毅.城市防洪能力建设与城市规划密切相关[J].中国水

利,2010,(17):6—7.

[12] 杨文哲,陈淑芬,等. 抑制城市内涝的有效措施:雨水资源化[J]. 中国人口·资源与环境,2011,21(S1):176—178.

[13] 任雨,李明财,等. 天津地区设计暴雨强度的推算与适用[J]. 应用气象学报,2012,23(3):364—368.

[14] 房国良,高原,等. 上海市降雨变化与灾害性降雨特征分析[J]. 长江流域资源与环境,2012,21(10):1270—1273.

[15] 张雷,孔艳岩. 城市内涝灾害应急救援指派模型[J]. 中国安全科学学报,2013,23(1):171—176.

[16] 叶斌,盛代林,等. 城市内涝的成因及其对策[J]. 水利经济,2010,28(4):62—65.

[17] 宋启元,苏功军. 浅析城市暴雨后积水原因与对策[J]. 城市道桥与防洪,2010(10):99—101.

[18] 胡盈惠. 论快速城市化进程中的城市内涝治理[J]. 公共安全,2011(2):6—8.

[19] 赵杨. 城市积水与内涝对策研究[D]. 北京:北京建筑工程学院,2012.

[20] 俞孔坚,李迪华,等. 反规划途径[M]. 北京:中国建筑工业出版社,2005.

[21] 侯玉栋,李树平,等. 2011 年国内媒体报道城市暴雨事件分析[J]. 给水排水,2012,38(S1):44—49.

[22] 季崇萍,刘伟东,等. 北京城市化进程对城市热岛的影响研究[J]. 地球物理学报,2006,49(1):69—77.

[23] 胡茂川,张兴奇. 南京市内涝灾害成因分析[J]. 重庆交通大学学报,2011,11(3):28—30.

[24] 吴庆洲. 古代经验及城市防涝的启示[J]. 灾害学,2012,27(3):111—115.

[25] 徐娜. 暴雨殇城[J]. 中国减灾,2012(8):39—41.

[26] 李旭,张辉,等.统筹兼顾,因势利导:历史治水经验对城市“内涝”的启示[J].城市发展研究,2012,19(4):113—117.

[27] 吴庆洲.中国古城防洪研究[M].北京:中国建筑工业出版社,2009.

[28] 解孝成.城市规划的弹性工作法[J].城乡建设.1993(7):14—15.

[29] 李宏,梁献超,等.城市雨水利用中的景观营造[J].城市问题,2009(7):44—47.

[30] 熊苹,丁明柱,等.利用GIS技术和RS技术减灾防灾[J].测绘与空间地理信息,2005,28(6):7—9.

[31] 虞洁夫.2009年浙江省洪涝台灾害特点与防御工作思考[J].中国防汛抗旱,2009 (6).

[32] 邱志章, 张民强. 浙江省城市防洪排涝管理现状及对策探讨[J].浙江水利科技,2011(6).

[33] 于卫红. 城市排涝规划的要点问题探析[C]// 中国城市规划学会. 2010 中国城市雨洪控制利用高级研讨会论文集,2010.

[34] 王金亭.雨水开发利用潜力大[N].中国水利报,2002-8-20(4).

[35] 刘善建.水的开发与利用[M].北京:中国水利水电出版社,2000.

[36] 王金亭.都市化对水文的影响[J].山东省水利学校校刊,1993(l).

[37] 任光照,黄永基,等.城市用水[M].北京:水利电力出版社,1989.

[38] 赵红,汪亮.从美国联邦应急计划看美国国家应急管理运行机制[J].项目管理技术,2004(1).

[39] 金磊.城市综合减灾的应急管理模式及方法[J].北京规划建

设, 1997(3).
[40] 郭济. 政府应急管理实务[M]. 北京: 中共中央党校出版社,2004.
[41] 王明旭. 突发公共卫生事件应急管理[M]. 北京: 军事医学科学出版社,2004.
[42] 金磊. 中国增强现代城市的应急管理能力探析[J]. 重庆邮电学院学报,2002(4).
[43] 赵林度. 基于危机资源管理的城市安全应急网络研究[J]. 东南大学学报:哲学社会科学版,2004(4).
[44] 闪淳昌. 提高政府应对突发事件的能力[N]. 中国安全生产报, 2003-2-7(2).
[45] 丁石孙. 城市灾害管理[M]. 北京:群言出版社,2004(3).
[46] 邱志章,张民强. 浙江省城市防洪排涝管理现状及对策探讨[J]. 浙江水利科技,2011(6):38—40.
[47] 李月明,郑雄伟. 浙江省城市防洪排涝问题与对策[J]. 水利规划与设计,2012(3):1—3.

后 记

早在2500年前的先秦时代,我国著名的思想家管仲在其著作《管子·度地篇》中就指出“五害之首水为大”,我国历史上也有“治国先治水”的古训。在人与自然的对抗中,河道洪水灾害早已得到人们的重视,而城市内涝因其损失相对不大而得不到应有的重视。但随着城市生态恶化,中国城市每逢大雨便出现内涝灾害,暴雨让城市排水系统瞬时崩溃,“看海”成为暴雨后的无奈调侃。

自然界是没有所谓的内涝现象的,水流因时就势,汇集流淌,而在城市中,因为诸多原因,水流的排除无法满足人们的需要,从而导致了一系列直接与间接的损失。与河道洪水相比,在城市内涝问题上,人类自身改造自然的能力是解决城市内涝问题的关键。目前城市内涝现象频发,发生内涝灾害的区域从地势低洼地区的城市逐渐蔓延到大部分城市,城市内涝已经成为一项全国性的问题,其特殊性要求社会关注不应局限于技术层面,更应从政策、管理层面对其进行宏观的把握与调控,从而根治城市“顽疾”。

在本书写作过程中作者对浙江省排涝水进行了全面分析和总结,从浙江省地理气象特点、内涝成因出发,分析了我省排涝相关措施及政策,通过查阅大量资料,在理清思路的同时,也对浙江省排涝水的未来充满信心。通过“五水共治”的有力保障,浙江省城市内涝难题必将攻克!

在本书撰写过程中,浙江省水利厅朱法君、浙江水利水电勘测设计院谢丽华、浙江工商大学沈东升、浙江省文联郑晓林等多位专家提出了许多宝贵的意见和建议，在此表示由衷的谢意。同时，感谢读者耐心阅读本书，敬请批评指正。

"五水共治"科普丛书（4）

主编　周鹤鸣　邹　冰

保供水

BAO GONG SHUI

周建芬　编著

治污水　防洪水　排涝水　保供水　抓节水

浙江工商大学出版社
ZHEJIANG GONGSHANG UNIVERSITY PRESS

图书在版编目(CIP)数据

保供水 / 周建芬编著. —杭州 ：浙江工商大学出版社，2014.12(2015.1 重印)
("五水共治"科普丛书 / 周鹤鸣，邹冰主编)
ISBN 978-7-5178-0739-1

Ⅰ. ①保… Ⅱ. ①周…Ⅲ. ①给水—普及读物 Ⅳ. ①TU991—49

中国版本图书馆 CIP 数据核字(2014)第 265309 号

保供水
周建芬 编著

出 版 人	鲍观明
责任编辑	何海峰 刘 韵
责任校对	刘 颖
封面设计	王好驰
责任印制	包建辉
出版发行	浙江工商大学出版社 (杭州市教工路 198 号 邮政编码 310012) (E-mail:zjgsupress@163.com) (网址:http://www.zjgsupress.com) 电话:0571-88904980,88831806(传真)
排 版	杭州朝曦图文设计有限公司
印 刷	杭州恒力通印务有限公司
开 本	850mm×1168mm 1/32
印 张	5
字 数	125 千
版 印 次	2014 年 12 月第 1 版 2015 年 1 月第 2 次印刷
书 号	ISBN 978-7-5178-0739-1
定 价	49.50 元(全五册)

浙江工商大学出版社营销部邮购电话 0571-88904970

“五水共治”科普丛书编委会

序

水是生产之基,生态之要,生命之源。治水历来是兴国安邦的大事,中华民族的文明史,也可以说是一部除水害、兴水利的治水史。浙江因水而名,因水而兴,因水而美,但我们浙江还是一个“缺水”的省份。“缺水”主要有海岛地区资源性缺水,也有山区工程性缺水,更主要的是污染造成的水质性缺水。近些年来出现了“江南水乡没水喝”的情况,比较深刻地揭示出粗放式增长模式消耗资源环境的种种弊端。

党的十八大报告提出,“建设生态文明,是关系人民福祉、关乎民族未来的长远大计……把生态文明建设放在突出地位,融入经济建设、政治建设、文化建设、社会建设各方面和全过程,努力建设美丽中国,实现中华民族永续发展”。2013 年,浙江省委、省政府提出以“重整山河”的雄心和“壮士断腕”的决心,打响“铁腕治水”攻坚战,以治污水、防洪水、排涝水、保供水、抓节水“五水共治”为突破口,倒逼转型升级,打好经济转型升级“组合拳”。这是省委、省政府推进浙江省新一轮改革的关键之举,是一项顺应群众呼声的民生工程。

“五水共治”符合党的群众路线教育实践活动落实整改的要求,是新形势下浙江社会主义物质文明建设的要求、精神文明建设的需求、生态文明建设的诉求、政治文明建设的追求。“五水共治”，要治污先行，也要齐抓共治，它是一项庞大的系统工程，必须用系统的思维和方法才能落实。

“治污水”必须抓好治理黑河、臭河、垃圾河，实现城镇截污纳管、农村污水处理、生活垃圾集中处理。与此同时，必须实现农业转型，坚持生态化、集约化发展方向，推进种养殖业的集聚化、规模化经营和污物排放的集中化、无害化处理，控制农业面源污染。

“防洪水”必须重点推进强库、固堤、扩排三类工程建设，强化流域统筹，疏堵并举，制服洪水之虎。

“排涝水”必须重点强库堤、疏通道、攻强排，打通断头河，开辟新河道，着力消除易淹易涝片区。

“保供水”必须重点推进开源、引调、提升三类工程建设，保障饮水之源，提升饮水质量。

“抓节水”必须重点进行改装器具、减少漏损、再生利用和雨水收集利用示范等工作，合理利用水资源。

为普及全省对“五水共治”行动的深刻认识，浙江省社会科学界联合会和浙江水利水电学院组织了水文、生态、环境、水利、法律、政策等方面的专家和学者，编写了这套“‘五水共治’科普丛书”。丛书作者通过大量实地调研和数据资料整理，运用专业知识和文化力量，深刻分析了“污水、洪水、涝水、供水、节水”现状与问题，总结了国内外治水的主要成就与经验，梳理了当前治水所面临的主要问题，阐述了治水的基本理念和途径，传播了水文化，为浙江省的“五水共治”工作贡献了智慧。这项工作很有意义，值得肯定。

本丛书内容丰富，文字生动，图文并茂，寓教于乐。它有三个主要特点：一是视野开阔。从古到今，从国内到国外，广泛联系实际，在宏大的背景下对治水经验、教训和成就进行了全面深刻的剖

析和多角度的思考。二是有理有据。既有科学依据又有文化内涵，详细阐述了治水理念、措施与途径，具有较强的指导性。三是深入浅出。语言朴实，案例生动，很接地气，是关于“五水共治”的一部好作品，适合大众百姓阅读，值得学习和推荐。

是为序。

符宁平

2014 年 9 月

目　录

迫在眉睫——供水危机

第 1 章

1.1 世界及我国的供水危机

水是基础性自然资源和战略性经济资源。人类对水资源的关注程度随着水资源的日渐紧缺和生态环境的日渐恶化而不断增强。水资源的可持续利用是社会和经济可持续发展的重要保证。

据联合国公布的数据，全球用水量在20世纪增加了6倍，其增长速度是人口增速的2倍。联合国教科文组织认为，目前地球上淡水资源总体充足，但分布不均，约65%的淡水资源集中在不到10个国家和地区。另外，由于管理不善、环境变化及基础设施投入不足等原因，全球约有1/5的人无法获得安全的饮用水，40%的人缺乏基本卫生设施。据统计，全世界有100多个国家和地区缺水，严重缺水的已达40多个。

《国际人口与发展大会行动纲领》提出的“可持续利用的水”报告中，采用瑞典水文学家Malin Falkenmark提出的水紧缺指标(Water-Stress lndex，其中提出并为国际上一般承认的标准是人均水资源少于1700立方米为用水紧张的国家)，对全球人均水资源量变化趋势做了预测：如果人口不稳定下来，大多数用水紧张的国家将进入缺水国家的行列。水紧缺指标不是精确的界限。水的紧缺受到气候、经济发展水平、人口及其他因素影响，地区差别较大，并与节水和用水效率有关。据统计和预测，用水紧张或缺水国家(地区)及人口数为：

年　份	国家(地区)数(个)	人口(亿)
1990	28	3.35
2025	46～52	27.8～32.9

水是造成大批“环境难民”的头号因素,已超过战争原因。伴随着河流流域水资源的危机而出现的“环境难民”在1998年达到2500万人,第一次超过“战争难民”的人数。据预测,到2025年,因为水的原因而成为难民者将多达1亿人。另据专家估计,到2025年,约有30亿人,即全球1/3的人没有足够的、干净的饮用水,他们中的很多人不得不挨饿,甚至有可能出现新的大迁徙。

在过去50年中,世界上由水资源矛盾引发的重大冲突有507起,其中37起是跨国境的暴力纷争,21起演变为军事冲突,因水而起的用水条约共签署了200个。

争夺水资源已经并将继续成为许多国际冲突的焦点,未来的许多战争将因水而起,“战争难民”也将增加。

我国作为全球严重缺水国家之一,经受和面临的缺水压力是巨大的,缺水已成为制约我国国民经济和社会发展的瓶颈。

我国水资源整体分布特点是:南方多、北方少,东部多、西部少,山区多、平原少。全国年降水量的分布由东南的超过3000毫米向西北递减至少于50毫米。北方地区(长江流域以北)面积占全国的63.5%,人口约占全国的46%,耕地占60%,GDP占44%,而水资源量仅占19%。其中,黄河、淮河、海河3个流域耕地占35%,人口占35%,GDP占32%,水资源量仅占全国的7%,人均水资源量仅为457立方米,是我国水资源最紧缺的地区。

前水利部部长汪恕诚分析认为,按目前的正常需要和不超采地下水,正常年份全国缺水量将近400亿立方米,相当于北京市年用水量的10倍。“十五”期间,全国农田受旱面积年均达3.85亿亩,平均每年因旱减产粮食350亿公斤。全国农村有3.2亿人饮水不安全。全国有400余座城市供水不足,缺水比较严重的有110座。

为说明问题,可取2008—2010年全国供(用)水量平均值作为基准年进行供(用)水量分析。全国供水总量5965亿立方米,占全国水资源总量的21.9%,其中地表水4840亿立方米,占全国地表水资源量的18.5%;地下水1096亿立方米,占全国地下水资源量的13.8%。在总供水量中,农业用水占69.4%,工业用水占23.7%,生活用水占12.5%,生态与环境补水(仅包括人为措施供给的城镇环境用水和部分河湖、湿地补水)占2.0%。从2001—2010年的10年间,我国社会总用水量增加了455亿立方米,增加8.2%,年均增长率0.82%。

1.2 浙江供水现状

1.2.1 城镇供水现状

浙江省水资源存在区域不平衡、丰枯不均匀的问题,水资源缺乏制约了浙江经济社会的发展。

浙江省现有水库4334座,其中大型水库33座,中型水库158座,小型水库4143座,总库容445亿立方米,供水库容93亿立方米,承担着3850万人饮水和1600万亩农田的供水任务。

2003年,浙江省率先启动"千万农民饮用水工程"建设,至2012年,建成农村供水工程3万余处,农村自来水覆盖率从62.6%提高到97%,解决和改善了1860万农村人口和60万农村学校师生的饮用水问题。

2006年,浙江省委、省政府启动实施水资源保障"百亿工程",相继建成了湖州老虎潭、金华九峰、三门佃石等水库工程,以及楠溪江供水、浙东引水萧山枢纽、舟山大陆引水二期等引调水工程,全省水资源配置格局基本形成。

在2013年高温干旱中,水库工程和浙东引水、舟山大陆引水、楠溪江供水等一批引调水工程科学运行，全省主要城镇没有出现饮水困难，农田没有大范围受旱。

但是目前，浙江供水水源保障方面又面临新问题，出现了新需求：

(1)杭州、嘉兴等以河道为水源地的地区迫切需要增加优质水源地；

(2)部分江河源头及海岛地区仍须提高应对持续干旱的能力；

(3)部分城市单一水源供水的现状急需改变，应加快形成多水源供水的格局；

(4)早期建设的一批农村饮用水工程需要提高建设标准；

(5)农业“两区”建设的灌溉设施需要提升改造；

(6)城镇供水配套设施需要完善，水质检测设施与能力需要提升。

1.2.2 农村供水现状

根据世界卫生组织有关数据，全球80％的疾病与饮用水水质有关。2005年，国家发改委、水利部和原卫生部联合对全国农村饮水现状调查成果进行了一次全面复核评估，结果表明，截至2004年底，全国共有农村人口9.4亿人（不含上海和港澳台地区），其中，饮水安全和基本安全人口为6.2亿人，占农村总人口的65.7％；饮水不安全人数为3.2亿人，占农村人口的34.3％。农村饮水不安全人口中，水质不达标的人口数达70％，水质问题按影响人口数从多到少依次排列为氟超标、地下水严重污染、地表水严重污染、苦咸水、砷超标、其他水质问题；水量、方便程度、保证率不达标占饮水不安全人口的30％。

目前，我国广大的农村地区居民饮水安全形势仍十分严峻。供水条件差，生活用水基本没有经过必要的处理，导致农村居民水致性疾病频发。我国农村地区因为水致性疾病导致的贫困现象也十分普遍，据原卫生部统计，全国有饮水型氟斑牙患者2000多万人，氟骨病患者130多万人，砷中毒患者近万人，大骨节病患者80多万人。保障饮水安全，改善饮水水质，已成为我国经济社会发展的第一需要。

目前我国农村饮水安全工程主要有以下四类：

(1)已经实现的乡镇供水一体化工程，除向农民供水外，还向乡镇的工业、手工业等副业供水；

(2)多村联合供水工程；

(3)单村供水工程；

(4)单户工程。

前三类均为集中式供水工程，第四类为分散式供水工程。通过集中式供水工程解决饮水问题的人口有3.4亿，占36.5%；而通过分散式供水工程解决饮水问题的人口占63.5%。可见，我国农村仍以传统、落后的分散式供水为主。

2010年，浙江省对11个地市中26个具有代表性的县进行调查监测，结果显示，仍有16.7%的农村人口采用水库水、江河湖泊水、溪水、塘水、深井水、浅井水和泉水等分散式供水方式。这种供水方式易受当地地理环境条件的直接影响，对用水者存在较大健康风险。

集中式供水比例不高的一个很重要原因是地理条件的限制。浙江地形复杂，山地和丘陵占70.4%，居民分散居住。规模较大的水厂工程水压力不足，上不了这些地段；小规模水厂净水处理工艺又很难达到饮水安全要求。

1.2.3 水权、水价及水市场概况

(1)水权

目前，国内外对水权尚无统一的定义。在我国，水权主要包括水资源的所有权、开发使用权和经营权(主要是前两者，经营权的

前提是使用权）。按照《中华人民共和国水法》，水资源所有权属于国家，现在主要研究水的使用权问题，即一般所称的水权问题。

①水使用权，主要是水权分配问题。

用水需求可分四种：基本生活用水、农业用水、经济用水和生态用水。

在流域分水上要考虑的是上下游间的分水问题。

在区域分水上要考虑的是地表水、地下水、主水、客水、过境水、不同用户的分水问题。

此外，还有其他种类的分水，如从水能、水域、水质角度做的分水。

②水权分配的优先问题。要考虑用水保证率、用水安全、用水现状及遵循“谁投资，谁受益”的原则。原则是基本生活用水优先，水源地优先（上下游间），主水优先（主客水间），粮食安全优先，用水效益优先，投资能力优先（要处理好水资源闲置和开发的关系），用水现状优先（要考虑现实的水资源开发利用程度）。

③水权费。既然水资源可以作为商品进行买卖，就要合理确定它的水价。不同用水者，在不同地区、不同时间，使用不同水源的水，其资源水价是不同的。要获取水的使用权，必须缴费。水权定价为实现水资源的优化配置服务。水权的定价应该区分各种情况，例如从需水的角度来讲，要考虑生活用水、农业用水、工业用水、生态用水如何定价，居民、宾馆、洗车业、洗浴业等社会用水如何定价，大田作物、蔬菜、经济作物用水如何定价，重工业、轻工业和其他工业之间用水如何定价。从供水水源的角度来看，要考虑地表水（包括水库水、湖泊水和河道径流）、地下水、主水、客水，如何确定不同的水价。从水资源总量的角度来看，当地的降水、水库的存水、地下水的水位等等，都是定价时需要考虑的。水权的定价受到需水、供水、水资源总量三个因素的影响，需要不断地调整和变动。

(2)水价与水价确定原则

①水价即水的价格。这里,水是指那些能够或可能被人们所利用的水,就是广义上的可供水(包括生活、市政、工业、农业、生态、环境、休闲、美学等多种用途的水),是一种人类不可或缺的自然资源,具有可利用性、相对有限性、可再生性等特点,是一种特殊的、垄断性的商品,具有明显的社会公益属性。

《中华人民共和国水法》第49条规定:"用水应当计量,并按照批准的用水计划用水。用水实行计量收费和超定额累进加价制度。"水的稀缺程度、可利用程度、需求程度以及水利用中的劳动投入,成为影响水价的主要因素。

如何确定商品水价?它应该包括三部分:第一部分是资源水价或叫水权费,也可以命名为资源水价;第二部分是生产成本和产权收益,即工程水价;第三部分是水污染处理费,就是你用了水以后,排出去的是脏水,脏水必须处理,而处理脏水是需要成本的,这可称为环境水价。资源水价卖的是水的使用权,工程水价卖的是一定量和质的水体,环境水价卖的是环境容量,三者构成完整意义上的水价。

②水价确定原则。水价应遵循"动态渐进、相对稳定"的定价原则,要有利于满足各类用水的要求,有利于水资源的优化配置,有利于可持续改善生态系统和防治水污染。其原则有以下几个方面:

第一,公平性原则。水是人类生存和发展的基础,也是人类生产和生活必需的要素,人人都享有获得能满足其基本生活需求的干净水的权利。因此,水价的制定必须使所有人都有能力支付生活必需用水。在强调满足基本需要、减轻绝对贫困的同时,还必须注意水资源定价将影响收入分配等社会问题。除了保证人人都能用水外,价格的公平性还必须体现在不同的用水户间,即保证各个用水户支付的水价与其所享用的供水服务相等。

第二,差别性原则。我国地域辽阔,地理和地形高程的差异,加上气候因素和水汽运动规律的影响,致使我国水资源比较匮乏,且地区和时空分布极不均匀。考虑到各地区经济发展的不平衡、输水距离不同等因素,水价标准也应有所不同。因此,不能在调水地区实行统一的供水价格标准,要根据成本核算,就地定价,即允许不同地区的水价有较大的差别,体现商品水价格的区域差别。

因用水户承受能力不同,水价标准也应不同。由于各类用水户的经济状况不同,对水价的承受能力也不同,水价标准应有所区别。主要表现在以下几方面:

不同类别用水户的水价标准应不一样。用水行业不同,水价标准就不同;不同用水部门,应制定不同的水价标准,如工业水价高于农业水价,城市水价高于农村水价。

用水时间不同,水价标准也应不同。例如,由于受季风气候影响,浙江省水资源在年内、年际的变化幅度比较大,并有连续丰水年和连续枯水年的特点。6—9月的降水量,占年降水量的70%~80%,造成供求之间的不协调。考虑水的供给与需求规律,为了鼓励用水单位在丰水年或丰水季多用水或提前用水,有条件的单位可以自己进行存储,在枯水年和枯水季节限制其用水,从而节约用水。因此,可以制定丰水年与枯水年、丰水季与枯水季有差别的水价标准。

供水保证率与水质不同,水价标准也应不同。由于水利工程供水保证率不同,水质不同,其供水成本也不同,水价标准也应有所差别。此外,同一用户往往有多种不同的用水方式,如工业用水中有消耗水、循环水等。不同用水方式,其用水性质、对水资源的消耗与影响程度均有较大的差别,因此,对同一用户不同性质的用水,也应采取有差别的水价标准。

第三,水资源高效配置原则。只有通过市场才能达到高效配置资源,而市场配置是通过价格、利润和产权来实现的,其中价格是不可缺少的构成因素。水资源是稀缺资源，其定价必须把水资源的高效配置放在十分重要的位置。只有水资源高效配置，水价真正反映生产水的经济成本时，才能更好地促进国民经济的发展，实现水资源在不同用户之间的有效分配。水资源的高效配置要求采用边际成本定价法则，即使边际成本等于价格。

在市场经济条件下，若存在完全竞争，则水资源商品的供给完全为供方市场，在不加管制的条件下，水资源商品生产企业将追求超额利润。政府机构等单位为了限制垄断者追求超额利润，防止垄断的定价制度，有必要对供水等垄断行业进行管制。按传统的做法，管制就是对受管制的企业实施平均成本定价。但这样将偏离边际成本定价，影响资源的配置效率，因此需要在某些情况下寻求一个次优的策略，对价格需求弹性小的商品，价格可以偏离边际成本幅度大一些；对价格需求弹性大的商品，价格偏离边际成本幅度要小一些，以尽量促进资源的高效配置。

第四，成本回收原则。成本回收原则是保证供水企业不仅具有清偿债务的能力，而且还有能力创造利润。只有当水费收入能保证水资源工程项目的投资回收，维持供水企业的正常运行时，才能提高投资方的积极性，同时吸引民间资本，否则将无法保证水资源的可持续开发利用。目前我国的水价制定方案中，这条原则往往不能满足，供水价格水平明显偏低，供水企业不能回收成本，难以正常运行，水价不能向用水户传递正确的成本信号。

第五，环境补偿原则。尽管水资源可以循环利用，但水资源是不可再生的，必须加以保护。因此水价中应包括水资源开发利用的环境代价。比如，南水北调实际上是一项跨流域、跨地区间水资源再配置的工程，在制定水价时必须考虑到调水工程特别是调水区的外部效应，对其进行补偿，以维护调水区的水环境。

总之，水价是十分复杂的。水价的制定不仅应考虑公平性和差别性原则，以促进资源的高效配置和可持续开发利用，还应顾及成本回收原则，并且还要考虑用户的承受能力。制定出的水价必须使社会各方面都能够承受，否则，会引起社会动荡和不安定。由于现实中不可能面面俱到，所以在实际操作中，应考虑不同情况区别对待。对于多目标综合性水资源开发利用工程，水价制定应能区别各种用途的轻重缓急。

(3)水市场和政府宏观调控

随着人口的增长和经济社会的发展，人类对水资源的需求量急剧增加，水资源短缺已成为21世纪制约我国社会经济发展的重要因素。通过对水资源的优化配置，提高水资源的利用效率与效益，实现水资源可持续利用是我国水利工作的长期性、根本性的任务。建立并完善以水权为基础的水商品生产和交换的市场体系，明晰水资源产权，实行水资源有偿使用制度，利用政府的宏观调控和市场调节两种手段，尤其要发挥市场配置资源的基础性作用，最大限度地控制水资源使用的不断扩张和无限需求，调节和缓解水资源的供求矛盾，是实现优化配置水资源、提高水资源利用效率的有效途径。因此，开展水权和水市场的理论研究和实践探索，既是水资源自身经济属性的客观要求，也是适应经济社会发展的必然选择。水资源使用权初始分配类型的划分，作为水资源使用权初始分配工作的主要内容之一，在目前阶段予以明确界定，针对不同的水资源使用类型实行分类管理，对水资源的科学、合理开发利用具有重要的现实意义。

我国是一个水资源极为短缺的国家，随着经济的发展和人口的增加，水的供需矛盾将更加突出。建立水市场是实现合理优化配置水资源的有效手段。要实现水资源的优化配置，就要在节水的基础上促进水资源从低效益向高效益使用的转移，必须培育和发展水市场。

①水市场。实际生活中，我们把水权市场和水商品市场统称为水市场。水权市场是指通过市场进行水权的再分配，形成水权

交易市场;水商品市场是指水商品分配通过市场来实现。因此,水市场形成的核心问题是水权和水价。水权是水资源的所有权和使用权。《中华人民共和国水法》规定,水的所有权属于国家。因此水市场中的水权重点是指使用权。水价是指水权的定价问题。

水(使用)权的转让,可通过水市场有偿进行。因此需要推进水市场的建立,培育和发展水市场,使水成为商品,也使水权的使用和转让有偿化。

水市场的建立应基于以下几项原则:第一,水是商品,是有价值的;第二,水权是有价的;第三,水权是可以转让、可以交易的;第四,通过核算、协商,最后由政府来定价。但水市场又不是一个完全意义上的市场,而是一个“准市场”。其原因有四条:一是水资源交换受时空等条件的限制;二是多种水功能中只有能产生经济效益的部分,比如说供水、水电等,才能进入市场;三是资源水价不可能完全由市场竞争来确定;四是水资源的开发利用和经济社会发展紧密联系,不同地区、不同用户之间的差别很大,难以完全进行公平、自由的市场竞争。

要把市场机制引入水资源管理之中,形成与社会主义市场经济体制相适应的水资源管理运行机制,通过政府和市场双重调控、市场引导、市场交易,形成节水动力。通过市场引导,激发群众树立较强的水资源商品观念,形成较强的节水动力。同时,积极探索建立政府“水银行”,回购无交易条件的生活、生产节约水量;通过政府“水银行”实行二次配置,实现农业、生活节约水量向工业和第三产业流转,弥补政府回购水量的成本,调节水量时空余缺,促进水资源向高效益的产业流转。

②政府宏观调控。由于水市场是“准市场”,政府必须给予宏观调控。政府调控是推动节水型社会建设的关键。一方面,要充分发挥地方政府的组织、协调和管理职能,制订近期和长远发展规划、水资源优化配置方案、总量控制和定额管理、水市场交易规则

等制度体系；另一方面，要层层落实行政领导责任制，通过政府强制措施，推进落实各项规划、方案、规则，实现政府宏观调控的目标。

因为水市场是一个准市场，所以它不可能离开政府的宏观调控。水市场被命名为“准市场”，就是把准市场和政治民主协商结合起来。凡是带有公益性质、带有垄断性质的行业，政府宏观调控都是必须的。实现水资源的优化配置，就要实现水资源的统一管理，也就是说，水资源在什么范围内实现统一管理，就在这个范围内建立水价和水市场的机制，实现水资源的优化配置。因此，政府宏观调控、民主协商、水市场调节的结合，是实现水资源有效管理的途径。

(4)实行虚拟水战略，缓解缺水程度

①“虚拟水”是 Tony Allan 在 20 世纪 90 年代初提出来的新概念，是指生产商品和服务所需要的水资源数量。虚拟水不是真正意义上的水，而是以“虚拟”的形式包含在产品中的“看不见”的水。例如生产 1 公斤粮食需要 1000～2000 公斤的水，生产 1 公斤的奶酪、牛肉、茶叶、咖啡则分别需要 5000 公斤、15000 公斤、16000 公斤、22400 公斤的水，生产重量为 2 克的 32 兆计算机芯片需要消耗 32 公斤的水。虚拟水不是真正意义上的水，因为它包含在产品中以虚拟的形式体现出来，消费者在产品中看不见水的影子。因此虚拟水又叫“嵌入水”和“外来水”，其中后者是指进口虚拟水的国家使用了非本国的水。

迄今为止，较为精确的虚拟水定义有两种：

第一，从生产者的角度，定义为生产这种产品的真实用水量，它取决于生产地的生产状况（包括时间和地点）和水资源利用效率。一般情况下，干旱地区生产 1 公斤粮食要比湿润地区用水量多 2～3 倍。

第二，从使用角度定义，一种产品的虚拟水含量是在使用地生产该产品的需水量。该定义对于平衡缺水地区水资源赤字时(如采用进口代替生产一种水密集产品时给地区节约了多少水量)特别有用。使用第二种定义时,会出现这样的情况:一些进口国、地区由于气候条件不能生产某种产品,可采用营养物质与之等价的产品代替计算。

②虚拟水战略。虚拟水战略是指缺水国家或地区通过贸易方式从富水国家或地区购买水密集型产品来获得水和粮食的战略。如果一个国家以虚拟水出口水密集型产品给其他国家,实际上就是以虚拟的形式出口了水资源。通过这种方式,一些国家向另外一些国家提供用水需求。水资源稀缺的国家可以通过进口水密集型产品而不是在国内生产来获得水安全,而水资源丰富的国家可以通过生产出口水密集型产品来获得经济利益。

由于长距离和相应的巨额成本,富水国和贫水国之间的实体水贸易一般来说是不可能的,但是水密集型产品的贸易、虚拟水贸易是现实可行的。国家之间甚至洲际之间的虚拟水贸易可以作为一种提高全球水资源利用效率和缺水地区获得水安全的有效途径。

就全球淡水资源总量而言,足以满足当代世界人口的所有淡水需求,但是由于大部分水资源的时空分布不均,使得一些国家和地区水量丰富,而另一些国家和地区水资源异常匮乏。传统上,人们对水和粮食安全都习惯于在问题发生的区域范围内寻求解决问题的方案。虚拟水战略从系统的角度出发,运用系统思考的方法找寻与问题相关的各种各样的影响因素,从问题发生的范围之外找寻解决问题的应对策略。虚拟水战略提倡出口高效益水密集型商品,进口本地没有足够水资源生产的粮食产品,通过贸易的形式最终解决水资源短缺和粮食安全问题。由于人口增长是水资源短缺的最原始驱动力,粮食作为人类的生活必需品携带有大量的虚拟水,是当前世界贸易中数量最大的商品,因此,人口—粮食—贸易之间的连接关系就成为虚拟水战略分析的主线。从另一个角度来看,也就是抓住水的社会属性这条主线来进行水资源管理。

虚拟水战略是全球化的水资源战略,为实现我国的水资源安全,必须构筑我国的新型全球化水资源安全战略体系。把虚拟水战略作为缓解我国区域水资源短缺的重要战略措施。为此,有的学者认为,若采用虚拟水战略,可以不用建设南水北调西线工程,而是将解决水资源短缺问题的"实体"调水工程变为虚拟水贸易的"虚拟"调水工程;也有学者提出,目前我国粮食种植布局不合理,造成"北粮南调",每年其虚拟的"北水南调"水量相当于"实体"的南水北调东线工程一年的调水量,加剧了北方缺水程度。

③虚拟水的国际贸易。尽管价格和技术是提高区域水资源利用效率的工具,而且在流域尺度上水资源按照效益最大化重新配置也可以提高水资源利用效率,但是,国家间的虚拟水贸易是提高"全球水资源使用效率"的有效工具。从经济学的观点看,应当在水资源丰富的地区生产世界上需求的水密集型产品。在这些地区,水资源比较廉价,而且水资源使用的负外部性比较小,单位产品的生产所需的水量一般也较少。从水的生产效率较高的国家或地区向水的生产效率较低的国家或地区进行虚拟水出口,意味着全球实体水的储备和节约。

评估国家间的虚拟水量,基本方法是国际贸易量(吨/年)乘以其相应的含水量。

粮食、畜类的贸易资料可从联合国统计署获得,各国每种作物的虚拟水含量,可根据联合国粮食组织提供的数据和作物需水模型,计算出每种作物生长期间的消耗水量,从而得到粮食虚拟水含量。畜产品的虚拟水含量取决于其在生产过程中可消耗水量及其在加工过程中的耗水量。

据估算,1995—1999年,世界农产品虚拟水进出口前10位国家中,虚拟水出口国都是水资源丰富的国家。全球农产品的虚拟水年平均贸易量为9400亿吨，其中67%为农作物贸易，23%为畜产品贸易，10%为工业品贸易。据统计，日本60%以上的食物和80%的木材来自进口，2000年进口虚拟水近600亿吨；同年，中东和北非地区每年进口粮食达5000万吨，相当于进口3500亿吨的虚拟水资源。

1.2.4 供水政策及改革

我国现行水资源管理体制存在着部门间各自为政、区域间条块分割、缺乏民主协商机制等诸多问题。体制问题导致我国水资源管理水平低下。因此，必须构建以流域为单元，以对流域内水资源进行统一管理为核心，对我国流域的水资源实施统一管理的新体制，才能从根本上解决我国水资源管理问题。

统一管理水资源是合理开发和利用水资源的前提。地表水、地下水有着天然的联系，地下水和地表水一样也有其形成的流域，开发和利用应当遵循其自然规律，因此只有统一管理，才能做到科学规划，统筹考虑地表水与地下水的开发，便于制定和实施科学的水资源开发利用方案，充分利用各类水源，尽量利用地表水代替地下水，逐步使地下水的开采和补给达到平衡。

(1)水资源管理现状

水资源管理主要由水利部负责。水利部同时负责全国大江大河的综合治理和开发等。在水利部下面，长江、黄河、淮河、海河、珠江、松辽及太湖分别设立流域管理委员会，内设水资源司。各省设有水利厅，负责本地区的水资源管理工作。

2002年，浙江省根据《中华人民共和国水法》等有关法律、行政法规的规定，结合浙江省实际，制定了《浙江省水资源管理条例》，并于2009年进行了修订。

浙江省各市(县)设水利局，具体工作包括：

①统一管理全市(县)水资源，制订全市(县)水资源开发利用

规划；负责组织全市（县）水资源的检测和调查评估；会同有关部门制订全市（县）和跨地区水中长期供求计划、水量分配调度方案并负责监督管理；组织实施取水许可证制度和水资源费的征收制度；归口管理全市（县）节约用水工作；对水资源保护实施监督管理；受市（县）人民政府委托，协调有关部门进行部门间和地区间的水事纠纷调处。管理全市（县）农村水利和乡镇供水、人畜饮水、城市地表水的水源建设；按照国家资源与环境保护的有关法律、法规和标准，拟定水资源保护规划，提出水功能区划分和水域排污控制的意见，有关数据和情况通报市环保局。

②归口管理全市（县）水利经济工作，配合有关部门制定财务政策及水费、水资源价格政策，并组织实施；对水利系统国有资产的保值、增值进行监督管理；对水利综合经营实行行业管理。

③对全市（县）水工程建设进行行业管理；负责组织建设和管理具有控制性或者跨地区的重点水利工程；负责指导农田水利基本建设；统一管理水利资金；负责组织水利工程招投标管理，并建立专门的水政水资源管理机构和专职水政监察队伍。

(2)理顺水资源管理体制

水资源的治理、开发、利用和良好的水环境是水利可持续发展的基础。针对水资源管理中存在的问题，应建立与市场经济相适应的水资源管理体制，实施可持续发展的水资源管理战略，适时从工程水利向资源水利、生态水利转变。只有管理体制理顺，才能真正实现“五统一、一加强”的战略目标，即统一规划、统一调度、统一发放取水许可证、统一征收水资源费、统一管理水质水量和加强服务。

(3)明确水资源产权

根据我国《宪法》和《水资源保护法》，水资源所有权属于国家；农业集体经济组织所有的水塘、水库中的水，属于集体所有。我国法律上的水资源所有权包括国家所有权和集体所有权两种。

加大实行取水许可证、排污许可证和总量控制制度的力度。于 2002 年修订通过的《中华人民共和国水法》第 48 条明确规定："国家直接从江河、湖泊或者地下取用水资源的单位和个人，应当按照国家取水许可制度和水资源有偿使用制度的规定，向水行政主管部门或者流域管理机构申请领取取水许可证，并缴纳水资源费，取得取水权。"

取水许可制度的贯彻实施，提高了广大群众的水资源意识，增强了广大群众节约用水的自觉性。它在强化水资源管理、促进水资源的合理开发利用方面，是行之有效的法律制度。

排污许可制度是以改善环境质量为目标，以污染物总量控制为基础，规定排污单位许可排放何种污染物、许可污染物的排放数量、许可污染物的排放去向，等等。于 2008 年修订通过的《中华人民共和国水污染防治法》第 20 条明确规定"实行排污许可制度"。随着社会的发展，废水排放量逐渐增大，虽然不少污染源在排出处的废水浓度达到了国家或地方规定的标准，但污染物的总量却不断增加，环境质量仍在恶化。所以，只有在实行排污浓度控制的基础上，对一些重点污染源实施排污总量控制，发放排污许可证，才能有效地控制水污染。

排污许可制度对污染集中控制、环境保护目标责任制和城市环境综合整治定量考核制度都有着密切的协调和推动作用，可以认为，污染许可制度不失为市场经济条件下加强环境管理的一种有效手段，只要认真总结与其他管理制度的协调作用并不断加以完善，我国环境管理工作一定会迈向一个新的高度。

实行总量控制和排污许可制度是保证环境质量、维护持续发展战略的重要手段，是环境管理工作发展的必然趋势。但是，由于现行排污许可制度发展初期是在终端控制为主的环境条件下进行的，难免带有终端控制的弊端。在当今环保形势下，唯有果断采取措施，与上述所论清洁生产等环境管理制度与措施相结合，排污许可制度才能切实有效地开展起来，才能更具生命力。

(4)水资源管理的法制建设

水资源管理的法制建设是以立法的形式，通过水资源法律体系的建立，为水资源的开发、利用、治理、配置、节约和保护提供制度安排，调整与水资源有关的人们之间的关系，并间接调整人与自然的关系。水资源管理的法制建设是实现水资源价值和可持续利用的有效手段，在水资源综合管理中具有基础性地位。水资源管理的法制建设包括水的立法、行政执法和行政司法。

建立一个好的法制体系应当有六大支柱：

第一，科学依据。法律是政府代表人民利益强制法人执行的行为规范，没有科学依据的法律无异于独裁。

第二，法理。法律本身也是一门科学，立的是“法”，就是要遵循法律科学本身的规律——法理。

第三，实际情况。法律不是宗教，也不是宣传，更不是理想，而是强制执行的行为规范，因此必须符合实际情况，既不能提出过高要求，也不能张冠李戴，要从自己的实际情况出发。

第四，可操作性。法律不是宣传文章，必须有具体操作条款，使之具有可操作性。

第五，与国际接轨。我国要加入全球经济一体化的进程，因此我国的法律尤其是经济与资源法律，必须与国际接轨，而不能与国际通行的法律相抵触。

第六，“法即罚”。法是强制执行的法律规范，而不是一种道义的提倡，必须规定犯法如何惩罚。有可操作的处罚条款，否则“法则不法”。

在水资源管理立法上，应制定自然资源结合法，以协调各种自然资源开发利用和保护；制定流域管理机构法，以法律形式对流域管理机构的职能、工作程序给予规定，赋予其行政、经济方面的权力;设立公众参与法。

丁2002年修订通过的《中华人民共和国水法》的特点是:

一是强化水资源统一管理,确立了流域管理机构的法律地位,注重水资源合理配置;

二是把节约用水放在突出位置,核心是提高用水效率;

三是加强水资源宏观管理,明确水资源规划的法律地位;

四是重视水资源与人口、经济发展和生态环境的协调,加强在水资源开发利用中对生态环境的保护;

五是适应依法行政要求,加强执法监督,强化法律责任。

水行政执法是指各级水行政机关按照国家的法律、规章的规定,调整在开发、利用、保护、管理水资源和防治水害过程中发生的各种社会经济关系,维护正常的水事秩序,保护水、水域和水工程,更好地为发展社会主义经济建设和提高人民物质文化生活水平服务。对公民、法人及其组织的水事活动直接进行监督和检查,对违反水法规的行为依法进行处罚。

实现水资源统一管理、加大水行政执法力度,有利于科学系统地管理水资源,依法行使水政监督,规范水行政执法,保证有关法律、法规的贯彻实施,确保水资源适应国民经济和社会发展的需要。

水行政执法同人民法院的配合,是贯彻实施《行政诉讼法》的需要,也是水利部门依法行政的需要。在依法行政中,要积累执法经验,熟悉执法程序和诉讼程序,这就迫切需要法院给予帮助和指导。而人民法院为了有效地实现行政诉讼的维护、监督职责,也需要了解水利业务及行政管理方面的知识。水行政执法与司法部门的配合,是行政机关为了维护社会秩序而采取的联合行动。

水行政执法同司法部门配合,让司法部门提前介入案情,有利于水利部门争取行政诉讼的主动权;水行政执法同司法机关配台,对于案件调查取证具有重要作用,有利于及时有效地打击破坏水利工程的刑事违法分子,有利于已生效文件的执行。

针对水资源保护，近年来浙江省颁布了《浙江省水资源管理条例》《浙江省河道管理条例》《浙江省城市节约用水管理实施办法》等一系列用水、管水的法规、标准。同时，各地还制定了相当数量的地方性水资源保护和管理的规章。如余姚市针对余姚的母亲河——姚江专门出台了《宁波市余姚江水污染防治条例》。自1995年颁布后，余姚市政府对姚江及余姚的水资源污染进行了全方面的治理，特别对姚江流域的污染企业采取了关、停、转、搬等措施。同时，余姚市政府结合防洪工程建设，对3条主要河道进行综合治理，开始着手进行城区生活污水管道和雨水管道分别排放的工程建设，并实施禁止生产、销售、使用含磷洗涤用品等工作，全方位治理水污染，保护水资源。

1.3　水资源保护及供水可持续发展

可持续发展是一个综合和动态的概念，也是社会问题、经济问题、资源和环境问题三者互相影响、互相协调的综合体。联合国可持续发展高级顾问委员会选定了关系到可持续发展的非常重要的战略部门，即能源、运输与水。而能源、运输都与水有关。水是可持续发展中的重中之重。

水资源保护与管理是指通过法律、行政、经济、技术等手段，科学地规划、开发、涵养与保护水资源，有效地管理和利用水资源，改善水资源的质量，保证供给，满足社会经济可持续发展对水资源的需求。

我国城市供水已有100多年历史。从1879年旅顺龙眼引泉供水，到1883年在上海建成第一个地表水源水厂——杨树浦水厂，至1949年全国建有72个自来水厂，日供水能力240万吨，供水管道6600公里，供水人口962万人。

新中国成立以来城市供水的发展历程表明，我国城市供水发展快、规模大，促进和配合了我国的城市发展和经济建设，为社会主义建设做出了贡献，也为21世纪中国城市供水水平的提高和发展奠定了基础。但是人们已注意到，我国城市供水在发展中存在着诸多问题，必须加以正视，寻求对策。

1.3.1 我国城市供水存在的问题

(1)水资源匮乏，资源性缺水严重

目前全球有100多个国家缺水，其中就包括中国。我国的水资源总量约为28000亿立方米(淡水资源)，实际能开发利用的约为12000亿立方米，列世界第六位，按人均水资源量计算，只有世界人均水量的1/4，仅排在第109位。而且，我国水资源的时空分布很不均匀，南多北少，全国水资源的80%集中分布在耕地面积占36%的长江流域及其以南地区。

(2)水源污染继续恶化

20世纪80年代初期，我国90%以上污水和废水直接排入水体。有调查显示，在5.3万公里的江河河段中，污染超标的达35.5%；在总长9万公里的评价河段中，有20.7%的河段受有机物污染，受酚、氰、汞、铬、砷有机毒物污染的占21.8%。

90年代初，据1993年统计，全国131条流经城市的河流中严重污染的有26条，重污染的有11条，中度污染的有28条。属Ⅳ类、Ⅴ类水质的达72条。

21世纪，据《2013年中国环境状况公报》，海河流域中度污染，主要支流为重度污染，经检测60%河段为Ⅳ、Ⅴ类和劣Ⅴ类水质；大辽河水系为轻度污染，经检测80%河段为Ⅳ、Ⅴ类水质；松花江、黄河40%河段为Ⅳ、Ⅴ类和劣Ⅴ类水质；长江10%河段为Ⅳ、Ⅴ类和劣Ⅴ类水质；珠江5%以上河段劣Ⅴ类水质；浙江境内河流16.7%河段为Ⅳ类水质。

城市及其附近河流以有机物污染为主，主要污染指标是石油类、高锰酸钾指数和氨氮。城市河流污染程度则是北方重于南方。工业较发达城镇附近的水域污染突出，污染型缺水城市的数量呈上升趋势。

【资　料】

2011年6月4日晚，杭州市辖区建德境内杭新景高速公路发生苯酚槽罐车泄漏事故，导致部分苯酚泄漏并随雨水流入新安江，造成部分水体受到污染。由于事发地新安江为杭州市重要饮用水源地上游，对下游居民正常生产、生活用水造成重大影响。事故发生后，杭州市民到超市疯狂抢购矿泉水。同时，杭州、建德两级政府立即启动应急预案，环保、消防、交警、林水等部门第一时间赶赴现场进行处置，根据专家意见，沿线各自来水厂暂停取水，共计涉及55.22万居民用水。

(3)供水水质偏低，国家供水水质标准修订时间偏长

我国供水水质标准和经济发达国家相比，主要差距在于项目少，指标偏低，尤其是对水中溶解性有机物和有毒性物质检测项目少。即使《城市供水行业2000年技术进步发展规划》要求的一类水水质目标为88项，也仅达到20世纪80年代国际先进水平。

我国生活饮用水卫生标准第一次确定于1959年，共16项；1976年修订为23项(TJ20-76)；1985年修订为35项(GB5749-85)；2006年底做了修订(GB5749-2006)，沿用至今。

(4)供水漏损严重，且有增加趋势

中国的城市供水漏损水量高达每年60亿立方米，这个惊人的天文数字，至今只是静静地躺在枯燥的统计年鉴里，被人忽视。60亿立方米相当于浙江、福建、江西、海南四省一年城市供水量的总和。一方面，为了缓解北方缺水，国家对南水北调项目已累计投资

了1200亿元；而另一方面，每年超过60亿立方米的水白白地“跑、冒、滴、漏”了。

之所以出现这样的矛盾，在于遍布城市的供水管网都在漏损。逐年老化的管网，想约束水在管道内安分地流淌，已渐渐力不从心。管网漏损是指自来水厂将水供出后，在供应过程中产生了减少。漏损率指管网漏损量与供水总量之比。《中国城市建设统计年鉴2011》显示，2010年浙江省的漏损水量为3.18亿立方米，占当年浙江省供水总量的12.5%。全国城市供水漏损水量为60亿立方米，有13个省级行政区的城市供水漏损率超过了12%。

根据年鉴所设置的“东部”“中部”“西部”三块分类，西部地区的漏损率较低，中部地区最为严重。漏损率与地域分布是没有关系的，关键是每个城市管网本身的材质和老化程度等指标。

年鉴显示，近年来，全国总漏损率正逐年升高。从2006年开始，以每年一个百分点的速度增长，在三年内上涨至12%。

根据原建设部2002年发布的《城市供水管网漏损控制和评定标准》，“城市供水企业管网基本漏损率不应大于12%”为强制性条文，“必须严格执行”。

漏损带来的最大影响就是水资源的浪费。管网漏损还可能产生负压，造成吸力使外部介质进入管道，造成群体污染。

大多漏损都属难以察觉的“暗漏”，30%的漏损都发生在接头处。这样的暗漏连专业人员也很难勘察，甚至只能通过植物的长势来判断。

最直观、对生活影响最大的漏损是“爆管”。

【资　料】

2010年，郑州发生爆管事件，奔涌而出的自来水“瞬间就齐了腰”，造成水厂全面停产，郑州东北区域大面积停水。而就在此次爆管前5天，郑州另一水厂水管爆裂，使城市西区至少80万人饮水受到影响。此后，郑州市自来水总公司成立了“管网隐患排查领导小组”，对供水管网进行仔细排查。2010年短短半年内，郑州市因“自来水管网施工维修”对不同区域发布停水通知达10次。

2002年以来，浙江省绍兴市自来水有限公司在控制供水管网漏损率上大做文章，实施系统工程，有效控制了供水管网漏损率。除了采取加快管网更新改造、强化管线管理、加强用水监察等措施外，还构建了供水数字信息化系统，设置的46个测压点和22个流量监测点能够实时反馈水压、流量。而利用压力、流量曲线图进行对比分析，就能够在最短时间内发现漏水区域，及时抢修，节约水资源。经过6年努力，绍兴城市供水管网漏损率从2002年的15.86%，下降到2008年的4.94%，远低于全国平均水平。按2008年绍兴市区供水量计算，绍兴年节水量达700万立方米，相当于近6万用户一年的用水量。

(5)供水系统自动化程度低，供水设备相对落后，产品开发滞缓

改革开放以来，供水设施在建设资金筹集方面渠道很多，其中通过国外政府贷款、亚洲开发银行贷款、日本协力基金贷款和世界银行贷款，以及BOT外国公司入股等多种方式引进了外资，促进了供水设施的建设和发展，同时引进了很多供水器材、设备和仪表，从而加快了水厂和供水调度控制的自动化步伐，对我国供水发展和技术进步发挥了一定的作用。我国在水厂、泵站和供水调度等一般以引进设备为主、国产设备为辅，自行开发，形成自动控制和管理系统。20世纪90年代以来，国内水厂等设施在自动化产生效益的同时，也取得了一定的经验和吸取了不少教训。从总体上评价，我国供水系统中，从水厂、泵站和供水调度控制在局部或单元上自动化程度和水平已有一定的先进性，但在整体和系统性上与国外发达国家相比差距甚大。深圳自来水集团多年来考察了

欧洲、美国、澳大利亚和日本的供水企业，例如巴黎的蒙特水厂、苏黎世的林肯水厂、德国柏林水厂、美国洛杉机水厂、澳大利亚墨尔本水厂、日本横滨寒川水厂和东京供水调度中心等等，这些水厂自动化程度有差别，但是在数据检测、控制管理、故障诊断处理、报警系统集成和数据储存等各方面，充分体现了自动化的效益，有些水厂已向智能化发展。国内供水行业与发达国家有很大差距。近年来，我国一些发达地区也建成了少量测、控、管一体化的现代化水厂，迈出了积极的步伐。但是，国内行业中的总体发展并不平衡。由于国内经济、技术水平和管理人员素质，目前国内尚无一座达到国际标准的高水平全自动化水厂。

我国供水企业使用的大型蝶阀、泵站调速装置、管网系统设备、水厂加药系统设备、气水反冲滤池、动闸阀门及各类配套装置，以及水质化验各类大型仪器，目前还主要依赖进口，国产设备虽然有进步提高，但与国际品牌产品相比，产品质量及可靠性、先进性方面尚有差距。近年来，国内供水行业推出了“智联供水”等新理念和新设备，尚有待于验证和推广。此外，我国在供水行业自动化方面存在技术规范和设计标准滞后的问题。

(6)供水企业改革步履艰难

已经颁布的《城市供水价格管理办法》难以贯彻，价格不到位，经营困难，效益下降，使企业丧失了经营动力；改革滞后，机制落后，体制老化，不能适应社会主义市场经济发展的需要，很多企业政企不分，经营管理水平不高，行风不正，服务被动，社会投诉多，企业形象不好；人员素质不高，人员过多，包袱沉重，积重难返，发展困难；等等。

1.3.2 水价值的重新体现

改革开放以来，由计划经济向市场经济转轨，人们开始认同水是一种商品，它具有物质价值，能以货币形式进入经济活动参与市场，但是对水的非物质性价值尚未认识或仅仅有所启蒙。水的非物质性价值是指水的生态环境价值，它具有生态环境为人类生存、生产和消费服务的功能，这种体现功能的价值，长期以来，被人们误认为“取之不尽，用之不竭”的资源财富，在传统经济学中把它称为“免费商品”而“自由取用”，根本取消了被列入经济成本的“资格”。可持续发展要求改变这些传统的经济学观念，承认生态环境的全部价值，特别是其中的生态环境状态的价值，并将其作为一种资本，即生态环境资本并且纳入宏观至微观的经济评估与核算中去。

供水工程项目传统的费用—效益分析常常将水资源作为“免费商品”或“价值极低的商品”来考虑，不考虑资源的生态环境价值。可持续发展价值观要求工程项目按费用—效益进行分析，体现工程项目不同方案的“可持续性”。

(1)在供水工程中区域供水和长距离输水工程将有发展趋势

由于我国水资源在时空上分布的不均匀、水量的不平衡和水源水质的普遍污染，20世纪80年代之后出现了区域供水工程和长距离输水工程。由此已为供水界提出一些新课题，诸如多水源供水，长距离引水供水的调度管理；管材、阀门和相关供水器材的产品新要求；跨地域行政行业的协同，也将推动水价的合理定位；等等。

(2)城市分质供水将适度发展

由于各种原因，分质供水已经出现于诸多城市，并有在城市供水中占有一席之地的趋势，供水界和专业人士对分质供水持有慎重的认识是很有必要的。

分质供水的意义何在？分质供水技术涉及哪些方面？分质供水的水质目标是什么？供水量是多少？分质供水的经济可操作性如何评估？分质供水的安全如何保障？技术规范如何跟进？这些

都是有待于实践总结的课题。

城市自来水是城市供水的主体，城市供水的提高和发展始终是城市建设最重要的基础设施之一。中国城市供水未来 50 年的主要任务是加强自来水水质宣传，自来水水质需要改善和提高，分质供水是城市供水现阶段的一种过渡和补充，应该因地制宜，论证充分后采用。

源远流长——古代供水起源与发展历史

第 2 章

2.1 浙江新石器时代文明与供水起源

2.1.1 姚江之畔的河姆渡文化

(1)河姆渡文明

我国新石器时代河姆渡遗址所发现的供水设施，是目前所知长江流域最早的人工水源的结构形式。

河姆渡文化因河姆渡遗址的发现而得名。河姆渡遗址位于今日浙江杭州湾南岸的余姚市丈亭区罗江乡河姆渡(原称罗江公社东方红大队河姆渡村)，西距余姚城关25公里，地处宁绍平原南缘。河姆渡遗址共出土石、骨、陶、木等各种文物7000余件，为研究农业、畜牧、纺织、建筑、艺术和中国文明的起源提供了极其丰富珍贵的实物资料。

(2)供水起源

几千年来，人类的聚居，市井城镇的形成，古代城镇供水随着历史的脚步在不断地进步、发展。

中国很早就有关于掘井和凿井技术的记载。《吕氏春秋·勿躬篇》"伯益作井"(约公元前2200年)，为世界上最早较可靠的掘井记载。公元前2世纪的西汉时代就出现了深井钻井机械。这些钻井机械在宋朝经过较大的改进后，一直沿用到明清，很快传入西方。唐代徐坚《初学记》卷七有"伯益作井，亦云黄帝见万物，始穿井"。东汉许慎《说文解字》中有"八家为井"。

河姆渡遗址中的发现将人类供水史向更早的年代推进。河姆渡新石器时代遗址第二文化层,发现原始木构水井遗迹。在一个直径约 600 厘米的不规则圆形坑边,出现环绕布置的桩木残段。桩木残存 28 根,间距不等,直径一般约 5 厘米,垂直入地约 100 厘米,最深者为 142 厘米,其中两根柱较为特殊,朽木直径各 8 厘米左右,南北对峙,斜向入地,与水平面成 55°角,坑呈锅底状,深处不足 100 厘米,坑内为黑色淤泥。坑底中央稍偏西北有一方坑,边长约 200 厘米,方坑底距当时地表约 135 厘米。方坑壁四周密排加固桩或半圆桩,并加水平方框支护。

根据出土遗迹和遗物情况判断:锅底型圆坑内沉积黑色淤泥,说明此坑原来是一个水塘。聚落内的水塘,自然形成当时居民的一个方便的生活用水水源。水塘的水位不定,枯水时仅在锅底状的坑底稍有积水,所以在底部中央掏一个小深坑,以保持集中一定水量的积水。淤泥中掏坑,需要先设四壁的支护结构。方坑外所见平面朝上安置的大石块,显然是步石,它证明枯水季节正是踏着这些步石到中央方坑取水的。中央方坑内出土的带耳可以系绳的汲水陶罐等,可以进一步证明这是一处生活水源。这一水源的使用方式是:水塘水满时,在塘边取水;枯水时,踏步石到塘底方坑内取水。

发掘所见的大圆坑底部设有支护结构的方坑,是目前所知长江流域最早的人工水源的结构形式。它是高水位地区的一种木构支护水井的雏形,其结构正是古老象形文字所描写的“井”和“#”的形象。《释名·释宫》说:“井者,清也。”对照这种地表水源的原始水井来看,确实是由于有了木构方框的支护,才避免了坑壁泥土造成的混浊,从而保持了水质的洁净,水井的出现,更进一步证明了河姆渡先民定居生活的稳定,并开始讲究饮水卫生。

在黄河流域,近年在河南汤阴白营的一座龙山文化晚期(与河姆渡第二文化层时代相近)的聚落中发现一口水井,其深度已达3米左右,下部残存叠置的木构井干。

河北省藁城台西村遗址的两口商代水井,其支护结构也是采用木构井干方式。台西村一号水井,井口直径295厘米,深590厘米。井口以下450厘米开始直径缩减,形成一个二层台。井底设木构井干,共叠置4层,高82厘米,节点为搭口交接。井干周围尚有30余根桩木加固。这口井中也遗存有当时汲水失落的完整或破碎的陶罐,有的颈部尚系有绳索。

2.1.2 江南文化之源——马家浜文化

马家浜文化是中国长江下游地区的新石器时代文化,因位于浙江省嘉兴市乍浦镇马家浜遗址而得名。主要分布在太湖地区,南达浙江的钱塘江北岸,西北到江苏常州一带。年代约始于公元前5000年,距今有7000余年的历史。这一遗址是1959年初春,由嘉兴南湖乡天带桥马家浜地方群众在沤肥挖坑中发现的。

以嘉兴马家浜遗址为代表的马家浜文化,是长江中下游、环太湖流域新石器时代早期文化的代表,到公元前4000年左右发展为崧泽文化。

马家浜文化的浙江吴兴邱城遗址的下层，在其建筑遗址附近发现9条排水沟，以及2条宽1.5～2.0米的引水渠。该遗址靠近太湖，引水渠是先民们为将水源引入住地而开挖的。在杭州水田畈良渚文化遗址，其居址的北面发现一条宽达3米左右的水沟，沟南侧尚存残蚀的小木桩。可见五六千年前的江南原始居民已掌握了利用木、石、骨工具开挖排水沟渠的技术，既然能在遗址附近开挖沟渠，那么在水田中也必然能开挖沟渠，引水灌溉，满足水稻生产的需要。

在马家浜文化地层发掘出了呈两行排列，南北走向，计33块，呈长方形、椭圆形等不规则形状的稻田遗址，水田相互连接，田块之间均以水口相通，田东部及北部边缘有“水沟”和“水口”相通，并于“水沟”尾端发现水塘或“蓄水井”，灌溉系统是以水塘或蓄水井为源，稻田内所需的水量可通过水口调节。

建筑方面，较为突出的成就表现在：一是将房基垫以较厚的土，用红烧土筑成居住面；二是建造干栏式建筑。干栏式建筑高出地面，适应了江南水乡的潮湿天气。马家浜文化遗址中出土的建筑木构件上，有榫卯对应痕迹，这些木作工艺技术高于河姆渡文化，是目前发现年代最早、同期工艺水平最高的木作工艺品。

2.1.3　文明的曙光——良渚文化

(1)良渚文化遗址

良渚文化分布的中心地区在太湖流域，而遗址分布最密集的地区则在太湖流域的东北部、东部和东南部。1936年在浙江杭县(现属杭州市余杭区)发现的良渚遗址，实际上是余杭区的良渚、瓶窑、安溪三镇之间许多遗址的总称。1959年依照发现地点良渚命名，称为良渚文化。良渚文化存续时间为距今5300～4200年前，属于新石器时代，该文化遗址出土了大量玉器。挖掘自墓葬中的玉器包含璧、琮、钺、璜、冠形器、三叉形玉器、玉镯、玉管、玉珠、玉坠、柱形玉器、锥形玉器、玉带及环等；另外，陶器也相当精致。

打井修渠、灌溉农田，是良渚文化诸氏族部落在河姆渡、马家浜、崧泽文化之后发展农业的又一重要成就。在吴县澄湖、昆山太史淀、无锡南方泉、江阴夏港、嘉善新港等地都发现了这一时期的水井：澄湖发现了100多口水井；太史淀的水井设有木井圈；嘉善新港水井的井壁是用木筑的。这时的水井，修筑井壁的技术显然继承了河姆渡文化、马家浜文化的特点，并在此基础上有所提高。更重要的是，水井数量急剧增加，其作用不仅是为了日常生活饮用。徐家湾遗址发现了用于引水排水的沟渠遗迹，再联系到许多开沟犁的出土，说明良渚文化可能已经出现了灌溉农业。长江下游的良渚文化遗址都处于比较低洼的水网地区，主要农作物是水稻。水稻生长怕干旱，又怕水涝，控制适当的水量是保证水稻生长、丰收的基本措施。

(2)“中国水利第一坝”——彭公大坝

已被考古学家们认定为“中国水利第一坝”的良渚塘山土垣，在证实良渚先民已有防洪工程的同时，却也留下了一个疑问：塘山土垣遗址的水利设施主要是阻挡西北面的洪水，但不能阻挡安吉、湖州、德清等地的洪水，良渚先民如何解决这个问题？

经考古调查，终于有了新发现：先民们在原彭公乡北去湖州、西去安吉的三岔路口，向西顺山势走向，利用山与山之间山凹处，用人工堆筑了一道防洪大坝——“彭公大坝”，其巧妙的防洪功能，是良渚文明得以繁荣的一个重要屏障。

①利用山凹人工堆筑防洪大坝。从彭公三岔路口向西至奇鹤村的奇坞山大坝，全长约6.5公里。而另一条大坝是从彭公奇鹤村马家山西南方向，堆筑至密峰垅山为止，全长为5公里。这两条为阻挡分流西、北两方洪水而建的大坝，大大减轻了塘山土垣遗址大坝的压力。

彭公大坝东西长约120米，底宽约60米，顶宽20米，高10余米，东侧连接自然山体直到德清。上面5米为山上的黄泥，向下10余米则是青膏泥，堆筑十分考究，约20厘米一层，上面还铺一层蓆草，进行夯实再往上铺。

据了解，青膏泥上面铺蓆草，一是在夯筑时不会把泥土粘上来，二是能加固堤坝韧度与牢固度，有防止渗水的优点。

使用青膏泥堆砌，这在良渚文化中仅见于彭公大坝。岗公岭地处山凹，地势较低，也较深，湖州、德清大量的来水都要往这里流，所以大坝建筑要求宽且坚固，而青膏泥恰恰有这个优点。

②塘山土垣就是今天的西险大塘。天目山余脉在遗址区西部的彭公一带分为南北两支，南面是大雄山，北面是大遮山。浙江八大水系之一的东苕溪自西向东逶迤流过遗址区北侧。这种三面环山的环境，使良渚遗址区成为一个仅向东开口的半封闭地域。遗址区地势西高东低，地处江南多雨地区及天目山脉下游低洼集水区，在承接西部的山水后极易形成洪涝灾害。

坐落在遗址北侧的塘山土垣，与天目山余脉及东苕溪走向完全一致，塘山遗址南起瓶窑栲栳山与南山，往北到彭公的毛元岭转弯向东，全长10余公里，宽40～70米不等，现存高度3～5米。它一经发现，即被考古界、学术界认定为"中国水利第一坝"。

它的底部均用砾石铺底，并用附近山上的黄泥进行堆筑夯实，逐层加高。在堆筑过程中，中间还夹着一层30～50厘米厚的砾石层，起加固堤坝的作用，以防止洪水冲击带来的破坏作用。

有考古学家称，塘山土垣即是良渚文化时期的西险大塘，是东苕溪流域最早的防洪设施，作用就是堵截遗址区北侧的大遮山诸峰来的山水。

③良渚先民治水还停留在拦堵阶段。在考古学家们看来，良渚文化大型水利工程完全可以与良渚古城媲美，正是有了这两座大坝的存在，使得以古城为核心的良渚中心遗址群一直保持平安与繁荣。在没有特大洪水的情况下，它对于良渚先民在这一地区

的延续，并在中期前后发展成为良渚文化中心至关重要。事实上，以塘山遗址为界，北侧至今没有发现任何的良渚文化遗存，而南侧则遗址密布，呈现一片兴旺。

不过，考古学家们同时指出，作为先民比较早的水利设施，塘山土垣的作用仅是简单的堵水，还没有作为引水设施利用。

地处良渚遗址区以上的天目山脉，是浙江最大的暴雨中心区，属于东苕溪的集雨面积达 1500 多平方公里，在这个区域内，海拔超过 300 米的山峰甚多，并由这些山峰形成了众多的溪流。如南苕溪、中苕溪、北苕溪等。据古地理学、古气象学推测，当时这一带由暴雨造成的山洪几乎年年发生，并且相隔几年或者几十年、上百年就会出现一次特大洪灾。以土堆筑的土台，以及坐落于平地的各个村落，远不足以抵挡来自西北侧诸路山洪的冲击。单纯的拦堵，显然不能永久摆脱洪灾困扰，先民们只能谋思外迁或其他对策，塘山土垣也就逐渐失去了它修筑之初的功用。此后，塘山再不被人们所注意，后人在塘上种植庄稼，安葬故人，甚至建造住宅，塘山土垣也由此渐渐成为一段沉睡的历史。

2.2 古代城市水源及供水工程

2.2.1 古代城市水源

水是城市存在的根本。作为都城，国家的政治、经济、文化中心，人口众多，对水的需求就更显得十分重要。

我国古代夏、商、周三朝的都城多数在河流沿岸。从秦以后，各统一王朝的都城也毫不例外都在大河的沿岸。首都是全国或一个地区的政治、经济、文化中心，人口众多，建设宏伟，园林如画，用水量巨大，如果没有地面供水，仅靠地下水是不能解决问题的，因此，都城城址必须选择在河流沿岸，这几乎成为不可抗拒的规律。

我国历史上在今西安建都的有 10 个朝代，4 个城址都在河流的沿岸。随着城址的转移，愈加靠近渭河的重要支流，城市供水也愈加丰沛。

洛阳号称九朝古都，3个城址都离不开洛河。

在南京建都的有8个朝代，3处城址均位于今南京市区、长江岸边，互相重叠或相距不远。明南京城规模宏大，不仅横跨秦淮河，而且还靠近长江。

在开封建都的有6个朝代，城址都位于黄河之南。

在杭州建都的有两个朝代，城址不断向东扩展，靠近钱塘江。

北京最早的城址位于灅水（今永定河）以北的洗马沟岸上。元代把城址转移到蓟城东北，另建大都城，横跨高梁河。明代中叶时建北京外城，城址南移，不仅横跨高梁河，更靠近洗马沟和灅水。

六大古都的城址很典型，其他古都也不例外，城址均位于河流岸上。譬如十六国、南北朝、五代十国时期的都城就是如此。

中国历史上建都毫无例外都位于河流的沿岸，可见中国的都城离不开河流，其根本原因就是为了解决城市供水和水路交通问题。

2.2.2 古代供水工程

我国古代城市供水工程有着悠久的历史，在水源、输配水系统、净化处理等方面都有着瞩目的成就，这为城市的生存、发展提供了最基本的条件。

(1)公元前1600年，商城（位于现在的郑州）是盘庚迁殷之前商朝的都城。考古发现城内北部和东北部为宫殿区，宫殿区东部建有蓄水池和输水管道等贮水设施，保证了该区域的用水。

(2)西安是周、秦、汉、隋、唐等朝代建都的地方，城市地面水供水系统十分完备，开了中国都城以地面供水为主的先河，成功地解决了古代大城市供水的问题，为中国都城解决水源树立了样板。

周代丰镐横跨沣水，自然靠沣河供水。秦咸阳横跨渭水，引渭河水开凿兰池，是都城咸阳的人工蓄水库，供给咸阳城东南地区用水。

西汉长安城的水源主要来自城西潏水，同时凿井，引用地下水。到了西汉中叶，人口大增，大规模地开辟水源，开凿渠道，引用地面水。开辟了中国都城地面水供水的新格局。

唐长安城从东南、西南两个方向引水入城，渠道密如蛛网，使西安地区诸河大都被加以利用，为解决西安城市发展中的供水问题，奠定了东、西两个方向供水的格局。长安四周有泾、渭、灞、浐、涝等河流。由于城市规模大，人口众多，在城市供水方面，唐朝初期，整修了龙首渠、永安渠、清明渠等渠道，把水从长安城外引入城内。这几条渠道穿过长安城内，形成了一个完整的供水网，东西长18里115步(约10.6公里)，南北长15里175步(约8.9公里)，周长67里(约38.6公里)，妥善解决了长安城百万人口的供水问题。

(3)古代广州受海潮的影响，井泉水偏咸。到宋朝，城市发展迅速，人口剧增，供水矛盾突出，被贬惠州途经广州的苏轼向广州太守提出了引水入城的建议，他建议用竹筒引蒲涧水入城，是广州最早的“自来水”规划蓝图。苏轼当时亲自参与总体规划，解决了广州城居民的饮水卫生问题，广州也因此成为全国最早有“自来水”的城市。

(4)考古专家论证，长沙市坡子街现已发掘出的3000平方米地下“屋脊”形木构，系南宋时期一处规模庞大的城市供水系统。其为东西走向，全部由黑褐色厚木板筑成，每块木板长、宽各约1米。与木槽垂直相连的木质“屋脊”长约30米，西高东低，一直延伸到发掘基坑之外。这是一种掩盖式的输水渠道。考古现场同时还发现了20多口古井。

(5)北京:金代的中都城位于今北京市西南广安门一带，城市供水主要利用洗马沟水系。金人扩建中都城时，有计划地把发源于城西一片天然湖泊(即今莲花池)中的一条小河圈入城内，同时开凿护城河和引入宫苑，解决城市供水问题。

元代的大都城充分利用了高梁河水系。高梁河水系中的瓮山泊，也就是今天颐和园昆明湖的前身，为明清北京城的水源奠定了基础。

明初扩大了皇城，供水主要靠汇集玉泉山诸泉的瓮山泊供水。积水潭为主要的蓄水库，并与西苑太液池（即今北海、中海和南海）相通，为皇城、宫城（紫禁城）提供水源。

清代乾隆十六年（1751），为增加运河水量，清廷开拓瓮山泊，把西山碧云寺、卧佛寺的泉水经玉泉山麓也导引入泊，建成了北京西北最大的人工蓄水库，这就是今天的昆明湖。昆明湖的建成使北京城的水源发生了巨大变化，为北京城提供了丰富的水源。

通过以上几个城市供水工程的范例，可见我国古代十分重视水在城市中的作用，并投入了巨大的人力和物力。

关于古代净水技术的描述最早出现在我国唐代陆羽的《茶经·四之器》中。其中有一段关于饮茶用水处理的阐述："漉水囊：漉水囊若常用者，其格以生铜铸之，以备水湿，无有苔秽腥涩。意以熟铜苔秽、铁腥涩也。林栖谷隐者或用之竹木，木与竹非持久涉远之具，故用之生铜。其囊织青竹以卷之，裁碧缣以缝之，纽翠钿以缀之，又作绿油囊以贮之，圆径五寸，柄一寸五分。"这漉水囊，就是作为滤水用的滤水器，供清洁净水之用。

中国是世界上最先采用明矾降低水的浑浊度的国家，正式文字记载最早见明宋应星在明崇祯十年（1687）刻印的《天工开物》一书。在 1744—1746 年出版的西班牙教士纳瓦雷特撰写的《中国帝国游记》中，详细记载了他当时所看到的，普遍应用明矾使黄河水变为清水的情况，并说这是自然的秘密，为当时西方所不知。

【资　料】

2004 年，浙江永嘉县溪口乡溪二村考古发现了一套 400 多年前明朝晚期建造、保留完好的古代净水系统。

它由5个大小不一、排列有序的水池组成。大的水池8平方米，小的仅1.56平方米。考古人员赶赴现场发掘后发现，整个水池的四壁均用大块鹅卵石垒砌而成，5个水池深度不一，最深的0.75米，最浅的0.58米。

原水从距村七八百米远的山麓用陶制水管引入1号池。这是一个铺满沙石、瓦砾的池子，长1米多，宽约50厘米。水经过过滤后，再流进2号池。这个池子全部用砖头砌成，里面铺的是木炭。这是否是最早采用的"过滤—活性炭"处理的工艺有待考证。不过这具有现代净水处理工艺雏形的发现，让人惊叹不已。水流过这两个池子后，通过池底的水管流进3号池。3号池是5个池中最大的一个。它是一个边长约2米的正方形池子，深约1米。可能是储水用的"清水池"，亦可作为"消防水池"使用。这个池的水溢出后，再流进第四个池子。该池呈"凹"字形。水池周边用砖镶嵌，底下用3块圆形的石块铺平，储存的水用于饮用。它的造型最为精致。5号池则是用来洗涤物品的，池底有小排水孔专用于排放污水。

400多年前交通闭塞的山区，当地村民就设计建造了功能齐全的"净水系统"，说明我国古代劳动人民在建筑工程和水处理工艺上已具有很高的水平。

第3章

开物成务——近代供水发展史

近代城市供水主要是指1870年到1949年(也就是清朝末年到新中国成立前)的这段时期内的供水事业的发展状况。这个历史时段虽然只有短短的几十年,比起古代供水的时间跨度来说,只是沧海一粟。但是这半个多世纪却是现代城市供水事业发展的起步。

对于近代城市供水规划的论述最早见于1923年张謇在上海发表的《吴淞开埠计划概况》一文。文中指出“自来水设于采淘港口,汲江水而避海潮,盖水质江优于海,宁稍远多费,以期饮料之洁净。其排水道等卫生事项,亦于划定路基时,预为布置,此筹计公共事业之大概也”。

3.1 清晚期供水发展

3.1.1 清晚期供水概况

(1)近代最早的城市供水——上海杨树浦水厂

1875年3月31日《申报》报道,洋商格罗姆、立德尔、华脱司、邱裕记四人发起征募股金三万两白银在杨树浦(即现杨树浦水厂南部)购地115亩建造自来水厂,水厂置有沉淀池、过滤池、水泵等设备,制出清水后用木船载水分送各贮水池及向过往船只供应滤后水,在陆上则用水车送到用户家中,水价则根据路程远近,每千加仑从6先令6便士到13先令不等,但如此的高价水,购用的居民并不多。该厂在经营5年后于1881年3月4日以1800两银子向正在筹建中的英商上海自来水公司出售全部不动产和动产,原来水厂的供水业务全部结束。

1879年,英国商人麦克利·沃特向上海工部局提出建造自来水厂的建议,同年11月30日在伦敦组成了上海自来水公司筹备委员会并举行了第一次会议,1880年1月24日该委员会向工部局正式提出供水方案:水厂建设资金将在上海和伦敦两地征集,水厂工程按现代工程设计,取用水源将定在黄浦江下游,规模应当满足当前和将来的用水需要。供水将采取"连续服务制"方式。水全部经过过滤净化,可以向整个租界供水。在租界适当地段将安装消防龙头,以供灭火、卫生等其他公共需要。

公司章程规定,市政当局有权收买公司的水厂或承包公司的供水业务,要求工部局批准和支持,并给予公司在安装管道方面的各种便利和专营权利。

1880年11月31日,上海自来水公司筹委会和工部局签订了第一张供水合约,规定自来水厂应于1883年3月31日前开始供水,日夜供水的水压在85～100英尺(25.9～30.5米),水费不得超过房租的5%,公司的年净利润不得超过资本的8%,同意公司在租界内安装布设干管支管供水。同时筹委会取得了在上海开办给水工程的专营权,1880年11月2日按照英国公司法组成"上海自来水股份有限公司",注册地设在英国伦敦,水厂拟建在原杨树浦自来水厂的厂址上,每天的供水规模为150万加仑(6819立方米),规划可以向英租界、虹口租界、静安寺路、法租界,乃至上海老城厢供水。

上海杨树浦水厂建造工程包括水厂、水塔和道路管线,从1881年8月动工,到1883年6月全部建成,历时两年,总耗资12万英镑,其中水厂的全部建设费用为25339英镑。当初建设杨树浦水厂购地18.5英亩(合74867平方米),已充分考虑到当时建厂和以后扩建之用。黄浦江堤岸按最高水位标志再提高3英尺(0.91米),以防台风和高潮位。水厂内设沉淀蓄水池两座,总容量为 27868 立方米。进水用吸水井铸铁筒,直径为 1.83 米,沉入黄浦江低水位标志外 7.6 米江中,在涨潮高潮时通过 762 毫米口径的进水管道引水入沉淀蓄水池。

主要建筑包括蒸汽机房、锅炉房、总仓库、工场及办公室。锅炉房的烟囱高 28 米,底部直径为 2 米。

由于水厂距离外滩英租界有 5.6 公里,为了保证长距离连续供水,公司在英租界的中心地点即自来水公司大楼边江西路香港路口建造了一座高 31.5 米、容量为 682 立方米的钢铁水塔。全部建造费用为 11058 英镑(不包括土地)。

1883 年 6 月 29 日,清政府李鸿章总督前来水厂参观,根据公司总工程师的要求,李鸿章亲手打开了引入黄浦江水源的阀门,把江水放进水池里,水厂制水的流水线送出了中国第一池自来水。1883 年 8 月 2 日,上海《申报》刊登自来水公司广告,招人承办自来水的销售。1883 年 8 月 9 日,自来水公司发出通告,宣告已于 1883 年 8 月 1 日开始供水。

建厂初期,人们对自来水缺乏认识,街头巷尾出现了不少谣传,有的说自来水不可饮用,有的说水管上有两龙相斗,又有的说,地下水管与煤气管接近,煤毒会跑到水里去。自来水公司专门送给各府官员品尝的自来水,也有官员不敢饮用。

1883 年 12 月,上海自来水公司在街道消防栓上采集了水样,由当时上海医疗所老德记药房专门化验,取得了国内第一份自来水水质化验报告。化验报告称:“化验结果证明水极度清洁,并适宜生活和制造用途,有机物的存在是非常小的,没有动物污染,硬度中等,比之伦敦和其他工业城镇不相上下。”

上海自来水公司为此在《字林西报》《申报》上刊登告示,宣传上海的自来水品质优良,清醇可口,称“自来水供应已数月,中外市民购用,皆喜清洁,随时可以取携,用之不竭,水清价廉,食之澄清,居民可免灾疫。如遇火患,即可就近启动水门取水,便于扑灭”。

这些告示为在上海推广自来水业务起到了很大的作用。

20世纪初，开埠后的上海城市经济迅速发展，人口骤增，工商业日益繁荣，英商杨树浦水厂经过1926年的工艺改革，日供水量已经达到20万立方米以上。此时，上海的给水事业发展迅速，法租界、南市、闸北、浦东也都相继建设起自来水公司和水厂。英商自来水公司已开始向静安寺以西的沪西地区发展营业，供水管道一直敷设到西部一带。

1883年杨树浦水厂平均日供水量只有3698立方米，1887年已达到7740立方米，1896年达到1万立方米，1904年超过2万立方米，1915年超过5万立方米，1921年超过10万立方米，1931年超过20万立方米，成为远东第一大型水厂。杨树浦水厂的扩建主要是采用增建滤池来增加供水，到1922年时，水厂滤池已增建到39座，共占地57574平方米，土地全被滤池占用，水厂已无发展余地。1926年开始建造快滤池来满足供水需要，沉淀池已增加到7座，清水池容量已达到8080立方米，出厂干管到1937年已有9根，1921年还在胶州路建造了2座总容量达5.4万立方米的水库。

杨树浦水厂1921年的供水规模比1883年建厂时增加了27倍，日平均供水量达到103262立方米，但生产工艺始终还是将黄浦江水吸入沉淀池沉淀后送往过滤池过滤，然后通过水管送上水塔向用户供水这种方式，由于生产上一直采用间歇式自然沉淀和老式滤池的老工艺无法满足需水量增加的需求，当时的39座滤池每天的供水量最多只能达到12万立方米，水厂已面临供水设备不足的严重问题。

1920年8月4日起，杨树浦水厂出厂水开始全部加氯，消毒效果良好。1922年3月从美国购来4只快滤缸试验运行，结果也令人满意。1923年实行全面投加硫酸铝混凝剂，也取得成功。1925年又提出了用连续沉淀池取代间歇沉淀，用快滤池取代老滤池的改造方案，1926 年、1930 年相继建成了甲组、乙组快滤池，1935 年又建成丙组快滤池，水厂供水能力达到 16700 立方米/时，彻底解决了以往只能依靠增建慢滤池提高供水能力的传统做法。

英商自来水公司开办后，按照英国传统的收费方式，一般按不大于房租的 5%收取水费，用水不受限制。但该方式在租界内推行后却造成用水单耗增长，造成大量的用水浪费。据统计，1905 年居民平均每人日用水量为 47.3 升，1910 年为 77.3 升，1920 年为 108.6 升，1926 年为 140.9 升。由于用水耗费太大，许多地区的水费回收额只能达到成本，如 1921 年全年供水量比 1887 年增加 27 倍，而水费收入仅增加 14 倍。1932 年 4 月 1 日开始安装水表。通过普装水表计量收费，供水量停止了年年增长的趋势，至 1937 年，居民的用水单耗已降低为每人每日 90.9 升，用水收入也开始上升。

(2)大连旅顺龙引泉供水工程

旅顺口龙引泉，是民国初年我国自己最早修建的城市供水工程的水源。龙引泉在 1879 年即为旅顺清军和当地百姓饮用水源，而且还铺设了供水管道。光绪十四年五月，即 1888 年 6 月立碑记载了建造龙引泉供水的缘由和经过，光绪十四年(1888)竣工。

旅顺龙引泉，俗称龙眼泉。以龙引泉为水源的给水工程，是清朝末年，为北洋水师基地旅顺港及附近居民饮水而兴建的。清朝末年，清廷将旅顺口建设成为当时中国乃至远东最大的近代海军基地。

旅顺建港工程中，先后从山东、河北、天津以及金州、复州、营口、旅顺等地招收民工，最多时达 6000 余人，有时旅顺口驻军也参加一些工程项目的施工，工地军民多达万余人。民工和驻军的饮水问题必须加以解决。最初，先在“附近一带连年开井数十口”，由于“非水味带咸即泉脉不旺”，后来“目勘得旅顺口北十里地名八里庄有泉数眼，汇成方塘，土人呼为龙眼泉，其水甚旺，历旱不涸，但分其半，足供口岸水陆营局食用需要”。由此可见，龙引泉引水工程并未于光绪六年十一月(1880 年 12 月)随黄金山炮台动工而立即开始兴建，而是在附近一带找不到淡水水源的情况下，才不得不“凿石引泉”以解决万余名驻军和民工的饮水问题。对此，李鸿章于光绪十六年(1890)十一月初五，在《验收旅顺各要工折》中写道，“又虑近海咸水之不便食用也，远引山泉十余里，束以铁管，埋入地中，穿溪越陇，屈曲而达于澳坞之四旁，使水陆将士，机厂工匠便于朝夕取用，不致因饮水不洁易生疫病”。

旅顺龙引泉给水工程始建于清光绪七年(1881)，同年十月，“工程已得大半”。次年，将泉水引到口岸，并向修筑黄金山炮台的民工及驻军供水。这一阶段工程是由德国退役工兵少校汉纳根协助修建的。由于中法战争爆发，旅顺建港工程集中力量加紧海岸炮台建设。后来，建港工程由法国人德威尔承包，其中“周澳三里余”之给水工程，到光绪十四年(1888)，已“指日可待”。

关于龙引泉的工程量及工程费。在《旅顺石船坞船澳厂库工程全图》中，标明第一期工程，由龙引泉水源至石船坞东侧储水库，铺设“引水管长一千七百八十丈八尺”(折合为5936米)。

光绪十七年(1891)，李鸿章在《洋人代建旅顺坞澳各工折》中称，“淡水库，储水库二座，自来水管分长管长二千四百二十九丈六尺，取水大小机器十八具，包定银三万一千六百两”，另外还有“坝岸铁路双轨长一百二十七丈六尺，电灯八具，淡水管长七十六丈二尺，包定银八千五百两”。在上述两项中，“自来水管分长管长二千四百二十九丈六尺”(折合为8098米)和“淡水管长七十六丈二尺”(折合为254米)，两项合计，自来水管之总长度为8352米。据李鸿章在《验收旅顺各要工折》中的记载，法国人在“周澳三余里”所承包的工程项目有拦潮石坝，大石澳，大、小石坞，沿周澳修建锅炉厂、机器厂、吸水锅炉厂、吸水机器厂、木作厂、铜匠厂、铸铁厂、打铁厂、电灯厂等9座工厂，还修建了铁道、起重铁架、丁字大铁码头和储备船械杂料的大库5座。上述供水设施就是为向坞澳厂库码头等供水而设置的。

龙引泉建成初期的水质状况未见史料记载,《大连及旅顺水道》在70—71页附录部分,载1916年旅顺自来水水质化验表,当时取样9次化验各项指标的平均值为钙(71.986),硬度(9.230),固形物总量(365.800),高锰酸钾消耗量(0.790),细菌总数(39)。旅顺自来水水质化验表是我国早期自来水水质的珍贵资料。

据旅顺口自来水公司史志资料记载,由于周围地区植被遭到破坏和胡乱打井,龙引泉水源自1979年8月水位逐渐下降,并停止了自然涌水。10月,龙引泉干涸。至此,伴随北洋水师基地旅顺港的兴建而被开发建设的龙引泉,近百年来几经风雨战乱,历尽人间沧桑,彻底干涸。

3.1.2 清晚期供水管理和发展

明代中期以来,伴随着市镇数量激增和城市规模膨胀的城市化进展,作为地方的中心地,市镇和城市成为一个大容器,吸收了很多农村人口。

一般情况下,在大城市,生活用水的供给是保障城市居民生活最为重要的条件之一。“如何进行生活用水的供给和管理,可以说是能直接显示该城市性格的一个指标。”众所周知,从16世纪中叶开始,北京的领域向南扩展,人口也持续增加,成为当时世界上屈指可数的大城市。元代以后作为首都的北京供水问题,并非不为统治者所重视,为了给皇室供水,除元代进行了专供宫廷的金水河引水工程外,各种河流工程的出发点都是为了确保水运(漕运)能力,首都和宫廷的安全,即保证护城河,预防城市火灾,皇室、贵族园林等处的用水,或者是排出洪水及污水。

欧洲在16世纪以后伴随着城市的发展,也逐渐陷入用水不足的困境。上水道,特别是引水工程的建设和送水技术的发展成为课题,罗马、伦敦、巴黎等大城市,通过政府参与和民间自来水公司经营,完善了生活用水的供给系统。

这些区域的政府和城市自治组织与生活用水的管理密切相关,与此不同的是,在清代中国可以说地方政府几乎都没有直接参与生活用水的供给管理。当时,像北京那样人口超过10万的大城市,生活用水的供给竟然依靠民间零散的供水业个人的经济活动来支撑。不仅北京如此,天津、重庆、上海、汉口、杭州等其他大城市也都是如此。生活用水供给是城市居民的一个基本生活条件,它不是由地方政府进行,而是通过民间自发的交易关系来维持,这是我们在思考前近代中国的城市社会性格时应该注意的现象。

从清朝到民国时期,随着农村人口流入城市,北京地狭人稠,现有水井不足以供应饮用,朝廷命令步军统领衙门,"调查状况,在各街道多挖水井,通过地下水路方便居民生活"。这清楚表明北京生活用水不足的急迫状况。京师自来水公司成立之前,人们的生活用水主要依靠地下水。其中除了个人所有的"私井"外,也有以前的公用水井。如果推算北京的人口和公用水井的比例,1000人还不到一口水井,且其分布也不均衡。此外,由于水质和味道,还有甜水(软水)和苦水(硬水)之分,软水水井的数量少。"京师之水,最不适口,水有甜苦之分,苦者固不可食,即甜者亦非侍品。卖者又昂其价,且划地为界,流寓者往往苦之,吾尝之谓居北京者不怕米贵而怕薪水贵也。"清朝人的这一体验,很好地反映了当时的生活用水情况。

3.2 民国时期供水发展和管理制度

3.2.1 民国时期供水概况

民国时期两种供水体系并存,即自来水公司这一近代供水体制和传统的人力供水体制。多数城市居民的日常生活都依靠传统的人力供水体制。

民国初,从事水买卖的劳动者成立了正式的同业者组织"井业公会”。根据北平市工商业指南的记载，民国时期加入者有246家。其中20家所有者出身河北，约占总数的8%，其他92%都出身于山东省的25个县。“井业公会”垄断了京师的民间供水。京师自来水公司建立时，居民对京师自来水公司有很大期许，作为一个近代化象征的京师自来水公司，水管铺设和生活用水的销售遭到“井业公会”的强烈抵抗而大受其害，煞费苦心通过当时的报纸消除关于自来水的谣言所带来的不良影响。政府卫生局通过统一水买卖的容器和价格，“水夫”实行登记制，对行政无法触及的“水夫”进行政策规范，企图消除“水夫”和居民之间频发的纠纷。

“井业公会”在守护自己城市中的秩序的同时，也被卷入政治活动之中。1925年发生“五卅惨案”时，井业公会召集北京城数千名“水夫”组织了反暴虐的游行，决定不给英国和日本的相关设施供水，会长甚至发出了支援政府的请愿书。

1937年8月13日，日本帝国主义大举入侵上海，日军占领苏州河以北的公共租界以后，英国工部局派了英国军队保护杨树浦水厂，水厂继续供水，但因战争，英商自来水公司中断了其在东区和北区的全部营业。由于虹口和杨树浦地区的战火，4平方公里繁荣的工业区变成一片废墟，水管损坏又导致大量漏水，每天漏失水量达7万立方米。1938年以后的3年中，由于大量人口逃入租界避难，自来水公司的供水业务得到了很快的发展，供水量和营业收入大大增加。

1941年12月8日，日本发动了太平洋战争，向英美宣战，随即占领了公共租界和杨树浦水厂，1942年设立了“大日本军营管理上海水道会社”，水厂各部门均由日本人控制，虽然供水没有中断，但是水厂设备缺乏养护维修，以致几年之中库存材料耗尽，设备失修、保养极差。1945年8月15日日本投降后，上海自来水公司产权交还英商自来水公司经营。

抗日战争胜利后，由于货币贬值，物价上涨，市场萧条，水厂经营日益困难。从1937年到1949年的12年中,英商上海自来水公司没有进行过重大建设工程。直至新中国成立前夕,自来水公司已是入不敷出,依靠借债度日,以至于月月调整水价。

由于租界的历史原因,新中国成立前上海给水事业由六家企业分别经营,全市分为六个供水区域,六套供水管网互不沟通,各自为政,往往在两块不同区域之间的同一条路两边就有两根不同的水管供应两种水质水压的自来水,收取两种水费,采取不同的供水制度,并且人为地造成了不少管网末端。

【资　料】

上海解放后,1950年6月成立了上海市公用局。1952年11月,上海市军事管制委员会决定征用英国在上海自来水公司的全部资产,英商上海自来水公司结束了其在上海71年的给水经营权,公司更名为"上海市自来水公司"。

从1952年到1955年底,上海市自来水公司实施了连通全市供水管网的环流工程,共安装布设直径450毫米以上管线53公里,布设管线口径平均1米左右,以市区外围的中山路为圆环,沟通了全市各水厂的主要干管,使上海市区的六块供水区域全部连接成网,也使全市的供水管网从解放前的836公里增加到1151公里。到1957年,杨树浦水厂的日平均供水量已达到34万立方米。1958年以后,上海的工业生产和市民生活用水开始大幅度增加,除了新建水厂满足供水量外,市区主要还是依靠杨树浦水厂等老厂的大规模挖潜改造来扩大供水规模。杨树浦水厂通过不断地改进净水工艺、新建快滤池、增设出水机组、加快自动化改造等手段,供水能力不断提高。到80年代,杨树浦水厂的供水能力已经达到140多万立方米,平均日供水量达到105.7万立方米,成为全国最大的自来水厂。

3.2.2 民国时期供水管理制度

20世纪二三十年代，中国和美国的社会学者在城市居民生活的调查当中，都指出存在着水买卖和经营水生意的阶层。以北京供水为例，自1908年京师自来水公司得到清政府支持成立，到1922年北京安装自来水管道的家庭有5000户，约占总人口的3%；1934年有9600户，约占总人口的5%；1942年约为2万户；1947年增加到3万户。从市场占有率的变化来看，自来水市场确实在增长，但新中国成立之前，停留在两成以内，即在20世纪前半叶的北京，自来水公司这一近代供水体制和传统的人力供水体制并存，但多数城市居民的日常生活都依靠传统的供水体制。

截至1911年，全国只有11个城市建有供水设施。至宣统二年(1910)，已装置自来水的城市有上海、大连、天津、青岛、广州、汉口、汕头、北平、抚顺、长春、辽阳、安东、沙河口等。

民国初年，国事纷扰，未进行建设。1927年，政局稍定后，方再筹办水厂。七七事变前，已成立水厂的有上海、南京、天津、杭州、昆明、汕头、海口、柳州、重庆、梧州、镇江、北平、桂林、武昌、南宁、青岛、吉林、大连、旅顺等城市。

1949年前，全国有72个城镇建有自来水厂，供水管道总长6589公里，综合生产能力为每日240.6万立方米。城市供水设施多集中于沿海。广大西南地区只有几个水厂，而西北地区则为空白。除个别较大的城市有少量供工业生产用水外，绝大部分的供水设施是为达官显贵和外商服务的。而平民百姓多直接取用井水、河水。当时，城市供水技术落后，净化构筑物简陋，多采用土沉淀池、慢沙滤池等。后期逐步采用混凝—沉淀—快滤—消毒净水工艺。全国也没有统一的城市供水水质卫生标准。

开源节流——“五水共治”之城镇保供水建设

第4章

4.1 中国城镇供水取得的成绩及主要问题

4.1.1 供水建设取得的成绩

我国自20世纪80年代后供水产能持续增长，公共供水增长相对较快。至2010年，全国城镇（含设市城市、县城和建制镇，下同）供水综合生产能力为38542.3万立方米/日，其中公共供水的综合生产能力为28939.4万立方米/日，占全国城镇供水综合生产能力的75.1%。与“十一五”初期相比，全国城镇供水综合生产能力增长了7.7%，公共供水的综合生产能力增长了17%。从地区分布看，东部地区城镇公共供水综合生产能力增长幅度最大，达到21%，中部和西部的城镇公共供水综合生产能力增长幅度基本相当，分别为11.6%和12.4%。

供水总量持续增长，公共供水的供水量仍居主导地位。2010年全国城镇供水总量为713.9亿立方米，其中设市城市供水量507.9亿立方米，县城供水量92.5亿立方米、建制镇供水量113.5亿立方米，分别占全国城镇总供水量的71.1%、13%和15.9%；在设市城市和县城的供水总量中，公共供水的供水量居主导地位，分别占供水量的80.6%和81.5%；与“十一五”初期相比，2010年设市城市和县城公共供水的供水量分别增长了6.7%和25.1%。

人均综合用水指标不断下降，用水效率有所提高。2010年全国城镇人均日综合用水量为275.5升，与“十一五”初期相比，全国城镇人均日综合用水量减少了20.4%。从城镇行政建制看，2010

年设市城市、县城和建制镇的人均日综合用水量分别为319.6升、195.8升和219.5升，分别比“十一五”初期减少了22.7%、5.5%和18.0%。从地区分布看，东、中、西部地区的城镇人均日综合用水量分别为319.4升、239.3升和224.6升，分别比“十一五”初期减少了18.8%、27.2%和13.7%。

“十一五”期间城镇供水事业取得新的进展。新修订的国家《生活饮用水卫生标准》颁布实施，对城镇供水水质保障提出了更高的要求；住房和城乡建设部及时组织修订实施《城市供水水质管理规定》，进一步促进了城市供水水质管理工作的规范化、制度化；城乡统筹、以城带乡区域供水取得明显成效；城市节水工作不断深入，促进了城镇供水的高效利用；《城镇供水设施改造和建设规划》编制工作全面启动，为促进城镇供水设施的完善提供科学依据。

4.1.2 供水存在的主要问题

(1)供水量不足

我国城市缺水有4种类型，即资源型缺水、工程型缺水、管理型缺水和污染型缺水。我国河川多年平均径流量为27115亿立方米，相当于全球年径流量的5.6%，居世界第6位。但人均占有量只有2392立方米，相当于世界人均占有量10800立方米的22%，是美国的1/5、加拿大的1/50，居世界100多位，被列入世界12个贫水国家名单。

据统计，1996年在全国的666个城市中，有330个不同程度缺水，其中严重缺水的达108个；在32个百万人口以上的特大城市中，有30个城市长期受缺水的困扰。值得注意的是，在我国经济比较发达、人口比较集中的地区，特别是水资源短缺地区的城市，水的供需矛盾尤为突出。据报道，由于供水不足，城市工业每年的经济损失达2300亿元。同时，供水不足还给城市居民生活造成了许多困难和不便，成为城市社会中的一种隐忧。

(2)水源污染日趋严重

近年来,全国水污染仍呈发展趋势,工业发达地区水域污染尤为严重。据 7 大水系和内陆河流的 110 个重点河段统计,符合"地面水环境质量标准"Ⅰ、Ⅱ类的占 32%,Ⅲ类的占 29%,属于Ⅳ、Ⅴ类的占 39%(主要污染指标为氨氮、化学耗氧量、挥发酚和生化需氧量等)。黄河、松花江属Ⅳ、Ⅴ类、劣Ⅴ类水质的河段已超过 40%。淮河枯水期的水质已达不到Ⅲ类,其大部分支流的水质,常年在Ⅴ类以上。长江和珠江的水质为Ⅳ、Ⅴ类、劣Ⅴ类的江段为 5%—10%。与此同时,城市内及其附近的湖泊普遍已严重富营养化,例如滇池的综合营养状态指数接近重度富营养,太湖接近中度富营养。此外,全国以地下水源为主的城市,地下水几乎全部受到不同程度的污染。

总之,目前我国超过 30%的河流、超过 50%的地下水不达标。因此,水源污染除危害人们健康和影响工农业生产外,对城市供水也造成了严重危害。

(3)供水水质标准偏低

与经济发达国家相比,我国制订的饮用水水质标准存在着项目少、标准低的差距,尤其对水中溶解性有机物的检测项目更少。我国现行的生活饮用水卫生标准仅有 35 项指标,而世界卫生组织制订的有 49 项,日本 1993 年底开始执行的为 59 项,欧盟制定的为 66 项,美国环保局安全饮水法中规定的水质指标共 83 项。并且在一些单项指标的规定上,我国要求较低。例如浑浊度,我国是 3～5 浑浊度,发达国家是 1 浑浊度。

另外,从饮水标准制订颁布的周期上看,我国是 10 年左右修订颁布一次,而发达国家是 3～5 年修订一次。

(4)建设资金短缺

我国城市的市政工程设施普遍处于滞后状态。在城市供水方面，形成目前“欠账”多、面大、点多，而又须集中快上的态势。另外，给水工程是系统工程，一般工程量较大，施工较复杂，建设周期较长，故所需的投资相对较多。尤其是长期形成的“城市自来水是社会公益福利性事业”的观念，未能把供水行业当成工业，未视自来水为商品，使市场经济机制无法在供水行业推行，造成不少城市供水行业一直处于亏损状态，靠国家财政补贴运营。因此，形成了城市给水工程建设资金普遍严重不足的状态。

4.2　浙江城镇保供水主要任务

4.2.1　保供水现状及主要问题

浙江省陆域面积 10.38 万平方公里，多年平均降水量 1600 毫米，多年平均水资源总量 955 亿立方米，人均水资源量仅 1760 立方米，低于全国平均水平。降水年际、年内变化大，年际丰枯比为 1.8，每年降水的 70%集中在汛期。省内地区降水差异明显，西南山区是浙北沿海平原的 1.5 倍，降水分布与人口生产力要素分布不相协调。特殊的地理位置和气候条件，导致浙江省旱灾较为频繁；新中国成立以来，全省发生较大面积（受旱面积 200 万亩以上）干旱 42 次，平均每三年发生两次。

浙江省现有水库 4334 座，其中大型水库 33 座，中型水库 158 座，小型水库 4143 座，总库容 445 亿立方米，供水库容 93 亿立方米，承担着 3850 万人的饮水和 1600 万亩农田的供水任务。

为解决浙江省水资源丰枯不均匀、区域不平衡造成的缺水问题，不让水资源成为制约浙江省经济社会发展的瓶颈，2006 年省委、省政府启动实施水资源保障百亿工程，相继建成了湖州老虎潭、金华九峰、三门佃石等水库工程，以及浙东引水萧山枢纽、楠溪江供水、舟山大陆引水二期等引调水工程，全省水资源配置格局基本形成。

2003年，浙江省率先启动“千万农民饮用水工程”建设，至2012年，建成农村供水工程3万余处，农村自来水覆盖率从62.6%提高到97%，解决和改善了1860万农村人口和60万农村学校师生的饮用水条件。全省建有大型灌区11处，中型灌区194处，小型灌区3万余处，有效灌溉面积2019万亩，高效节水灌溉面积106万亩。

浙江省在2013年高温干旱中，得益于水库工程和浙东引水、舟山大陆引水、楠溪江供水等一批引调水工程及其科学运用，全省主要城镇没有出现饮水困难，农田没有大范围受旱，舟山、玉环、洞头、乐清等传统易旱区不仅有水供，也有好水喝，全省未因争水发生水事纠纷。

当前，我省供水水源保障方面也面临新问题，出现了新需求：一是杭州、嘉兴等以河流为水源地的地区迫切需要增加优质水源地；二是部分江河源头及海岛地区仍须提高应对持续干旱的能力；三是部分城市单一水源供水的现状急需改变，要加快形成多水源供水的格局；四是早期建设的一批农村饮用水工程需要提高建设标准；五是农业“两区”建设的灌溉设施需要提升改造；六是城镇供水配套设施需要完善，水质检测设施与能力需要提升。

4.2.2 提升主要城镇供水水源安全保障能力

进入21世纪之后，水已成为全世界关注的焦点之一，对供水的安全保障提出了很多新理念。世界各国普遍认识到，供水的安全性对于保障公众健康、生命安全和社会稳定具有重要意义，因此许多国家将供水安全纳入国家安全的概念中。

根据我国《生活饮用水水源水质标准》规定，水质浓度超过二级标准限值的水源水不宜作为生活饮用水的水源。以此为标准，各城市的选择并不多。

水利部近期公布的数据显示，目前我国水库水源地水质有

11%不达标，湖泊水源地水质约70%不达标，地下水水源地水质约60%不达标。而在城市中，我国有2.5亿居民的住宅区靠近重点排污企业和交通干道，2.8亿居民使用不安全饮用水。

供水安全性一是指它的自然属性上的安全性，即供水水质不应给使用者造成短期或潜在的健康危害；二是指它的社会同性，供水系统管道对突发性事故（包括自然灾害、突发性水质污染、内源性水质恶化、供水系统故障、人为破坏、恐怖袭击等）应具有良好的预防、保护、应急和恢复功能。世界卫生组织（WHO）《饮用水水质准则》（第三版）专门章节中阐述了“水安全计划”（WSP），涵盖了从取水到用户的水质保护全过程，揭示出饮用水水质管理的模式正在向“多层次”“全过程”的目标迈进，由“产品控制”过渡为“过程控制”；“多层屏障法（MBA）”“危害分析与关键控制点（HACCP）”等新概念已被一些国家运用到水质管理中，为供水安全性保障和风险管理提供了新的思路。“多层屏障法”抛弃了单一依靠水处理技术保障供水水质安全的旧模式，提出了由处理技术、监控管理、社会监督等多层屏障共同保护的新模式。“危害分析与关键控制点”的概念则是通过识别和确定城市供水系统中的关键控制点及其临界范围，建立监控系统和校正措施，全程监控，及时调整，保障供水安全。

用水安全系统包括以下三个方面：

(1)应急指挥调度系统

①计算机硬、软件配置应根据当地情况提出最低配置和主要技术手段，服务器硬盘必须有备份功能；

②通信手段可采用有线电话、无线电话、无线电台、卫星通信和网络等，为保证通信手段的安全和畅通，应采用至少两种通信手段；

③多媒体技术应用，可采用音频、视频技术，提高指挥系统安全和可靠性；

④系统安全保障应设有指挥子系统，能替代主系统部分或全部功能；

⑤指挥系统可与管网 GIS 系统结合，并应使用全球卫星定位系统。

(2)水源保护措施

①建立水源保护法规，加强水源保护，特别是对地表水水源的保护；

②建立水源地监控报警系统、水质预警系统，包括生物预警，一旦发现水中生物大量死亡现象应立即查明原因，如经处理，水质仍不合格，应启动包括立即停水在内的应急预案。

(3)供水技术保障措施

①水厂预氧化技术和粉末活性炭应急使用，供配电和通信应急保护；

②充分应用管网 GIS 系统，有条件的供水企业应建立 GPS 系统，对管线、设施和附属构筑物进行精确定位，当发生事故时，可迅速到达事故地点，及时采取措施；

③管网水质连续监测，建立水质监测报警系统。

4.2.3 推进开源工程，保障饮水之源

2014—2016 年，浙江省将着重加强流域上游源头水资源开发利用水平，新建供水水库，提高原水供给能力。计划基本建成浙东钦寸、杭州闲林、临海方溪、慈溪郑徐、仙居盂溪等 5 座大中型水库，以及萧山湘湖三期、磐安花溪、武义石硖、乐清长石岭、松阳庄门源、苍南云遮、遂昌石坑坪、温岭白龙潭、桐乡和海宁备用水源等 10 座小型水库，新增总库容 4.4 亿立方米、年供水能力 3.8 亿立方米。开工建设台州朱溪、松阳黄南、龙游高坪桥、磐安虬里、三门东屏等 5 座大中型水库；加快推进宁海清溪、遂昌清水源、慈溪慈

西、上虞隐潭等中型水库前期工作，3年计划投资116亿元。拟建设浙东钦寸、台州朱溪等供水水库68座，总库容12.89亿立方米、年供水能力12.21亿立方米，总投资365亿元，重点提高宁波、台州等沿海地区和缙云、磐安等江河源头县城及主要城镇供水水源保障能力。

(1)浙东钦寸水库

钦寸水库由宁波市与新昌县合作共建，是浙东引水工程的重要组成部分。

钦寸水库位于曹娥江主要支流黄泽江上，坝址在新昌县钦寸村。钦寸水库工程属大Ⅱ型水库工程，整个工程建设期为5年半。该项目注册资本为4.5亿元，总投资26.88亿元，新昌方投资比例为51%，宁波方投资比例为49%。钦寸水库是一座以防洪、供水为主，结合灌溉和发电的大型水利工程，电站装机容量1600千瓦。据测算，水库最大坝高为64米，坝址以上集雨面积为316平方公里，正常蓄水位98米，总库容2.44亿立方米，工程建设期约为4年。该工程的兴建，能显著提高其下游的防洪能力。另外，在满足本流域下游灌溉和城镇用水基础上，还将通过25公里长的隧洞把水引到宁波市的亭下水库，每年可向宁波市提供1.29亿立方米的优质水，相当于宁海白溪水库年供水量的75%。能满足宁波1/3市民的用水需求。

钦寸水库工程是《浙江省水资源保护和开发利用总体规划》《钱塘江河口水资源配置规划》和《曹娥江流域综合规划》确定的浙东引水与水资源配置及曹娥江防洪治理的重要工程，是浙东引水工程的重要组成部分，被列为浙江省水资源保障百亿工程在“十一五”期间第一批先行建设的项目之一。

经过数年的前期筹划准备工作，钦寸水库于2009年2月28日破土动工。

(2)杭州闲林水库

杭州闲林水库是杭州城市应急备用水源工程,位于杭州市余杭区闲林镇,属杭州市西部地区上埠河流域。工程任务以杭州城市应急备用和抗咸供水为主,结合防洪和改善水环境等综合利用。

工程建成后,将使杭州市主城区备用水源规模从1.5天提高到10天,在新安江、富春江电厂放水配合下,抗咸基本达到97%保证率的标准;工程建成后,结合河道整治,下游地区防洪能力可由5年一遇提高到20年一遇;同时河道生态环境得到改善。

水库控制坝址以上流域面积16.89平方公里,水库总库容1971万立方米,正常蓄水位69米,相应库容1673万立方米,工程静态总投资27.2亿元。

工程规模为中型,鉴于供水对象重要性,工程等级为Ⅱ等。工程主要由拦河坝、泄水建筑物、输水建筑物、补水建筑物及库区水循环工程等组成。

闲林水库坝型采用混凝土面板堆石坝。大坝位于朱田坞村,坝顶高程68.00米,最大坝高34.0米,坝顶宽14米,长224.60米。泄水建筑物采用深孔泄洪洞,根据地形条件及下游河道走向布置在右岸,离右坝头约108米,洞径4.5米,由进水口、洞身及出口消能段组成。进口底高程42.00米,进口前设拦沙堰,洞身纵坡0.66%。根据工程需要,进口设置事故闸门,出口设置工作闸门。出口采用底流消能,消能池长为30米,池底高程37.50米,池顶高程40.50米。在胡家店设副坝一座,坝高15米,上塘弄水库库尾设局部填高地面和设置一道帷幕灌浆防渗。

输水建筑物包括输水进水口、输水隧洞、大刀沙泵站及配套输水管道;补水建筑物包括补水通道(即输水隧洞)、半地下补水泵站。输水建筑物结合引水入城输水隧洞,输水线路总长15.06公里,其中新开隧洞10.68公里,圆形断面(中间需设3个施工支洞,支洞断面为城门洞形),其中砼衬砌段长9.27公里,衬后内径3.6

米，钢管衬砌段 1.6 公里，衬后内径 3.0 米。结合钱塘江引水入城工程段长 4.38 公里，其中 2.2 公里为隧洞，马蹄形断面，衬后 5.3 米×5.4 米，2.18 公里为暗渠，矩形断面，净空 5.0 米×5.0 米。隧洞布置于闲林水库右岸，从大清谷元坞附近接入钱塘江引水入城工程隧洞输至梵村，再引入钱塘江引水入城工程渠道，最后流至钱塘江引水入城工程沉沙调蓄池，在沉沙池附近设置大刀沙加压泵站，将水提升至珊瑚沙水库，取水规模 26 立方米/秒。泵站包括吸水井、泵房、出水池、输水管道、附属建筑物等。加压泵站至珊瑚沙水库输水管道长 1.03 公里，采用 1 根管径 3.5 米砼顶管。在大清谷元坞附近设置半地下消能阀室，消除闲林水库来水的多余水头。补水泵站直接通过引水入城输水通道从钱塘江取水，反向送水至闲林水库。

闲林水库工程主要采用压力输水方式，即利用闲林水库与珊瑚沙水库的高差向珊瑚沙输水（部分经过引水入城段采用无压），采用泵站加压从引水入城主洞补水。

闲林水库的配套工程包括大刀沙泵站工程、闲祝公路和接口工程。

大刀沙泵站是闲林水库枢纽工程的重要组成部分，承担应急提水和抗咸取水任务。大刀沙泵站工程主要由泵站、输水管道及附属建筑物等组成。泵站设计流量为 26 立方米/秒，输水管道长 964 米，采用钢筋混凝土管材，直径 3.5 米。工程等别为Ⅲ等，泵站主要建筑物级别为 3 级建筑物。该工程于 2008 年 12 月 28 日开工建设，目前已完成主体工程。

闲祝公路起点位于闲林镇，与 02 省道相交，经里山村、施家园村，终点位于富阳市受降镇祝家村，与 320 国道相接，路线全长约 11.4 公里，实际建设里程约 10.1 公里，其中余杭段约 5.6 公里（含库区段 3.3 公里），富阳段约 4.5 公里。闲祝公路是建设闲林水库的一个配套项目，也是余杭区与富阳沟通的一条便捷通道，该项目的建设对发挥杭州都市圈的辐射作用，完善区域公路网，带动两地旅游业的发展，促进余杭区及富阳市进一步融入大杭州，实现城乡统筹发展，加快区域经济发展等方面都将起到重要的作用。该工程于 2010 年 6 月 28 日正式开工建设。

杭州市闲林水库与钱塘江引水入城隧洞接口工程位于西湖区转塘街道大清谷，长 30 米。工程于 2008 年 9 月 30 日开工，2009 年 4 月 30 日完工。该工程主要建设内容是完成接口段 30 米的隧洞开挖、锚喷支护、砼衬砌、隧洞灌浆及浆砌块石挡墙封堵等工作量，工程批复概算投资为 100 万元。

(3)方溪水库

方溪水库位于临海市境内，建设总工期 36 个月，计划总投资 11.5 亿元，洪水标准为百年一遇，结合防洪，兼顾灌溉、发电等综合利用，水库总库容 7205 万立方米，供水调节库容 5898 万立方米，电站装机容量 3750 千瓦，总概算 11.5 亿元。方溪水库是以供水为主，结合防洪，兼顾灌溉、发电等综合利用，属省百亿水资源保障工程之一，是省、市重点工程，也是一项涉及临海西部数十万居民饮水的惠民工程。方溪水库建成后，方溪水库将成为临海市的第二大水库，使供水范围内城乡工业、生活用水保证率达 95%，灌溉用水保证率达 85%，生态环境用水保证率达 80%，且能更好地服务百姓。

(4)盂溪水库

盂溪水库位于仙居县灵江流域永安溪盂溪支流上，水库坝址在盂溪流域中下游大庙后村九潭背处，距仙居县城中心 5 公里。水库工程总投资 2.53 亿元，总库容 2058 万立方米，集雨面积 46.28 平方公里，计划施工期 2.5 年，是一座以防洪、供水为主，结合发电、改善水环境等综合利用的中型水库。

水库枢纽主要由拦河大坝、溢洪道、引水隧洞、发电输水隧洞等组成。其中水库最大坝高65.6米，正常库容1870万立方米，保证日供水量8.8万立方米，年供水量3212万立方米，电站装机2×630千瓦，年平均发电量247万千瓦时。

盂溪水库建成后，结合下游防洪堤，可使城区防洪能力提高到50年一遇；可向县城及城郊年供水2897万吨，日供水7.94万吨；结合下游实施的水环境工程，将大大改善盂溪水环境。

4.2.4 建设引调工程，提高配置能力

2014—2016年，浙江省将进一步加快浙北和沿海地区水资源配置工程建设，加强浙中水资源优化配置前期研究。大力推进杭州市第二水源千岛湖配水工程、引水隧洞基本贯通，建成湖州太湖取水、嘉善太浦河取水二期、温州大门岛应急引水等引调水工程，新增年供水能力11.56亿立方米。开工建设舟山大陆引水三期、永康虬里水库引水、江山峡口水库引水、常山芙蓉水库引水二期等引调水工程；加快推进嘉兴太湖取水、温州小溪引水、台州三期供水、玉环楠溪江引水、嵊泗大陆引水等引调水工程前期工作。完成输水干线建设400公里，三年计划投资100亿元。重点工程有杭州市第二水源千岛湖配水、嘉兴市太湖取水、舟山大陆引水三期等引调水工程29项，另建设引水隧洞(原水干管)1260公里，年供水能力43.0亿立方米，总投资459亿元，重点改善杭州、嘉兴等城市饮用水品质，提高浙东、浙中水资源配置能力。

(1)千岛湖配水工程

千岛湖配水工程供水范围为杭州市区(杭州主城区、萧山区和余杭区东苕溪以东平原地区)及工程沿线的建德、桐庐、富阳的部分区域，规划供水区常住人口797万人。

工程从千岛湖淳安县境内的金竹牌至杭州市闲林水库，输水线路总长111.5公里，输水隧洞衬后洞径6.7米，初定工期48个月。估计工程静态总投资为98.76亿元。这也是杭州“最长”的水

利工程。

工程建成后，杭州市区将形成以千岛湖为主，钱塘江、东苕溪为辅，联合供水、互为备用的多水源供水格局。

千岛湖配水工程只是杭州的第二水源。也就是说，钱塘江和千岛湖水系是互为调剂的供水水源，哪个水质好，就喝哪个。

比如说，如果钱塘江水发生了污染，水不干净了，就换千岛湖水；可如果钱塘江水比较安全，那就喝钱塘江水。总之，保证让杭州人喝到干干净净的饮用水。

为了配合千岛湖配水工程，接下来还会同步配套市区供水管道工程。闲林水库将于 2014 年建成，水量可供市区居民用 10 天。闲林水库是杭州的应急备用水源，也是千岛湖配水的调节水库。2013 年底，总面积 16.89 平方公里的水库集雨区域已基本平整；高 74 米、长 240 米的大坝，也已顺利结顶。

水库建在 U 字形地形上，四周没有污染源，有天然蓄水优势，蓄水完全依靠天然降雨。建成后，蓄水位高达 70 米，总库容 1971 万立方米，相当于一个多西湖的水量。一个多西湖的水，市区的居民大约可以用上 10 天。2014 年底，闲林水库将建设完毕；2016 年，整个水库及配套工程全面建成。

等水库建好后，一旦钱塘江水源出现污染，未能达到国家标准，杭州就可以启用闲林水库备用水源为市民供水。而且，闲林水库的水质也会很好，会养很多水草、小鱼来生态净化水质，水质保证在Ⅲ类以上。

(2)嘉兴市太湖取水工程

根据浙江省水利水电勘测设计院和浙江省水文局 2005 年 1 月编制完成的《浙江省水资源保护和开发利用总体规划》，浙北引水工程中嘉兴市的取水规模为 171 万立方米/日，对照 2020 年嘉兴市城乡一体化需水量预测，实际还缺 1640 立方米/日的水源水。根据浙江省环境保护科学设计研究院 2004 年完成的《浙北地区水环境现状改善的可能性和对策分析》，要使嘉兴市区和各县市饮用水源地一级保护区水质达到国家地表水Ⅱ类水质标准，在相当长的一个时期内难以做到。显而易见，太湖应是嘉兴市城乡安全供水不可或缺的重要水源地。

嘉兴市太湖引水规划分为两个组团，第一组团：桐乡、嘉兴本级市、海宁、海盐从南太湖（吴溇）取水，实际取水规模为 275 万立方米/日，该组团输水管线经过桐乡市水厂，分两路：一路至嘉兴市水厂，另一路至海宁市与海盐县水厂，管径为 1.2～2.4 米，管线总长为 383.4 公里；第二组团：嘉善、平湖从太浦河取水，实际取水规模为 95 万立方米/日，该组团输水管线经过嘉善县直达平湖市水厂，管径为 1.2～1.8 米，管线总长为 132 公里。

第二组团太湖（太浦河）引水工程取水头部工程已于 2006 年 7 月 20 日正式开工建设。

(3)舟山大陆引水三期工程

舟山地处海岛，四面环水，但却是浙江省淡水资源最缺乏的地区，生产生活用水严重不足，年人均用水量仅是浙江省人均水平的 1/4，世界人均水平的 1/12，在缺水时期，政府部门不得不对居民日常生活用水和一些消耗大量水的企业实行定时供应，或定量配送，淡水的缺乏严重制约了舟山市经济的发展和人民生活水平的提高。

随着浙江舟山群岛新区的建设，用水缺口将更加突出，引水三期工程将有效保障新区用水。三期工程估算总投资达 32.16 亿元，共分为 3 个部分 9 大项目，包括输配水工程、岛际引水工程、调蓄水库 3 个部分。其中，岛际引水工程包括六个引水项目，分别为金塘岛引水工程、岱山县引水二期工程、衢山岛引水工程、秀山岛引水工程、六横岛引水工程、普陀山引水工程。

4.2.5 开展提升工程，改善饮水条件

2014—2016年，浙江省将重点推进农村供水标准化、规范化建设和城乡一体化供水，建立完善长效管护机制，提升安全保障水平。以农田水利标准化建设为主线，以发展高标准旱涝保收和高效节水灌溉农田为核心，以大中型灌区续建配套与节水改造、小型农田水利重点县为主要抓手，加强农业“两区”农田水利建设，新增和改善灌溉面积150万亩，新增高效节水灌溉面积60万亩，3年计划投资60亿元。重点是开展农村饮用水安全提升工程，改善农村居民饮用水条件。实施大中型灌区续建配套与节水改造、小型农田水利重点县等节水灌溉提升工程，总投资128亿元，新增和改善灌溉面积300万亩，新增高效节水灌溉面积140万亩，全省灌溉水有效利用系数提高到0.60。

4.2.6 海水利用——舟山水源补充

海水淡化即利用海水脱盐生产淡水，是实现水资源利用的开源增量技术，可以增加淡水总量，且不受时空和气候影响，水质好、价格渐趋合理，可以保障沿海居民饮用水和工业锅炉补水等稳定供水。从海水中取得淡水的过程称为海水淡化。现在所用的海水淡化方法有海水冻结法、电渗析法、蒸馏法、反渗透法，目前应用反渗透膜的反渗透法以设备简单、易于维护和设备模块化的优点迅速占领市场，逐步取代蒸馏法成为应用最广泛的方法。

21世纪以前，反渗透膜技术都被国外所垄断，而中国直到90年代末期才开始掌握反渗透膜的生产技术。这个历史要追溯到新中国成立初期，当时我们国家的领导人已经意识到海水淡化的前景和将来在社会中的作用。

早在1958年，石松研究员等首先在我国开展离子交换膜电渗析海水淡化研究。而在此前(1953年)，美国C. E. Reid建议美国

内务部将反渗透研究列入国家计划。

随后的1967年，国家科委组织全国海水淡化会战，组织全国在水处理和分析化学、材料化学、流体力学等各个学科的精英会战海水淡化。

1970年，杭州市组织了全国第一个海水淡化研究室。在此期间，他们一直用电渗析技术进行海水淡化，研制成功了海洋监测专用微孔滤膜，建成了世界最大的电渗析海水淡化站——西沙永兴岛海水淡化站，一度在海水淡化方面领先于世界。

1982年，中国海水淡化与水再利用学会经中国科协学会部批准在杭州成立。此时，远在大洋彼岸的美国的全芳香族聚酰胺复合膜及其卷式元件已经赫然问世。

1984年，国家海洋局以海水淡化研究室为主体，组建国家海洋局杭州水处理技术研究开发中心，中国开始重视膜技术，但此时美国海水淡化用复合膜及其卷式元件已经大面积商业化，投入到民用中去了。

1992年，国家为了追赶膜技术方面与世界的差距，国家科委以国家海洋局杭州水处理技术研究开发中心为依托，组建了国家液体分离膜工程技术研究中心，并开始悄悄研制国产反渗透膜。

海水淡化技术随着水资源危机的加剧得到了加速发展，在已经开发的20多种淡化技术中，蒸馏法、电渗析法、反渗透法都达到了工业规模化生产的水平，并在世界各地广泛应用。

现在世界上有10多个国家的100多个科研机构在进行着海水淡化的研究，有数百种不同结构和不同容量的海水淡化设施在工作。一座现代化的大型海水淡化厂，每天可以生产几千、几万甚至近百万吨淡水。

淡化水的成本在不断地降低，有些国家已经降低到和自来水的价格差不多。某些地区的淡化水量达到了城市的供水规模。

反渗透法是利用只允许溶剂透过、不允许溶质透过的半透膜，将海水与淡水分隔开的。在通常情况下，淡水通过半透膜扩散到海水一侧，从而使海水一侧的液面逐渐升高，直至一定的高度才停止，这个过程称为渗透。此时，海水一侧高出的水柱静压称为渗透压。如果对海水一侧施加大于海水渗透压的外压，那么海水中的纯水将反渗透到淡水中。反渗透法的最大优点是节能。它的能耗仅为电渗析法的1/2，蒸馏法的1/40。因此，从1974年起，美日等发达国家先后把发展重心转向反渗透法。

反渗透海水淡化技术发展很快，工程造价和运行成本持续降低，主要发展趋势为降低反渗透膜的操作压力，提高反渗透系统回收率，廉价高效预处理技术，增强系统抗污染能力等。

1997年，国家海洋局杭州水处理技术研究开发中心在浙江省重大科技专项经费支持下，在浙江省舟山市嵊山镇建造了500立方米/日反渗透海水淡化示范工程，吨水耗电5.5度以下，技术经济指标达到同等容量的世界先进水平。

2000年，杭州水处理中心在国家科技部重大科技攻关计划支持下，同时在山东长岛和浙江嵊泗建成1000吨/日反渗透海水淡化示范工程，率先应用国际先进的功交换式能量回收装置，产水能耗下降到4度/吨，达到国际先进水平。该示范工程的建成，为我国反渗透海水淡化技术的快速发展打下了基础。2001年获国家海洋局海洋创新成果二等奖。

2002年，该中心又在国家发改委产业化项目支持下，在山东荣成建设了万吨级反渗透海水淡化示范工程，通过优化设计，设备投资大幅度下降，工程的经济性进一步提高，形成了具有我国自主知识产权的专有技术，取得了显著的经济和社会效益，推动了我国膜分离技术和反渗透海水淡化产业的快速发展，为沿海企事业用水、居民生活用水打造了一个行之有效的技术途径。2004年，该项目被中国膜工业协会评为第一届“中国膜工业协会科学技术奖”一等奖。

截至 2013 年底，我国已建海水淡化规模达 90 万吨/日，以反渗透法为主，已建成最大反渗透海水淡化工程为杭州水处理中心承建的河北曹妃甸 5 万立方米/日海水淡化工程。浙江六横水务的 10 万吨/日海水淡化工程已完成一期建设，建成后将成为国内最大的海水淡化工程。

4.2.7　逐步实施分质供水

(1)城市给水系统

城市给水系统的用户一般有城市居住区、工矿企业、铁路车站、船舶码头、公共建筑等。各用户对水量、水质和水压有不同的要求，概括起来可分为四种用水类型：

①生活给水系统。生活用水包括家庭、机关、学校、部队、旅馆、餐厅、浴室等的饮用、洗涤、烹饪、清洁卫生等用水.以及工业企业内部工人的生活用水和淋浴用水等。

生活用水量的多少随着当地的气温、生活习惯、房屋卫生设备条件、供水压力等而有不同，影响因素很多。

我国幅员辽阔，各地具体条件不同，影响用水量的因素不尽相同，设计时，可参照我国 GB50013—2006《室外给水设计规范》所订的生活用水量定额。

由于人民生活水平的逐年提高、居住条件的改善，用水量将不断增长，给水系统应该随时满足水量发展的要求。

生活饮用水的水质关系到人体健康，必须做到外观无色透明、无臭无味、不含致病微生物及其他有害健康的物质。

②生产给水系统。供给各类产品生产过程中所需的用水、生产设备的冷却、原料和产品的洗涤及锅炉用水等的变频供水系统。生产用水对水质、水量、水压及安全性随工艺要求的不同而有较大的差异。

③消防给水系统。供给各类以水作为灭火剂的消防设备扑灭

火灾用的给水系统。消防用水对水质的要求不高，但必须按照建筑设计防火规范的要求，保证供应足够的水量和水压。

④市政用水。市政用水包括道路洒水、绿地浇水。市政用水量可根据路面种类、绿化、气候、土壤以及当地条件等实际情况和有关部门的规定确定。市政用水量将随着城市建设的发展而不断增加。

上述4类基本给水系统可以独立设置，也可根据各类用水对水质、水量、水压、水温的不同要求，结合室外无塔供水系统的实际情况，经技术经济比较，或兼顾社会、经济、技术、环境等因素的综合考虑，设置成组合各异的共用系统。如生活、生产共用给水系统，生活、消防共用给水系统，生产、消防共用给水系统，生活、生产、消防共用给水系统。还可按供水用途的不同、系统功能的不同，设置成饮用水给水系统、杂用水（中水）给水系统、消火栓给水系统、自动喷水灭火给水系统、水幕消防给水系统，以及循环或重复使用的生产给水系统，等等。

(1)分质供水

①分质供水的含义。分质供水是指供水系统根据用户对水质要求的不同而分开供应相应用水的一种供水形式。我国目前所推行的分质供水（也称为管道分质供水、直饮水）是将自来水进一步深度处理、加工和净化后，在原有的自来水管道系统上，再增设一条独立的优质供水管道，将水输送至用户，供居民直接饮用。这种低质低用、优质优用、科学合理、安全卫生的供水方式就是分质供水（直饮水）。由于人们日常生活用水只有10%左右用于饮用和煮饭、做菜、煲汤等，因此，对这部分高品质需求的水采用分质供水（直饮水）的方式供给，不仅安全健康，而且无二次污染。

国外分质供水系统来自城市自来水供水管道系统，同时拥有饮水和用水两种功能，可用于饮用、烹调和沐浴。另设管网的出水属于低质水或中质水，用于冲洗卫生洁具、洗车、园林绿化和部分工业用水等。

目前国内分质供水的内容和形式与国际上通用的分质供水概念有区别。我们现在提倡的分质供水，是指以自来水为原水，把自来水中的生活用水和直接饮用水分开，另设管网，直通住户，实现饮用水和生活用水分质、分流，达到直饮的目的，并满足优质优用、低质低用的要求。管道分质供水是在居住小区内设净水站，将自来水进一步深度处理、加工和净化，在原有的自来水管道系统上，再增设一条独立的优质供水管道，将水输送至用户，供居民直接饮用。其特点是省去了运输和搬运，用户可随时打开水龙头使用；为避免二次污染，采用的管道应不会腐蚀、结垢，水的价格相对桶装、瓶装纯净水便宜得多，一般家庭都能接受。

②分质供水的地位和作用。提高城市供水水质是一项长期的任务。在努力实现这一任务的目标过程中，试行各种局部分质供水以减少水源污染的危害，不失为过渡时期的一种积极举措。在新建住宅小区，特别是有优质地下水资源可利用时，试行分质供水，是多种可供选择的临时措施中有吸引力的一种。据上海市给水管理处的研究，上海地区深层地下水经简单处理即可达到欧盟水质标准。按商业化经营核算，供水价格不高于0.10元/升。这种水水质比纯水理想。如供水量增加，售水价格将下降，生活用水中使用优质水的比例可相应增加。压缩工业用地下水的开采，在城市自来水管网覆盖区限制一般用途地下水的使用，有助于这种改水措施的实施。在地下水开采受到限制的新建中高档商品住宅小区，用管道供应深度净化后的纯净水，作为满足较高消费层次人群饮水需要的临时措施，在积累经验、健全管理的基础上，也可以发挥积极作用。

在水资源严重紧缺，不得不利用需要淡化的咸水、受严重污染的原水或进行远距离引水的场合，城市整体分质供水仍有可能是经济合理的，特别是对于新开发城区。但这种工程，需要经过严格的论证和方案比较，充分考虑规划年限内经济和社会发展对水质的要求。在优质水资源供应量不足，需要利用低品质水和回用水的城市，还是采用非饮用水集中供应工业区与市政用水的区域性分质供水方法安全且易操作。

③管道优质供水方式的局限。纯净水管道供应从桶装水演化而来。其市场形象是水质至少不差于桶装水，使用方便且价格适中。上海管道纯净水有限公司对价格做了说明：水价 0.30 元/升，初装费 2000 元/户。锦华小区优质水系统的规划供水价格据悉为 0.20 元/升。上述售水价格决定了管道优质水所能解决的仅仅是饮用食用需求。从上面的讨论可知，经济因素造成的供应范围限制是这类供水方式的重要缺陷。城市供水系统的基本任务是为生活和生产提供水质符合标准、水量充足、水价适中的自来水。仅仅保证专供饮用的 2～3 升水的水质，不能说是比较完善的供水方式。管道纯净水市场的形成发展有其客观原因及合理性。在有限的范围内试行纯净水的管道供应，有利于为我国及其他发展中国家的供水行业积累经验。需要指出的是，这种少量专供饮用水的管道供应方法不是发达国家的先进经验。

④城市整体分质供水的负面效果。对城市分质供水关注甚至寄予厚望，隐含着这样的潜意识：通过控制水源污染、改进处理技术等措施，控制自来水水质下降并提高供水水质。但解决城市供水水质问题是一项需要较长时间才能完成的任务，若寄希望于走“捷径”，可能会在经济、社会方面造成不良后果。

实施城市分质供水可能的后果之一，是在指导思想上和操作上，均放松保护水源和改进水厂处理技术的努力，结果现有管网供水水质逐渐下降为非饮用水，而饮用水的供应量又明显小于合理的限度。其后果是各种局部深度净化设施和经营饮水业务的经济实体充斥市场，各行其是，整个城市的实际用水开支增加；而分散经营的深度处理装置得不到恰当的管理和可靠的监督。与此同时，低收入家庭的饮水卫生条件恶化。

后果之二是对未来城市的可持续发展造成长远的损害。城市供水系统是城市的主要设施，对城市的社会和经济发展具有先导性影响。对生活饮用水水质提出较高的要求是经济发展和社会进步的结果。片面强调“分质供水”的阶段性意义，是降低城市供水系统的服务标准与质量，有悖于经济和社会持续发展的要求。根据财力许可，依轻重分阶段解决城市供水水质问题是合理的甚至是必要的，但不能轻易采用城市整体分质供水的方法。城市分质供水系统建造和投资回收的期限都很长，若轻易实行，若干年后再“拨乱反正”，这一反复可能对地方经济和环境造成明显危害。

4.3　城镇供水的技术及管理

4.3.1　城镇供水水源及取水构筑物

(1)城镇供水水源

给水水源分为地下水源和地表水源。地下水源包括上层滞水、潜水、承压水、裂隙水、溶岩水和泉水等。地表水源包括江河水、湖泊水、水库水及海水等。

①地下水源。地下水的来源主要是大气降水和地表水的渗入，渗入水量的多少与降雨量、降雨强度、持续时间、地表径流和地层构造及其透水性有关。一般年降雨量的 30%～80%渗入地下，补给地下水；至于地下岩层的含水情况则与岩石的地质时代有关。

第四纪以来形成的沉积层多未硬结成岩，是一种松散沉积物，它在地面分布较广，特别是河流冲积层和洪积层，对贮藏浅层地下水具有重要意义。

上层滞水　上层滞水指存在于包气带中局部隔水层之上的地下水。图 4-1 所示为上层滞水。它的特征是分布范围有限，补给区与分布区一致，水量随季节变化，旱季甚至干枯。因此，只宜做少数居民或临时供水水源，例如我国西北黄土高原某些地区，埋藏有上层滞水，成为该区宝贵水源。

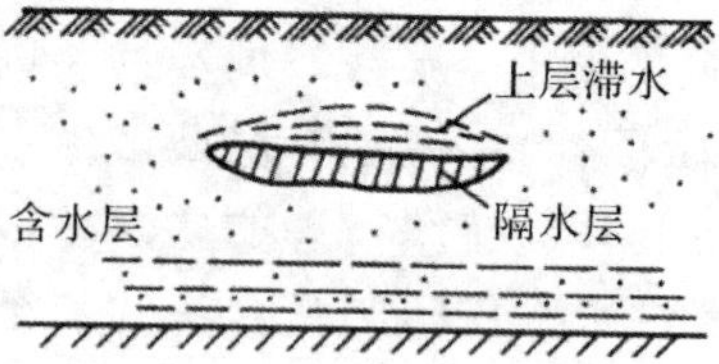

图 4-1　上层滞水

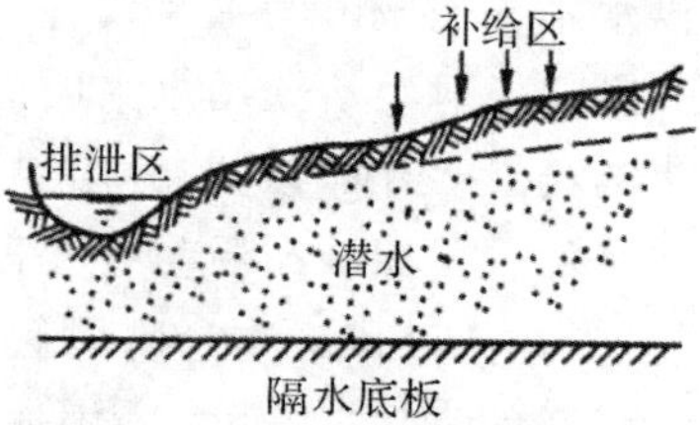

图 4-2　潜水

潜水　潜水是埋藏在第一隔水层上，具有自由表面的重力水，如图 4-2 所示。它多存在于第四纪沉积层的孔隙及裸露于地表基岩裂缝和空洞之中。

潜水的主要特征是有隔水底板而无隔水顶板，是具有自由表面的无压水。它的分布区和补给区往往一致，水位及水量变化较大。我国潜水分布较广，储量丰富，常用作给水水源。但由于易被污染，须注意卫生防护。

承压水　承压水是充满于两隔水层间有压力的地下水。当用钻孔凿穿地层时，承压水就会上升到含水层顶板以上，如有足够压力，则水能喷出地表，称为自流井。其主要特征是含水层上下都有隔水层，承受压力，有明显的补给区、承压区和排泄区，补给区和排泄区往往相隔很远，一般埋藏较深，不易被污染，如图 4-3 所示。

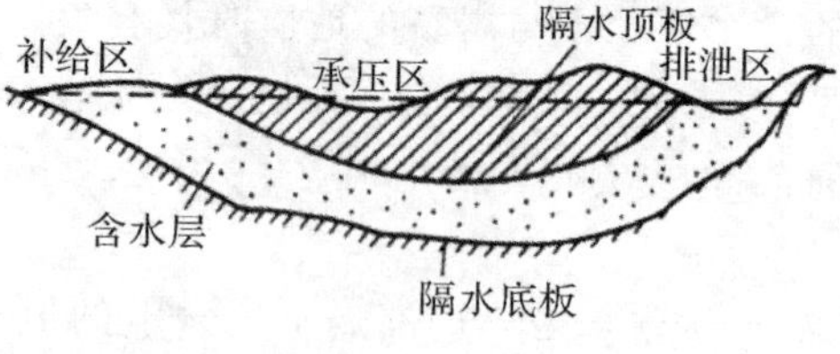

图 4-3　承压水

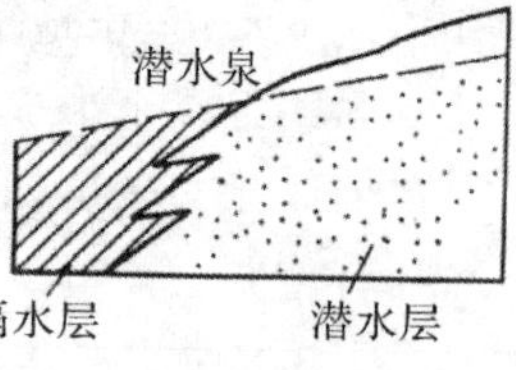

图 4-4　潜水溢出泉

裂隙水　裂隙水是埋藏在基岩裂隙中的地下水。大部分基岩裸露在山区，因此裂隙水主要在山区出现。

岩溶水　通常在石灰岩、泥灰岩、白云岩、石膏等可溶岩石分布地区，由于水流作用形成溶洞、落水洞、地下暗河等岩溶现象，贮存和运动于岩溶层中的地下水称为岩溶水或喀斯特水。其特征是为低矿化度的重碳酸盐水，涌水量在一年内变化较大。

我国石灰岩分布甚广，特别是广西、云南、贵州等地，水量丰富，可作为给水源。

泉水　涌出地表的地下水露头称为泉，有包气带泉、潜水泉和自流泉等。包气带泉涌水量变化很大，旱季可能干枯，水的化学成分及水温均不稳定。潜水泉由潜水补给，受降水影响，季节变化显著，其特点是水流通常渗出地表。自流泉的特点是向上涌出地表，动态稳定，涌出量变化甚小，是良好的供水水源。

②地表水源。

江河水　我国江河水资源丰富，流量较大，但因各地条件不一，水源状况也各不相同。

一般江河洪枯流量及水位变化较大，水中含泥沙等杂质较多，并且发生河床冲刷、淤积和河床演变。平原冲积河流的河床常由土质组成，河床较易变形，呈顺直微曲、弯曲及游荡等河段，如图 4-5 所示，各段各具特点，稳定性出入很大。顺直微曲河段，一般河岸不易被冲刷，河面较宽，易在岸边形成泥沙淤积的边滩，应注意边滩下移造成取水口堵塞的可能性。对弯曲河段，应注意凹岸不断被冲刷，凸岸不断淤积，使河流弯曲度逐渐加大，甚至发展成为河套，并可能裁弯取直，以弯曲—裁直—弯曲做周期性演变。游荡性河段，河身宽浅，浅滩岔道密布，河床变化迅速，主流摇摆不定，对设置取水口极为不利，必要时应有整治河道的措施。

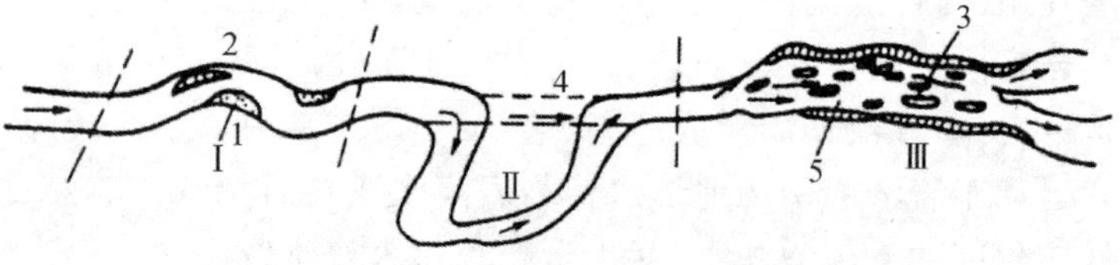

Ⅰ—顺直微曲河段；Ⅱ—弯曲河段；Ⅲ—游荡性河段
1—边滩；2—深槽；3—浅滩；4—裁弯取直；5—主流摇摆

4-5 平原冲积河流床示意图

山区河流形态复杂，河床陡峻，流量变幅很大，洪水来势猛烈，历时很短；枯水期流量较小，甚至出现多股细流和表面断流情况。河水水质随流量变化而变化，在平、枯水期，河水较清，洪水期水质浑浊且夹有大量推移物质和漂浮物。

湖泊及水库水 在我国南方湖泊较多，可作为给水水源。其特点是水量充沛，水质较清，含悬浮物较少，但水中易繁殖藻类及浮游生物，底部积有淤泥，应注意水质对给水水源的影响。

在一般中小河流上，由于流量季节性变化大，尤其在北方，枯水季节往往水量不足，甚至断流，此时，可根据水文、气象、水文地质及地形、地质等条件修建调节性或多年调节性水库作为给水水源。

随着近代工业的迅速发展，世界上淡水水源日益不足。为满足大量工业用水需要，特别是冷却用水；世界上许多国家，包括我国在内，已经使用海水作为给水水源。

(2)城镇供水地下水源取水构筑物

地下水取水构筑物的位置选择主要取决于水文地质条件和用水要求。在选择地点时，应考虑下列基本情况：

①取水地点应与城市或工业总体规划相适应。

②取水地点应位于出水丰富、水质良好的地段。不同地段的水文地质条件选择取水地点的实践经验表明：在山间河谷地区的

河流两岸大都有厚度不大的第四纪地层沉积物，常形成多级台地及河漫滩，形成良好的蓄水构造，地下水与河水关系密切，枯水季节地下水常补给河水，丰水季节河水补给地下水。在这些地区设置地下水取水构筑物宜平行河流布置在河漫滩或一级台地上，以便同时截取地下水和河流渗透水。在山前平原地区，常由许多冲、洪积扇连成一片，成为山前倾斜平原，其上部含水层常由鹅卵石、砾石、粗沙等组成，厚度较大，水量较充沛，水质较好，因此，取水构筑物宜设在冲、洪积扇的中上部，并与地下水流方向垂直布置。在平原地区分布有巨厚的第四纪层，常见的为冲积层。在河床附近，通常含水层较厚，透水性较好，且与河水有密切联系，常是首先考虑的取水地段。远离河床地区，含水层薄，有时还夹有黏土质。在一些大的河流中间，有广阔的沙洲和滩地，经常受河水补给，往往是良好的取水地段。

③取水地点应尽可能靠近主要用水地区。

④取水地点应有良好的卫生防护措施，免遭污染。在易受污染地区，城市生活饮用水的取水地点应尽可能设在居民区或工业区的上游。

⑤取水地点应考虑施工、运转、维护管理方便，不占农田或少占农田。

⑥取水地点应注意地下水的综合开发利用。地下水源取水构筑物的基本形式按其构造可分为管井、大口井、辐射井、渗渠和引泉构筑物等，其适用范围见表4-1。

地下水取水构筑物型式的选择，应根据含水层埋藏深度、含水层厚度、水文地质特征及施工条件等通过技术经济比较确定。

表 4-1 地下水源取水构筑物适用范围

型式	尺寸	深度	水文地质条件			出水量
			地下水埋深	含水层厚度	水文地特征	
管井	井径为 50mm ～1000mm，常用为150mm～600mm	井深为20m～1000m，常用为300m以内	在抽水设备能解决情况下不受限制	厚度一般在5m以上或有几层含水层	适于任何沙卵石地层	单井出水量一般为 $500m^3/d$ ～ $6000m^3/d$，最大为 $2000m^3/d$ ～ $30000m^3/d$
大口井	井径为2m～12m，常用为4m～8m	井深为30m以内，常用为6m～20m	埋藏较浅，一般在12m以内	厚度一般在5m～20m	补给条件良好，渗透性较好，渗透系数最好在20m/d以上，适用于任何沙砾地区	单井出水量般为 $500m^3/d$ ～ $10000m^3/d$，最大为 $20000m^3/d$ ～ $30000m^3/d$

续 表

型式	尺寸	深度	水文地质条件			出水量
			地下水埋深	含水层厚度	水文地特征	
辐射井	同大口井	同大口井	同大口井	同大口井。能有效地开采水量丰富、含水层较薄的地下水和河床下渗透水	补给条件良好，含水层最好为中粗沙或砾石层并不含漂石	单井出水量一般为 $5000m^3/d$ ～$50000m^3/d$
渗渠	管径为0.45～1.5m,常用为0.6m～1.0m	埋深为10m以内，常用于4m～7m	埋藏较浅,一般在2m以内	厚度较薄，一般为1m～6m	补给条件良好，渗透性较好，适用于中沙、粗沙、砾石或卵石层	一般为 $15m^3/(d\cdot m)$～$30m^3/(d\cdot m)$，最大为 $50m^3/(d\cdot m)$～$100m^3/(d\cdot m)$

(3)城镇供水地表水源取水构筑物

正确选择地表水取水构筑物的位置是保证安全、经济、合理地供水的重要环节。因此，在选择取水构筑物位置时必须根据河流水文、水力、地形、地质、卫生等条件综合研究，进行多方案技术经济比较，从中选择最合理的取水构筑物位置。

在选择取水构筑物位置时，应考虑以下基本要求。

①应与城市总体规划要求相适应。在保证供水安全情况下，尽可能靠近用水区，以节省输水投资。

②取水位置应能保证取得足够水量和较好水质，且不被泥沙淤积和堵塞。因此，在弯曲河段，宜选在水深岸陡、泥沙量少的凹岸，并在顶冲点下游 15 米～20 米处。在顺直河段，宜选在主流靠近岸边、河床稳定、断面窄流速大的河段。一般凸岸易淤积，较少设置取水构筑物。

③在有沙洲的河段，应离开沙洲足够的距离（500 米以外）；当浅滩、沙洲有向取水构筑物移动趋势时，这一距离还应加大。在有分汊段，取水位置应设在稳定的主汊道中。在有支流的河段上取水，取水口应设在主河道上，且离支流入口处上下游有足够的距离。

④宜设在水质良好地段，城市生活饮用水源，一般应选在城市或工业区上游，以防止污染；在沿海潮汐影响的河流上，取水位置应在潮汐影响以外，以免吸入咸水。

⑤从湖泊和水库取水时，宜选在有足够水深、并远离支流汇入口处，以免泥沙淤积。取湖水宜靠近湖水出口；取水库水宜靠近堤坝，并在常见最多风向上方，以免聚集水草和浮游生物。

⑥取水位置应设在洪水季节不受冲刷和淹没的地方；在寒冷地区为防止冰凌影响应设在无底冰和浮冰的河段。

⑦选择取水位置时，须考虑人工构筑物，如桥梁、码头、丁坝、拦河坝等对河流特性的改变，以防对取水构筑物造成不良后果。

⑧取水位置的选择与给水处理厂、输配水管网布置等有密切关系，因此，取水位置还应通过整个给水系统的方案比较来确定。

地表水源取水构筑物基本形式分为固定式取水构筑物和浮动式取水构筑物。

固定式取水构筑物由于供水比较安全可靠，维护管理方便，适应性较强，因此，无论从河流、湖泊或水库取水，均广泛应用。但水下工程量大，施工期长以及投资较大，特别是在水位变幅很大的河流上，投资很大。

固定式取水构筑物的基本型式，按其构造特点可分为岸边式、河床式、斗格式和潜水式等。

岸边式取水构筑物　直接从岸边进水口取水的构筑物，称为岸边式取水构筑物。它由进水井和泵站两部分组成。当河岸较陡、主流近岸、岸边水深足够、水质及地质条件较好、水位变幅不太大时，适宜采用这种型式。

按照进水井与泵站的合建和分建，岸边式取水构筑物可分为合建式和分建式两类。

合建式岸边取水构筑物，进水井与泵站合建在一起，设在岸边，如图 4-6 所示。河水经过进水孔进入进水井的进水间，再经过格网进入吸水间，然后出水泵抽送到水厂或用户。在进水孔上设有格栅，用以拦截水中粗大的漂浮物。设在进水井中的格网，用以拦截水中细小的漂浮物。

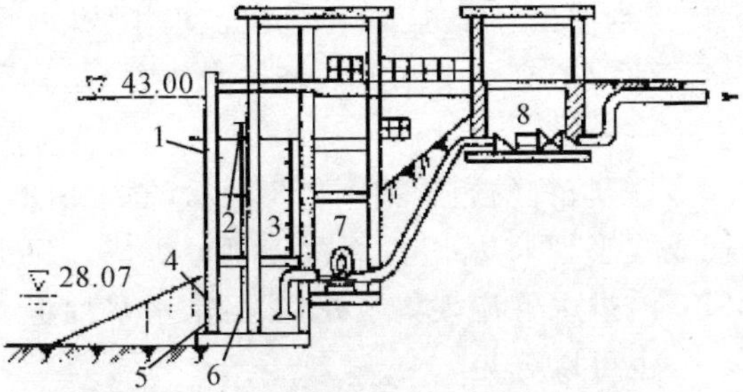

1—进水井；2—进水间；3—吸水间；4—进水孔；
5—格栅；6—格网；7—泵站；8—阀门井

图 4-6　合建式岸边取水构筑物

合建式的优点是设备布置紧凑，占地面积较小，吸水管路短，运行管理方便，因此采用较广泛，适宜在岸边地质条件较好时采用。但合建式土建结构较复杂，施工较困难。

当岸边地质条件较差，进水井不宜与泵站合建时，或者分建对结构和施工有利时，则宜采用分建式（见图 4-7）。分建式建设结构较简单，施工较容易，但操作管理不太方便，吸水管路较长，增加了水头损失，运行安全性不如合建式。

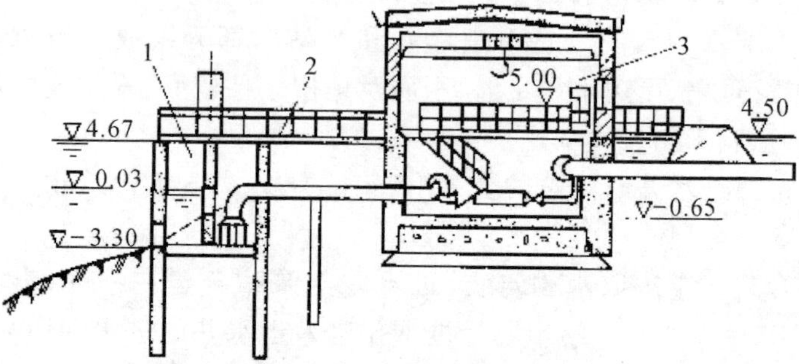

1—进水井；2—引桥；3—泵站

图 4-7 分建式岸边取水构筑物

河床式取水构筑物 从河心进水口取水的构筑物，称为河床式取水构筑物。当河岸较平坦，枯水期主流离岸较远、岸边水深不足或水质不好，而河心有足够水深或较好水质时，适宜采用这种取水型式。

河床式取水构筑物的布置如图 4-8 所示，通常由取水头部、进水管（自流管或虹吸管）、集水井、泵站四部分组成。河水经取水头部上的进水孔，沿进水管流入集水井，然后由水泵抽走。集水井与泵站可以合建，也可以分建。

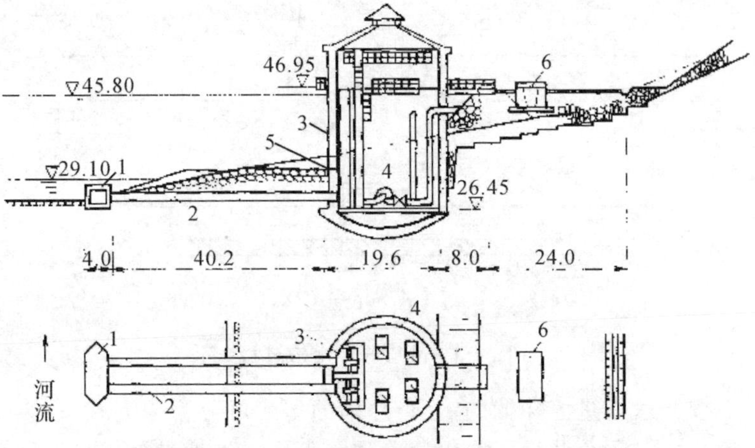

1—取水头部；2—自流管；3—集水井；4—泵站；
5—高水位进水孔；6—阀门井

图 4-8　河床式取水构筑物

河床式取水构筑物的适用范围较广，集水井建在岸内，可免受洪水冲刷和流水冲击。

但是，由于取水头部和进水管经常淹没在水下，故检修不方便，遇有泥沙、水草和冰凌堵塞时，清洗较困难。

斗槽式取水构筑物　在岸边式(或河床式)取水构筑物之前设置斗槽进水，称为斗槽式取水构筑物(见图 4-9)。斗槽是在河流岸边用堤坝围成的，或者在岸内开挖进水槽。设置斗槽的目的是由于斗槽中的流速较小，水中泥沙易于在斗槽中沉淀，水内冰易于上浮，故能较好地减少泥沙和防止冰凌进入取水口。因此，斗槽式取水构筑物适宜在河流含沙量甚大、冰凌严重、取水量较大时采用。

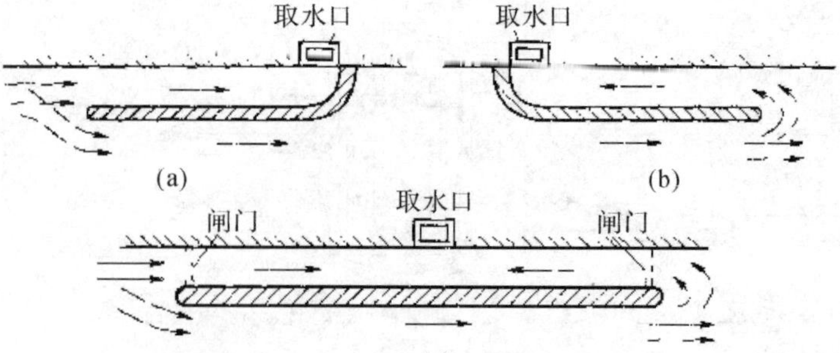

图 4-9　斗槽式取水构筑物

按照水流进入斗槽的流向，斗槽的型式可分为顺流式、逆流式和双流式三种。斗槽式取水构筑物由于施工量大、造价较高、排泥较困难，故很少采用。

潜水式取水构筑物　当岸边地质条件较好、岸坡较陡、岸边水深足够、水质较好时，可采用潜水泵直接取水（见图 4-10），即将潜水泵和防水电动机放在岸边水下的护坡上直接吸水。这种取水构筑物取水简单，投资最少，但洪水来时检修不便。

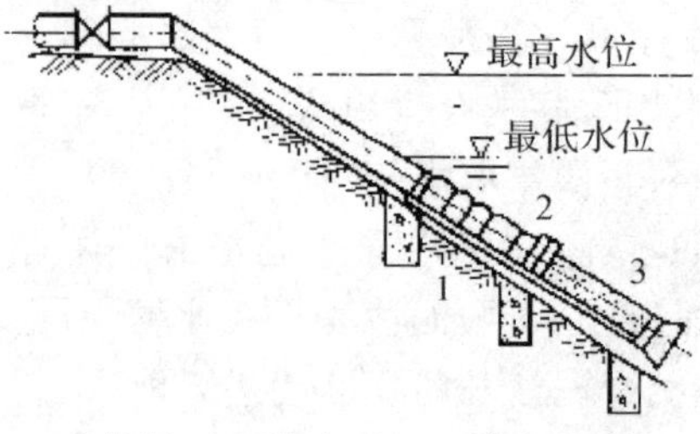

1—支承板；2—潜水泵；3—潜水电动机

图 4-10　潜水式取水构筑物

浮动式取水构筑物有浮船和缆车两种。浮船适用于河流水位变幅较大（10 米～35 米或以上），水位变化速度不大于 2 米/时，枯水期有足够水深，水流平稳，河床稳定，岸边具有 20～30 度坡角、无冰凌，漂浮物少，不受浮筏、船只和漂木撞击的河流；浮船取水具有投资少、施工期短、便于施工、调动灵活等特点。它的缺点是操作管理比较麻烦、供水安全性较差等。

缆车式取水构筑物由泵车、坡道、输水斜管、牵引设备等四个主要部分组成。当河流水位涨落时，泵车可由牵引设备带动，沿坡上的轨道上升或下降。它具有投资省、水下工程量少、施工周期短等优点；但它水位涨落时需移车或换接头，维护管理较麻烦，供水安全性不如固定式。

(4)海水取水构筑物

随着沿海地区工业的发展，用水量日益增加。沿海地区的工厂（如电厂、化工厂等）已逐渐广泛利用海水作为工业冷却用水。

海水取水构筑物主要有 3 种型式。

①引水管渠取水。当海滩比较平缓时，用自流管或引水渠引水。图 4-11 为自流管式海水取水构筑物，它为上海某热电厂和某化工厂提供生产冷却用水，日供水量为 125 万吨。自流管为两根直径 3.5 米的钢筋混凝土管，每根长 1600 米，每条引水管前端设有 6 个立管式进水口，进口处装有塑料格栅进水头。

②岸边式取水。在深水海岸，岸边地质条件较好、风浪较小、泥沙较少时，可以建造岸边式取水构筑物，从海岸边取水，或者采用水泵吸水管直接伸入海中取水。

③潮汐式取水。如图 4-12 所示，在海边围堤修建蓄水池，在靠海岸的池壁上设置若干潮门。涨潮时，海水推开潮门，进入蓄水池。退潮时，潮门自动关闭，泵站自蓄水池取水。这种取水方式节省投资和电耗，但池中沉淀的泥沙清除较麻烦。有时蓄水池可兼作循环冷却水池，在退潮时引入冷却水，可减少蓄水池的容积。

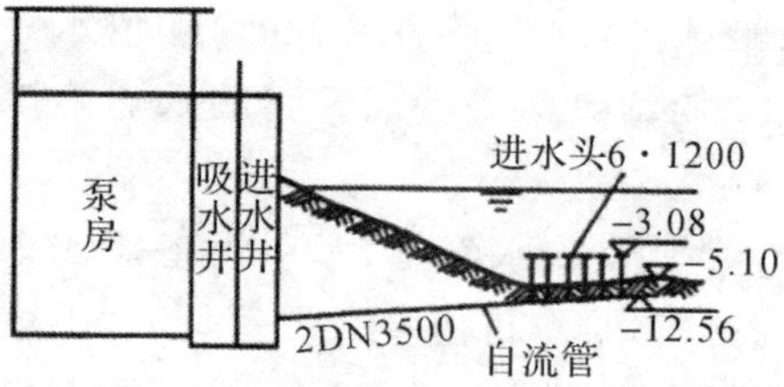

图 4-11　自流管式海水取水构筑物

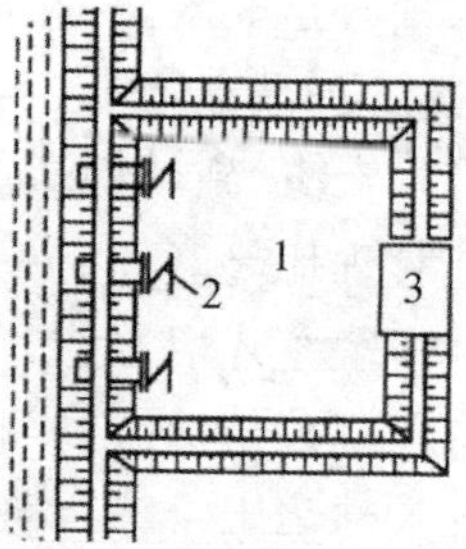

图 4-12　潮汐式取水构筑物

4.3.2　水常规处理工艺及选择

(1)生活饮用水卫生标准

生活饮用水水质标准是国家颁布的有关饮用水卫生和安全的法令,对保证人体健康和工业用水起到重要作用。饮用水水质标准中,对水中影响健康和口感的杂质或污染物的种类与限制浓度提出要求。出于各国实际情况和社会经济发展水平的不同,世界各国的饮用水标准并不完全相同,主要有世界卫生组织(WHO)和美国环保局(USEPA)等的饮用水水质标准。在我国,随着科学技术进步和经济的发展,从 1956 年的《生活饮用水卫生标准(试行)》到 2006 年的《生活饮用水卫生标准》,在 50 年时间内饮用水水质标准共进行过 4 次修订,水质项目不断增加,对水质安全性更为重视。

饮用水水质常规指标中,按种类分为微生物指标、毒理学指标、感官性状和一般化学指标及放射性指标等。

其中微生物指标有总大肠菌群、耐热大肠菌群、大肠埃希氏菌、细菌总数。细菌总数除了说明水源受微生物的污染外,还可以检测水厂的消毒效果。

毒理学指标有砷、镉、铬、铅、汞、硒、氟化物、氰化物、硝酸盐、三氯甲烷、四氯化碳、溴酸盐、甲醛、亚氯酸盐、氯酸盐，均以毫克/升计。氟化物含量低时可引起龋齿（蛀牙），有时需在水厂中投加氟化物以提高其含量，但如水中含量过高时又会出现斑牙和引起骨质疏松。

感官性状指标有浑浊度、臭和味、肉眼可见物。浑浊度极为重要，是常规水处理厂的主要水质指标。测定时采用散射原理，以散射浊度单位或度表示。较高的浑浊度说明水中含有较多无机胶体（黏土胶体）颗粒、有机污染物（如腐殖酸、富里酸等）和高分子有机污染物。浑浊度较高的水中，隐藏在胶体颗粒之间的病原微生物由于胶体颗粒的保护，消毒的效果难于保证。水的浑浊度越小，表示水中的无机物、有机物和微生物含量越少，所以水质标准中对浑浊度的要求不断提高。

一般化学指标有 pH 值、铝、铁、锰、铜、锌、氯化物、硫酸盐、溶解性总固体、总硬度、耗氧量、挥发酚类、阴离子合成洗涤剂。pH 值只表明水的酸碱性，本身并没有卫生意义。pH 值低的水有侵蚀性，会腐蚀金属；pH 值高的水会降低氮消毒效果，pH 值为 6.5～7.5 时用硫酸铝的混凝效果好，所以它是一项重要的运行指标。天然水的 pH 值多数在 6.5～8.5，只有在加大量强凝剂时，才可能使水的 pH 值降到 6.5 以下。

放射性指标有总 α 放射性、总 β 放射性等，以放射性活度/升计。放射性有天然和人为两类，地表水中一般只有极微量的总 α 放射性和总 β 放射性。

(2)水常规处理工艺

水一般处理工艺分为混凝阶段、沉淀澄清、过滤和消毒。

①混凝是给水处理中的一个重要过程。混凝包括凝聚和絮凝两个阶段。在给水处理中，向原水投加混凝剂，以破坏水中胶体颗粒的稳定状态，使颗粒易于相互接触而吸附称为凝聚；在一定水力条件下，通过胶粒间以及和其他微粒间的相互碰撞和聚集，从而形

成易于从水中分离的絮状物质，称为絮凝。

混凝阶段所处理的对象主要是水中的悬浮物和胶体杂质，它是水处理工艺中十分重要的一个环节。实践表明，混凝过程的完善程度对后续处理如沉淀、过滤影响很大，应予以充分重视。

应用于水质净化中的凝聚剂应符合以下基本要求：混凝效果良好，对人体健康无害，使用方便，货源充足，价格低廉。凝聚剂种类较多，归纳起来有以下两大类：金属盐类凝聚剂和高分子凝聚剂。

水厂规模不同和使用的凝聚剂品种不同，溶解设备也往往不同。大、中型水厂通常建造混凝土溶解池并配置搅拌装置。搅拌目的在于加速药剂溶解。搅拌装置有机械搅拌、压缩空气搅拌、水泵搅拌及水力搅拌等。

②给水处理中的沉淀工艺是指在重力作用下悬浮固体从水中分离的过程。水中脱稳杂质通过碰撞结合成相当大的絮凝体。在净水处理中沉淀起着去除80%～90%悬浮固体的作用，是主要的净水构筑物之一。

澄清是利用原水中的颗粒和池中积聚的沉淀泥渣相互碰撞接触、吸附、聚合，然后形成絮粒与水分离，使原水得到澄清的过程。

作为完成沉淀过程的构筑物主要有以下3类，以悬浮颗粒下沉而去除的为沉淀池；通过微气泡与悬浮颗粒吸附，使其相对密度小于水而上浮去除的为气浮池；通过沉淀的泥渣与原水悬浮颗粒接触吸附而加速沉降去除的为澄清池。澄清池综合了混凝和固液分离作用，是在一个池内完成提合、絮凝、悬浮物分离等过程的净水构筑物。

上述3种构筑物在分离悬浮颗粒方面具有类似的作用，其选用应根据原水水质、水量、水质变化等因素确定。

③给水处理中的过滤一般是指通过过滤介质的表面或滤层截留水体中的悬浮固体和其他杂质的过程。对于大多数地面水处理

来说，过滤是消毒工艺前的关键性处理手段，对保证出水水质具有重要的作用。

据外国研究者 Baker 介绍，最早在水处理中采用木炭或沙和砾石进行过滤的记载出现于公元前 4000 年。通过不断的改进和完善，过滤仍是当前水处理的基本方法之一。

在粒状滤料过滤中，水流通过滤料空隙，絮体、黏土、藻类、细菌、病毒以及其他胶体颗粒被截留在滤料表面。滤料截留悬浮物质可通过多种途径，历来对过滤理论有多种解释，现今一般认为过滤过程包括输送、附着和脱离 3 个阶段。悬浮颗粒向滤料表面的输送可在下述作用下发生：直接截留、布朗运动引起的扩散、范德华力引起的吸引、颗粒的惯性、重力沉淀和流体效应。

当悬浮颗粒因上述作用被输送到固液界面时，如固液界面和悬浮颗粒的表面性质能满足附着条件，悬浮颗粒就被滤料捕捉。随着输送和附着过程进行到一定时间后，滤料被沉淀或吸附的颗粒覆盖，由于滤料之间的空隙减小，通过滤层的流速增大，截留的沉积物可能部分分离，被带入滤料深部，甚至可能随滤后水排出。当滤层堵塞到一定程度后就需进行冲洗，以恢复滤层的清洁。

④按消毒物质不同分为氯消毒、二氧化氯消毒和臭氧消毒。

公共给水处理中采用氯作为消毒剂是从 1902 年比利时的 M1ddelheike 开始的。1908 年美国芝加哥水厂首先用次氯酸钙进行消毒。1914 年后出现了折点加氯的方法，氯消毒的目的是消除水中的各种细菌、芽孢、病毒等，至于消毒杀菌的作用机理至今尚未得到完全的阐明。

一般认为，各种消毒剂可以破坏细菌细胞内的酶，与细菌中的酶起不可逆反应，使细菌的生命活动受到障碍而死亡。因此，杀菌的过程必定要包括消毒剂扩散透过细胞壁的过程，消毒的效率很大程度上与此有关。所以，氯化消毒并不完全是单纯的氧化作用，强氧化剂不一定是良好的消毒剂，而动力学因素在消毒过程中起了很大作用。

二氧化氯对水中传播的病原微生物，包括病毒、芽孢及水路系统中的异氧菌、硫酸盐还原菌和真菌有很好的灭杀效果，特别是对地表水中大肠杆菌的处理效果更为突出。二氧化氯的杀菌主要是吸附和渗透作用，大量二氧化氯分子聚集在细胞周围，通过封锁作用，抑制其呼吸系统，进而渗透到细胞内部，以其强氧化能力有效氧化菌类细胞赖以生存的含巯基的酶，从而快速抑制微生物蛋白质的合成，最终破坏微生物。这也是由于二氧化氯水溶液中的氧化还原电位高达1.5伏，能迅速氧化、破坏病毒衣壳上蛋白质中的酪氨酸，抑制病毒的特异性吸附，阻止其对宿主细胞的感染。二氧化氯与细菌及其他微生物蛋白质中的部分氨基酸发生氧化还原反应，使氨基酸分解破坏，进而控制微生物蛋白质合成，最终导致细菌死亡。在已知的氨基酸中芳香族和含硫类氨基酸最易受到二氧化氯的氧化破坏。

二氧化氯能较好地杀灭细菌、病毒，且不会对动、植物机体产生损伤，其原因在于细菌细胞结构与人体、植物截然不同。细菌属原核细胞生物，其绝大多数酶系统分布于细胞膜近表面，易受攻击；而动、植物细胞属真核细胞，其酶系统多深入细胞内细胞器中，从而得到保护，不易接触、伤害。此外，高等动、植物机体在受到外来侵害时，会自动产生抵抗外来物质的保护系统，从而完全保证机体不受二氧化氯伤害。

在适当的温度下，温度越高，二氧化氯的杀菌效力越大。

净水工艺中采用臭氧消毒已有悠久历史，几乎与最常用的氯消毒同时被采用，但迄今为止，由于臭氧消毒系统设备复杂和投资大，且耗电量较高，臭氧消毒和氧化只在少数国家得以较普遍采用，在法国、德国、瑞士等欧洲国家应用较多。

自20世纪90年代起，由于怀疑水中的有机物和天然物质与氯发生反应后形成的三卤甲烷具有致癌性，美国、日本和英国等国家也逐渐对臭氧在水处理中的应用产生了兴趣，并逐步在一些饮用水处理系统中采用或增设了臭氧处理工艺。由于臭氧比氯有更高的氧化电位，因此它比氯消毒具有更强的杀菌作用，对细菌的作用也比氯快，消耗量明显较小，且在很大程度上不受 pH 的影响。有关资料报道，在 0.45 毫克/升臭氧作用下，经过 2 分钟，脊髓灰质炎病毒即死亡；如用氯消毒，则剂量为 2 毫克/升时需经过 3 小时。当 1 毫升水中含有 274～325 个大肠菌，在臭氧剂量为 1 毫克/升时可降低大肠菌数 86%；剂量为 2 毫克/升时，水几乎可以完全被消毒。此外，较之传统的氯消毒方法，臭氧消毒还有如下优点：

一是在消毒的同时可改善水的性质，产生较少量附加的化学污染物质；

二是不会产生如氯酚那样的臭味；

三是不会产生三卤甲烷等氯消毒的消毒副产物；

四是臭氧可就地制造，为了获得它只需要电能；

五是免去在某些特定的用水中除去过剩杀菌剂的附加工序，如食品加工、饮料生产及微电子工业等已用氯消毒净化的水中需要增加脱氯工序。

由于臭氧在水中很不稳定，容易分解，如接触池出口处水中剩余臭氧尚有 0.4 毫克/升，但经过水厂清水池的停留后，水中的剩余臭氧已完全分解，没有剩余消毒剂的水将进入管网。因此，经过臭氧消毒的自来水通常在其进入管网前还要加入少量的氯或氯胺，以维持水中一定的消毒剂剩余水平。

(3)水常规处理工艺的选择

天然水体中由于含有各种杂质，不能满足供水水质的要求，因此需要进行处理。给水处理的目的就是要将不符合供水水质要求的原水进行加工，以达到要求的水质。由于原水水质的差异以及要求达到的水质目标不同，因此采用的给水处理工艺手段也不尽相同。

天然水在自然界的循环过程中混入各种杂质,不同类型的水体其杂质组成和含量差别明显。地下水是由地面降水经地层渗流而形成,其水质与所接触岩层密切相关。一般来说,地下水的悬浮杂质较少,溶解盐类含量高,硬度和矿化度较大,有时铁、锰指标可能超过要求的水质标准。由于受地面污染的影响少,因此地下水的有机物和细菌相对较少。

地表水源包括江河、湖泊及水库等,其水质特征也各不相同。江河由大气降水径流和地下水补给形成,其水质因流域内的环境条件而异,特别是受自然环境和人类社会活动的影响极大。其水质特征是含有较多的泥沙和悬浮物质,且因季节的变化,年间的水温变化也较大,含盐量一般较地下水低。

江河在其径流过程中受到工业废水和生活污水排放的影响,使水质成分更趋复杂。我国废(污)水排放部分未经处理直接排入水体,构成水体污染。主要的污染物包括重金属、砷、硫化物、挥发酚、石油类物质等。

湖泊、水库由于水体的滞留时间长,因此泥沙和悬浮物质含量相对较少,季节的变化也不如江河明显,由于日光照射和水体流动差的特点,当水中氮、磷等营养物质较高时,藻类的生长繁殖成为湖泊、水库水的一个突出问题。

综上所述,天然水体中存在各种物质,当这些物质的含量超过要求的供水水质目标时就要进行净化处理。由于各种用水(例如生活用水、工业用水等)对水质的要求并不相同,因此采用的净水工艺也会有所区别。

对于生活饮用水而言,其主要的水质控制指标包括微生物学指标、有毒有害物质指标和感官性状指标。作为公共的给水系统,微生物学指标必须得到充分保证,因为由此引起的水质事故将会导致严重的后果。

在进行给水工艺选择时，必须充分掌握以下八方面资料。

第一，原水水质的历史资料。对原水的水质应该做长期的观察，就地表水而言，丰水期和枯水期的水质、受潮汐影响的河流的涨潮与落潮水质以及表层与深层的水质都要加以分析比较。

第二，污染物的形成及其发展趋势。对产生污染物的原因进行分析，寻找污染源，对潜在的污染影响和今后发展的趋势也应做出分析和判断。

第三，出水水质的要求。不同的供水对象对水质的要求有所不同，就城市供水而言，必须符合国家规定的水质要求。在确定水质目标时还应结合今后水质可能的提高做出相应规划考虑。

第四，当地或者相类似水源净水处理的实践。如当地已有给水处理厂，其处理效果是对所采用给水工艺最可靠的验证，也是选择给水工艺的重要参考内容。

第五，操作人员的经验和管理水平。要使工艺过程能达到预期的处理目标，操作管理人员具有十分重要的作用，同样的处理设备由于操作人员的不同可能产生不同的效果。因此在工艺选择时，应尽量选择符合当地习惯和使用要求的给水工艺。

第六，场地的建设条件。不同处理工艺对于占地或地基承载等会有不同的要求，因此在工艺选择时还应结合建设场地可能提供的条件进行综合考虑；有些处理工艺与气温关系密切（例如生物处理），在选用时还应充分注意当地的气候条件。

第七，今后可能的发展。随着水质要求的提高，或者原水水质的变化，可能会对今后的给水工艺提出新的要求，因此选择的工艺要求对今后的发展具有较大的适应性。

第八，经济条件。经济条件是工艺选择中一个十分重要的因素，有些工艺虽然对提高水质具有较好的效果，但是由于投资较大或运行费用较高而难以被接受，因此工艺选择还应结合当地的经济条件进行考虑。

依据以上八方面的资料可以选择以下几种给水工艺。

①只用消毒处理的简单工艺。对于水质优良的地下水，如果各项指标(除细菌外)均符合出水水质要求时，可只采用消毒的净水工艺。

②直接过滤处理工艺。当原水经常在15浑浊度，最高不超过25浑浊度，色度不超过20度时，可在过滤前省去沉淀工艺而采用直接过滤的方法。由于直接过滤不需要形成重力分离所需的足够大的絮体，因此药耗较低。

由于直接过滤截留的悬浮物质数量较一般滤池多，因此，滤层的选择应注意具有较大的含污能力，采用双层滤料是其中的一种选择。

一般在直接过滤前需设置絮凝设施，原水在加注混凝剂后，经快速混合流入絮凝池，在絮凝池中形成一定大小的絮体，然后进入快滤池。直接过滤所需形成的絮体并不需充分大，故直接过滤又称作“微絮凝过滤”。

直接过滤也有不设置絮凝设施，原水加注混凝剂经快速混合后直接进入滤池的。此时，其絮凝过程则在滤层中进行，采取这种方法一般多用煤、沙双层滤池，加注混凝剂的原水悬浮物在煤层中完成絮凝过程，同时也被部分截除，而在沙层中则得到充分的去除。

③混凝、沉淀、过滤处理工艺。这是最常用的处理工艺。当原水浑浊度超过直接过滤所允许的范围时，在过滤前设置沉淀池以去除大部分悬浮物质是经济和合理的选择。

根据原水水质特点，在进入混合前可投加氧化剂和pH调正剂。投加氧化剂的目的是氧化部分有机物、改善混凝性能和保持净水构筑物的清洁(避免滋生藻类等)，一般多采用液氯。由于担心加氯引起消毒副产物的增加，因此建议尽量少加或不加。当原水的碱度不能满足混凝所需的最佳pH值时，则可投加pH调正剂，原水碱度较低时，可投加石灰或氢氧化物；为去除有机物而需形成较低 pH 值时，则可加酸。

原水在投加混凝剂并经快速混合后进入絮凝池，在絮凝池中形成沉降分离所需的絮体。为了提高絮体的沉降性能，可在快速混合后投加絮凝剂（一般为高分子聚合物），通过絮凝剂的架桥、吸附作用，以形成更易沉降的絮体。

沉淀工艺可选用沉淀、澄清或气浮，可根据原水的性能并通过技术经济比较确定。

为了改善滤池过滤性能，在进入滤池前还可投加助滤剂。投加助滤剂可明显改善过滤性能，显著提高去除率，降低出水浑浊度，但运行周期则相应缩短。

原水经混凝、沉淀、过滤、消毒处理后，若出水水质 pH 值不能满足水质稳定要求时还应在最后投加 pH 调正剂，以使出水达到稳定要求。

4.3.3 微污染水源的处理

我国水源污染的情况是严重的，由于废水处理率不高，大量废水没有经过适当处理直接排入江河湖泊，以致优质的水源越来越少，对饮用水处理工艺的选用造成很大的困难。

目前全国地表水源普遍受到不同程度的污染，并且有加剧的趋势。2010 年我国 7 大水系长江、黄河、珠江、松花江、淮河、海河和辽河等七大水系总体为轻度污染。204 条河流 409 个国控断面中，Ⅰ～Ⅲ类、Ⅳ～Ⅴ类和劣Ⅴ类水质的断面比例分别为 59.9%、23.7%和 16.4%。长江、珠江总体水质良好，松花江、淮河为轻度污染，黄河、辽河为中度污染，海河为重度污染。长江整体水质尚好，流经城镇的江段和支流则污染严重，岸边已出现污染带，下游江段的污染带宽度明显大于上游。但是，大部分江段的水质可作为工业用水水源和生活饮用水水源。珠江流域水质，在广西境内的大多数河段可作为生活饮用水水源，但进入广州后水质只能作为一般工业用水的水源。松花江大多数河段的水质只能作为工业用水的水源，江水的有机物污染，冬季特别是冰冻期比夏季严重。至于其余水系因污染严重，水质很差，有的河段甚至已失去使用功能。

湖泊、水库的污染也不容忽视，如太湖、滇池、芜湖等，主要是富营养化严重，其中藻型富营养化问题比较突出，对城市给水产生不利的影响。

近年来，我国地下水污染也在加剧，从总体看来，北方城市比南方城市严重，根据118个城市的监测资料表明，地下水严重污染的城市约占64％，污染较轻的城市占33％，只有3％的城市的地下水污染较为轻微。

微污染水源是指水的物理、化学和微生物指标已不能达到地面水环境质量标准中作为生活饮用水原水的水质要求。污染物的种类很多，有引起浑浊度、色度和臭味的物质，有硫氮氧化物等无机物，还有各种各样有害有毒的有机物，有重金属如汞、锰、铬、铅、砷等，有放射性、病原微生物等，但是主要是指受到有机物污染的水源。

各地微污染水源的污染程度并不相同，要求的处理后水质也不一样，因此应根据各地具体条件选用水处理工艺。

当常规处理（混凝、沉淀或澄清、过滤、消毒）难以使微污染原水达到饮用水水质标准时一般可以采取下列措施：

（1）加强常规处理，如加强混凝；

（2）增加预处理，如生物预处理；

（3）增加后处理，如活性炭吸附、生物活性炭法、膜处理等。

上述这些措施可以采用一种，或同时采用多种，取决于技术经济条件和要求的水质。

4.3.4　再生水回用

污水经处理后的出水，目前尚无统一名称，根据通常用法，本节把典型的城市污水为某种回用目的，经再生处理后的出水，统称为再生水。我国是一个淡水资源贫乏的国家，随着城市建设和经济的发展，水污染趋势日益加重，水资源短缺现象将日趋严重。因此实现再生水回用是缓解水资源紧缺、保护生态环境、污水资源化的一条有效途径，也是当前水源建设和造福子孙后代中的一项长期战略方针。

再生水回用必须进行综合区域总体规划、水资源规划和水环境保护规划，制订系统规划，以最低基建投资和最少经营费用来满足回用目标。

再生水回用应根据用水对象对水质的不同要求，重点放在水质要求低，处理费用低，对二级出水经适当处理，就能达到回用水目标的用户。回用水是指污水净化后，达到一定的水质标准，回用于生活和生产的水。目前，再生水回用主要用于农业、工业、生活杂用，少量用于人工回灌、河湖补水等。

(1)农业灌溉

农业灌溉主要包括农作物、牧草、树木、农副产品洗涤及冷冻等用水。我国城市污水回用于农灌已相当普遍。灌溉用水量很大，不仅可以解决工农业争水的矛盾，而且可以把节约下来的大量天然水用于城市生活用水，有利于经济合理地利用水资源。

原污水用于农灌，可以通过田地和水组成的农村生态系统达到处理目的。田地是由农作物、土壤微生物和土壤组成的一个复杂体系，在自然界物质循环中起着重要作用。原污水参与这个循环，使原污水中有机物在微生物的作用下降解，降解产物是农作物的肥料和土壤的良好组成成分，病原微生物因环境改变而逐渐死亡。田地上的水分，一部分直接蒸发，散入大气层；一部分为农作物所吸收;剩余部分渗过土层汇入地下水。下渗过程中,通过土壤及其母质的过滤、离子交换、化学反应等,改善了水质。然而当原污水水质恶劣或灌溉过量时,则影响或破坏农作物的质量、产量和田地的净化效能,并污染土壤。原污水中的有害物主要是重金属和有害有机物(如酚、三氯乙醛、有机氯农药)以及悬浮固体和油类、氮、磷,它们过量时都将污染土壤甚至渗入地下水。水分过量时也将降低土壤的空气量,甚至使它转入无氧状态,破坏正常生态。所以灌溉用水必须符合水质要求,使有机物负荷率和水分负荷率(灌水率)必须恰当,田地才能起净化作用。

(2)工业方面

再生水回用于工业,多用于冷却、洗涤及其他工艺低质用水。

①工业冷却水。工业冷却水因其用量大,水质要求低,故目前使用回用水最为广泛。通常冷却水用量较大的有冶金、发电、造纸、化工等行业。各行业对冷却水水质的要求相差不大,以不引起腐蚀、不结垢、不产生沉淀物、黏膜和泡沫即可。因此在循环过程中,还应投加水质稳定剂,以防止结垢、腐蚀等。

城市污水二级处理出水,各种菌的数量均超过化工部循环水控制指标。因此二级出水直接作为循环冷却水,通常会产生泡沫、氨腐蚀、细菌黏泥、磷酸钙和其他结垢以及对环境产生的毒理学危害等。针对上述问题,可采用两种方法进行补充处理:一种是将二级处理出水经混凝、沉淀、过滤或直接过滤,消毒后作为工业冷却水;另一种是将二级处理出水直接送到工厂或工业区,再根据需要进行补充处理,一般回用作冷却水都采用后述方法。

②生产工艺低质用水。工艺生产过程中对水质要求相对低的用水,称为生产工艺低质用水。如洗涤、冲灰、除尘等用水。

再生水用于工艺低质用水,一般仅需对城市污水厂二级处理的出水补充处理,目的是去除悬浮固体和微生物絮体(菌胶团)等。

(3)市政公共用水

不直接与人体皮肤接触,水质要求低的用水,称为市政公共用水。诸如居住区和公共建筑的冲厕,浇灌树木、花草、绿地,喷洒道路,洗车,建筑施工等用水。

再生水用于市政公共用水,可减少城市污水排放量,有利于环境保护,因其水质要求低,处理工艺简单、投资低、见效快。市政公共用水水质标准可参照建设部颁布的《生活杂用水水质标准》执行。

(4)人工回灌

人工回灌是指将处理后的水灌入地下含水层。以再生水作为回灌水的水源时,其水质一般要满足如下条件:①不会引起地下水水质恶化;②不会使注水井和含水层堵塞;③不腐蚀注水系统的机械、设备。人工回灌是水循环中的再生形式。随着水回灌到地下含水层,水中的各种污染物与地下水和含水层的岩石相互作用,使得各种污染物的浓度在迁移过程中不断变化,不断被含水层的岩石颗粒表面吸收,有机物浓度逐渐降低,实现水质净化。

(5)城市河湖用水

河道系统按其主要功能可分为三类:水源河道、风景观赏河道和排水河道。

水源河道对水质要求较高,城市污水经二级处理不能满足使用要求,还需增加补充处理。处理后水质排入水体后应符合GB3838-2002《地表水环境质量标准》中Ⅲ类要求。

风景观赏河道是供一般观赏,此类水体比水渠河道的水质要求低些,其水质应符合 GB3838-2002 中Ⅴ类要求。

排水河道处于城市下游,往往还担负着农业灌溉输水的任务,此类水体对水质要求较低,其水质应满足农田灌溉用水的水质要求。

4.3.5 城市供水管网输送

供水管网是配水系统的主要组成部分。良好的管网运行和管理，直接关系到城镇供水的社会效益和经济效益。

(1)降低漏损率

城市供水漏损率是城市供水总量与有效供水量之差(漏耗损失、计量误差和未授权用水等)与供水总量之比。我国近年来城市供水损失率有增加的趋势。1996年城市平均供水漏损率为11.3%;2004年上升到12%，某些城市达到20%;2009年达到15.2%。大量城市供水的损失，加剧了我国水资源的紧缺状况。

管网漏水损失是漏损率的主要部分，降低漏损率的主要措施有：

①构建管网的数字信息化管理系统，进行动态监测；

②运用检漏仪器主动检漏，及时修堵；

③管网中的附配件要加强维护管理，减少滴漏；

④及时更换陈旧管段；

⑤合理布置管网控制水压；

⑥采用多种方式鼓励公众报漏或提供相关信息。

(2)建立供水管网科学调度数学模型

《城市供水行业2010年技术进步发展规划及2020年远景目标》中提出："管网水力水质模型管道建模"和"供水系统科学调度技术与应用"是我们今后发展的方向。供水企业在生产和管理上目前虽然普遍引入了计算机信息技术，很多企业建立了SCADA系统、GIS系统等，部分企业完成了建模并加以应用，但还需进行实用的管网计算机模型的开发、管网平差计算、管网现状校核、非稳定状态水力模拟的建立、优化调度、供水可靠性的分析等。

一些供水企业在重视管网水质的同时，开展了管网水质模型的研究工作。管网模型的建立和修正需积累相当数量和有效的资料作为基础。管网建模和应用的深化和普及，将是今后努力的方向。加深认识建模的难度和做好解决难题的工作，从已建模和应用的实例中总结经验，吸取教训，是成功的捷径。

(3)保障管网水质安全

城市供水必须为社会公众提供安全可靠的饮用水，其中保障水质就是保证用户能够饮用到符合水质标准的饮用水。新的水质标准，明确指出用户用水点的水质要符合水质标准的要求。

水在配水系统的管网内流动和停留，一般都要几个小时，个别城市甚至达几天，管道与水将发生物理、化学和生物作用。合格的出厂水有时常携带易使水质下降的微小物质，例如细菌和微小的颗粒物。偶然事件使管道遭受外界污染，如管道爆裂、施工清洗不彻底等，都将导致管网水质下降。管道水质的变化规律和保障管网水质是近年来管网研究的热点课题之一。

①管网的水质问题。水的化学不稳定性会使管道内壁发生腐蚀或结垢形成“生物膜”(或“生长环”)，我国某城市在管网内层检测出13种细菌和菌群。

经过常规水处理后的出厂水中还残存着微量的微生物、有机物和少量的藻类。即使管网水的余氯合格，生物不稳定的水往往还会促进管道内细菌的增加，而藻类消耗余氯会使水质下降。

管网和附属设备对水质的污染也不可忽视。如PVC管道溶出氯乙烯，水泥砂浆内涂层溶出重金属，水箱涂料溶出二甲苯，附配件使用树脂、增塑剂迁移出的环氧氯丙烷等污染管网水质的事例均有报道。

偶发事件使管道水质被污染的事例也屡见不鲜。如管道故障局部管道失压、管道因负压回流污染的事例在很多城镇常有发生。

②配水系统管网水质指标变化规律。管网内水质变化很复杂，目前国内外有关报道中，对水质指标的专项研究较多，综述

如下。

浑浊度变化基本呈现缓慢升高的趋势，而在管网末梢区域内有时会出现浑浊度不同程度的下降。管道属性、运行工况、水力条件是浑浊度变化的影响因素，管道材质和防腐情况是影响浑浊度的主要因素。

余氯的衰减在管网中除了主体水自身内部消耗以外，是多种因素的综合影响，其中管道属性、管龄、防腐质量是主因。气候因素对余氯反应速率、管网水力工况和水龄（水流在管道中停留时间）也有影响。

管网中余氯的衰减遵循氯衰减动力学理论，很多研究认为管壁余氯衰减是余氯衰减过程中的一个重要组成部分。目前，国内外还没有一种实验方法可通过实测获得管壁余氯衰减系数。

管网中氨氮、亚硝酸盐氮和硝酸盐氮的含量是互相影响的，在余氯生物氨化作用和硝化作用下，三氮相互转化。在管网中，当氨氮浓度低时，亚硝酸盐氮浓度也低，当氨氮浓度升到一定数值时，亚硝酸盐氮浓度也升高，但亚硝酸盐氮因化学性质不稳定，也易为微生物利用，故其浓度一般不会很高。管网中三氮，以氨氮与亚硝酸盐氮关系更为密切。

铁在管道中的含量是逐渐升高的。管道的材质和水在管道内停留的时间、季节性温度变化是铁含量升高的影响因素。研究表明配水管网中总铁浓度与浑浊度呈现正相关关系。

氯消毒的副产物三卤甲烷（THMs）和卤乙酸（HAAs）在管网中含量的比例大致为 3∶1（南方某地区）。三卤甲烷浓度在管网沿线表现出增加趋势，而卤乙酸则趋于降低。但这些变化量都不大。（氯消毒副产物及其在管道中的变化，不同地区研究结果不完全相同。）

通常地表水中硫酸盐含量较低，但地下水中硫酸盐较高。水质标准硫酸盐限值 250 毫克/升。硫酸盐浓度 300～400 毫克/升时多数饮用者察觉水有异味。硫酸盐在管网中的含量变化受季节性影响明显。在春秋季节，硫酸盐含量基本保持稳定；在冬季，硫酸盐含量沿管道明显下降；而在夏季，则沿管道有较大的升高。

微生物量与管网中水的化学不稳定和强腐蚀性无明显关系，但在管壁铁瘤中含有较多的微生物，以好氧细菌和厌氧细菌为多，如铁细菌和亚硝酸盐细菌。

管壁生长的生物膜上的细菌一般不会进入水体而增加管网水的细菌量，只有当水流速度突然加大、水流方向改变等情况下，才可能使生物膜上细菌进入水体而导致管网水细菌总数增加。

管网水中的色度、臭和味、锰、pH 和化学耗氧量等常规检测项目，其含量一般在管网中有升高趋势。

③管网水质控制。提高出厂水水质，严格控制浑浊度，出厂水水质在完全符合质量标准的前提下，与管网水质变化密切相关的部分水质指标，应严于水质标准规定的限值。特别是浑浊度，应尽可能将出厂水浑浊度降低。国内先进水厂出厂水浑浊度都在 0.3 以下，发达国家的出厂水实际浑浊度都在 0.1 以下。色度、臭和味、细菌总数、铁、锰等出厂水含量宜低于标准要求。

加快管网改造和更新，在做出管网改造和更新的决策之后，最重要的是把握好管材的选择。采用钢筋混凝土管或用水泥砂浆衬里和内涂的金属管，必须对所用的水泥提出具体的要求。硅酸盐水泥生产过程中掺入的高炉矿渣，成分很不稳定，有的含有镉、钡等重金属；若采用各类新型管材，如玻璃钢管、环氧树脂、塑料衬里管等，往往因材质的化学有害成分析出溶于水中，污染水质。凡此种种，都应严格按涉水产品卫生质量要求把关，并在施工安装前做好管材浸泡试验，合格后才能使用。

注重工程质量，规范和落实管网管理和维护，严格把握管网改造工程质量，杜绝施工质量隐患。

管网管理和维护的常规工作应从严落实，充分应用管网建模技术，提高管网合理运行水平，累积基础资料，掌握管段流速动态变化和管网(段)水龄。

加强管网水质监测，逐步增加管网在线水质监测点，在监测浑浊度和余氯指标的基础上根据需要和可能增加监测项目，做好人工取样检测和在线水质监测资料整合与统计分析工作，为建立管网水质模型积累资料，并作为评价管网水质依据。

水厂进行水质稳定性处理是保障管网水质的重要途径。我国城市水厂出厂水水质多数呈水质不稳定性。水质不稳定有化学不稳定和生物不稳定两类。呈化学不稳定的水将使管网腐蚀或结垢；呈生物不稳定的水将使管网内残留细菌，且因有有机物营养素而在管网内繁殖增加。目前我国尚无水厂专门设置水质稳定处理的设施，只是采用管道内衬涂层防腐蚀的方法应对，但是在管道接口部位、管道附件等处不易被完全防腐；在管道腐蚀的情况下，锈瘤为细菌提供了良好的栖身场所，成为细菌滋生的温床，尽管此时水中余氯高达 1.35 毫克/升，也并不能阻止细菌的固着生长。由此也可推知，呈生物不稳定的水，仅仅增加管网余氯量未必能抑制管网细菌的增加。在常规水处理中加碱剂调节水的 pH 值，是化学稳定处理的基本方法。控制和合理加氯或采用氯胺消毒，均有利于提高水的生物稳定性。从保障管网水质的长远考虑，水厂进行水质稳定性处理将是根本的方法。

4.3.6 城市节水管理

在我国，城市节水管理自 20 世纪 80 年代初开始，已经逐步形成技术、经济、法规、行政、政策和教育 6 个方面的管理体系。

(1)城市节水的技术管理

城市节水的技术管理强调依靠技术进步，改进节水措施，提高节水管理水平。以系统论、信息论和控制论为理论基础发展起来的现代信息、模拟、优化、决策和控制技术得到广泛应用。就节水管理而言，制定科学的综合用水定额、制订节水规划、研究开发新型节水器具与设备、推广节水科研成果、开辟节水新途径等均纳入计算机网络管理系统。

(2)城市节水的经济管理

城市节水的经济管理指利用水资源费和水价等经济杠杆的作用调整用水结构，促进合理用水，激励节水，减少浪费，提高用水效益。

水资源费的收取体现对水资源价值的认识。传统经济学中把生态环境给人类提供的所谓“取之不尽，用之不竭”的资源财富称为“自由取用物”。在成本核算中，经常按“免费商品”不计取价值，导致其过度开采、浪费和生态环境的污染与破坏。如沿长江流域建设的供水工程中，仍然存在不计取水资源费用的不合理现象。很多地区亦尚未实行排放收费制度，这种随意使用与随意排放的生产活动使人类不得不花费更巨大的财力去修复、补偿被破坏的“免费商品”，以恢复至原来的生态环境。

根据可持续发展的价值观，人类在创造经济价值的同时，不能对后代人创造经济价值的能力构成危害：同代人中一部分人(国家和地区)在创造经济价值的同时，也不能对另一部分人(国家和地区)创造经济价值的能力构成危害。当代人应为后代人保持和创造生态环境价值。

按照这一观点，应将水的全部价值特别是其中的生态环境价值作为一种资本(包括物质性资本和非物质性资本)，纳入宏观(如国民经济核算)、中观(如产业结构与生产力的布局与调整)和微观(如建设项目的费用—效益分析)的经济评估与核算中去。

我国的供水部门在计划经济时代，多是地方政府的一部分，依靠政府补贴，水价普遍偏低，不能反映成品水的真实价值。1985年，国务院发布了《水利工程水费核定计收和管理办法》，提出按成本核定水费，以经济手段管理水资源。虽然各地近年来不断调整水价，但或多或少还存在着水价偏低、水价体系不合理等问题。

由原水到成品水，经过了购买原水、建设输送与净化工程设施及售水三大步骤。水价体系应体现这三部分费用。

目前，我国的供水部门正在由政府的一部分逐步向企业转化。如果供水企业按正常市场规律运作的话，其售水价格的制定首先由供水企业根据费用和成本并考虑其收益而提出。

城市供水企业的垄断地位是与地方政府的支持分不开的。为了约束企业的运营行为，作为对政府提供稳定市场的交换，垄断企业需接受政府对其定价的限制。供水企业将其成本核算和水价提交政府，由政府组织财政部门、物价管理部门、节水管理部门、环保部门、社会公众代表等方面共同商议确定。

除水价和水资源费外，税费、奖励基金、政府补贴、定额、多种经济因素亦包含在节水管理中。尽快建立适合我国国情的、可操作性较强的水价管理体系及价格体系，将对节约用水起到良好的经济杠杆作用。

(3)城市节水的法规管理

依法治水是社会进步的必然趋势。我国现行节水法规尚不完善，水权及排污权的有偿转移等可操作性较强的水价管理体系不健全。

法律法规只有强制性，其系统性、科学性和合理性还有待执法实践的检验，需要不断修订与补充，并与国际接轨。

(4)城市节水的行政管理

城市供水行业有很强的社会公益性，其产品的不可替代性和全社会对其依赖的程度，使行政管理成为目前我国节水管理采用的主要手段。现阶段的节水行政管理主要通过已形成的固定多级管理网，实现对非居民用水的计划管理，下达指令性用水计划，严格控制工业用水、大户用水。在严重缺水的城市，采取季节性地限制居民用水量、试行超水量加价收费的办法。

(5)城市节水的政策管理

政策是行政管理的直接依据，技术和经济手段通常需要配套政策的支持才能实施。城市节水的政策管理关键是政策的制定。首先要有一个合理的节约用水指标体系，定期地对城市节水管理的实际状况进行测试，以收集信息、发现问题、掌握趋势。在客观分析现状和问题的基础上，制定政策，并依靠规划来细化政策的实施过程。

(6)城市节水的教育管理

教育手段的功能是强化公众珍惜、保护水资源的意识，提高全民节水的自觉性。近年来广泛开展的“城市节水宣传周”和“世界水日”等活动取得了良好的效果。

总之，城市节水管理是一项复杂的系统工程，涉及自然、社会、环境等诸多因素，要采用技术、经济、法规、行政、政策和教育等综合管理手段，在理顺管理权限的基础上，规范管理方式，提高管理水平。

4.4　国外供水情况

4.4.1　德国的供水情况

德国具有得天独厚的自然条件。受大西洋暖流的影响，气候温暖湿润。年降雨量全国平均 700～1000 毫米。虽然不多，但降雨量在年内的分配比较均匀，因此农业不用人工灌溉，没有洪涝灾害的问题。降雨量的 20% 左右都渗入地下，所以地下水极为丰富，地表以下 4～5 米即是含水层，因此不存在防洪抗旱的问题。

巴登符滕堡州是德国的一个大州，位于德国的西南部，属高原和丘陵地区，全州共分 4 个地区，辖 9 市 30 县，总面积 3.6 万平方公里，人口约1080万。地基岩层大部分为石英岩，该区的供水具有代表性。该州在德国属工业发达地区，工业化水平高，农业人口仅占4%，主要农作物是小麦和马铃薯。经济作物有苹果、葡萄、蔬菜等。有广阔的草场，畜牧业也很发达。德国人生活水平高，人均生活用水量也比较高，每人每天用水量在120～150公斤，有的超过200公斤。

巴州城乡已全部使用自来水，对水质的要求特别高。其供水系统具有以下特点：

(1)具有健全的供水组织

德国的供水已形成全国性的大产业，从中央到地方已形成统一的管理体系。中央设环保部，州、地区和县均设环保局。州环保局负责对全州水资源进行管理和分配，包括对水资源的监测及水资源的保护等。供水由各级供水协会执行。供水协会分州供水协会、地区供水协会、县供水协会和乡供水协会。供水协会分股份公司和股份有限公司，政府拥有大部分股份。供水协会由管理单位和受益单位的代表共同组成，其领导机构是董事会，董事会由地方政府的领导和管理单位的负责人及工程师、专家组成。市供水协会受市长领导，有的供水协会董事会由市(县)长兼任董事会主席职务。供水协会根据用户的需要计划水量开采和分配，进行水质监测、征收水费，以及为各供水厂的设备更新提供资金。

有的城市设公共事业公司，统管全市的供水、供电、供煤气和城市交通。全公司实行财政盈亏统筹，但供水一般不亏损。

(2)水质的处理

供水系统对水质的要求特别严格，各供水协会供给用户的水生化指标必须达到国家规定的标准，如果水源的水质达不到标准，必须进行处理，达到国家标准后再供用户使用。水质的处理方法是根据水源的水质情况采用不同的处理方法。一般是加臭氧、加活性炭、加石英软化水和过滤处理。

如果水源中含有超标的铁和锰，则需利用臭氧制造设备，生产臭氧加入水中，使铁和锰氧化，产生铁氧化物或锰氧化物沉淀后，从水中分离出来，以减少水中铁和锰的含量，达到饮用标准。

降低水中硝酸盐的含量。处理方法是在水中加活性炭，这是一种昂贵的处理方法。一个中等水厂，一次活性炭的使用量需要花费60万马克，两年需更换一次，年平均费用30万马克。德国政府规定，每升水中硝酸盐的含量不得超过25毫克，由于硝酸盐处理费用昂贵，为了减少水源中硝酸盐的含量，政府制定了水源保护区内的农田化肥的使用限量，限定每公顷农田化肥使用不得超过45公斤。因为减少化肥使用，影响了农民的收入，为了弥补农民因减少使用化肥而减少的收入，政府规定从供给用户的水费中，每1立方米水费中提0.1马克补偿农民的损失。

降低供水的硬度。德国政府规定供给生活用水和工业用水的硬度不得高于14度。因此，超标准的硬水，必须在水厂中经软化处理后，才允许供给用户。处理的方法一是在水中加石英，以降低水中碳酸氢钙的含量，达到软化水的目的，二是利用硬度低的水和硬度高的水混合，降低供水硬度，使其达到供水的标准。

从河中引水和地下引水都有浑浊问题，水呈黄橙色，因此必须进行处理。处理的方法是在水中加硫酸亚铁，使其分解和氧化，经过沉淀、分离及水过滤处理，清除杂质，使其变清。处理水中的微生物和细菌，主要是在水中加臭氧，或加漂白粉将细菌杀死，然后经过过滤处理。为了达到过滤的最好效果，德国水厂的过滤用沙是从希腊海滩上买来的。因为这种沙的过滤效果好，远远超过本地沙，虽是从希腊远距离运来，但比本地沙更经济。

(3)关于水费的征收

根据送水距离、扬程、水质处理等费用进行水费核算，因此德国的水费各地不同。水费是按用户的用水量计收的。用水量收费一般为1立方米水1.2～2.5马克，另外向用户征收污水处理费。因各用户每用1立方米水就需排出1立方米污水，所以污水处理费按用户使用水量计收。污水处理费用一般为用水费的2～2.5倍，征收的污水处理费交给污水处理厂，作为污水处理经费。同时还向用户收取水源保护费，即用户每用1立方米水需交纳0.1马克的水源保护费。水源保护费补偿给农民，弥补农民因减少使用化肥和农药造成的收入减少。这样用户使用1立方米水需交纳4～5马克水费。水费由供水协会统一征收、管理，其中水资源保护费由供水协会上缴地方政府，由政府拨给农民，其余大部分用于水厂的设备管理、更新、维修及污水处理。

(4)水资源的保护

政府越来越重视水资源的保护。水资源的保护是政府的重要研究课题，水资源的调查、开发、利用、污水处理、监测等形成一个综合体系。水资源的保护由环保部门负责。一般每平方公里设20～30个观测点，巴州共设有7万多个观测点，对地下水的水位、流向、矿化度、水温，对河水的水位、流量、水质等进行观测。观测点有的是属于水厂观测的，有的是属于环保单位观测的；有的利用自动仪表观测记录，有的是人工定期观测，有的则由电脑控制。测后的数据都送供水中心输入电脑中整理分析，所有观测设备都有专人负责。德国政府为保护观测设备进行了大量宣传工作，提高了群众保护观测设备的自觉性。因此，德国各种观测设备都保护得很好。

德国的水资源观测设备是非常先进的，其化验设备也是很先进的。各供水厂和供水中心都设有先进的现代化化验设备。州环保局设有化验中心，供水中心和供水厂都有自己的化验室。全州有2000个化学测点，州环保局设50个化验所，分析的结果存入州环保局电脑，州环保局根据电脑中的信息指导各水厂的工作。

(5)关于水源保护区

为保证水源不受污染，德国规定对水资源进行三级保护。一级保护区即是水源区，水源区属水厂所有，周围建围坪和栅栏，禁止外来车辆入内。一级保护区不准有任何污染物。二级保护区是指 50 天内随径流到水源(井)的最大区域。因细菌在 50 天内全部死亡而定，即活的细菌不能进入水源(井)。二级保护区不准有任何污染源，限制农作物的种植，限制农药和化肥的使用量。三级保护区是水源的整个流域。三级保护区内不允许堆放垃圾，不允许新建工厂，不允许载有有毒物品的车辆和油罐车通过，不准新建高速公路，限制农药和化肥的使用量。对于保护区内限制农民农药和化肥的使用而造成的农民收入减少，政府将给予补偿，农民每公顷农田获得 310 马克的赔偿。如果测验出耕地中农药和化肥的含量超过规定标准，政府将对农民实施罚款制裁。目前巴州的水源保护区已占全州面积的 21％。

为了搞好水资源的保护，政府和各供水组织广泛向社会进行水源保护的宣传教育，特别是利用宣传画、电影、电视等形式对妇女、儿童进行教育。水源保护区都有永久性的标志，引起各方面注意。

莱恩水厂曾做过试验，处理水中的 1 公斤硝酸盐要耗资 3 万马克，而农民使用 1 公斤硝酸盐肥料仅需 10 马克，由此可见水质保护的重要性。

巴州内的金希吉水库是为供水而建的。为保证供给用户优质水，整个水库流域都是保护区，流域内没有居民居住，原来的居民也搬出流域，以防水库水质的污染。水库内不允许游览，库中不允许船只航行，不允许库中有鱼和其他生物生长，每年都对水库中的鱼和其他水中动物进行清除，以保证水质。

(6)污水处理

为保证水质不受污染，德国的城乡生活污水和工业污水都不准直接排入河道或地下，城、乡的雨水也不准直接排入地下和河道。在德国各个城市和工厂都有污水处理厂，经过处理的污水不能直接排入河道，而只允许排入地下。由此也可以看出德国对水源保护的严格要求。

巴州莱辛根市有人口 8000 人，没有工业，该市建有一座污水处理厂，对民用污水和雨水进行处理，经过处理的污水通过岩洞排入地下，经过净化补给地下水。

(7)工程的建设和管理

德国的供水工程都是花园式的厂区，厂区内种植着各种树木和花草，给人舒适的感觉。厂房内部的墙壁和地面都用油漆涂刷或用瓷砖铺砌地面，整个厂房极为干净，设备和仪表一尘不染。为不破坏自然环境，有的水井和厂房建在地下。供水工程对设备的要求非常严格，电机、水泵等都是最好质量的设备。为保证不锈蚀、不污染水质，钢管、输水管道内衬砌混凝土，各种保护监测设备齐全，深井过滤设备的剖面图挂在墙上，一目了然。供水网有电光示意图，可以看出哪台设备、哪口井在运行，直观性很强，非常有利于对设备的管理。管理实现自动化，有完善的管理制度，一个中等的供两万人用水的水厂仅有两个管理人员。

博登湖供水厂是一个大型供水工程，由州政府设立的机构进行管理。供水厂从莱茵河上的博登湖提水。该湖地处德国、瑞士、奥地利三国交界处，湖的平均蓄水量约 500 亿立方米，湖深约 250 米。抽水站由潜水泵组成，抽水能力 7 立方米/秒，扬程 340 米，电动机容量 28500 千瓦，管道总长约 1500 公里，其中主管道约 250 公里，可供 350 万余人用水。为保证水质，进水口安装在湖中 60 米深处。博登湖的水 80%来源于阿尔卑斯山融化的雪水，水质各项指标均超过德国水质标准，为了提高水质，在蓄水池周围安装 312 个出水口，对水进行处理。方法是过滤、加臭氧消毒、加微量漂白粉。经过处理的水放入两个 7 万立方米的蓄水池，最后供给各供水协会和用户。原来仅有13个城市与水厂合作，现已发展到170个城市与水厂合作。

博登湖供水厂有现代化的供水设备，有最先进的监测仪器和设备。整个水厂仅有100位工作人员，其中20人为化验员，80人负责管理和维修工作。博登湖是一个风景优美的旅游胜地，为保护环境，整个水厂都在地下；为了不破坏生态，利用约25公里隧道绕道架设输水管道。为节约经费，该水厂每天晚上6点至第二天早上9点抽水，此时电费便宜，可以减少开支。在供水设施施工建设中，为增加电能，供给电网，增加收入，减少居民水费负担，博登湖引水工程根据地形条件建有水力发电站。

4.4.2　澳大利亚的供水情况

随着全球气候变暖的加剧，近十年来，世界许多国家和地区都出现用水紧张的状况，各国纷纷将海洋看成新的水源。澳大利亚更是深受干旱之苦。为此，澳大利亚历史上最大的基础设施建设工程之一的海水脱盐工程正在其五大城市推进。该项目耗资132亿美元，每天可处理数百万升海水，使其脱盐成为饮用水。预计两年之后，等到最后一家海水脱盐厂建立运转，澳大利亚主要城市饮用水的30%将来源于海水。

澳大利亚水资源服务协会执行总监罗斯·扬(Ross Young)表示：“对于气候变化，包括气候变化带来的水供给体系变化，我们(澳大利亚人)把自己看作预警试验品。”罗斯·扬将五个城市132亿美元的投资描述为“为适应气候变化所花费的代价”。

然而，海水脱盐提供可饮用水的办法并非尽善尽美。事实上，许多澳大利亚居民对于水费的提高颇为不满；环保人士也对海水脱盐厂对环境造成的影响表示担忧，他们认为脱盐厂将耗费大量能源。批评家也称，只需要实施更为严格的节水措施，如要求使用更为高效的洗衣机等，就可以轻而易举从现有水供给中节约出来。

此外，海水脱盐项目还给澳大利亚移民带来一定影响。因为此前欢迎移民的澳大利亚政府曾预测，澳大利亚的人口将会从现在的2200万增至2050年的3600万。

2009年，土根镇一座耗资10亿美元、占地15英亩的海水脱盐厂投入运行。该脱盐厂建在当地机场和居民区附近，为昆士兰州首府布里斯班和东南部其他地区供水。尽管因技术问题，该脱盐厂最近暂时关闭，但据昆士兰东南部水电网管理局主席巴里·德里安(Barry Dennien)介绍，该脱盐厂已经为当地提供了6%的饮用水，而且其供水力可覆盖20%的地区。

昆士兰东南部地区2000—2009年间遭受了旱灾。当地的维文霍水库曾经一度只能提供16%的饮用水。

除了限制用水及为购买雨水储存箱的家庭提供补贴外，该州还花费近80亿美元，修建了澳大利亚最精密复杂的水供给网络。这一系统将水坝和水管道网络进行了改造，使18个独立供水网络相联系，形成单独的一个供水网络。为防止干旱，政府还修建再造水设施，通过回收废水或将海水脱盐"造"水，用于工业生产。海水脱盐的"造"水量可以通过降雨量适当调整。

除了土根镇，澳大利亚其他城市也开始新建海水脱盐厂。珀斯市于2006年运行了澳大利亚第一座海水脱盐厂，现在又打算建该市第二座。悉尼的海水脱盐厂于2010年初开始运行。另外，墨尔本和阿德莱德的脱盐厂也在建设中。

几年前，世界上多数较大规模的海水脱盐厂主要在中东地区，尤其是沙特阿拉伯。随着缺水问题全球化，这种情况发生了变化。在美国坦帕湾，过去仅有一座大型脱盐厂。而据国际脱盐协会(IDA)总监汤姆·潘克拉兹(Tom Pankratz)介绍，该区官员正提议在加利福尼亚州和得克萨斯州建设新的脱盐项目。

但是许多环保人士和经济学家反对海水脱盐厂项目的扩张，因为修建成本耗资巨大，而且对环境造成危害。工厂将海水脱盐消耗的电力支出占了整个成本的一半。而澳大利亚的主要电力来源是由会造成温室气体排放的煤炭提供。

批评人士认为,海水脱盐项目反而会使造成澳大利亚水匮乏的气候变暖问题恶化。为使海水淡化更合理,澳大利亚的脱盐厂正采用新建风电厂或使用其他高价的清洁能源的做法。据水资源服务协会的数据显示,在那些新建海水脱盐项目的城市中,市民水费支出在未来 4 年内有可能翻一番。

也有批评人士指出,还有比海水脱盐更为廉价的供水办法。他们建议采用节约措施,更好地管理地下水储藏和集水地。悉尼科技大学可持续未来研究所所长斯图亚特·怀特(Stuart White)表示:“几乎每个修建了脱盐厂的城市,都没有达到用尽其储藏水的地步。”怀特还表示,即使不采取严格措施,这些城市节约出 20%的用水也非难事。他认为缺水城市需做好“脱盐准备”,即准备制订脱盐厂修建计划,但只有在遭遇严重旱灾时,才作为“最后一招”修建脱盐厂。

罗斯·扬介绍,澳大利亚为每立方米海水脱盐花费 1.75 美元到 2 美元,这其中包括脱盐厂的建设成本、清洁能源和其他成本。国际脱盐协会的潘克拉兹认为,澳大利亚脱盐成本可能是世界上最高的。有些国家的环保标准相对不那么严格,所以成本也没有那么高。

量质并重——“五水共治”之农村保供水建设

第 5 章

5.1 中国农村供水主要问题

当我国城市因为人们生活和工业用水增加而面临缺水的时候，农村也正面临着水荒，特别是处于干旱及半干旱地区的农村缺水更加严重。同时，随着农村城镇化建设步伐的加快，我国农村水资源短缺、水质污染、用水效率低等问题日益突出，严重制约着农村社会的可持续发展。如何加强农村水资源的有效利用，保持水资源可持续发展，满足人们日常生活和农业生产的需求，成了我们现阶段迫切需要解决的问题。

以前，农村饮用水主要来源于河水、井水、泉水等，基本上不采取什么净化措施就直接饮用或烧开饮用。《全国农村饮水安全工程“十二五”规划》数据显示，2006—2010 年，全国农村饮水安全工程建设投资实际完成 1053 亿元，解决了 19 万个行政村、21208 万农村人口的饮水安全问题。其中，新建集中式供水工程（供水受益人口在 20 人以上）22.1 万处，新增集中供水能力 2628 万立方米/日，受益人口 2.02 亿，集中式供水人口受益比例由 2005 年底的 40%提高到 2010 年底的 58%；同时新建分散式供水工程 66.1 万处，受益人口 1040 万人。到 2010 年底，全国还有 4 亿多农村人口的生活饮用水采取直接从水源取水、未经任何设施或仅有简易设施的分散供水方式，占全国农村供水人口的 42%。截至 2010 年底，农村饮水安全现状调查评估核定的饮水不安全人口数为 2.98 亿。

我国农村用水有以下特点：人多量大，用途多样化，水源多为地表水及地下水。正是由于这些特点,造就了农村饮用水目前的状况,现阶段我国农村饮用水存在大量需解决的问题。

5.1.1 集中式供水基本情况

我国农村的集中式供水规模普遍较小,供水受益人口在20人以上的集中式供水受益人口只占农村总人口的58%;乡镇、跨乡镇和村级的集中式供水工程处数有22.1万处,受益人口1040万人。

乡镇及跨乡镇供水工程,北方以地下水源为主,南方以地表水源为主。多数由乡镇水管站管理,计量收费。

村级集中式供水工程,多数为单村供水,水源以地下水和山溪水为主。多数承包给村民管理,按人收费与计量收费并存。

集中式供水工程中,多数供水设施简陋,只有水源和管网,缺少水处理设施和水质检测措施。

此外,部分集中供水工程存在供水能力大于实际用水量的问题。原因是部分农民收入水平低,饮用、做饭等使用好水,洗涤、饲养牲畜等仍取用原有不收费的水。

5.1.2 分散式供水基本情况

我国农村的分散式供水工程,多数为户建、户管、户用,普遍缺乏水质检验和监测。

分散式供水人口中67%为浅井供水,主要分布在浅层地下水资源开发利用较容易的农村,供水设施多数为真空井或筒井,建在庭院内或离农户较近的地方,取水方式主要为手动泵、辘轳或微型潜水电泵。3%为集雨,主要分布在山丘区水资源开发利用困难或海岛等淡水资源缺乏的农村,以屋檐和硬化庭院集流场为主,北方以水窖蓄水为主,南方以水池蓄水为主。9%为引泉,主要分布在山丘区,南方较多。21%无供水设施或供水设施失效,直接取用河水、溪水、坑塘水、山泉水或到其他村拉水，主要分布在南方降水较丰富的山丘区农村。

5.2 浙江农村保供水主要任务

5.2.1 农村饮水安全保障能力建设任务

饮水安全直接关系人民群众身体健康和生命安全。2006—2010年间，我国累计完成农村饮水工程投资1053亿元，解决了2.1亿农村居民和学校师生的饮水安全问题，农村集中供水工程受益人口比例由2004年的38%提高到2010年的58%。2011年中央一号文件明确指出，在2015年前基本解决农村饮水不安全问题。

“十二五”期间，我国将重点解决一些地方存在的农村人口饮用高氟水、高砷水、苦咸水、污染水和血吸虫病区、微生物超标等水质不达标以及局部地区严重缺水的问题。把农村饮水安全工程作为社会主义新农村建设的重点内容之一，全面解决2.98亿农村人口和11.4万所农村学校师生的饮水安全问题。

我国将通过加强组织领导，建立农村饮水安全保障行政首长负责制，加大投资力度，强化项目管理，落实工程用电、用地、税费等优惠政策，加强县级农村饮水安全工程水质检测能力建设等，确保工程长久发挥效益，农村群众长期受益。

一要统筹兼顾，分步实施。优先解决严重影响居民身体健康的水质问题、涉水重病区的饮水安全问题及局部地区严重缺水问题。二要规模发展，注重实效。有条件的地区发展规模化集中供水，不具备条件的地方可以采取分散式供水或分质供水。三要防治结合，确保水质。加强水源地保护和水污染防治，完善水质检测与监测制度。四要建管并重，促进节水。建立健全县级供水技术服务体系；积极推行用水户全过程参与建设和管理；认真落实节水政策和措施，促进节约用水。五要坚持政府主导，农民参与。农村饮水安全建设管理由地方政府负总责，中央给予指导和资金支持，群众投入以投工投劳为主。鼓励和引导社会资金投入。

对此，浙江省开展了农村饮水安全提升工程，以改善农村居民饮水条件。如实施大中型灌区续建配套与节水改造、小型农田水利重点县等节水灌溉提升工程，总投资 128 亿元，新增和改善灌溉面积 300 万亩，新增高效节水灌溉面积 140 万亩，全省灌溉水有效利用系数提高到 0.60。2014—2016 年，浙江省将重点推进农村供水标准化、规范化建设和城乡一体化供水，建立完善长效管护机制，提升安全保障水平。以农田水利标准化建设为主线，以发展高标准旱涝保收和高效节水灌溉农田为核心，以大中型灌区续建配套与节水改造、小型农田水利重点县为主要抓手，加强农业"两区"农田水利建设，新增和改善灌溉面积 150 万亩，新增高效节水灌溉面积 60 万亩，3 年计划投资 60 亿元。

5.2.2　提高饮水质量技术路线

(1)水源保护

①技术措施。为保障饮水质量，浙江省应按照《饮用水水源保护区污染防治管理规定》等相关法规的要求，对已有工程和规划工程的饮水水源进行保护。根据水源类型划定保护区，保护区内严禁存在可能影响水源安全的污染源和任何活动。

地下水水源保护范围应根据水文地质、开采方式、污染源分布等条件确定，且单井保护半径不小于 50～100 米；地表水源保护范围为取水点上游 1000 米至下游 100 米的水域及其沿岸，并严格控制上游污染物排放量等。

水源保护区应征得相关部门的认可，环保、水利等相关部门应积极参与，相互配合，治理水源保护区内的污染源。对建保护区造成农民的经济损失，要采取相应的补偿措施。

②建设内容。

一是划定保护区，立标志牌。

二是清除保护区内的点污染源，如垃圾、厕所、码头、水上养殖、排污口等。

三是在水源保护区内，发展有机农业或种植水源保护林，避免农药、化肥等面源污染，减少水土流失，涵养水源。

四是开采地下水时，要封闭不良含水层；以地表水为水源时，要有防洪、防冰凌的措施，同时不影响原有工程安全。

③建设标准。水源水质得到改善，并达到生活饮用水水源水质标准要求。地下水源水质符合 GB/T14848《地下水质量标准》的要求，地表水源水质符合 GB3838《地表水环境质量标准》的要求。

(2)供水工程建设

农村供水工程建设内容主要包括水源、水处理设施、输配水管网及水质检测等，各部分建设要符合 SL310《村镇供水工程技术规范》的要求。

为保证农村供水质量和供水工程的长期良性运行，首先应根据当地的社会经济状况、村镇总体发展规划、供水现状、用水需求、水资源条件和自然条件等，按照突出重点、近远结合、点面结合、建管并重等原则，以解决饮水安全问题为主，统筹考虑改善其他落后的供水条件、整体提高区域供水总体水平，通过技术经济比较，编制区域供水工程建设规划，单项工程建设要服从区域供水工程建设规划。

①水源选择与配置。水源选择要进行深入细致的勘查与论证，使供水系统投资省、技术可行、运行管理方便、制水成本较低、供水安全可靠。当有两个以上水源可供选择时，要对水质、水量、工程投资、运行成本、施工、管理和卫生防护条件等进行方案比较，择优确定。

首先，要进行水源水质化验，选择水质良好、净化难度低、便于卫生防护、符合生活饮用水水源水质标准要求的水源。其次，要选择水量充沛的水源，不仅要满足目前需要，还要考虑未来发展需要；不仅在丰水期，在枯水期也能满足水量要求，尤其在缺水地区，要重点保障水源保证率。第三，优先选择能自流引水的水源；需要提水时，选择扬程和运行成本较低的水源。第四，要符合国家和地方关于水资源开发利用的规定。

做好区域水资源优化配置，优质水源优先用于生活饮用。如果当地没有合适水源，可在更大区域范围内，结合建设集中连片、适度规模的供水工程选择水源。规划农村供水工程的水源时，要充分利用当地现有的引水、蓄水等水利工程。有条件且必要时，也可结合防汛、抗旱等需要规划建设中小型水库作为农村供水水源。

②工程选型。根据水源、用水需求、地形、居民点分布等条件，通过技术经济比较，因地制宜、合理确定工程类型。集中式供水工程具有供水可靠、便于专业化管理的特点，规划提倡建设联片集中式供水工程，包括管网延伸、适度规模集中供水和分质供水等，有条件时，供水到户。山丘区要充分利用地形条件和落差，兴建自压供水工程；平原区则可采用节能的变频供水技术和设备，兴建无塔供水工程。

集中式供水　管网延伸。距城镇等现有供水管网较近的农村，利用已有自来水厂的富余供水能力，或扩容改建已有水厂，延伸供水管网，发展自来水。

新建水厂。人口稠密，水源水量充沛，地形、管理、制水成本等条件适宜时，结合当地村镇发展规划，统筹考虑区域供水整体发展，合理确定供水范围，兴建适度规模的跨村镇联片集中供水工程。水源水量较少，居民点分散时，可兴建单村集中供水工程。

分质供水。在高氟水、高砷水、苦咸水等难以找到良好水源的地区，采取特殊水处理措施，制水成本较高时，兴建集中供水站，分质供水。处理后的优质水用于居民饮用和做饭，利用原有供水设施（如手压井、水窖）提供洗涤、饲养牲畜等其他生活杂用水。

在确定农村供水工程的供水规模时，要充分考虑农民的用水水平和习惯，避免供水能力过剩，造成浪费。

分散式供水 山丘区居住分散的农户，兴建单户或联户的分散式供水工程。有浅层地下水的地区，采用浅井供水工程；有山溪（泉）水的地区，建设引溪（泉）水设施；水资源缺乏或开发利用困难的地区，建设雨水集蓄饮水工程。

③水处理措施选择。

符合水源水质标准的原水，采取以下常规水处理措施：

水质良好的地下水仅需进行消毒处理；原水浑浊度长期不超过 20、瞬间不超过 60 时，采用慢滤加消毒或接触过滤加消毒的水处理工艺，也可采用超滤膜技术进行处理；原水浑浊度长期不超过 500、瞬间不超过 1000 时，采用混凝沉淀（或澄清）、过滤加消毒的水处理工艺；原水含沙量变化较大或浑浊度经常超过 500 时，在常规净水工艺前增加预沉淀、粗滤或渗滤设施。

规模较小的水厂，采用体积小、占地少、一次性投资较低的一体化净水器或组合式净水装置，其型式根据原水水质和调节构筑物布置等确定。

南方山丘区利用山溪水的小型供水工程和集雨水窖水的净化，采用慢滤等水处理工艺。慢滤技术，不需投加凝聚剂，能有效去除水中的微生物、氨氮和有机物，运行管理简便，净水效果较好。

超滤膜能有效去除水中的悬浮物质和微生物，但不能去除水中的溶解性物质，适合于地下水、山泉水等良好水源水的净化，这些水经超滤膜净化后可直接饮用；超滤膜净化水设备，无须加药，自动化程度高，价格便宜，但需要做好反冲洗和正冲洗，膜 3 年需要更换。

应根据供水方式、供水水质、供水规模等工程具体情况和消毒剂供应等情况确定消毒措施。规模较大的水厂，采用液氯、次氯酸钠或二氧化氯等对处理后的水进行消毒；规模较小的水厂，采用次氯酸钠、二氧化氯、臭氧发生器现场制备消毒剂或三氯异氰尿酸、紫外线等对处理后的水进行消毒；分质供水站，采用臭氧或紫外线等对处理后的水进行消毒；分散供水工程，采用漂白粉、含氯消毒片或家用消毒设备等对饮用水进行消毒。

无好水源时，可采取苦咸水淡化，采用电渗析、反渗透、电吸附等水处理措施。

电渗析法具有不需加药、净化效果好、一次性投资较低的特点，但需要针对原水水质进行预处理，电极和膜组件需要定期除垢，能耗和运行费用较高，制水过程中的废水较多且需要妥善处理，适用于有一定规模的分质供水工程。

反渗透法具有不需加药、净化效果好、管理简便等特点，但一次性投资较高，膜（核心部件）的使用年限一般在3年左右，需要针对原水水质进行预处理，能耗和运行费用较高，制水过程中的废水较多且需要妥善处理，适用于有一定规模的分质供水工程。

电吸附法具有不需加药、净化效果好、能耗较低、管理简便的特点，但投资较高，电极（核心部件）的使用年限一般在5～8年，需要对原水进行预处理，制水过程中的废水较多且需要妥善处理。

高氟水的降氟采用介质吸附、电渗析、反渗透或电吸附法等水处理措施。

介质吸附法，指含氟水通过滤层，氟离子被吸附在由吸附介质组成的滤层上，当吸附介质的吸附能力降至出水含氟量超过规定时，需要用再生剂再生，恢复其除氟能力。目前采用较多的是活性氧化铝吸附，具有降氟效果好、制水成本低的特点，但需要调整原水和出水的pH值，再生时的废液需要妥善处理，适用于有一定规模的集中供水工程；也有采用活化处理后的矿石进行吸附的。

电渗析法、反渗透法和电吸附法，降氟与除盐的原理和使用条件基本相同，在降低水中含盐量的同时也降低了高氟水的含氟量。

高砷水的除砷采用电凝聚、混凝沉淀或吸附法等水处理措施。

电凝聚法，无须投药，管理简单，制水成本低，但需沉淀过滤和经常反冲洗。

混凝沉淀法，设备简单，制水成本低，但需做好日常管理，投药量和污泥量较大。

吸附法，利用氧化铁涂层滤料对水中砷进行吸附，无须投药，管理简单。

高铁锰水的除铁除锰采用氧化过滤工艺。

分曝气氧化过滤法、接触过滤生物氧化法、二氧化氯或高锰酸钾化学氧化过滤法等，工艺简单，制水成本低，适用于集中供水工程。

微污染水处理采用强化常规净水工艺，或在常规净水工艺中增加气浮工艺、生物预处理、化学预氧化处理、活性炭或臭氧活性炭深度处理等措施。

活性炭或臭氧活性炭深度处理适用于去除水中有机物、色度、异臭、异味等；生物预处理适用于去除水中氨氮、有机物等；气浮工艺适用于去除藻类等；多介质过滤适用于去除重金属离子等；化学预氧化处理适用于去除微量有机污染物、藻类、异臭、异味等。微污染水水质差异较大，处理措施要根据原水水质和运行管理条件等确定。

④材料设备选择。农村供水工程所需的材料设备，根据工程具体情况通过技术经济比较合理确定，要性能可靠、符合相关的国家标准和卫生安全要求，优先采用耐腐蚀、耐老化、节能、节水、环保的产品。

(3)水质检测

农村饮用水水质检测体系建设应纳入国家正在实施的农村公共卫生体系建设范围内。如集中供水工程按 GB 5749《生活饮用水卫生标准》、SL 310《村镇供水工程技术规范》和 SL 308《村镇供水单位资质标准》的要求，对水源水、出厂水和管网末梢水进行检验。规模较大的供水工程，设化验室，配备相应的水质检测设备；规模较小的供水工程，配备自动检测设备或简易检验设备，也可委托具有生活饮用水化验资质的单位进行检测。

5.3　农村饮水安全工程建设管理与运行机制

根据水利部颁发的《小型农村水利工程管理体制改革实施意见》和《关于加强村镇供水工程管理的意见》的要求，我国农村饮水安全工程建设管理与运行机制是以保障农村饮水安全为目标，以提供优质供水服务为宗旨，建立适应社会主义市场经济体制要求、符合农村供水工程特点、产权归属明确、管理主体到位、责权利相统一、有利于调动各方面积极性、有利于工程可持续利用的管理体制、运行机制和社会化服务保障体系。

5.3.1　管理体制

管理体制的核心是确立管理主体。针对农村供水工程点多、面广、分散，管理难度大的特点，为确保工程良性运行，持久发挥效益，在全国大力推行用水户参与管理的模式，成立用水合作组织，切实赋予用水户知情权、参与权和监督权，增强用水户的责任感，使用水户能够把供水工程当作自己的财产来管护。

(1)规模较大的集中供水工程

组建工程管理委员会并行使工程设施所有者职责。工程管理委员会成员由水行政主管部门、受益乡村集体组织代表和用水户代表组成。为保障用水户的权益，用水户代表在工程管理委员会成员总数中要占一定的比例。工程管理委员会下设供水站，具体负责供水工程的运行管理。集中供水工程入村部分原则上由本村用水合作组织负责管理。

集中供水工程较多的县(市),可以组建县级供水工程管理委员会,下设供水工程管理总站,对乡镇集中供水工程和跨村工程实行统一管理。其他集中供水工程在协商一致的前提下,也可委托管理总站管理。

(2)规模较小的集中供水工程

按受益范围组建用水合作组织负责管理。在县级水行政主管部门和乡镇政府的指导下,按照自愿组织、自愿参加、民主议事、民主决策、互利互惠的原则组建用水合作组织,国家补助资金所形成的资产明确归用水合作组织集体所有。可由用水合作组织自己经营管理供水工程,也可面向社会引入市场竞争机制,实行所有权与经营权分离,通过承包、租赁、拍卖经营管理权等形式确定经营管理者。

用水合作组织要建立健全监督机制,所有涉水事务、财务状况、人员聘用等都要公开透明,接受用水户、当地政府和社会的监督。要定期向会员代表会报告工作,并在醒目位置设置公告栏,向用水户公开水费标准、用水量、水费收入与支出等情况。

(3)联户兴建的供水工程

成立工程管护小组,协商解决出工、出资及水费计收等事务。每处供水工程都要建立管护公约,对工程由谁来管护,水费收多少、如何收,枯水期超额用水加收多少水费等都要做出明确规定。

(4)以农户自用为主的微型分散供水工程

实行"自建、自有、自用、自管",国家补助资金所形成的资产归农户所有。

(5)由私人投资或以股份制形式修建的供水工程

由投资者确定管理方式,但应接受政府和行业主管部门的监督。

【资 料】

在农村饮水安全工程建设管理体制方面，山西省运城市盐湖区已经积累了一些有价值的经验。对以国家投资为主兴建的跨乡跨村集中供水工程，实行统一集中管理和分级负责经营相结合的管理模式，由受益乡村和水利部门共同组成供水管理委员会作为决策机构，成立供水站作为经营机构，同时在各村、居民点设立供水分站或村级水管员，还成立由群众代表组成的用水协会对供水工作进行监督。对以集体和群众投资为主、国家补助为辅兴建的工程，成立用水协会履行管理职责，包括核定水价、监督水量水质、监督经营者的服务质量、监督水费收支等。盐湖区的经验表明，发挥用水合作组织的作用，充分调动用水户参与工程管理的积极性，是保证工程正常发挥效益的重要措施。

5.3.2 运行机制

适应社会主义市场经济体制的要求，建立灵活有效的供水工程运行机制，增强经营管理活力，保证工程良性运行。

(1)合理确定水价，强化水费计收和管理

按照计量供水、补偿成本、合理收益、优质优价、公平负担的原则合理确定水价，并根据供水成本、费用及市场供求的变化情况适时调整。制定农民生活用水定额，超定额累进加价。对二、三产业供水实行成本加利润，利润部分补贴生活用水水费收入的不足。

供水单位要加强财务管理，执行国家的财务会计制度，建立健全内部财务管理制度。推行水费民主决策制度，保证水费的合理、高效利用。建立严格的工程折旧费、维修养护费管理制度，保证资金安全和专款专用。定期对水价、水量、水费收支特别是工程折旧费的管理和使用情况进行公示，接受政府、用水户及社会监督检查。承包费、租赁费要专户储存，用于工程的大修、改造。

(2)建立精干、高效的管理制度

供水单位要参照水利部颁发的《村镇供水站定岗标准》确定管理人员人数。单位负责人由工程管理委员会、用水合作组织通过公开竞争方式选任,定期考评。其他岗位人员要统一考试,按精简高效的原则定岗择优聘用,持证上岗。严格控制人员编制,减少冗员,降低工程管理和运行成本。建立合理的分配机制,按照市场经济规律,采取灵活多样的分配办法,把职工收入与岗位责任和工作绩效紧密联系起来。

(3)建立有效的约束监督制度

工程管理委员会、用水合作组织、供水单位不仅要接受水利、卫生、物价、审计等部门的监督检查,建立定期和不定期报告制度,还要接受用水户和社会的监督、质询和评议。供水单位要建立健全内部管理制度,规范管理行为,在确保安全生产和正常供水的基础上,不断提高管理水平和服务质量。

(4)加强用水管理,节约用水

供水单位要优先保证工程设计范围内的居民生活用水需要。在水资源条件允许的条件下,经当地水行政主管部门批准,可以适当扩大供水范围。

供水单位要对用水户逐户登记造册,与用水户签订供用水合同,并发放用水户手册。用户改建、扩建或拆迁用水设施,要经供水单位批准,由专业人员实施。新增用水户要向供水单位提交书面用水申请,办理上户手续。

积极推广和使用节水技术、产品和设备,实行计划用水和节约用水。在缺水地区,逐步实行用水定额管理和超定额累进加价制度,通过技术、经济等多种措施,推行节约用水。

根据调查掌握的情况,浙江省农村供水工程建后的管理有以下几种形式:第一种类型,以城镇水厂向农村管网延伸的工程基本上统一纳入城镇自来水公司管理，同网、同质、同价，由自来水公司逐户安表收费，维修由自来水公司负责，如余杭供水集团公司、桐乡果园桥水厂。第二种类型，规模较大的乡镇通常建有独立的集中供水厂，规模较大的乡镇级水厂大部分都有相对完备的净水工艺，水质能达到国家生活饮用水卫生标准，有健全的管理制度和财务制度，有足够的技术力量和水质检测设备，大多数属集体企业，如义乌市卫星自来水有限公司。第三种类型，人口较少的镇、乡和村，由于供水规模不大，经济欠发达，难以形成规模效益，居住分散，人口少导致人均造价高，难以维持正常运行，需要财政或村集体补贴，具有很强的公益性、扶贫性。

5.3.3　水质检验和监测

(1)加强水质检验工作

供水单位要建立以水质为核心的质量管理体系，建立严格的取样、检测和化验制度，按照现行的《生活饮用水卫生标准》《村镇供水工程技术规范》和《村镇供水单位资质标准》等有关标准和操作规程，定期对水源水、出厂水和管网末梢水进行水质检验，并完善检测数据的统计分析和报表制度。日供水量在1000立方米以上的供水单位要建立水质化验室，根据有关规定配备与供水规模和水质检验要求相适应的检验人员及仪器设备。日供水量在200～1000立方米的供水单位要逐步具备检验能力。日供水量在200立方米以下的供水单位要有人负责水质检验工作。

(2)完善农村饮水安全监测体系

地方卫生部门与水利部门加强信息沟通与工作配合，落实人员、任务、责任、仪器设备和必要的经费。县级疾病预防控制机构设立水质监测中心或指定专兼职人员负责水质监测工作。加强对饮用水水源、水厂供水和用水点的水质监测，及时掌握饮用水水源环境、供水水质状况。以规模较大的集中供水站为依托，分区域设立监测点，对小型和分散供水工程定期进行水质监测。

5.3.4 供水服务体系

农村供水工程量大面广，特别是相当多的单村供水工程和分散供水工程由用水户直接管理，专业化管理程度低，有必要建立完善的社会化服务保障体系，向供水单位和用水户提供技术服务。县、乡两级可以组建由供水单位自愿参加的供水协会。供水协会以服务为宗旨，指导会员单位建立健全规章制度，总结推广管理经验，提供信息、技术和维修服务等。

5.4 农村饮用水管理几点建议

(1)加强领导，落实责任

解决农村饮水安全问题实行行政领导负责制，由地方负主要责任，中央给予指导和资金支持。各有关部门在政府的统一领导下，各负其责，密切配合。根据国务院办公厅《关于加强饮用水安全保障工作的通知》，地方各级人民政府要加强领导，把这项工作纳入重要议事日程，建立领导责任制，切实抓好各项措施的落实。

根据国家发展改革委、水利部和卫生部《关于进一步做好农村饮水安全工程建设工作的通知》，国家发改委、水利部、卫生部、教育部《关于做好农村学校饮水安全工程建设工作的通知》等文件精神，各有关部门要落实责任，加强上下之间、部门之间配合。各级发改委有关部门要落实好规划的编制和报批、项目审批、计划下达以及建设与管理的监管工作。各级水利部门与卫生等部门负责编制工程项目的可行性研究报告和初步设计，组织和指导项目的实施及运行管理。在前期工作中，水利部门要充分征求国土资源、环保等有关部门的意见。卫生部门负责提出地氟病、地砷病、血吸虫疫区需解决饮水安全问题的范围和项目建成后的水质监测。环保部门应加强对农村饮用水水源地的环境监管。教育部门负责提出饮水安全规划范围内农村学校饮水工程建设的建议，与有关部门配合做好工程项目的实施。

中央各有关部门建立协调机制，定期以适当方式共同研究解决工作中出现的问题。

规划目标任务确定后，地方各级政府要逐级分解任务，与有关部门、单位签订责任书，把责任落实到单位和个人。根据项目特点，建立健全行之有效的工程质量责任制和监管机制，建立责任追究制度，对工程质量实行终身责任制，出现问题的地方行政领导要承担相应责任。

(2)加大投入力度，保证所需资金

农村饮水安全项目所需资金，由中央、地方和受益群众共同负担。国家新增财政支出和固定资产投资重点向农村倾斜，加大对农村饮水安全工程建设的投入力度，对中西部地区重点扶持，对于人口较少民族、水库移民、血吸虫病区、涉水重病区村、华侨农场和农村学校的饮水安全问题优先安排解决。地方各级人民政府要积极筹措资金，加大投入力度，足额落实地方配套资金，并安排相应比例的资金用于农村饮水安全项目的技术审查、专题研究、技术推广、人员培训、检查评估、水质检测和监测等项目管理工作，保证项目的顺利实施，同时引导和组织好受益群众投工投劳并自筹入户部分的投资。

农村饮水安全监测体系的完善和运行以及饮水卫生宣传教育是一项长期工作，也是农村饮水工程建设完成后保证农村饮水安全的一项重要工作，要实现信息畅通、资料数据准确及时，其所需资金纳入地方同级财政预算。

贫困地区的饮水工程建设所需资金，以各级政府补助为主；经济较发达地区的饮水工程建设所需资金，主要由地方政府和受益群众承担，有条件的地方要鼓励市场融资。对饮水工程建设和运行中的用电、用地、税费等实行优惠政策。对于兼有向二、三产业供水任务的农村供水工程，经营性供水部分所需资金采用股份合作制等方式吸纳社会资金或利用贷款进行建设。

农村饮水安全项目地方配套资金，由省、地、县各级政府落实，其中省级安排的资金不低于地方配套资金的30%。对于配套资金和项目管理经费不落实的省份采取相应措施，调整投资规模。各渠道筹集的农村饮水安全工程建设资金，在县级以上主管部门专户立账，按工程建设进度实行报账制，保证资金安全，提高资金使用效率。加强资金管理，专款专用，制定和强化监督检查等制度，防止资金滞留、挪用和非法占用。

(3)结合新农村建设要求，抓好示范县建设

解决农村饮水安全问题是建设社会主义新农村的重要内容，工作量大面广，任务艰巨，做好这项工作要抓好典型，以点带面。每个省(自治区、直辖市)抓好3～5个不同类型的农村饮水安全典型示范县建设，加强对示范县的指导。示范县要在农村饮水安全工程建设与新农村建设有机结合、饮水安全发展模式、技术路线、管理体制与运行机制等方面创造经验，树立样板，辐射带动条件类似地区的农村饮水安全工程建设和管理。

一是探索总结农村饮水安全与新农村建设有机结合、整体推进的经验。实行农村供水、环境卫生和健康教育“三位一体”的综合模式，在解决供水条件的同时，改厨、改厕、发展沼气，整修乡村道路、排水沟，房前屋后植树种草、绿化美化等，全方位改善农村的环境卫生状况，形成良好的人居环境。

二是探索总结不同类型区的农村供水发展模式，水处理、生活排水等方面的适宜技术。邀请科研单位、高等院校等有关方面的专家，科研与建设相结合，对示范县进行技术指导、方案论证、跟踪监测，积累数据资料，为制订和完善农村饮水安全技术标准体系提供依据。

三是探索建立科学的农村饮水安全管理体制和用水户全过程参与的工作机制。对不同规模的供水工程，研究产权归属、出资人代表、管理主体、用水户参与、企业管理等具体实现形式。

四是探索完善农村饮水安全保障体系。包括落实责任、水源保护、水资源配置、节约用水、水价形成机制、水质检验和监测、社会化服务、应急机制等方面的制度和具体办法。

(4)加强农村饮水安全项目管理

农村饮水安全项目应按照《农村饮水安全项目建设管理办法》进行管理。原则上以地市为单元，由具有一定资质的规划设计单位，根据批准的规划编制项目可行性研究报告，并按现行建设程序的有关要求，由省级发展改革(计划)部门和有关部门审批。

地市级有关部门根据年度计划控制规模，联合向省级有关部门申报年度项目建议计划，由省级有关部门联合编制省级年度项目建议计划，报送国家有关部门。国家有关部门汇总审核各省上报的年度项目建议计划后，提出全国年度项目建议计划送国家发改委。国家发改委根据各省和有关部门的建议计划对年度任务进行综合平衡后，有关部门下达项目建设投资计划。

根据审批的可行性研究报告和中央下达的年度投资计划，以地市为单位编制项目实施方案，由省级有关部门审查后报省级发展改革(计划)部门审批，送国家有关部门备案。实施方案将项目计划落实到村和户，包括工程措施、投资规模、资金来源、解决饮水安全问题户数、人数及完成时间等内容，并在当地报纸上进行公示。村级计划根据工程类型和规模决定细化的程度，集中供水工程细化到自然村，家庭水窖水池等分散供水工程细化到户。

在农村饮水安全工程建设和管理中全面推行规划建卡制、社会公示制、集中采购和招投标制、资金报账制、工程监理制、管理责任制，以及用水户全过程参与，保证资金安全、工程质量和群众满意。

一是规划建卡，按卡实施。在规划的基础上，将需要解决饮水问题的人数落实到村组或农户，逐村、逐户建卡片，对人数实行名册管理。工程建成后及时验收，建立验收卡片，避免计划安排的随意性和重复投资。县以上水利部门建立电子档案，实现项目的信息化管理。

二是社会公示，群众监督。利用报刊、公告栏、广播电视等形式将农村饮水安全工程建设的相关政策和项目计划安排情况进行广泛宣传，接受社会和群众广泛监督。在施工现场张榜公示工程建设内容、受益人数、投资及资金来源、完成时间等，让群众心中有数，提高工程建设的透明度。

三是公开招投标，主要材料设备集中采购。主要材料设备由县级以上主管部门公开招标，集中采购，对产品质量严格检验把关。单项工程投资在100万元以上的实行招标投标制。招标投标活动遵循公开、公平、公正和诚实信用的原则。对施工单位的资质严格审查。小型分散的水窖、水池等工程，由受益户自建、自管、自用，水利部门选派有经验的技术人员现场指导。

四是资金报账制。通过多渠道筹集的供水工程建设资金，统筹使用，专户立账，先干工程后报账，也可根据工程建设进度报账。严格财务管理，对报账票据严格审核，防止弄虚作假等违纪违法现象发生。

五是巡回监理和受益农民跟班监督。对规模较大的工程或集中连片工程推行工程监理制。分散的小型工程建立健全各种有效的监督办法，如监理人员巡回监理和受益农户代表全程跟班监督，保证工程质量。

六是落实管理责任制，确保农民长期受益。对小型供水工程，由受益农户在民主协商的基础上成立用水合作组织，实行自主管理；对区域集中供水工程，采取专管机构、受益村和用水合作组织管理相结合的办法，明确管理责任，成立工程管理委员会进行管理。工程建成后，要建立合理的水价机制，实行有偿供水，按成本收费，促进工程良性运行。

七是大力推广用水户全过程参与的工作机制。在工程规划、设计、施工、验收及建后管理等各个阶段都有用水户代表参与，充分征求用水户意见，接受用水户的监督。

(5)建立检查监督和评估制度

工程建设过程中分阶段定期检查，发现问题及时纠正。项目完成后，有关地市在自验合格的基础上，向省级发改委(计委)、水利(水务)厅(局)提出验收申请；涉及防病改水工程，向省发展改革委(计委)、水利(水务)厅(局)、卫生厅(局)提出验收申请，由省级水利(水务)厅(局)、发改委(计委)、卫生(局)等有关部门共同组织验收。对验收不合格的项目，立即采取整改措施，绝不能把不合格的工程交给用户。有关部门对工程建设情况进行稽查，并聘请专家到各地开展巡回检查监督，重点检查项目单位是否执行国家有关建设的规章制度，工程建设内容是否达到批复文件的要求，工程质量是否达到有关标准，地方承诺的配套资金是否及时、足额到位，资金管理是否符合有关规定，工程运行管理情况和农户满意程度等。

对农村饮水安全项目实行中期评估和后期评估，并形成制度。对水质监测中发现不合格的供水单位，要严格按照有关规定进行查处，并督促限期整改。

(6)加大饮用水水源保护和水污染防治力度

地方各级政府和有关部门要以保障饮用水水源安全为重点，进一步加大水资源保护和水污染防治工作力度。按照《饮用水水源保护区污染防治管理规定》等相关法规的要求，依法严格实施饮用水水源保护区制度，合理确定饮用水水源保护区和饮水工程管护范围，制定保护办法。大力治理污染，饮用水水源地附近要禁止发展高污染工业，严格实行污染物排放总量控制，严厉打击违法排污行为，积极推进循环经济，加快推行清洁生产。积极开展农业面源污染防治，指导农户合理施用化肥、农药，严禁使用高毒、高残留农药，严格监控化肥、农药的使用，推进畜禽粪便和农作物秸秆的资源化利用，发动群众做好农村环境卫生综合整治，防止垃圾和粪便等面源污染。加强禽畜养殖环境管理，推广水产生态养殖，严格禁止在饮用水水源保护区内从事网箱、围网等形式的水产养殖活动。严格禁止破坏涵养林和水资源保护设施的行为，因地制宜地进行水源安全防护、生态修复和水源涵养等工程建设。特别要防止乱打井、乱开矿造成饮用水氟、砷等有害物质超标。各地区要结合实际，定期开展对集中饮用水水源保护区的检查，对查出的问题要进行专项整治并挂牌督办。对违法违规建设的项目，要责令停建并限期治理整顿或拆除；对排污超标的企业和单位，要责令限期达标排放或搬迁。

供水单位要根据工程具体情况，制定水源管理办法；加强水源巡视和水质检测，及时处理影响水源安全的问题；发生影响供水水质或正常供水的事故时，要及时向主管部门报告。

(7)加强科学研究、技术推广和培训

农村饮水安全工作刚刚起步，为保障农村饮水安全工程这一重大建设项目的顺利实施，要加大科技投入，依靠科技进步提升工程质量。组织科研单位和大专院校，针对农村供水的特点，在水源开发与保护、劣质水与微污染水处理、消毒、检测、标准化、信息化等方面加强科学研究，进行科技攻关，开发新技术、新设备，提高现有技术和设备的可靠性、实用性，同时做好技术集成和科技成果的转化、示范与推广工作，及时解决工程建设与管理中遇到的技术问题。

针对基层技术力量薄弱和管理水平较低的实际问题，组织专家编写浅显易懂的农村供水工程技术手册和有关培训教材，通过不同层次的培训，全面提高项目管理和技术人员的工作能力和业务水平；根据饮水安全工程建设和管理工作的需要，抓紧培养水处理、供水系统运行管理等方面的技术骨干。

通过广播、电视、报纸、杂志、网络等多种途径，加大宣传工作力度，提高各级政府和有关部门领导对饮水安全工作的认识，动员社会力量参与项目的实施。采用多种形式向广大农民宣传饮水安全相关知识，提高农民全面参与的积极性，增强农民的健康意识。

参考文献

[1] 岳恒.农村饮水安全基本现状分析[J].水利水电技术,2006,37(8):71—73.

[2] 蔡建民.浙江省2010年农村分散式供水水质现状分析[J].浙江预防医学,2012,24(5):1—3.

[3] 王树义.水权概念的多视角考察[J].郑州大学学报:哲学社会科学版,2004,37(3):26—27.

[4] 张郁,吕东辉.基于合约化的水权交易市场分析[J].地理科学,2003,23(1):118—121.

[5] 汪恕诚.水权和水市场——谈实现水资源优化配置的经济手段[J].成都水利,2001(2):6—11.

[6] 苏青.水权研究综述[J].水利经济,2001,19(4):3—11.

[7] 王映福.大型调水工程良性运营的具体政策建议[J].经济师,2011(9):286—287.

[8] 钟玉秀.合理的水价形成机制初探[J].水利发展研究,2001(2):13—16.

[9] 雷社平.论水价及其在水资源管理中的作用[J].兰州铁道学院学报,2002,21(4):132—135.

[10] 李秉祥.节水型社会水价机制研究[J].中国水利,2005(13):163—165.

[11] 王文珂.当前水价改革中迫切需要注意的问题[J].中国水利,2001(7):22—23.

[12] 田宝忠. 建设节水型社会是实现经济社会可持续发展的必然选择[J]. 中国水利,2005(13):210—212.

[13] 牛树海. 虚拟水分析理论和方法[J]. 华侨大学学报:自然科学版,2004,25(3):331—333.

[14] 王新华. 虚拟水研究综述[J]. 中国农村水利水电,2005(1):27—30.

[15] 程国栋. 虚拟水:水资源与水安全研究的创新领域[J]. 科学新闻,2003(15):13—13.

[16] 熊航. 农产品贸易中虚拟水要素的比较优势分析[J]. 对外经贸实务,2007(2):25—28.

[17] 曹建廷. 虚拟水及其对解决我国水资源短缺问题的启示[J]. 科技导报,2004(3):15—16.

[18] 胡景星. 实施排污许可证制度是深化环境管理的重要措施[J]. 环境科学研究,1995,8(2):43—44.

[19] 石效久. 关于水利行政执法的几点探讨[J]. 水利科技与经济,2009,15(10):904—905.

[20] 乔巍. 论城市供水可持续发展的重要意义[J]. 经济技术协作信息,2011,(9):13—13.

[21] 王维燕. 区域供水管网漏损现状的实验研究[J]. 市政技术,2005,23(6):355—358.

[22] 张芳. 论中国灌溉水利起源于南方原始水田区[J]. 中国农史,2005,24(2):37—44.

[23] 张炳火. 良渚先人的治水实践——试论塘山遗址的功能[J]. 东南文化,2003(7):16—19.

[24] 李晓东. 浅析城市给水的发展现状及规划设计[J]. 黑龙江科技信息,2007,26(3):212—212.

[25] 佚名.《全国农村饮水安全工程“十一五”规划》摘要[J]. 中国水利,2007,(10):1—14.

[26] 游雪现. 浙江省农村供水工程可持续运行管理体制调查研究[J]. 中国农村水利水电,2007,26(2):58—60.
[27] 聂梅生. 水工业工程设计手册(水资源及给水处理)[M]. 北京:中国建筑工业出版社,2001:98—105
[28] 洪觉民. 中国城镇供水技术发展手册[M]. 北京:中国建筑工业出版社,2006:56—61.
[29] 王占生,刘文君. 微污染水源饮用水处理[M]. 北京:中国建筑工业出版社,2001
[30] 中国水利学会. 国外水利水电考察报告选编[M]. 北京:中国水利水电出版社,2005:226—236.
[31] 杨威. 水源污染与饮用水处理技术[M]. 哈尔滨:哈尔滨地图出版社,2006:156—161.
[32] 陈晓东. 地方政府水资源管理职能研究——以浙江省余姚市为例[D]. 上海:上海交通大学,2009.
[33] 常永智. 吉林省西部不同耕作方式对玉米虚拟水影响的研究[D]. 长春:东北师范大学,2009.

后　记

今年年初，到本省的许多地方走访，深深感受到大家对“五水共治”期望很大，同时，疑惑也很多。人民群众期望改善生态环境，提高生活品质的呼声很高。政府职能部门行动方案需要人民的理解和配合。社会大众迫切需要更全面详细地了解“五水共治”，需要了解浙江省供水现状、相关政策、存在的主要问题及解决方法。

为此，受浙江省社科联的委托，浙江水利水申学院成立了“‘五水共治’科普丛书”写作小组，本人负责《保供水》一册。刚开始写这本书的时候，最大的顾虑是如何增强该读物的可读性、趣味性和文化性。在查阅大量文献资料、法律法规的基础上，编者尽量用通俗的语言，重点叙写社会普遍关心的问题，以满足非专业技术人员阅读的需求。

本书经过多次讨论修改，确定提纲，然后分头进行写作，各章的撰写者分别为：第 1 章，周建芬、胡建永；第 2 章，胡建永；第 3 章，胡建永；第 4 章，周建芬；第 5 章，胡建永。作者虽做了很大努力，但写作风格、表述方式仍然存在差异，初稿汇总后由周建芬对全书进行统稿。

在本书撰写过程中，浙江省水利厅朱法君、浙江水利水电勘测设计院谢丽华、浙江工商大学沈东升、浙江省文联郑晓林等多位专家提出了许多宝贵的意见和建议，在此表示由衷的谢意。同时，感谢读者耐心阅读本书，敬请批评指正。

“五水共治”科普丛书（5）

主编　周鹤鸣　邹　冰

抓节水

HUA　JIE　SHUI

陈海雄　张钰娴　编著

治污水　防洪水　排涝水　保供水　抓节水

浙江工商大学出版社
ZHEJIANG GONGSHANG UNIVERSITY PRESS

图书在版编目(CIP)数据

抓节水 / 陈海雄，张钰娴编著. —杭州：浙江工商大学出版社，2014.12(2015.1 重印)

("五水共治"科普丛书 / 周鹤鸣，邹冰主编)

ISBN 978-7-5178-0739-1

Ⅰ. ①抓… Ⅱ. ①陈… ②张… Ⅲ. ①节约用水—普及读物 Ⅳ. ①TU991.64—49

中国版本图书馆 CIP 数据核字(2014)第 265277 号

抓节水

陈海雄　张钰娴 编著

出 版 人　鲍观明
责任编辑　刘　韵
责任校对　邹接义
封面设计　王好驰
责任印制　包建辉
出版发行　浙江工商大学出版社
(杭州市教工路 198 号　邮政编码 310012)
(E-mail:zjgsupress@163.com)
(网址:http://www.zjgsupress.com)
电话:0571-88904980,88831806(传真)
排　　版　杭州朝曦图文设计有限公司
印　　刷　杭州恒力通印务有限公司
开　　本　850mm×1168mm　1/32
印　　张　4.75
字　　数　119 千
版 印 次　2014 年 12 月第 1 版　2015 年 1 月第 2 次印刷
书　　号　ISBN 978-7-5178-0739-1
定　　价　49.50 元(全五册)

浙江工商大学出版社营销部邮购电话　0571-88904970

“五水共治”科普丛书编委会

序

水是生产之基，生态之要，生命之源。治水历来是兴国安邦的大事，中华民族的文明史，也可以说是一部除水害、兴水利的治水史。浙江因水而名，因水而兴，因水而美，但我们浙江还是一个“缺水”的省份。“缺水”主要有海岛地区资源性缺水，也有山区工程性缺水，更主要的是污染造成的水质性缺水。近些年来出现了“江南水乡没水喝”的情况，比较深刻地揭示出粗放式增长模式消耗资源环境的种种弊端。

党的十八大报告提出，“建设生态文明，是关系人民福祉、关乎民族未来的长远大计……把生态文明建设放在突出地位，融入经济建设、政治建设、文化建设、社会建设各方面和全过程，努力建设美丽中国，实现中华民族永续发展”。2013 年，浙江省委、省政府提出以“重整山河”的雄心和“壮士断腕”的决心，打响“铁腕治水”攻坚战，以治污水、防洪水、排涝水、保供水、抓节水“五水共治”为突破口，倒逼转型升级，打好经济转型升级“组合拳”。这是省委、省政府推进浙江省新一轮改革的关键之举，是一项顺应群众呼声的民生工程。

“五水共治”符合党的群众路线教育实践活动落实整改的要求，是新形势下浙江社会主义物质文明建设的要求、精神文明建设的需求、生态文明建设的诉求、政治文明建设的追求。“五水共治”，要治污先行，也要齐抓共治，它是一项庞大的系统工程，必须用系统的思维和方法才能落实。

“治污水”必须抓好治理黑河、臭河、垃圾河，实现城镇截污纳管、农村污水处理、生活垃圾集中处理。与此同时，必须实现农业转型，坚持生态化、集约化发展方向，推进种养殖业的集聚化、规模化经营和污物排放的集中化、无害化处理，控制农业面源污染。

“防洪水”必须重点推进强库、固堤、扩排三类工程建设，强化流域统筹，疏堵并举，制服洪水之虎。

“排涝水”必须重点强库堤、疏通道、攻强排，打通断头河，开辟新河道，着力消除易淹易涝片区。

“保供水”必须重点推进开源、引调、提升三类工程建设，保障饮水之源，提升饮水质量。

“抓节水”必须重点进行改装器具、减少漏损、再生利用和雨水收集利用示范等工作，合理利用水资源。

为普及全省对“五水共治”行动的深刻认识，浙江省社会科学界联合会和浙江水利水电学院组织了水文、生态、环境、水利、法律、政策等方面的专家和学者，编写了这套“‘五水共治’科普丛书”。丛书作者通过大量实地调研和数据资料整理，运用专业知识和文化力量，深刻分析了“污水、洪水、涝水、供水、节水”现状与问题，总结了国内外治水的主要成就与经验，梳理了当前治水所面临的主要问题，阐述了治水的基本理念和途径，传播了水文化，为浙江省的“五水共治”工作贡献了智慧。这项工作很有意义，值得肯定。

本丛书内容丰富，文字生动，图文并茂，寓教于乐。它有三个主要特点：一是视野开阔。从古到今，从国内到国外，广泛联系实际，在宏大的背景下对治水经验、教训和成就进行了全面深刻的剖

析和多角度的思考。二是有理有据。既有科学依据又有文化内涵，详细阐述了治水理念、措施与途径，具有较强的指导性。三是深入浅出。语言朴实，案例生动，很接地气，是关于“五水共治”的一部好作品，适合大众百姓阅读，值得学习和推荐。

是为序。

符宁平

2014 年 9 月

目　录

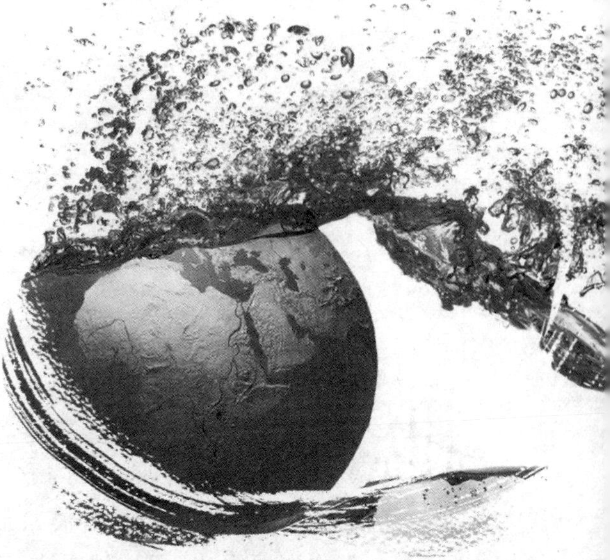

地球之渴 生命之痛

第1章

1.1 地球之渴,水资源短缺

1.1.1 地球的淡水资源

地球上水的总储量为 13.86 亿立方千米,其中咸水储量 13.51 亿立方千米,占 97.47%,淡水储量 0.35 亿立方千米,占 2.53%。淡水资源中冰山、冰川水占 77.2%,地下水和土壤中水占 22.4%,湖泊、沼泽水占 0.35%,河水占 0.1%,大气中水占 0.04%。在这些淡水中,可以为人类利用的水主要分布在湖泊、河流、水库和浅层地下水中,地球上只有不到 1% 的淡水或约 0.007%的水可为人类直接利用。如果把地球水放置于"大水缸"里,可以为人类直接利用的水实际上只有"一汤匙"。

从古到今,人们一直都离不开水这样一种宝贵的东西。人体中水的比例占 60%左右,三个月胎儿占 90%左右,没有水,就没有生命。水与我们人体生命活动息息相关,一个成年人每天需要约 2.5 千克的水分,工业、农业也需要大量的淡水。如今水已不是一种"取之不尽,用之不竭"的自然资源。淡水资源危机严重制约了社会经济可持续发展,很多国家使用水的速度已经超过了水的再生速度。人类超量用水,水污染造成河流、湖泊、湿地和地下淡水系统被破坏或消失。很多国家的水资源管理政策与当地水资源现状情况脱节,导致水资源的日益匮乏,人类面临着严峻的水资源短缺危机。

我们生活的地球面临淡水缺乏危机,而地球上的淡水却被大量浪费、滥用和污染。加之区域淡水分布不均，地球缺水现象十分普遍，致使全球淡水危机日趋严重。全世界约200个国家和地区中就有100多个国家和地区缺水，被列为严重缺水的国家和地区有28个。预测再过20～30年，严重缺水的国家和地区将达46～52个，严重缺水的国家和地区将占全世界国家和地区总数的约五分之一，缺水人口将达28亿～33亿人。

1.1.2　我国的水资源

我国是水资源严重短缺的国家。虽然我国的淡水资源总量为28000亿立方米，占全球水资源总量的6%，仅次于巴西、俄罗斯和加拿大，位列世界第四，但是由于我国拥有13亿人口，人均淡水资源仅2300立方米，约为世界人均水量的1/4，列世界第110位，被列为世界13个最贫水的国家之一。而中国又是世界上用水量最大的国家。仅在2002年，全国取用淡水量达到5497亿立方米，大约占世界年取用量的13%，约是美国1995年淡水供应量4700亿立方米的1.2倍。

我国自20世纪70年代以来就开始闹水荒，这不是危言耸听，而是客观存在的事实。80年代以来，中国的水荒由局部逐渐蔓延至全国，进入21世纪，水资源严重短缺形势越来越严重，对工农业和国民经济发展造成了严重的影响。我国近三分之二的城市不同程度缺水。北方资源性缺水！南方水质性缺水！中西部工程性缺水！缺水全面告急。

据统计，我国目前正常年份全国年缺水量达500多亿立方米，每年受旱面积200万～260万平方千米，影响粮食产量150亿～200亿千克，影响工业产值2000多亿元，全国还有7000万人饮水困难。缺水对环境和人的身体健康都有着严重的影响。

中国水资源南北分配的差异非常明显，长江流域及其以南地区人口占了中国的54%，但是水资源却占了81%，北方人口占

46%,水资源只有19%。专家指出,由于自然环境以及高强度的人类活动的影响,北方的水资源进一步减少,南方水资源进一步增加。这个趋势在最近20年尤其明显。这加重了我国北方水资源的短缺和南北水资源的不平衡。

如果说北方资源性缺水日益严重令人忧心,南方的状况也并不乐观。专家指出,南方地区由于不注意污水的处理,把未经处理的污水大量排到天然河道,污染了水体,影响了水资源的有效性,造成有水不能用和水质性缺水的严重状况。

2002—2012年,全国用水总量增加了634亿立方米,年平均增加近63亿立方米。在这期间,全国的工、农业和生活用水比例也发生了变化,工业、城镇生活用水和生态环境用水比例增加,而农业用水比例逐步下降。

根据2014年住房和城乡建设部统计资料,在全国657座城市中,目前300多个城市喊“渴”,存在缺水问题,其中比较严重的缺水城市达110个,全国城市缺水总量为60亿立方米。中国目前有16个省(区、市)人均水资源量(不包括过境水)低于严重缺水线,有6个省、区(宁夏、河北、山东、河南、山西、江苏)人均水资源量低于500立方米。在32个百万人口以上的特大城市中,有30个长期受缺水困扰。在46个重点城市中,45.6%的城市水质较差。14个沿海开放城市中,有9个严重缺水。北京、天津、青岛、大连等城市缺水最为严重。

1.1.3 浙江水资源

浙江省处于东南沿海,属于典型的亚热带季风气候,年平均降水量在1200~2200毫米之间,属于我国的湿润地区,平均水资源总量约为955.41亿立方米,水资源总量较丰富。但全省人口稠密,人均拥有量只有1754立方米,只为世界人均拥有量的1/5,已接近国际所规定的人均年2000立方米的中度缺水警戒线。最少的舟山等海岛地区人均水资源占有量仅为600立方米。

浙江水资源特点：

(1)降水量地域分布不均

浙江省年降水量自西南向东北递减。降水高值区主要在衢州、丽水山区，低值区主要在杭嘉湖、萧绍宁平原和舟山群岛等处，各地人均占有水资源量相差悬殊，有的山区高达13700立方米，而萧绍宁平原只有800多立方米，舟山仅600立方米。我省的水资源80%分布在山区，而经济发达、人口集中的平原和滨海地区则不到20%。

(2)降水及河川径流的年际变化大，年内分配集中

浙江省年际实测最大与最小的降水量比值在2～3倍之间。如温州实测最大年降水量为2920毫米，最小值仅1137毫米。降水在年内分布也很不均匀，主要集中在3—6月春雨及梅雨期，约占年降水量的50%～60%；7—9月如无台风影响是干旱期，若台风带来暴雨，则又往往洪涝成灾。

(3)河川源短流急，丰枯相差悬殊

浙江省河流大多在本省或邻省边境发源，又在本省入海，河源较短，洪水和枯水流量变幅很大。如我省最大河流钱塘江的实测最大洪水流量与枯水流量的丰枯流量之差达1000余倍。有些河流枯水期往往断流。因此河川中大量径流都以洪水形式流入大海，可以利用的不足30%。

随着浙江社会经济发展，人口数量增加，浙江省水资源存在的问题有：

(1)用水量不断增加

1980年浙江省全省用水总量为101.89亿立方米，至2013年增加到224.75亿立方米，33年间用水量几乎翻了一倍多。据估计，浙江省可开发利用的水资源量约为300亿立方米，也就是说，

目前尚有约 80 亿立方米水的上浮空间。如果每年用水量增幅为 3%，到 2022 年即可达到 298 亿立方米，浙江省水资源需求形势不容乐观。

(2)水资源需求结构不合理

在浙江省 2013 年总用水量中，农业用水约为 33.7%，工业用水约为 26.1%，城镇居民生活用水为 18.9%，其他用水为 21.3%。对于经济发达的浙江省来说，农业用水结构比重大，城镇居民生活用水所占比重小。

根据浙江省水资源公报 2003 年与 2013 年用水量比较，2003 年到 2013 年总用水量从 205.98 亿立方米增加到 224.75 亿立方米，10 年总用水量增加了近 19 亿立方米，其中居民生活用水量增加了 7 亿立方米，工业用水增加 3.5 亿立方米，其他生态环境用水等增加 25 亿立方米，农业用水减少 17 亿立方米。

随着经济的发展，特别是工业化、城市化进程的加快，工业用水和城镇居民生活用水将大幅增加，农业、工业和居民生活竞相用水的情况将进一步加剧。

(3)水土资源分布和人口分布不相适应

全省水资源在地区分布上，总的趋势是由西南向东北递减，浙南地区水资源量每平方公里可达 140 万～160 万立方米，浙北地区每平方公里只有 40 万～60 万立方米，与人口密度以及经济发展的分布状况正好相反。

(4)水环境污染严重，可利用水资源越来越少

由于水源地上游及周边地区不合理地开发，企业污水、农村生活污水随意排放以及坡地耕作方式不尽合理，施用的化肥、农药和分散式畜禽养殖、网箱养鱼及农家乐，许多公路跨越水系等点源、面源和移动源污染对水源地构成严重威胁。

据浙江省环保部门对 617 个水源地的调查，发现近 15%的水

源地水质不达标；县级以上仍有13个水源地水质存在超标现象。浙江省大部分江河地表水源都已不能满足饮用水水源水质要求，饮用水源均已转向水库和江河上游水体。在嘉兴市甚至没有一个合格的饮用水水源地，杭州市主城区饮用水仍取自受上游影响较大的钱塘江和苕溪水。

1.2　生命之痛，世界性缺水

1.2.1　非洲缺水

非洲大部分地区处在热带，常年高温，水分蒸发旺盛，加上非洲以沙漠和草原为主，森林较少，整体蓄水能力低，加之处在印度洋和大西洋之间，使得其降水量少。淡水资源自古以来就是非洲最珍贵的资源之一，因争夺水资源而引起的战争数不胜数。据联合国最近的一份报告数据，目前非洲已经有14个国家存在严重缺水，在近25年中还将陆续出现12个国家严重缺水的局面。

近30年，非洲发生了多次旱灾。1968—1973年间，在非洲萨赫勒地区，发生了震惊世界的旱灾。其间，该地区年降水量低于正常年份的一半，乍得湖水位下降，分割成若干小湖，大片耕地龟裂，庄稼失收，牧草枯死，人畜大量死亡。据数据统计，该次旱灾有近20万人丧生。此后，1983—1985年间，在西非大西洋沿岸到非洲之角，再向南直到南非的部分地区，又发生了不同程度的旱灾和饥荒。至少有20个国家发生旱灾，近3000万人挨饿，1000万人离家出走。继这次旱灾之后，非洲从1991年开始又不断发生旱灾，导致大量的牲畜死亡。联合国于同年7月24日发出警告，非洲撒哈拉周围国家近4000万人由于干旱面临着饥饿和内战的威胁。索马里有100万人流落他乡，30万人死于饥荒。同时，南部非洲也出现了20世纪最严重的旱灾。1992年南部非洲大多数国家粮食作物收获量减少一半，约1800万人急需救济。

据联合国教科文组织统计，非洲的水资源危机每年致使6000人死亡，约有3亿非洲人口因为缺水而过着贫苦的生活。在未来的20年里，非洲至少有5亿人将由于缺水而生活在困境中。由于缺少用于灌溉农作物的水将进一步导致他们农业产量继续减少。如果目前缺乏饮用水的状况得不到改善，那么至少有17个非洲国家将严重缺水，而水资源问题也很可能会成为一些非洲国家之间发生纷争或冲突的导火索。

1.2.2 2013年西南干旱

2013年，云南、贵州、广西、重庆、四川西南5省（区、市）耕地受旱面积1.01亿亩，占全国受旱面积的84%，作物受旱7907万亩，待播耕地缺水缺墒2197万亩。有2088万人、1368万头大牲畜因旱饮水困难，分别占全国的80%和74%。大旱导致西南五省（区、市）除四川之外，至少有218万人返贫，经济损失超350亿元。

1.2.3 江南水乡也缺水

享有"东方水都"美名的上海市，却是一个严重缺水的城市。

上海市内河道蜿蜒、黄浦江水身边流、紧贴长江与东海，水资源总量较为充沛，但可利用的淡水资源十分有限，仅占地表水资源的20%，约为118.8亿立方米。从人均拥有水资源量来看，上海仅为1049立方米，是全国人均拥有量的46%、世界人均拥有量的10%。

据环境部门对上海主要河道的断面监测，上海符合饮用水水源国家标准的地表水只有1%，水质劣于V类的却占到68.6%。上海市水务局局长张嘉毅用一句话指出了上海目前缺水的窘境："上海有水，但缺好水，水质既受上游水污染的影响，又受本地污染源的危害，是典型的水质性缺水城市。"

位于江南水乡的浙江，正面临缺水的尴尬。根据《2013年浙江省水资源公报》数据，浙江人均水资源量由1998年的2552立方米降至2013年的1693立方米，远低于2100立方米的全国平均水平，只占世界人均的1/5。按照国际标准，人均水资源量少于1700立方米，就属于用水紧张，江南水乡也遭遇着“水危机”。

水资源供需矛盾在浙江部分地区出现，例如，杭嘉湖平原地区受水污染影响，可用资源量少，属于水质性缺水；而舟山海岛与滨海平原受地理条件影响，水资源贫乏，属于资源性缺水；而在部分山区，因水资源调蓄较小，属于工程性缺水。浙江水资源量还有年际、年内分布不均，丰枯差别很大的特点。

据水利部门测算，浙江每年约80%的降水无法有效利用。浙江长期以来以量的扩张为主的粗放型经济增长方式造成的高投入、高耗水、高污染、低效益的状况还未根本扭转，水环境恶化的趋势尚未能得到有效控制。如果人们再不培养节水意识及合理配置水资源的话，那么，到21世纪中叶，“水危机”将不是危言耸听。预言有三个依据：一是根据预测，21世纪中叶，全省人口预计将达到6000万人，净增用水量约3亿立方米；二是随着城市化进程的加快，有1300万农村人口向城市转移，人均增加差额用水量110升/日，加上其他用水，将净增用水量10亿立方米；三是工业持续发展，预计工业用水量将净增约40亿立方米。

1.2.4　北京：世界上缺水最严重的城市之一

如果以国际极度缺水标准来衡量，北京能发展到今天可谓奇迹。作为国家政治、文化、国际交往和科技创新中心，北京以不到0.2%的国土面积，聚集了全国1.5%的人口和3.5%的经济总量，同时也带来了每年15亿立方米的用水缺口。

如果按照北京10年来年均21.2亿立方米水资源总量计算，2011年北京人均水资源量仅有107立方米。这个数字不到全国平均水平的1/20，世界水平的1/80，甚至仅为极度缺水线的1/5。

北京已是一个重度缺水的城市，水资源已经成为制约北京市经济社会发展的第一瓶颈。“以水定城、以水定地、以水定人、以水定产”，节水已成为北京市政府履职行政的一场大考。

曾是海河流域最大支流的永定河，年流量一度曾达 20 亿立方米。20 世纪 50 年代，在官厅水库修建之后，永定河被拦腰斩断，此后，永定河上游河北、山西等地也纷纷修建堤坝，蓄水发展工农产业，而层层拦截、层层污染的结果是，永定河慢慢地消失了。

官厅水库从 2006 年到 2009 年，入库水量分别仅有 0.96 亿立方米、0.67 亿立方米、0.80 亿立方米和 0.22 亿立方米，并且在 1997 年，由于高度富营养化，官厅水库水质无法达到饮用水标准，退出了城市生活饮用水供水体系。

密云水库的情况同样堪忧，密云水库之下的潮白河段，数十年间已基本干涸。自 1999 年以来，密云、官厅两大水库均水量锐减，其中年平均净入库水量为 2.68 亿立方米，但年平均供水量却为 4.23 亿立方米，严重入不敷出，库存水量仅有 10 亿立方米左右，两水库再也无法负担北京用水大任。

目前的北京城供水，2/3 依赖地下水。但是，超采地下水数十年后，北京已处于一个 2000 多平方千米的地下水大漏斗上，面临地面沉陷等生态问题。

1.3 水争端加剧

1.3.1 水资源引发的战争

人类因石油引发了多次战争冲突，因此石油问题一直以来都是全世界关注的敏感问题之一，但很多国家和人民也许没有意识到，水的问题正成为人类继石油之后新的社会危机，甚至可能引发人类新的战争。

1995 年，世界银行副行长伊斯梅尔・萨拉杰丁曾预言：“20 世纪的许多战争都是因石油而起，而到21世纪水将成为引发战争的根源。”其实，不用到21世纪，这一预言在20世纪的后半叶已得到印证，发展中国家人口呈爆炸式增长，气候变化影响加剧，再加上干旱、洪水以及缺少淡水等因素，水将成为未来几十年内导致全球动荡和战争的导火索。因水资源而引起的冲突和战争，已在亚洲、非洲和中东等水资源短缺的地区愈演愈烈。

全世界有一半的人口生活在与邻国分享河流和湖泊系统的国家里。地球上有214个河流和湖泊系统跨越一条或若干条国界，其中148个水系统经过两个沿岸国家，31个水系统流经3个国家，有的水系统流经的国家多达12个。而到现在为止，还没有一条国际条约成内国法律就这些国际河流的分配及利用做出明确的规定，在水资源日益紧缺的今天，这就为今后可能出现的水源冲突埋下了祸根。

恒河流经多个国家，它对于印度和孟加拉国两国来说至关重要，两国均视其为生命线。印度在1962年建设法拉卡水坝时，并没有考虑当时其他国家的反对意见，尤其是孟加拉国的态度，致使水坝建成后，恒河水流向孟加拉国的水量在旱季时减少到建成前的1/8至1/11，严重地影响了孟加拉国国内的农业生产，双方的“水危机”正日益加深。

世界第一长河——尼罗河流经10个国家，但由于全球变暖、污染、浪费和战争等因素的影响，近年来，其水流量日趋减少，使从其中取水的许多国家饱受“干渴”之苦。如今，苏丹、埃塞俄比亚和埃及等国之间的水争端正愈演愈烈，“水战”危险日益增大。

中东地区是世界上石油储量最丰富的地区，也是全球最缺淡水资源的地区之一，多次中东战争均与水资源的争夺有关。从20世纪50年代起，因约旦河水资源分配问题，以色列、约旦、叙利亚和黎巴嫩等国频繁发生争端，并最终爆发了1967年第三次中东战争；为夺取利塔尼河的水资源，1982年以色列以打击黎巴嫩境内的巴勒斯坦游击队为由，占领黎巴嫩南部地区，控制了加沙和约旦河西岸80%以上的水资源；叙以之间争论不休的戈兰高地问题也由水资源引起，因为戈兰高地的水资源十分丰富，数条河流注入太巴列湖，而以色列40%的用水取自太巴列湖；土耳其、伊拉克和叙利亚三国也因底格里斯河和幼发拉底河的归属问题长期发生着争执，因为这两条历史性河流是三国的经济命脉，而土耳其却坚称幼发拉底河是本国的河流，拥有绝对主权，其他两国则极力反对。

1.3.2 中国的水纠纷

中国国内水纠纷事件很多，平均每年8000余起，发生在不同的行政层面，从村和村之间的水纠纷，一直到省与省之间的水纠纷。比较著名的有河南、河北和山西之间的水纠纷，湖南与湖北之间的水纠纷，北京、天津和河北之间的水纠纷。

据水利部的不完全统计，2001年至2005年，全国共调解水事纠纷40000余起，每年8000余起。最近几年以来，由于洪灾、旱灾出现得更加频繁，水纠纷事件有增无减。过去水纠纷集中在水量问题上，最近几年由于污染引起的水纠纷事件增多，水质问题逐渐成为纠纷的焦点。如2011年9月15日发生在浙江海宁的群体事件，就是由于企业造成的水污染引起的。

(1)红旗渠的水纠纷

红旗渠的水纠纷涉及河南、河北和山西三省，持续时间也最长。红旗渠是一个引水工程，源头是位于山西省平顺县的浊漳河，途经河北省，终点是河南省林县。红旗渠于1960年2月开工，1969年7月完成全部配套工程建设，历时约10年。红旗渠是依靠农民用最原始的工具在悬崖峭壁上开凿出来的，因此也被誉为“新中国奇迹”，该工程受到几代领导人的特别重视和赞扬。

红旗渠是人工引水渠道，它的建设改变了浊漳河的自然河水流量，因而引发了河南、河北和山西三省就浊漳河水量分配的水纠纷。山西省要在浊漳河上建造水库，控制水源，河北省要求增加水量的分配额，河南省则要扩建红旗渠工程，增加引水量。之后，水纠纷的矛盾被激化。红旗渠总干渠于1990年7月6日凌晨4时被炸，8月22日凌晨4时28分红旗渠总干渠再次被炸，33米长的渠道被炸毁，渠水冲出渠道，袭击了林县盘阳村，造成人员和财产的严重损失。

(2)湖南与湖北省的水纠纷和三峡工程

“文化大革命”期间，湖南省在洞庭湖区大规模围湖造田，造成洞庭湖的蓄洪能力大为减少。湖北省要求湖南省退耕还湖。湖南省则认为正因为湖北人当初围垦了云梦泽，才淹成了洞庭湖。如今洞庭湖是沧海变良田，如果将来洪水淹没了江北平原，也只是部分恢复了云梦泽。

2011年春，长江中下游发生严重干旱，江西省水利厅的水利专家指出，三峡大坝的建成，造成清水下泄，长江干流河道被切深，水位下降，同时三峡大坝在枯水期蓄水，导致鄱阳湖自然蓄水能力受到破坏，几乎湖底朝天，加重了旱情。这样，湖南省与湖北省的水纠纷演变成为三峡工程和下游地区的水纠纷。

天赐之物 如此挥霍

第2章

2.1 生活用水“不用白不用”

今天，我国很多城市都在闹“水荒”。北方的持续旱情使水危机从预言变成报刊的头条新闻，南方的许多城镇则陷入守着江河没水喝的境地，水污染对人类健康的巨大危害逐步显现。大自然一次又一次地向我们发出预警：中国正面临着并将在很长一段时间内持续面临着严重的水危机！

江南水乡也出现了缺水的局面，无论是情愿还是不情愿，缺水让水乡人感到无比陌生和尴尬的事实已经真实地摆在人们的面前。杭嘉湖、宁绍及苏锡常平原等历史上的天府泽国，目前基本上都处于不同程度的缺水状况，一些地区还出现了无水喝的尴尬境地，水资源危机也给江南水乡社会经济的发展带来了严峻的挑战。

2.1.1 生活用水有哪些?

当你拧开水龙头就有源源不断的水流出时，水来自哪里？我们的日常生活用水包括哪些？你知道吗？

据《我国用水定额与标准编制状况的剖析》指出，生活用水是指人类日常生活所需的水。包括居民日常生活用水（包括饮用、洗涤等室内用水和洗车、绿化等室外用水）和公共设施用水（包括浴池、商店、旅馆、学校、医院、市政绿化、清洁、消防等用水）。全世界居民生活用水量约 3500 亿立方米，占总耗水量的 12%；中国每年居民生活用水总量 600 多亿立方米（2011 年），占总耗水量的 14.3%。其中，大城市人均每人每年生活用水量为 70～247 立方米，中小城市人均年用水量为 32～166 立方米，农村人均用水量约 28 立方米。由此可见，我国城市生活用水是生活用水的主体，城市居民是造成生活用水浪费的主要群体。

2.1.2　生活用水浪费多

生活用水的数量虽远远低于农业用水和工业用水量，但生活中人们对水资源毫不吝惜和肆无忌惮地浪费却与前二者相差不大。在日常生活中如刷牙、洗脸、洗手、洗浴时人们都会不自觉地浪费大量的水。在一些缺水的“重灾区”，洗浴中心、高尔夫球场、滑雪场等行业肆意挥霍水资源，还有一些城市热衷于水景观建设，用水大手大脚。2013 年，我国年平均缺水量约为 500 多亿立方米，按照现有的用水方式，水困之势已形成并将不断加重。

生活用水浪费表现在以下几个方面：

(1)冲厕所

据 2014 年腾讯网统计，目前我国市面上的马桶多为用水量 6 升的节水马桶，抽水马桶的保有量约为 2.75 亿套。按每个家庭三口之家每天使用抽水马桶 15 次的频率来算，全国每天冲进马桶的水量达 247.5 亿升，以全国平均水价 2.9 元来算，那么每天马桶就要冲走 7177.5 万元人民币！根据 2013 年杭州平均月薪 4027 元来计算的话，马桶一天冲掉 1.78 万个杭州人努力一个月的工资。根据 2013 年杭州的平均房价 19659 元/平方米来计算，马桶一天还冲走了 3651 平方米的房子！

以上是一天抽水马桶冲走的水量，如果按照一年来算的话，全国马桶将冲走 90.3375 亿立方米的水量，相当于每年冲走 900 个西湖(蓄水量 0.11 亿立方米)，1.75 个太湖(容积 51.5 亿立方米)，5.75 个滇池(蓄水量 15.7 亿立方米)的水量！换算成人民币的话，抽水马桶一年将冲走 261.98 亿元人民币，占了 2013 年全年国内生产总值 568845 亿元的 0.046%！

(2)洗浴

据2013年英国“节能信托基金会”的一份报告指出，英国家庭对于水资源的浪费极其严重，洗澡超时以及热水壶多装水等不良习惯每年都会导致严重的经济损失。本次报告调查了86000户英国家庭的日常用水状况，得出的数据十分惊人——英国人每天仅淋浴就要用掉超过20亿升水。报告显示，英国每日人均淋浴时间为7.5分钟，平均每人每周淋浴4.4次，使用浴缸1.3次。而如果所有人的淋浴时间都能减少1分钟，那么全部家庭每年便可以节省2亿1200万英镑的能源开支。此外，热水壶装水过多每年也导致近6700万英镑的损失。报告建议，尽量用30℃的水洗衣服及在用热水壶烧水时只装需用的量，可以节约能源。另外，安装节能喷水洗澡设备也可以省钱。“节能信托基金会”发布的这一报告，其目的在于引起公众对于气候变化和极端天气的注意，主要针对英国许多地方近年来持续出现罕见高温天气。因此，节省水资源不仅仅是为了省钱，也是为了减缓全球环境的恶化速度。

(3)洗车

据2013年《福建日报》指出，北京市每年洗车需要用掉650万立方米的自来水。其中大部分的自来水完全可以用“再生水”来代替，且再生水很便宜，1立方米仅1元人民币，而自来水则需要4元，商业用水最高可达到80元/立方米。然而北京洗车店的老板们认为，即使因为非法使用自来水被罚款，也比花每14～19元/立方米接入再生水管网洗车更有赚头。其原因在于水资源管理体制还存在诸多弊端，可以让一些用水单位钻制度的空子，从而造成水资源的过度浪费。据统计，仅北京市一年的洗车耗水量，就相当于0.6个西湖或6个北海的蓄水量。

当前，在地球水资源严重匮乏的情况下，如果我们不知道珍惜宝贵的水资源，将会引发全球性的环境与资源危机。由此可见，生活中一些不经意的用水习惯可能会带来水资源的巨大浪费。因此,在生活中我们应该多注重一些细小的用水方式,有时候一个随手的好习惯会给地球上更多生命带来新的生机。

2.1.3 铺张浪费之原因

生活用水浪费现象主要有四个原因:

一是人们节水意识淡薄,这是造成浪费用水的最根本原因。如果我们每人稍加注意,每人每天至少可以节约1千克水。据测定,一个未关的水龙头在1个小时里白白流掉670千克水,每年流掉45784吨水;一个连续成线的水龙头每小时流掉17千克水,每年浪费144吨水;一个滴水的水龙头一年也会滴掉36吨水。一滴水,微不足道,不停地滴,数量就很可观了。要知道全国城市缺水总量高达500亿立方米。

二是用水节水设备设施的维修更换不及时,造成水资源的浪费。诸如,年久失修造成城市供水管道在输水过程中的跑冒滴漏;管理人员疏忽大意忘记关闭水龙头;家庭水龙头未关紧造成漏水;等等。

三是未使用节水设施或节水器具造成浪费。有些人不愿更换节水器具,但他们不知道多交的水费已经足以购买节水器具。现在的节水器具种类繁多,拿马桶来说,老式抽水马桶每冲1次需要用水10升。做一个简单的测算:如某小区居民住宅为100户,以每天使用马桶6次计算,每年约浪费2190立方米的生活用水,若安装6升的节水马桶,每年的生活用水仅为1314立方米。

四是节水制度的相关法律法规不健全,管理水平低,执行不力,一些用水单位钻制度的空子,造成水资源的浪费。

表 2-1 居民家庭生活人均用水量调查统计表

分类	拘谨型（升/天）	比例（%）	节约型（升/天）	比例（%）	一般型（升/天）	比例（%）
冲厕	30	34.8	35	32.1	40	29.1
淋浴	21.8	25.3	32.4	29.7	39.6	28.8
洗衣	7.23	8.4	8.55	7.8	9.32	6.8
厨用	21.38	24.8	25	23	29.6	21.5
饮用	1.8	2.1	2	1.8	3	2.2
浇花	2	2.3	3	2.80	8	5.8
卫生	2	2.3	3	2.8	8	5.8
合计 升/(人·天)	86.21		108.95		137.52	
吨/(户·月)	7.86		9.94		12.54	

注：①平均月日数：30.4 天/月。②家庭平均人口数按 3 人/户计算。
资料来源：《城市居民生活用水量标准》(GB/T50331—2002)。

2.2 农业用水“用多用少一个价”

2.2.1 农业用水有哪些？

农业用水主要包括农田灌溉用水、林果地及渔业用水等。农田灌溉用水主要是指对农业耕作区种植农作物的灌溉作业用水，主要通过渠系供水工程进行灌溉。林果地用水是指农业耕作区种植经济林果的灌溉用水，林果地用水与农田作物用水一样通过渠系供水灌溉。渔业用水量可按单位面积净耗用水量乘以鱼塘面积计算得到。其中，农田灌溉用水占农业用水比例的 70% 以上，可以说农田灌溉用水是农业用水的主要组成部分。

农业灌溉用水量受用水水平、气候、土壤、作物、耕作方法、灌溉技术以及渠系利用系数等因素的影响，存在明显的地域差异。

由于各地水源条件、作物品种、耕植面积不同，其用水量也不尽相同。全世界农业用水总量2.74万亿立方米，约占总用水的67%，总用水量大的国家多是灌溉农业的大国。农业用水列前3位的国家分别是印度、中国、美国，与用水总量排前3位的国家基本一致。其中印度拥有灌溉面积约9.1亿亩(0.61亿公顷)，位居世界第一。此外，东南亚地区传统的大米生产国如越南、菲律宾、泰国等都是农业用水大国，其中泰国农业用水高达90%以上。中国农业年用水量约3826亿立方米，其中灌溉用水约占91.1%，占总用水量的68.7%左右(2011年)。

农田灌溉对水的利用情况通常用灌溉水利用率指标来反映。灌溉水利用率指标综合反映不同灌溉技术、灌溉工程状况以及用水管理水平等，是正确评估灌溉水有效利用程度及存在问题、评价节水灌溉发展成效的重要基础。下面介绍几个反映农田灌溉用水利用率的指标：

渠道水利用系数指某一渠道在中间无分水的情况下，渠道末端的净流量与进入渠道毛流量的比值。它反映了某条渠道的输水损失情况或者是某一级渠道水量损失的平均情况。

渠系水利用系数等于灌溉渠道系统中从末级渠道放出的净流量与渠首引进的毛流量的比值，它等于各级渠道水利用系数的乘积。它反映了整个渠系的水量损失情况，还反映了灌区的自然条件和工程技术状况，同时也反映了灌区的管理工作水平 。

田间水利用系数指实际灌入田间的有效水量和末级固定渠道放出水量的比值。它反映了田间工程状况和灌水技术水平。

灌溉水利用系数指实际灌入农田的有效水量和渠首引入水量的比值，也等于渠系水利用系数与田间水利用系数的乘积。它是评价渠系工作状况、灌水技术水平和灌区管理水平的综合指标。

2.2.2 大水漫灌最常见

田间地头，大水从一个田间溢出流入另一块田野，这种大水漫灌的方式是普遍存在于我国的一种农业灌溉方式。

农业灌溉方式一般可分为传统的地面灌溉、普通喷灌以及微灌。传统地面灌溉又包括畦灌、沟灌、淹灌和漫灌，这类灌溉方式往往耗水量大、水的利用率较低，是一类极不合理的农业灌溉方式。另外，普通喷灌技术是中国农业生产中较普遍的灌溉方式，普通喷灌技术的水的利用效率也不高。现代农业微灌溉技术包括微喷灌、滴灌、渗灌等，这些灌溉技术一般节水性能好、水的利用率较传统灌溉方式高。

传统的灌水方式是水从地表面进入田间并借重力和毛细管作用浸润土壤，也称之为重力灌水法。这种方法是最古老也是目前应用最广泛、最主要的一种灌水方法。按其湿润土壤方式的不同，又可分为畦灌、沟灌、淹灌和漫灌。

畦灌是用田埂将灌溉土地分割成一系列长方形小畦，灌水时，将水引入畦田后，在畦田上形成很薄的水层，沿畦长方向移动，在流动过程中主要借重力作用逐渐湿润土壤。

沟灌是在作物行间开挖灌水沟，水从输水沟进入灌水沟后，在流动的过程中，主要借毛细管作用湿润土壤。与畦灌比较，沟灌的优点是不会破坏作物根部附近的土壤结构，不会导致田面土壤的板结，能减少土壤蒸发损失，适用于宽行距的中耕作物。

淹灌(又称格田灌溉)是用田埂将灌溉土地划分成许多格田，灌水时格田内保持一定深度的水层，借重力作用湿润土壤，我国的水稻灌溉多用这种方式。

漫灌是在田间不做任何沟埂，灌水时任其在地面漫流，借重力渗入土壤，是一种比较粗放的灌水方法。漫灌灌水均匀性差，水量浪费很大。

我国传统的农业灌溉模式多采取大水漫灌的方式。浇地时，把整个田块都放满水。如果田间土地不平整，高高低低，要使地块都漫上水，所用水量就更大了。其实浇地的目的是让庄稼根部获得和保持必需的水量，浇得深是对水资源的巨大浪费。我国每年灌溉用水量大约在3600亿立方米，占全国总供水量的65%左右，是名副其实的用水大户。我国农业用水供需矛盾主要有两个方面：一方面是农业缺水，另一方面农业用水浪费现象普遍存在。我国农业用水有效利用率只有45%，也就是说，1立方米农业灌溉用水从河流湖泊进入田间，只剩下0.45立方米，0.55立方米的水在输送和灌溉过程中被白白浪费，没有被农作物利用。而发达国家农业灌溉水的有效利用率高达70%～80%，生产同样多的粮食，我们比美国多用近1倍的水。

据统计，我国每年农业浪费水资源约为1000亿立方米。以产粮大户哈尔滨市为例，据报道，该市有水田面积近500万亩，基本采取漫灌方式进行水稻生产，每亩水田灌溉用水在800立方米左右，是正常用水量的2倍，造成水资源浪费近15亿立方米，相当于约146个西湖。

“用水量越大，收成越好”的想法仍然影响着许多农民，而这种“大水大肥”的农业观不仅显现出对科学知识的贫乏，更违背可持续性发展以及建设节约型社会的初衷。北方是非常缺水的地区，但其灌溉定额高达500～12000立方米/公顷，高出农作物实际需求2～5倍。以黄河最大的灌溉区——宁夏灌区为例，每亩水稻1年大约需要浇2000多立方米水，1亩小麦需要1200多立方米水。大水漫灌、浪费惊人无法限制的根本原因是水的价格严重偏低。低水价实际上鼓励了水资源的高消费。黄河灌区水损失量高达40%，水资源利用率也只有40%左右。在宁夏，每生产1斤大米耗水超过1吨黄河水。在黄河灌区里受断流危害最为严重的山东，节水也依然停留在一个个示范点上，大量的田间地头还离节水很远很远，东明县的渠道砌衬率甚至不及上游地区，灌溉管理甚至停留在按人头交水费的阶段。由此可见，黄河流域引黄灌溉简单粗放，低水平的管理影响和制约了灌区农业经济的发展。大水漫灌、串灌等粗放的灌溉方式加剧了下游河段水资源的供需矛盾，严重影响着下游地区用水安全。

2.2.3 输水渠道底子差

输水渠道是指农业灌溉区内引水、输水、配水、蓄水、退水等各级渠沟或管道及相应建筑物和设施的总称。从水源取水，通过输水渠道至农田进行灌溉的工程系统，又可分为渠道灌溉系统和管道灌溉系统两类。

渠道灌溉系统由灌溉渠首工程，输水、配水工程和田间灌溉工程等部分组成。(1)灌溉渠首工程有水库、提水泵站、有坝引水工程、无坝引水工程、水井等多种形式，用于提取灌溉用水。(2)输水、配水工程包括渠道和渠系建筑物，其任务是把渠首引入的水量合理地分配到灌区的各个部分。按其职能与规模，一般把固定渠道分为干、支、斗、农四级，根据灌区大小和地形情况可适当增减渠道的级数。渠系建筑物包括分水建筑物、量水建筑物、节制建筑物、衔接建筑物、交叉建筑物、排洪建筑物、泄水建筑物等。(3)田间灌溉工程指农渠以下的临时性毛渠、输水垄沟和田间灌水沟、畦田以及临时分水、量水建筑物等，用以农田灌水，满足作物正常生长或改良土壤的需要。

管道灌溉系统分为喷灌系统、滴灌系统和低压管道输水灌溉系统等，主要由首部取水加压设施、输水管网及灌溉出水装置三部分组成，通常按其可动程度将管道灌溉系统分为固定式、半固定式和移动式三种。20 世纪 50 年代以后，我国在经济作物区和部分大田作物区开始修建喷灌系统，70 年代开始修建滴灌系统。低压管道输水灌溉系统于 60 年代先后出现在上海市和江苏南部的一些提水灌区以及河南省温县的井灌区，并得以推广。管道灌溉系统具有节省灌溉水量、减少渠道占地、提高灌溉效率和灌水质量等优点，在提水灌区和井灌区已成为技术改造的方向。

20 世纪 50 年代以来，我国南方一些土地分散、水源不足、水土资源分布不平衡的山区，为了充分利用水土资源，把邻近几个小型灌溉系统连接起来，对水资源实行统一调度和管理，并把输水、配水渠道和星罗棋布的塘堰相连。河水充裕时，引水充塘；河水不足时，由塘堰放水灌溉，弥补河水的不足，形成了长藤结瓜式灌溉系统。在北方平原地区，为了提高已成灌区的灌溉保证率，扩大灌溉面积和防治土壤盐碱化，在引用地表水的灌区内部，打井提水，井渠并用，形成了地表水地下水联合运用的灌溉系统。到 2013 年为止，我国灌区渠道总长度超过 300 万千米，其中 80％为土渠，水渠设施严重不足。现有的设施大多建于 20 世纪五六十年代，且建设标准低，经过 50 多年运行，工程普遍老化，加上农业经营分配到户，使得大部分灌溉设施失修严重，从而导致从水库向田间输水的过程中水量损失惊人。因此，新的水利工程建设以及修复提高原有工程的运转效率刻不容缓。

黄河流域现有灌区骨干工程多建于 20 世纪 50 年代至 60 年代。由于勘测不足、规划欠缺、设计仓促、经费不足、配套不全、施工条件简陋、工程质量差、后期缺乏维修管理等原因，现有多数工程已超过规定的使用年限，普遍老化损坏，导致输水效率低下，渗漏损失大，一些大中型灌区，水资源利用率低，渠系输水的有效利用率只有 40％～50％，导致输水过程中水资源的严重浪费。宁夏灌区水利用系数不超过 0.44，甘肃灌区水利用系数不超过 0.49，下游引黄灌区灌溉水利用率只有 0.45 左右。由此可见，由于输水工程的问题，致使农业灌溉用水有一半损失于渠道输送过程中。因此，对现有水利输水工程的修复十分紧迫。

浙江水资源的短缺使工农业生产、人居生活和环境生态“争水”现象尤为突出。一方面，浙江省农业灌溉用水占总用水量的43.8%，灌溉水利用系数仅0.56，国外发达国家(如美国)的灌溉水有效利用系数达到0.7～0.8。《2011年浙江省水资源公报》指出，浙江省现有灌溉面积140万公顷(2100万亩)，灌溉用水约128亿立方米，占全省总用水量的61.1%。全省农村渠道有2/3是土渠，渗漏大，蒸发严重。据估测，农业灌溉有1/2的水在输送途中渗漏，2011年全省粮食总产量为883.99万吨，由此来看，1立方米水的效益平均为0.1584公斤粮食，而不少欧美国家利用现代技术，1立方米水的效益均为2公斤以上粮食。因此，长期以来浙江省传统粗放的灌溉方式造成了水资源的极大浪费，农业节水将成为提高浙江省经济社会可持续发展的重要途径。

2.2.4 种植结构不合理

种植结构是指一个地区或国家在农作物种类种植比例上的问题，一般以粮食作物为主，其他经济类作物为辅。

粮食作物是人类主要的食物来源。粮食作物不仅为人类提供食粮和某些副食品，以维持生命的需要，并为食品工业提供原料，为畜牧业提供精饲料和大部分粗饲料，故粮食生产是多数国家农业的基础。粮食作物包括谷类作物、薯类作物和豆类作物，其中谷类作物包括稻谷、小麦、大麦、燕麦、玉米、谷子、高粱等，薯类作物包括甘薯、马铃薯、木薯等，豆类作物包括大豆、蚕豆、豌豆、绿豆、小豆等。其中小麦、水稻和玉米三种作物占世界上食物的一半以上。通常，粮食作物也是农作物中的主导作物，世界粮食作物种植面积约占农作物总播种面积的85%，其中小麦、稻谷和玉米约占世界粮食总产量的80%。中国是世界上最大的产粮国之一，粮食作物占农作物总播种面积的78.8%(2007年)，粮食总产量及稻谷、小麦、谷子、甘薯的产量均居世界前列。

经济作物又称技术作物、工业原料作物，指具有某种特定经济用途的农作物。广义的经济作物还包括蔬菜、瓜果、花卉、果品等园艺作物。世界上一些主要经济作物如棉花、甜菜、甘蔗、麻类及热带、亚热带经济作物的集中化与专门化程度均较高。20世纪80年代以后,我国在“决不放松粮食生产,积极发展多种经营”的方针指导下,逐步扩大经济作物面积,并根据“因地制宜,适当集中”的原则,调整作物布局,建设各种经济作物的商品基地,促进了各类经济作物全面发展。

我国北方农业生产结构多以小麦为主,而南方则多以水稻种植为主。农业生产中用水需求量高,有时在一些不适宜栽种粮食作物的山区或丘陵区又勉强栽种,从而造成渠系输水损失大,加上灌区渠道的标准都较低,使得灌溉用水利用效率极低。

以我国黄河上游地区为例,其种植结构不合理主要表现为:粮、经、饲种植比例不合理,粮食作物中小麦、玉米等高耗水作物种植比例较大。以具有普遍代表性的甘肃省张掖市大满灌区为例,粮食作物和制种玉米播种面积占到了总播种面积的72%,蔬菜及饲料作物只分别占总播种面积的10%和6%。所以,合理利用有限的农业水资源,必须有计划地调整灌区种植结构,如压缩制种玉米面积,改种其他作物,确保农作物适时灌溉,减少受旱面积。

合理的种植结构可保证各类作物的生长用水和优质高产,同时,保证流域的灌水秩序稳定。从水资源的边际效益及本流域的地理优势考虑,应适当增加或压缩区域粮食种植面积,限制和淘汰目前部分地区高耗水作物,积极推广科技含量高、耗水低、能够充分发挥地区光热优势的作物新品种,优先发展低耗水的具有地方特色的经济作物。多年实践证明,宁夏南部地区的牧草具有生态、经济和社会效益兼顾功能,种植优质牧草,不仅可以降低水耗,改善生态环境,还可大幅度增加农民的收入,带动相关产业的发展。因此,充分利用当地资源优势,改变传统农业发展模式,将原来高耗水低产田的粮食作物调整为低耗水的农作物,积极发展适宜当地农业发展的优势产业，积极稳妥地调整粮、经、饲种植比例，通过优化生态结构实现节水，最终建立适合当地生产的种植结构。

2.2.5　肆意挥霍之原因

农业用水浪费严重，其原因有三：

一是农业用水观念难以改变，居民普遍缺乏水危机意识。我国是一个农业大国，耕地面积较多，大部分地区主要种植水稻、小麦、玉米等高耗水作物，所以农业用水量需求较大。作物灌溉方式仍沿用传统的地面灌水技术，大水漫灌普遍。先进的高效节水灌溉面积比例低，土渠灌溉比例仍然很大，管道输水技术比例较低，导致灌溉水的利用率极低，造成水资源的严重浪费。进入 21 世纪，我国水资源严重短缺情势越来越严重，普遍缺乏水危机意识。

二是水费征收方式与用水需求不相适应。目前，农田用水收费基本按亩计，用多用少收费一个样，缺乏一定的约束机制。促进节约用水的最好方式是运用经济杠杆，促使农业用水由粗放浪费型向集约节水型转变。梯级水价是今后用水管理的方向。

三是农业灌溉设施落后，田间配套设施落后。由于多年来节水灌溉设施投入不足，制约了节水农业的发展。农业节水措施的实施可以减少渠道渗漏损失，提高水的利用系数。喷滴灌技术是目前国际上普遍采用的先进灌溉方式之一，是一种高精细的灌溉方式，能适量地向作物提供营养和水分，调节土壤的水肥关系，使作物处于最佳生长状态，从而获得高产。以三亚水利水电工程管理处岭渣基地为例，600 多亩水果基地引进国外先进节水设备，全部实行喷灌和微灌。与传统的管道人工浇灌相比，水的有效利用率明显提高，用水量比原来节约了 64%，灌溉均匀度达 95%以上，其中香蕉增产 27.9%，每亩增产折合人民币约为 1926.29 元。

珍惜生命之水，合理开发、利用和保护水资源迫在眉睫。只有把农业节水灌溉作为一项革命性措施来抓，同时抓好以渠道防渗配套为主的节水工程建设，因地制宜引导农民发展喷灌、滴灌、微灌等高效节水灌溉技术，合理利用有限水资源，建立节水型社会，才能确保水资源的永续利用，为子孙后代留下生存空间。

2.3　工业用水“用水多，污染重”

2.3.1　工业用水有哪些?

俗语讲“一吨纸十吨水”，说的就是在造纸过程中用水量极大。工业生产过程离不开水的支撑，没有水，世界工厂将无法运转，工业犹如人体一样，在生产过程中“全身”各处时刻都在“喝水”。

工业用水是指工业企业各部门，在工业生产过程中，制造、加工、冷却、空调、洗涤、锅炉等过程中使用的水及厂内职工生活用水的总称。其用途主要有三方面：(1)原料用水，直接作为原料或作为原料一部分而使用的水；(2)产品处理用水；(3)锅炉用水；(4)冷却用水等方面。其中冷却用水在工业用水中一般占 60%～70%，而 90%以上冷却水是可以重复利用的。可以说工业用水浪费主要是由于冷却水没有被回收利用，而是直接排放，这不仅造成水资源的浪费，还造成河流水质污染。所以，工业废水再利用技术是人类科学家们面临的又一难题。

工业对水资源的利用情况通常用工业用水效率指标来反映。工业用水效率指标综合反映工业用水重复利用及工业设备水平高低，是正确评估工业用水程度及存在问题，评价节水工业发展成效的重要基础。下面介绍几个工业用水效率的指标：

万元工业产值取水量，是指在一定计量时间(年)内，工业生产中每生产一万元的产品需要的取水量。它反映了工业用水的宏观水平，可用来纵向评价工业用水水平的变化程度。它反映了节约用水水平的提高或降低，可以用来评价生产工艺相近的同类工业企业的实际节水效率。

万元工业增加值取水量，是指在工业生产中每生产一万元工业增加值需要的取水量。它反映行业用水效率的高低，也能反映出产业结构调整对工业用水和节水的影响。我国万元增加取水量占总GDP取水量变化如表2-2所示。

表2-2 万元工业增加值取水量占总GDP取水量变化表

年份	1993	1997	1999	2000	2001	2002
万元工业增加值取水量占总GDP取水量(%)	46.3	48.5	46.8	46.2	44.9	44.5
万元工业增加值占总GDP(%)	43.5	42.1	42.7	44.3	44.4	44.4

工业用水重复利用率是指在一定的计量时间内，生产过程中重复利用水量与总水量之比。它能够综合地反映工业用水的重复利用程度，是评价工业企业用水水平的重要指标。

2.3.2 工业用水效率低

目前，全球工业用水量约8300亿立方米，占用水总量的20.4%。工业用水排前13位的国家分别为美国、中国、俄罗斯、加拿大、德国、印度尼西亚、法国、印度、意大利、日本、菲律宾、越南、墨西哥。列前10位国家的工业用水量约为6426亿立方米，占世界工业用水量的77%。工业用水比重最高的国家是加拿大，高达68.7%；其次是俄罗斯，为59.8%；美国为54.4%；意大利为35.9%。中国2009年工业用水比重为23.3%，高于世界平均水平约3个百分点。由此可知，全球工业用水的总量多、比重大。

全球工业用水浪费令人吃惊。据统计，生产1吨烧碱需用水100吨，生产1吨钢需用水200吨，生产1吨人造纤维需用水1000吨，生产1吨纸和1吨石化产品均需用水200～500吨。发展中国家与发达国家相比用水量虽少，每人每年平均20～40立方米，但工业用水很少重复利用。美国虽工业用水量大，每人每年约2300立方米，但只有2%的水量没有重复使用，其中98%的水量不同程度得到重复利用。就我国的工业生产而言，我国工业用水重复利用率只有52%，废水利用技术滞后，城市废水已经成为城市“第二大灾害”。

我国工业用水浪费现象十分严重，主要表现在两个方面：一是工艺、设备比较落后，单位产品耗水量大。以钢铁工业为例，国外发达国家早在20世纪70年代末至80年代初，1吨钢耗水量先进标准为6立方米，而我国的钢铁工业1吨钢耗水量全行业平均为30立方米左右。二是工业用水重复利用率低。据统计，我国工业用水重复利用率仅为45%～55%，而发达国家多为75%～85%。我国工业1万元产值水量是发达国家的5～10倍，我国万元产值的耗水量是225立方米，发达国家仅有100多立方米。可见，我国工业节水技术还有更大的发展空间。

我国工业用水主要集中在火电、纺织、石油化工、造纸、冶金等五大行业。2004年这五大行业的取水量为507亿立方米，占工业取水量的45%。比如火电是我国取水量最大的行业，取水量占工业取水量的25%，平均每兆瓦时取水量为31立方米，水平最高的为2.3立方米，而最低的为100立方米，相差40多倍；重复利用率最高的达到了97%，而最低的只有2.4%。再如石油化工行业，2004年取水量为58亿立方米，重复利用率为78%，其中，最高的97%，最低的只有12%；每加工1吨原油用水，世界先进水平为0.5立方米，我国平均为2.4立方米。我国生产1吨乙烯最先进的为1.58立方米，达到了国际先进水平，而平均用水则为18.6立方米。总之，我国工业用水总体上与国外先进水平差距较大，工业节水潜力巨大。

工业是国民经济发展和现代化建设的主导力量。“十一五”以来，浙江工业综合经济实力迈上更高台阶，工业化进程加快。随之而来的是工业用水过多，污水利用率过低造成河流大面积污染。据2011年浙江水资源公报统计，全省城镇工业和农村工业用水量两者相加只占总用水量的20%左右。虽工业用水比重不大，但浪费现象令人吃惊。全省工业年均用水量44.68吨/万元，衢州高达333.50吨/万元，是全省平均值的7.46倍，水的重复利用率仅30%～55%，有些行业、有些地区仅为11%～13%，远远低于发达国家70%～85%的水平，距离国家规定的节水型城市指标（工业用水重复利用率75%）也相距甚远。因此，为了珍惜水源，同时也是为了节约工业生产成本，工业生产过程应做好"水平衡"，算清每一笔"水账"，做到"清清白白用水"。

2.4 城市管网渗漏不容小觑

2.4.1 管网渗漏损失大

在北京，每年因供水管网渗漏造成的损失近亿元，足以让人担心是否会影响北京水资源的供需平衡。据2012年中国水网的报道，在北京17%的供水管网渗漏率中，因管网老化、施工不慎破坏、监测和管理不力等原因，造成跑冒滴漏的损失率约为12%；因私接管线、盗用的损失率约为5%。而对于施工破坏、盗用等原因造成的漏水，也要计入管网渗漏率中，这就使得管网渗漏率大大提高，自来水公司成了"冤大头"。

据我国住房和城乡建设部的调查表明，我国供水管网的平均漏损率在20%以上，且在逐年增加，北方尤为严重，甚至有的城市的供水效率只有30%多，漏损率高达66%，真是触目惊心！一方面缺水严重，挖空心思找水源、调水；而另一方面，自来水厂处理过的洁净水却在白白浪费。有人还对自来水龙头的漏水做过测算：如果1个水龙头以1分钟1滴的速度漏水，一年就可以浪费36吨自来水。据统计,全国每年有100亿吨水就这样付之东流,造成巨大损失,实在令人痛心。

我国的国家控制渗漏率(也称之为基本漏损率)的标准为12%,主要是指由于自来水管网老化、技术障碍或其他非人为原因造成的损失。如何降低这部分损失是世界性的技术难题,在欧美发达国家,由于供水管网老化而造成的漏损量占供水量的25%~50%。在国外,为了降低供水管网的漏损率,加强对管网渗漏的检查监视是十分重要的工作。美国洛杉矶市供水部门中有1/10的人员专门从事管道检漏工作,使漏损率降至6%。日本东京市自来水局建立了一支700人的"水道特别作业队",主要任务是发现漏水并及时进行修复,从而将漏损率降至3.3%。

《中国城市建设统计年鉴》统计表明,2006—2010年我国31个省市中年平均漏损率大于基本漏损率12%的省份有23个之多。而国外发达国家管网渗漏率普遍都低于10%,其中荷兰为6.3%,德国、瑞士均为4.9%,日本的渗漏技术做得更好,其渗漏率仅为3.3%。因此,我国城市管网渗漏问题不容忽视,亟须解决有关技术性的问题。

2.4.2 管网渗漏之原因

供水管网系统是城镇基本设施的重要组成部分,是城镇赖以生存和发展的物质基础,是保证城镇经济、社会健康可持续发展的重要条件。目前,我国管网渗漏十分严重,其主要原因有四个方面:

第一,城市管道老化。城市原有市政管道多是20世纪60—70年代铺设,多为普通灰口铸铁管和镀锌钢管。使用时间较长,使管内壁形成大量沉淀或发生锈蚀,造成管道堵塞或漏水;管网长时间水压高,旧管线漏水并容易发生爆管事故。

第二,设计不合理。城市市政管道设计标准偏低,运用管材不当,地面负荷和管道附件支墩考虑过小,在有电流的地方内外防腐处理不好。

第三,施工质量差,工程质量监督不严。市政给水管道施工中管道基础与设计要求不相符,造成管道运行中沉降不均而漏水;管道配件与管道不协调;在旧管线改造中,由于时间紧、管件多,石棉水泥接口养护时间短,达不到设计强度,也为今后供水管线投入运行埋下安全隐患。

第四,旧城区房屋改造工程中,旧管线与外部市政供水管线没有完全断开,造成漏水率增加。

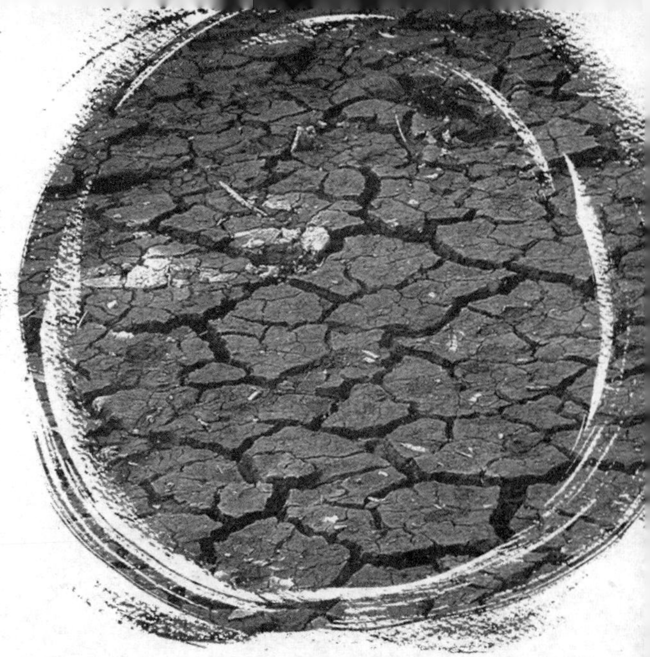

心腹之患 殃及众生

第3章

3.1 人体缺水危害多

3.1.1 水在人体中的功能

你知道吗？地球上的生命最初起源于水（海）中，假如30多亿年前地球上没有水，那么一切生命都无法存在。

水是何物？管子曰："故水何者也？万物之本源，诸生之宗室也。"

水是由氢、氧两种元素组成，在常温常压下为无色无味的透明液体。水在生命演化中起到了重要的作用。东西方古代朴素的物质观中都把水视为一种基本的组成元素，水是中国古代五行之一，西方古代的四元素说中也有水。

水是血液的主要成分，人与动物都依赖血液携带和运输氧与营养物质。水生动植物的含水量一般占自身重量的80%～99%；陆生动植物的含水量一般占体重的60%～80%；人体内的水分占体重约60%。

俗语说："人能三日无粮，不可一日缺水。"就是说：一个人不吃食物，大约可存活4周，甚至两个半月，但如果滴水不进，在常温下只能忍受3天左右，若在炎热的夏季，恐怕1天也难。明代李时珍在《本草纲目》中写道"药补不如食补，食补不如水补"，说明水在人体功能中的重要性。

水在人体中的功能是多方面的，人体内发生的一切化学反应都是在介质水中进行。没有水，氧气不能运输到所需部位；没有水，养料和激素也不能到达它的作用部位；没有水，废物不能排除，新陈代谢会停止，人必将死亡。因此，水对人的生命是最重要的物质。

(1)人的各种生理活动都需要水。比如各种营养物质、脂肪和蛋白质等，需要被水溶解后才能被吸收；水在血管、细胞之间川流不息，把氧气和营养物质运送到组织细胞，把代谢废物排出体外。总之，人的各种代谢和生理活动都离不开水。

(2)水能够调节人体的体温。当人呼吸和出汗时都会排出一些水分，如炎热季节，外界温度往往高于体温，人就靠出汗，使水分蒸发带走一部分热量，来降低体温，免于中暑；而在寒冷冬季时，由于水贮备热量的潜力大，人体不致因外界温度低而使体温发生明显的波动。

(3)水还是体内的润滑剂。皮肤缺水，就会变得干燥失去弹性，显得面容苍老；体内一些关节囊液、浆膜液可使器官之间免于摩擦受损，且能转动灵活。

(4)水是世界上最廉价最有治疗力量的奇药。矿泉水的保健和防病作用是众所周知的，主要是因为水中含有对人体有益的成分。

3.1.2　细数身体缺水的危害

水不仅是生命存在的基本条件，也是生命结构的基本构体。就人类而言，构成我们身体的组成部分中60%为水，也就是说，体重的约2/3为水，婴儿含水量则更高，约占80%。就生理来说，人体器官组织的含水量大致如下：血液83%，肌肉76%，肺、心脏80%，肾83%，肝68%，脑75%，就连骨骼也含水22%。人体可以说由水形成，生命活动都是以水为中心而进行，一旦缺水，生命就会走向终结。

缺水会使呼吸系统疾病增多，由于受到一定程度干旱天气的影响，长时间的干旱少雨天气会造成空气质量下降，易引发扁桃体炎、急性喉炎、支气管炎等多种呼吸道疾病。

慢性缺水导致的严重体内“旱灾”造成的危害极大，体内缺水会使有害物质在体内蓄积，使人体出现慢性中毒，损害多个器官、多种组织，加速人体衰老。缺水将引起身体十大“干旱灾区”：

(1)血液干旱灾区。血液缺水会导致血液稠度升高，进而影响血液循环。血液循环降低后，容易感到恶心、心悸、头昏、乏力，引发多种心血管疾病和妇科病症。

(2)大脑干旱灾区。身体缺水导致血脂异常，从而引发脑血栓等大脑常见疾病。

(3)肠胃干旱灾区。人体分泌消化液需要大量水分参与，如果自身缺水，就会从其他器官抢夺水分，引起其他脏器如脾脏等干燥。肠道是人体排毒的主要途径，肠道干燥，食物残渣就会在肠道内聚集、反应，转化为毒素，肠道内的毒素积存会导致人体衰老。

(4)眼睛干旱灾区。干眼症正在学生、电脑工作人员、上班族、开车族等人群中悄悄蔓延。健康的眼睛主、副泪腺会自然分泌泪液，润滑眼球。由于长时间面对电脑，眼睛太过专注在显示屏幕上，造成眨眼次数减少，泪液快速蒸发。缺水还会导致中老年人罹患白内障。

(5)口腔干旱灾区。健康人的口腔每天平均分泌唾液 1000～1500 毫升，唾液不够口腔干燥，直接导致口气难闻，罹患龋齿和口腔溃疡的概率也会迅速增加。平时，馋嘴的女孩最爱吃零食、嗑瓜子，有些人则爱泡吧、爱喝酒，这些都会消耗唾液。此外，吸烟对唾液腺的伤害更大。

(6)心脏干旱灾区。失水是有些心律失常的祸根之一。医学家通过血流动力学检测发现，当血容量明显降低时，可诱发心房颤动，出现胸闷、心悸、头昏、乏力等症状。

(7)肺脏干旱灾区。中医讲，肺主皮毛。肺脏缺水会引发皮肤、头发的干燥,因此美丽容颜离不开湿润的肺脏。

(8)肝脏干旱灾区。肝脏是人体情绪的调节器,它决定了人类七成的情绪病症。肝脏缺水的人更易焦虑、抑郁、暴躁。

(9)皮肤干旱灾区。干燥是导致皮肤衰老的元凶。当空气的相对湿度为45%~65%时,皮肤的含水量最合适,维持在15%~20%,也就是水嫩嫩的皮肤。当空气湿度下降到20%以下,人体皮肤中的水分就会消失,从而导致皮肤干燥衰老。

(10)肾脏干旱灾区。肾脏是身体排毒的主要器官,肾脏缺水则影响体内代谢产物的排泄,造成有害物质的堆积,危害极大。

3.2 缺水"粮食安全"屡受挑战

3.2.1 水对农作物的重要性

在地球上,水的出现比生命的诞生更早,水是地球上第一批生命的摇篮。根据生命起源说,最早的生命是在地球上逐渐冷却的原始海洋中发生的。由此可见,植物首先出现在水里,然后才逐渐进化为陆生植物。水是植物最原始的环境条件,自然成为植物生命活动的根本要素。也就是说,植物的个体发生和系统发育以及植物的体内和体外,都必须有足够的水存在。没有水就没有植物生命。

水在植物(包括农作物)体内的重要生理作用有以下几点:

(1)水是原生质的主要成分。原生质的含水量一般在80%~90%,这些水使原生质呈溶胶状态,保证了新陈代谢旺盛地进行,如根尖、茎尖。如果含水量减少,原生质会由溶胶状态变成凝胶状态,生命活动就大大减弱,如休眠的种子。如果细胞失水过多,就可能引起原生质被破坏而致使细胞死亡。

(2)水是新陈代谢过程的反应物质。在光合作用、呼吸作用、有机物的合成和分解的过程中,都有水分子参与。

(3)水是植物对物质吸收和运输的溶剂。一般说来,植物不能直接吸收固态的无机物和有机物,这些物质只有溶解在水中才能被植物吸收。同样,各种物质在植物体内的运输也必须溶解于水中才能进行。

(4)水能保持植物体的固有状态。细胞含有大量水分,能够维持细胞的紧张度,使植物体的枝叶挺立,便于充分接受光照和交换气体。

(5)水能维持植物体的正常体温。水具有很高的汽化热和比热容,又有较高的导热性,因此水在植物体内的不断流动和叶面蒸腾,能够顺利地散发叶片所吸收的热量,保证植物体即使在炎夏强烈的光照下,也不致被光照灼伤。

植物(包括农作物)的水分生理是一种复杂的现象。一方面植物通过根系吸收水分,使地上部分各个器官保持一定的膨压,维持正常的生理功能;另一方面,植物又通过蒸腾作用把大量的水分蒸散,这对相互矛盾、相互协调统一的过程保证了植株的正常发育。

3.2.2 缺水对农作物生长期的危害

谚语讲"有收无收在于水",由此可见水对农作物的重要性。水是农作物对物质吸收和运输的溶剂。一般说来,农作物不能直接吸收固态的无机物和有机物,这些物质只有溶解在水中才能被农作物吸收。同样,各种物质在农作物体内的运输也必须溶解于水中才能进行。水又是农作物与周围环境相互联系的重要纽带。水是生命发生的环境,也是生命发展的条件。农作物的水分代谢一旦失去平衡,就会打乱农作物的正常生理活动,严重时能导致其死亡。

一般来说,农作物在播种期、水分临界期和灌浆成熟期遇到缺水所受到的危害最大。

(1)播种期缺水。农作物种子发芽的必要条件是从土壤中吸收足够的水分,因此,土壤水分不足会影响作物的适时播种。由于土壤缺水从而推迟发芽和出苗的时间,或因出苗率低而难保全苗,还可能因种子在土壤中埋藏时间过长而导致死种、烂种。种子在出芽期遇到缺水,会导致幼苗根系发育不全,甚至会导致幼苗死亡。众所周知,全苗是农作物丰产的群体数量要求,壮苗是农作物丰产的个体质量要求,农作物只有获得全苗和壮苗,才能获得丰产。所以,播种期缺水对作物造成的危害是不可估量的。

(2)水分临界期缺水。不同农作物在各自生长发育时期内,对水分的敏感程度是不一样的,把一种农作物对水分供应最敏感的时期,称之为该农作物的水分临界期。在水分临界期内,水分不足或过多,对农作物产量的影响很大。水分临界期不一定是农作物需水最多的时期,有些农作物的水分临界期与其需水量最大时期是吻合的,有些农作物则不一致。因此,掌握各种农作物的水分临界期,有助于我们有针对性地加强水分管理,以减轻水分多寡对农作物产量的不良影响。

(3)灌浆成熟期缺水。各种农作物的灌浆成熟期都是需水量最大的时期,若遇缺水将严重影响其产量。尤其对一些水分临界期与需水量最大时期不吻合的农作物来讲,一定要注意水分临界期及需水量最大时期的水分管理。灌浆成熟期缺水会影响农作物的光合作用强度,进而影响植株体内营养向籽粒(果实)的输送,最终造成籽粒(果实)变小、秕粒增多、品质下降、产量降低。因此,作物生长后期遇到缺水时,应及时进行灌溉。

3.2.3 缺水对水稻生长的影响

水稻是世界主要粮食作物之一,其栽培历史已有 14000~18000 年。水稻的主要生产国有中国、印度、日本、孟加拉国、印度尼西亚、泰国和缅甸等。20 世纪晚期,世界稻米年产量平均为 4000 亿公斤左右,种植面积约 1.45 亿公顷。中国水稻播种面占全国粮食作物的1/4,产量占1/2。世界上所产稻米的95%为人类所食用。水稻除可以食用外,还可以制淀粉、酿酒、制醋,米糠可制糖、榨油、提取糠醛供工业及医药用,稻秆为良好的饲料及造纸原料和编织材料,谷芽和稻根可供药用。

水稻是一年生禾本科植物,喜欢湿润、阳光充足、温度适宜的地方,具耐热和光强习性,水稻在生长季节要一直浸在水中,所以水分的充足与否直接影响着水稻的产量。水稻在我国南方和北方都有广泛的种植。水分对水稻生长期的影响十分重要,缺水对水稻生殖生长期影响最大,移栽期次之。

(1)分蘖期缺水,生长受到抑制,甚至一部分叶片会枯死,只要缺水持续时间不太长,有了水,仍能快速恢复生长,对产量影响也较小。

(2)孕穗期缺水,孕穗期是指花粉母细胞减数分裂期到花粉形成期。这个时期由于配子体的发育,新陈代谢旺盛,叶面积大,光合作用强,蒸发量大,是水稻生长中需水的临界期。缺水会严重影响水稻光合作用和对矿质养分的吸收,影响到有机质的合成和转运,从而引起大量颖花形态败育和生理败育。

(3)抽穗开花期缺水,影响抽穗,造成包颈;抽出的穗不舒展,开花不顺利,花粉活力下降,甚至干枯死亡;不能正常进行授粉,致使结实率降低,空壳率增加。

(4)开花到成熟期缺水,会破坏有机物质向穗部的运输,使叶片的光合作用产物和叶鞘、茎秆中的贮藏物质向穗部运输困难,有些谷粒过早地停止灌浆而成瘪粒。缺水使根系吸收水分和养分的数量减少,矿物营养的运输无法正常进行,同时叶功能寿命缩短,过早枯黄,造成粒重降低,产量下降。

3.3 缺水使“世界工厂”无法运转

3.3.1 水在工业中的重要性

古代世界文明以农业生产为基础，人类的大部分生活都是依靠农村土地劳动所获得的。然而，在18世纪的后期，西方资本主义国家中蒸汽机的出现，代替了人类的手工劳作，工业革命就这样诞生了。人们仿佛是从“蛹”中脱离出来了，生产变成机械化工业形式。从此以后，工业革命就控制了整个世界，参与众多生产生活过程，进而发展成为我们人类生活中不可或缺的部分。

水资源参与工业生产活动中的一系列重要环节，在制造、加工、冷却、净化、空调、洗涤等方面发挥着重要的作用，被誉为工业的血液。水在工业中的重要性表现为：

(1)水是生产原料。例如，食品厂的和面、蒸馏、煮沸、腌制、发酵过程都离不了水，酱油、醋、汽水、啤酒等日用生活产品中都有水的参与。

(2)水在工业循环冷却处理中具有十分重要的作用。例如，在钢铁厂，靠水降温保证生产；钢锭轧制成钢材，要用水冷却；高炉转炉的部分烟尘要靠水来收集；锅炉里更是离不了水；水在造纸厂是纸浆原料的疏解剂、稀释剂、洗涤剂、运输介质和药物的溶剂；火力发电厂冷却用水量大，同时，火力发电也要消耗部分水。

3.3.2 中国每年因缺水影响工业产值2000亿元

由于人类对水肆无忌惮地浪费，引起全球水资源的锐减，进而影响全球工业的快速发展，促使全球的经济发展低迷不振。我国工业每年缺水至少60亿立方米，造成工业经济损失高达2000亿元，我国万元GDP用水量差别较大，东、中、西部分别为221、392、645立方米，其中新疆、宁夏、西藏等3个自治区，大于1000立方米。

每年夏季国家电网频频告急，为了确保居民用电，长三角的江、浙、沪三省不得不启动紧急措施——企业拉闸限电，造成企业经济损失高达上亿元，一个原因，就是我国水资源严重缺乏，从而导致水能发电量不足。

辽宁省是我国淡水资源严重缺乏的省份之一，人均淡水资源占有量仅为全国人均占有量的1/3，是世界人均占有量的1/12。同时，辽宁省又是我国大型工业省份，每年因缺水影响工业产值53亿元，影响全省利税达20亿元。

山东省总体上属于资源性缺水地区，其淡水资源总量305.8亿立方米，人均水资源占有量344立方米，仅为全国平均的1/7，世界平均的1/25，远低于国际公认的维持一个地区经济社会发展所必需的1000立方米的临界值，属于人均占有量小于500立方米的严重缺水地区。特别是1998—1999年的干旱缺水，胶东地区城市出现了严重的供水危机，威海、烟台、济南、淄博、潍坊、东营等30多个城市(含县城)400万人用水困难；居民生活用水被迫实行定时限量供水，威海、烟台每人每月限量2立方米，用水超过限量实行惩罚性水价40元/立方米；工业用水不得不实行保重点和强制性措施，以水定产，关停部分高耗水工矿企业。

3.4 别让母亲河流干涸

“君不见黄河之水天上来，奔流到海不复回”“我住长江头，君住长江尾，日日思君不见君，共饮长江水”，几百年前关于两条母亲河的诗词犹在耳畔响起。未来，所谓“滚滚长江东逝水”以及“白日依山尽，黄河入海流”也许只能是我们的后代从历史书上才能读到的磅礴景象，我们于心何忍？

黄河发源于青藏高原的巴颜喀拉山脉，全长约5464千米，是中国第二长河，呈“几”字形，流经9省(市、自治区)，最后流入渤海。由于河流中段流经黄土高原地区，携带了大量的泥沙，因此被称为世界上含沙量最多的河流。在历史上，黄河给人类文明带来了巨大的影响，是中华文明最主要的发源地，中国人称其为“母亲河”。

从1972年到1998年的27年间，黄河利津站共有21年发生断流，共计断流1050天，每个断流年份平均断流50天，其中1997年断流226天，断流河段长达704千米，占下游河段总长的90%。由于经济的快速发展和流域人口的迅速增加，黄河水资源危机频繁出现，1990年以后黄河又进入了周期性枯水期，黄河用水已远远超过其承载能力。在黄河水量已入不敷出的情况下，诸多不协调的人为原因，无疑加剧了古老黄河被“吃干榨尽”的悲惨命运。

面对今天的黄河窘境，一些让我们无法回避的问题是：曾经黄河沿线聚集着众多让人骄傲的工业企业，但付出的代价是，工业生产用水每万元产值耗水300～500立方米，高于发达国家3～4倍。目前全流域引黄灌溉面积已达1.2亿亩，而达到节水标准的灌溉面积只占20%，许多地方还在以“大水漫灌”的形式肆意挥霍水资源。

黄河水利专家指出，由于黄河水价偏低，“1瓶矿泉水能买300吨黄河水”，致使一些地区和部门超计划用水，特别是遇到黄河枯水和用水高峰季节，沿河引水工程都抢着引水，造成水资源的大量浪费，人为加剧了黄河供水的紧张局面。

救救“母亲河”，救救自己，古老黄河水，流淌数千年，今天却面临成为内陆河的命运。

我国另一条“母亲河”长江，同样发源于青藏高原，流经我国南方多省，最后从我国上海市汇入大海。近年来，长江流域的湿地在不断萎缩，长江源头的青海省与江尾的上海市是最明显的例子。

据青海省林业畜牧部门的调查显示，长江源头的巨大冰川在近几十年里加速消退，数千个高山湖泊已经干涸，湖泊缩小、内流化和盐碱化甚至干涸的现象已经十分突出。曾被誉为高原“千湖之县”的果洛藏族自治州玛多县境内分布着4077个大小湖泊，但在过去短短20多年的时间里，一半以上的湖泊已干枯消失。区域内宝贵的湿地资源也呈现萎缩的趋势。区内特有的高寒生物物种分布范围也在逐渐地缩小，一些物种已成为濒危物种。

而作为长江之尾的上海市，滩涂已基本消失。遭受破坏的湿地生物种群的锐减和消亡。地处候鸟亚太迁徙路线上的崇明东滩，原来每年春秋季节途经此地的鹬类有56种，还有个体数达到3000多的国内最大的小天鹅种群。东滩被围垦后，已基本上看不到成群的小天鹅；长江口和近海水域中，曾生活着多种水栖和半水栖的哺乳动物，如江豚、白鳍豚、水獭等，而其中江豚为优势种的水生动物基本绝迹。

如果不能唤醒我们的节水意识，南水北调之后我们还会面对水荒，这并非杞人之忧。如果不节水，再丰沛的长江恐怕也难以满足人们无节制地使用。如果有一天，长江水枯了，我们找谁？

3.5 地面沉降，不能承受之重

3.5.1 什么是地面沉降

地面沉降的话题，近些年来被频频提起，“沉默的土地危机”“久治难愈的顽疾”似乎已经成为地面沉降的代名词。

什么是地面沉降？地面沉降是指地球表面的海拔标高在一定时期内不断降低的环境地质现象，是地层形变的一种形式。

地面沉降的主要原因有：

(1)自然因素，即地表松散或半松散的沉积层在重力的作用下的地面下沉，或是由于地质构造运动、地震等引起的地面沉降。

(2)人为因素，主要是大量抽取地下水所致。过量抽取地下水是当前产生地面沉降最主要的原因。

3.5.2　地面沉降的危害

地面沉降的主要危害有：

(1)地面沉降会引发内涝加重、地表水环境恶化、地裂缝等危害。

(2)不利于城市建设和资源开发。发生地面沉降的地区属于地层不稳定的地带，在进行城市建设和资源开发时，需要更多的建设投资，且生产能力也受到限制。

(3)造成海水倒灌。地面沉降区多出现在沿海地带。地面沉降到接近海面时，会发生海水倒灌，使土壤和地下水盐碱化。

地面沉降现象与人类活动密切相关。现在我们研究地面沉降的原因时，不难发现，人为因素已大大超过了自然因素。尤其是近几十年来，人类过度开采地下水资源，从而直接导致了今天全球范围内的地面沉降。地下水已成为全球15亿人饮用水的主要水源，现在每块大陆上的主要蓄水层都被抽取。在美国，95%以上的农村人口饮用的是地下水；整个亚洲饮用水的将近1/3是靠地下水提供的；曾经完全依靠河水和溪流的孟加拉国目前有几乎90%的人口只能饮用地下水。不论是工业发达国家美国，发展中国家墨西哥、泰国和印度，还是北非、中东的一些国家，都存在过度开采地下水资源，结果造成地下水资源极度下降的问题，有的甚至形成"漏斗"，人为地造成地下水资源的恶性循环。

我国水利部数据表明，2009年中国地下水开发利用量已经增到1098亿立方米。目前，在655个城市中，有400多个以地下水为饮用水源，北方城市对地下水的依赖更重，目前北方城市65%的生活用水、50%的工业用水及33%的农业灌溉用水主要来自于地下水的开采。由于地下水恶性超采，使得地下已形成8万多平方公里的"地下漏斗"，引起地面沉降等地质灾害。目前已有70多个城市发生不同程度的地面沉降。据统计，全国已形成区域地下水沉降漏斗 100 多个，面积达 15 万平方千米。华北平原深层地下水已形成了跨冀、京、津、鲁的区域地下水沉降漏斗，甚至有近 7 万平方千米面积的地下水位低于海平面。

上海是我国地面沉降发生最早、影响最大、带来危害最严重的城市，自 1921 年发生地面沉降以来，至今沉降面积达 1000 平方千米，沉降中心最大沉降量达 2.6 米。上海地面沉降造成的经济损失已达千亿元，也就意味着地面平均每沉降 1 毫米，损失就高达 1000 万元。

江苏省经济最发达的苏锡常地区位于长江三角洲腹地，也是地面沉降最严重的地区之一。资料显示，该地区沉降面积已达 5700 平方千米，约占苏锡常平原面积的一半，沉降中心最大沉降量达 2.8 米。

浙江省地下水开发利用历史悠久，在距今约 6000 年的河姆渡文化遗址中发掘的“木构水井”，被认为是我国最早的供水井。新中国成立以来，地下水开发利用得到广泛运用。而作为城市及重点工程水源地的地下水开发则始于 20 世纪 60 年代，主要集中于杭嘉湖、宁波等平原地区。进入 70 年代，地下水开采遍及全省滨海平原及大部分市县；80 年代以后，滨海平原地下水开采持续增长，并由城镇向乡村扩展；90 年代以来，滨海平原地下水开采出现超采，并导致地面沉降加剧发展。研究证明，浙江省滨海平原地面沉降的主因是地下水井的开采。

浙江省地面沉降主要发生在地下水长期集中开采的杭嘉湖、宁波温黄、温瑞平原等滨海平原，涉及杭州、嘉兴、湖州、宁波、台州及温州六个地区，总面积约 1.5 万平方千米，约占浙江全省 15% 的土地面积。杭嘉湖平原是全省地面沉降范围最大的地区，地面累计沉降量大于 50 毫米，沉降面积约 4200 平方千米，占总面积的 65%。地面沉降造成的地面高程降低，使得水利工程防洪排涝效能降低，洪涝灾害加剧；城市排污能力下降，防潮水侵袭能力减弱；

桥梁净空减少，通航能力降低；水准点高程数据失真，直接影响城市规划和建设，大大增加建设成本；加剧农田灾害，农田受淹损毁等。如地面沉降使杭嘉湖地区大量已建的20年一遇标准的防洪工程已普遍达不到设计御洪能力。投资数十亿元的太湖流域治理工程，也因此难以达到预期效果。20世纪90年代杭嘉湖地区发生的四次大洪水，特别是1999年“6·30”洪水，沉降地区大面积农田受淹严重，造成直接经济损失39.6亿元。

表3-1 浙江省滨海平原深层孔隙承压水开采统计表

（单位：万立方米）

年份	杭嘉湖平原	宁奉平原	温黄平原	温瑞平原	合计
2001	11350	179	1905	1505	14939
2002	11600	134	1794	1981	15509
2003	11888	78	2037	2204	16207
2004	12197	51	2129	2382	16759
2005	12179	80	2082	2626	16967

表3-2 浙江省滨海平原地面沉降面积统计表

名称	沉降面积（km^2）	＞600mm	＞300mm	＞200mm	＞100mm	＞50mm
杭嘉湖平原	40	665	1550	3500	4200	
宁奉平原		3	15	20	60	
温黄平原	18	143	308	435	550	
温瑞平原					20	
合计					4830	

民族骄傲 智慧结晶

第 4 章

4.1 古代我国节水技术"独树一帜"

4.1.1 北海团城——节水工程的杰作

明初建成的北海团城集雨节水工程，是先贤给我们树立的光辉榜样，是古人给我们留下的宝贵遗产。

北海团城在今北京故宫西北，最早是湖中的一个土岛，元代以后岛址建成一个高出地面四五米、面积不过6000平方米的小围城。数百年来，无论是大雨倾盆，还是久旱无雨，这里都没有积水、不见泄水；生长的数十棵古树百代常青，历久不衰。团城上的古树，绝大部分是油松、白皮松、侧柏和桧柏等常绿树，年龄则为800年以上，分别被乾隆皇帝册封为"白袍将军""遮阴侯"，其中有21棵树龄过百、17棵树龄超过300年的古树。虽都是北方常见树种并有耐旱习性，但在这样一个面积不足6000平方米地面高出北海水面的封闭单元内生长，所需的水分只有来自天然降水，生存上百年实在是个奇迹。

团城地面有5900多平方米，除建筑物所占地外，其余地面都铺有地砖。这些地砖因用途不同，选择的砖形和质地不同，铺设样式也大不一样。为游人设置的甬道，用方砖铺砌，砖质细密，不渗水，占全部砖面的一小部分。其余绝大部分，铺砌的是倒梯形方砖，这样砖与砖之间就形成一条上窄下宽的缝隙，供渗水集雨用。团城的地势北高南低，下大雨时，雨水从北往南流淌，古树多在南边。铺砌在城北和城南的倒梯形方砖在尺寸与质地上有区别：城北的方砖较厚，上面还有一层两三厘米厚的致密层；城南的方砖稍薄，上面没有致密层，砖体遍布气孔，其吸水性能比城北的方砖要强。另外，城南的方砖比城北的方砖表面积要小得多，同样，城南方砖间的缝隙也比城北更多更密，更利于渗水集雨。可见，古代工匠们的科学思维是多么的细致缜密。

团城的地面上还采用干铺倒梯形青砖和深埋渗排涵洞的做法，有良好节水、存水效果。每块地砖的四周立面，都不是垂直的而是倾斜的，砖呈倒梯形，砖与砖之间也并无灰浆黏合，为古树创造了良好的根部透气和接受降雨的条件。砖铺装后形成了一道道高10厘米、底宽2厘米左右、断面呈三角形空的通道，且纵横交叉。通道的上端透过砖与砖之间的狭窄缝隙与地面相通，雨水和空气相对更容易进到通道来。而方砖的下面有一层很厚的灰土与砖黏结，既能承载和稳定砖块，又能很好地使土壤透水透气。实践证明，这种设计确实能起到"城外雨水四溢，城上全盘吸收"的效果。

另外，团城渗水古井内也"别有洞天"。井的下部有一个拱形的涵洞，用青砖砌成，洞口有一层厚厚的淤积物。团城9个入水井口分别与地下涵洞相通，呈逆时针"C"字形走向，9号井为起点，到达1号井，最后通向外面的排水管。当下起大雨或暴雨时，雨水由井口流入涵洞里，同时不断地向周围土壤渗透，直到土壤水分饱和时，涵洞就会形成一条暗河排出城外，这样古树在多雨季节时不至于积水烂根，少雨季节时也不会缺水干枯。

北海团城是我国民族智慧的结晶，是我们后人值得骄傲的节水工程的典范之作。其构思巧妙，布局合理，蕴含着丰富的科学原理和朴素的环保思想，集中体现出中国古代工匠集雨节水的智慧。今天北京市不少街道两旁的树木下铺砌了渗水砖，也是为了更好地利用雨水。

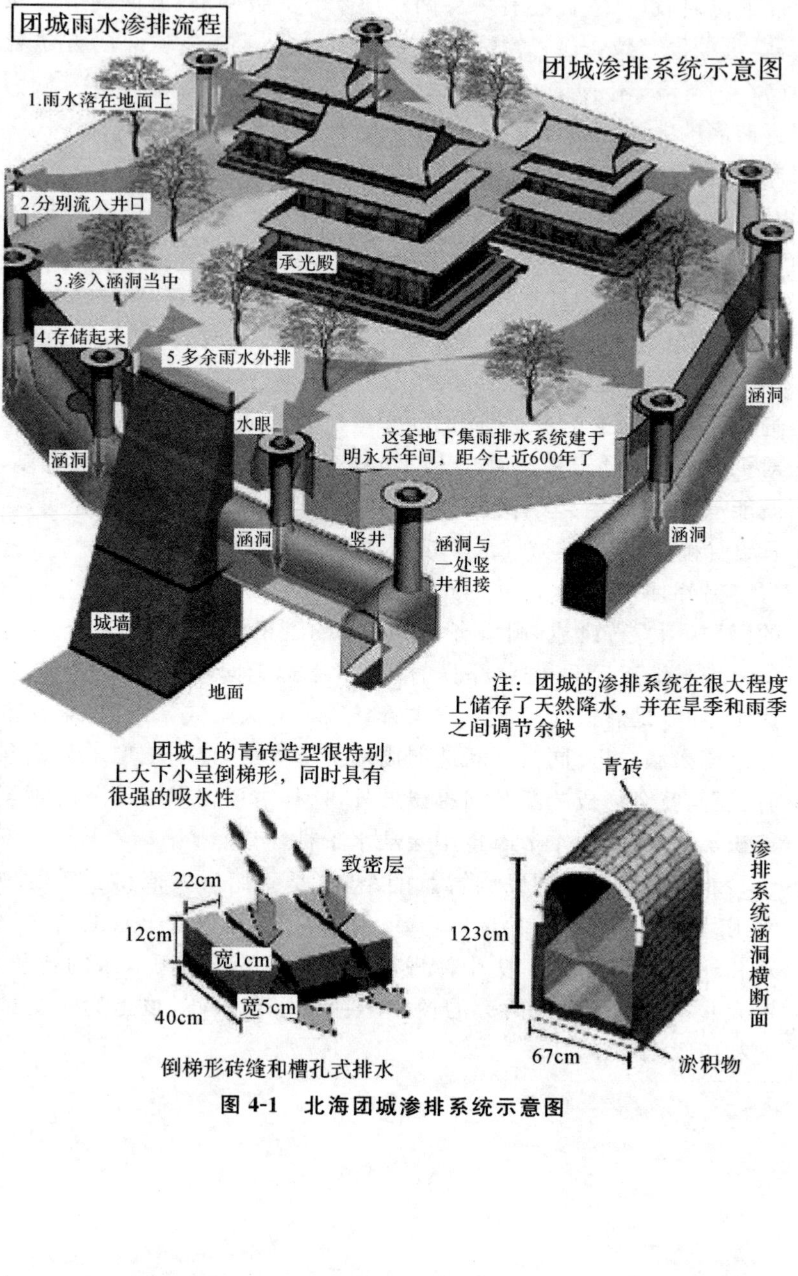

图 4-1　北海团城渗排系统示意图

4.1.2 抗旱耕作技术——畎田法

在西周至春秋战国时期，农业耕作上就已经普遍采用“畎亩法”。《诗经·小雅·信南山》中有“我疆我理，南东其亩”的诗句；《诗经·大雅》中有“乃疆乃理，乃宣乃亩”的诗句。这里所说的“亩”，就都指的是“畎亩”之“亩”，而非面积单位之“亩”。春秋战国时期，畎亩法作为当时的基本耕作技术迅速发展。由于这一时期农田土壤的突出特征是存在畎亩，所以当时人们把畎亩作为农业的代名词。《国语·周语》中写道：“下曰畎、高曰亩，亩，垄也。”《庄子·让王》写道：“垄上曰亩，垄中曰畎。”经过西周至春秋战国长期的畎亩实践，大约在战国后期，人们对畎亩的经验进行了初步总结，从而为畎亩法的理论与技术奠定了初步基础。

《吕氏春秋》“任地”和“辩土”上所总结畎亩理论与技术大概有以下三点：

(1)提出了“上田弃亩”和“下田弃畎”的原则，是指高田旱地要放弃垄台不种而种垄沟；低田湿地要放弃垄沟不种而种垄台。畎亩法的目的在于创造高低不平的微地形，以便在不同地势和水分的条件下，分别采取高田低作或低田高作的办法。

(2)提出了“亩欲广以平，畎欲小以深”的畎亩要求。该要求认为只有垄台宽而平，垄沟窄而深这种畎亩规格，才能“下得阴、上得阳”有效地利用地力和光能，达到高产丰收的目的。同时指出“大畎小亩”和“高而危”的畎亩，都是不合规格的。

(3)提出了“稼欲生于尘，而殖于墼者”的要求，为人们创造合理的耕层构造指明了方向。这一时期的畎亩法由于受着人力耦耕和耒耜这种耕具的限制，还是比较粗放的，主要是垄距较小，“掩地表亩”，质量较差。

畎亩法是我国北方地区最早出现的一种抗旱耕作法，自农业诞生的新石器时代以来，北方农民就为此做出了不懈的努力，并取得了伟大的成就。畎亩法有利于抗旱保墒:其实道理很简单,干旱的原因在于缺水,尤其是土壤中水分的缺乏,俗话说,水往低处流,沟低于垄,自然土壤中的水分含量就比垄上高。畎亩法的抗旱主要体现在“上田弃亩”的做法上。

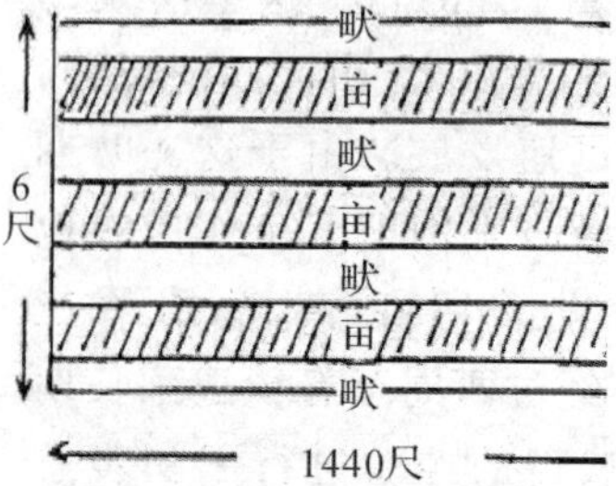

图 4-2 畎亩法平面示意图

图 4-3 畎亩法剖面示意图

4.1.3 抗旱高产栽培技术——区种法

区种法又称区田法,是我国西汉时期《氾胜之书》中记载的一种抗旱高产的栽培技术。区种法是综合运用深耕细作、密植全苗、增肥灌溉、精细管理等措施达到高额丰产的一种方法,是我国耕作园田化的开端。其特点有:

(1)它是一种防旱保墒和抗蚀保土的耕作方法。氾胜之曰:“汤有旱灾,伊尹作为区田”,指的是在干旱条件下区种法是防旱保墒的方法。而所谓“诸山陵近邑高危倾阪及丘城上,皆可为区田”是指区种法适于在丘陵山区坡耕地上作为抗蚀保土的方法。

(2)在土壤耕作上,区种法采取“不耕旁地,庶尽地力”的方法,也只是对进行区内的局部耕作,而不实行全面耕作。

(3)“区田以粪气为美,非必须良田也”指的是区种法重视施肥改土,不一定用良田作区种。

区种法又分为带状区种法和方形区种法。

(1)带状区种法:以一亩地作标准,小区其长 18 丈、宽 4 丈 8

尺。在这个小区中横向种植15町,町间分14道,用于人行,道宽1尺5寸,町作沟处理,沟1尺、深1尺。若种禾黍时,夹行为两行,夹行沟边要减少2寸半,人行通道也要减少5寸的距离,1沟种44株,1亩合计5750株;区种麦时,沟间距多为2寸,1行可种植52株,一亩合计93550株;区种大豆时,沟间距为1尺2寸,1行可种植9株,1亩合计6480株。带状区种法是对西周战国时期"代田法"的继承发展,继承了"代田"的开沟作垄、播种于沟的方法,但又采用了等距点播、合理密植等更为有效的方法。

(2)方形区种法:因劳力、土质等要素的不同,又可分为三种耕作方式:

①上农夫的区,区的长、宽均为6寸,区深为6寸,区间距离为9寸,一亩地可以做3700区。区内种植粟20粒,用1升好粪与土混合,1亩的用量为2升。成熟收获时,每区可收3升粟,一亩地可收100斛。种植麦和大豆时多用此方法。

②中农夫的区,区的长、宽均为9寸,区深为6寸,区间距离2尺,一亩地可以做1027区,种种子约为1升,收获多为51斛。

③下农夫的区,区的长、宽均为9寸,区深为6寸,区间距离3尺,一亩地可以做567区,种种子约为1升,收获多为28斛。

区种法有着较高的耕作水平,也取得了惊人的高额丰产,它标志着汉代精耕细作程度有了一定的提高。同时,区种法是一种精耕细作高额丰产的方法,因为它在耕作栽培上采取了一系列精耕细作的方法:

①深耕细作,局部深耕:带状区种耕深1尺,方形区种耕深6寸。区种深耕并非全面深耕,而是区内局部深耕,有利于保墒防旱和抗蚀保土。

②增施粪肥,及时灌溉:"区田以粪气为美",指的就是特别施肥的重要性。如上农夫区,要施"美粪一升",区种大豆,也是"美粪一升",且"区种,天旱常溉之"。

③等距全苗,合理密植:区种法不仅要求各种作物都要有一定的行距和株距,且要求每亩地要保持一定的株数,就是要实行等距全苗,合理密植。合理密植不仅要求在单位面积上有足够的株数,更重要的是要让每个个体都有适当的生活领域。

④处理种子,加强管理:区种法还要求在播种前处理种子,如拌种肥或采用"溲种法"等,都对种子发芽和幼苗发育极为有利。在禾苗出土以后,要求及时中耕除草。"区中草生,茇之,区间草以剗剗之;若以锄锄,苗长不能耘之者,以钩镰比地刈其草矣。"

由此可见,区种法是我国古代实行精耕细作,夺取高产多收的一种耕作方法,同时,它也是一整套加强管理措施的农业丰产技术。

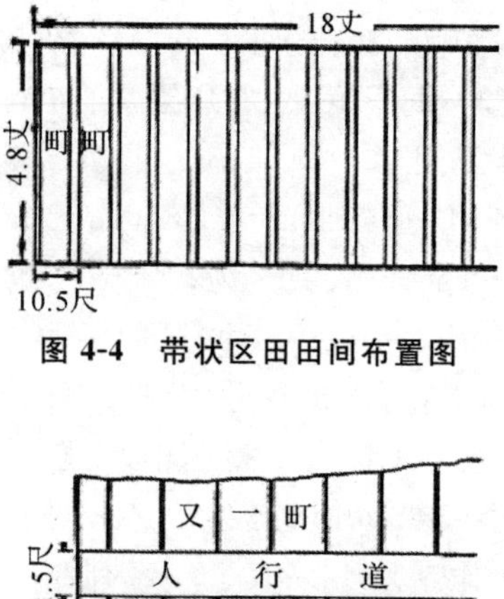

图 4-4　带状区田田间布置图

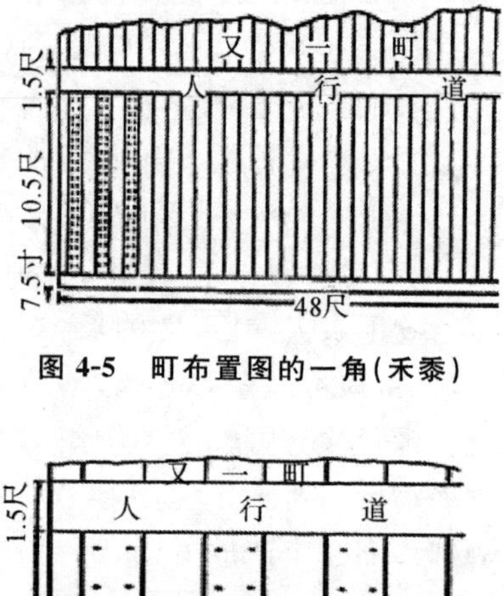

图 4-5　町布置图的一角(禾黍)

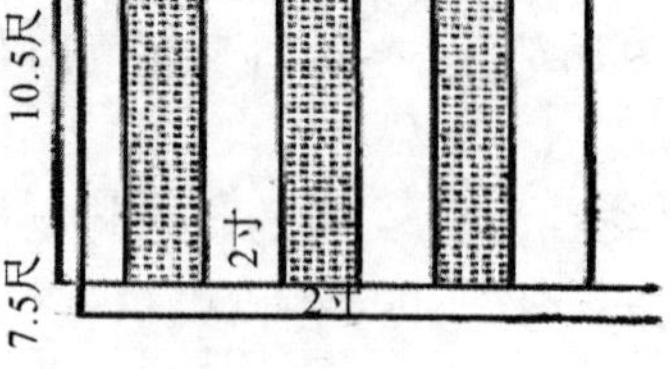

图 4-6　町布置图的一角(麦)

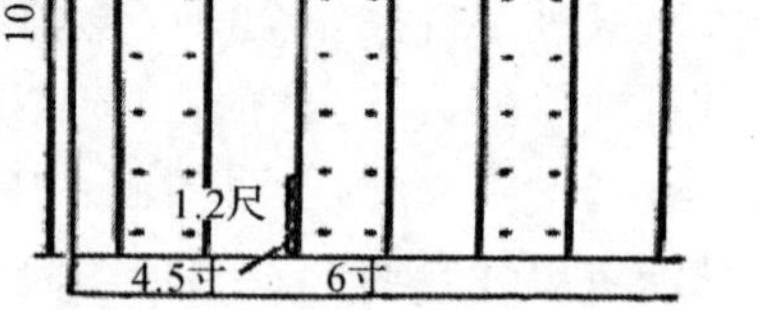

图 4-7　町布置图的一角(大豆)

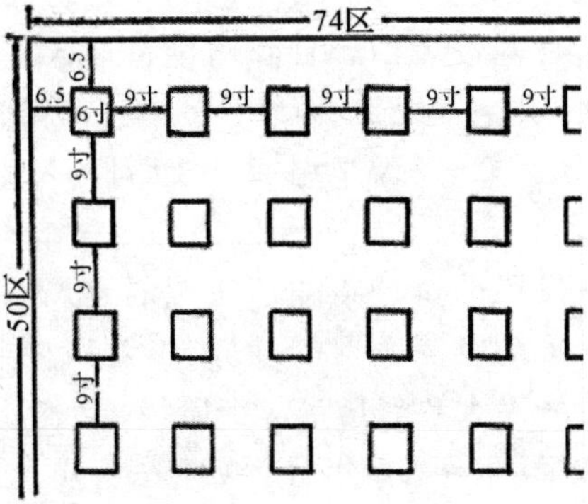

图 4-8 上农夫区

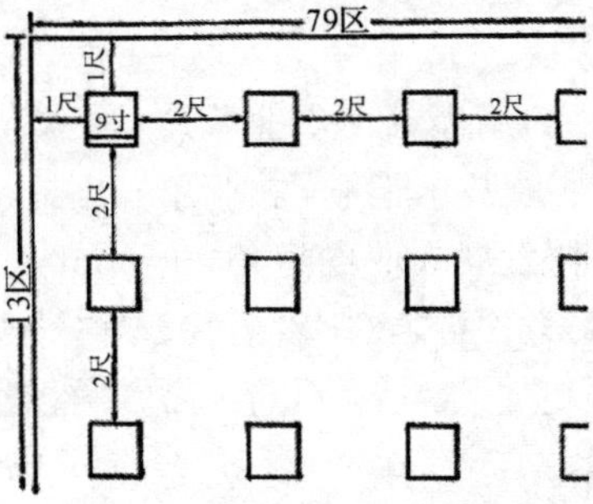

图 4-9 中农夫区

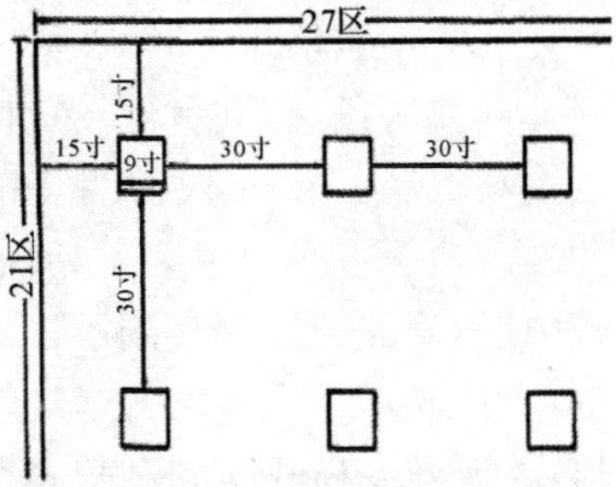

图 4-10 下农夫区

4.2 近代世界节水技术“百花齐放”

4.2.1 农业节水典范——以色列

以色列位于亚洲大陆，地处地中海东南角，西临地中海，北连黎巴嫩，东与约旦河西岸接壤，东北与叙利亚为邻，东南和南面以亚喀巴湾与埃及西奈半岛为界，是欧亚与阿拉伯世界连接的桥梁。

以色列降雨一般为400～550毫米，主要分布在冬季12月到次年3月，6—8月基本无雨。且降雨量各地区差异也很大，加利利年降雨量在1000毫米以上，而以色列越往南雨量越少。从全国看，60％属于旱地区，20％为半温润区（北部），50％国土降雨少于150毫米。

以色列农业发展的奇迹得益于正确的发展战略。同时，以色列农业的发展是推动经济发展的杠杆，农业和整个经济的发展相辅相成。其农业发展大致经历了3个阶段：

第一阶段从20世纪50年代开始，农业开始大起步大发展。由于以色列长期处于战争环境，经济面临巨大压力，农业顺理成章地成了当时经济恢复和发展的支柱。以色列在全国垦荒、兴建定居点，目标是粮食和农副产品能够自给自足。1953年开始，以色列建北水南调输水工程，正式开发沙漠。

第二阶段从20世纪60年代开始，滴灌推动农业革命，建立高效市场机制。60年代初期，以色列土地开垦饱和，农业单产徘徊，沙漠改造缓慢。以色列开始探索科技发展农业的道路，进入60年代中期，滴灌的发明得到了国家的大力扶持，农业发展找到了突破口，农产品产量直线上升，沙漠改造更是突飞猛进，可耕地持续增加，农业发展模式得到了根本性改善。

第三阶段从20世纪80年代开始，农业实现产业化。以色列开始调整农业产业结构，从以粮食生产为主，转向发展高质量花卉、畜牧业、蔬菜水果等的农产品和技术，用高科技与现代管理不断提高农业经济效益，形成高投入、高科技、高效益、高产出的“四高”特色，建立了一整套符合实际国情的节水灌溉、农业科技以及工厂化现代管理体系。

实行机械化与应用先进技术，使得以色列在兴修水利、改造沙漠、提高劳动生产率方面取得了巨大的成就。以色列在国家层面上出台了一系列法律法规，把水和土地作为最重要的资源严格计划使用。同时把科学用水作为基本国策，专门建立了国家水资源管理机构，统一管理水资源的开发、分配、收费及污水处理。以色列环境部还制定了一系列保护资源与环境的法规，建立资源“红线”。同时，国家注重用经济手段和市场机制来保护水资源，实行用水许可证、配额制及鼓励节水的有偿用水制，推广节水技术。农业用水执行配额奖惩，水成本每立方米0.3美元，城市水价0.7美元立方米，农用水价0.18～0.28美元/立方米，用水超过配额加价3倍。以色列污水利用率达90%，占农业用水的20%。总之，以色列正是基于这些严格的水资源法律法规的制定，为今后农业的灌溉技术的发展奠定了坚实的基础。

在灌溉技术方面：以色列基本不用漫灌、沟灌和畦灌等常规的灌溉方式，在70年代以前以色列农业主要采用喷灌，该种方式灌溉的面积占总灌溉面积的87%。直到闻名世界的耐特菲姆(NETAFIM)滴灌公司于1964年应运而生后，80年代以后，滴灌也已经被普遍应用于农业灌溉中，其主要运用于水果、蔬菜、花卉和棉花的灌溉上。实践证明，滴灌不仅可以节水，而且投资也较低，更重要的是对地形、土壤、环境的适应性强，不受风力和气候影响，肥料和农药可随灌溉水施入根际，并可防止产生次生盐渍化，消除根区有害盐分作用。如今，以色列农业发展已经进入自控灌溉技术模式。这种自控体系能够自动分析农田中所需温度、湿度、蒸发量、用水量、施肥量等信息，通过信息反馈，灌溉系统会对农作物所需水、肥和农药进行及时补充。目前，以色列基于电子信息处理的滴灌和喷灌技术已经居世界领先地位。采用这种技术对较短干旱期作物的生长的灌溉以及对种植较密的多年生植物如洋蓟、香蕉等的生长是最为有利的。

在农作物种植结构上：由于以色列土地多为沙漠，土壤水分含量极低，且含盐碱度较大，在种植结构上，以色列多以出口创汇经济作物为主，此类作物主要是生长期短、灌溉用水量较少等。主要的种植作物有花卉、蔬菜水果等农产品。多年来，由于灌溉技术的不断更新，以色列农业种植面积不断扩大。2000年以来，农业使用耕地面积33万公顷，农业灌溉面积为19.4万公顷。农业年产值2亿～25亿美元，种植业占一半以上，其中种植业产值中90%以上来自灌溉农业，而旱地农业产值不到10%。以色列农业的大力发展，灌溉起到了决定性作用。

目前，以色列先进的灌溉技术已被广泛应用于美国、巴西及中国等国的农业灌溉中。我国是个农业大国，农业是我国经济社会发展的根本，这就要求我们要学习国外先进的农业科学技术，建立适合我国国情的一整套灌溉技术。近年来，我国倡导的新型节水型社会的主旨，更是要求我们借鉴国外的先进经验，自力更生，创造新的奇迹。

4.2.2 节水创举“新生水”——新加坡

新加坡位于亚洲大陆，毗邻马来西亚，是一个面积不到700平方千米的岛国，其淡水资源十分贫乏，人均水资源占有量居世界倒数第二位。早在20世纪60年代，新加坡480多万居民的日常生活和生产用水主要靠存储雨水及从马来西亚进口。直到1965年新加坡共和国成立后，新加坡全国80%的供水仍然来自马来西亚的进口。这些惊人的数据让刚刚独立的新加坡意识到自己的被动局面。

20世纪70年代开始，新加坡公用事业局就规划建造了领航项目——清洁水再生工厂，后来工厂建设被叫停，主要原因是巨大的花费和不可靠的技术。直到接近21世纪初期，新加坡从国家战略安全出发，为了避免供水危机，政府确立开源与节流并举的方针，提出开发四大“国家水喉”计划，即雨水收集、淡水进口、海水淡化和污水再利用，其中的污水再利用项目就是“新生水”项目。由于政府的大力支持，很快“新生水”项目再次启动，再加上科技的大力支持，使得“新生水”项目在新加坡如火如荼地进行。

污水如何摇身一变成了饮用水？毫无疑问，新加坡的科学家制造了奇迹，他们用了30年的研究和艰苦工作，终于研制成了多道过程层层净化回收污水的办法。第一道过程主要是传统的污水处理过程，作用是从污水中除去淤泥和泥沙成分，新加坡的水回收工厂利用激活淤泥的过程做初始准备工作，之后处理过的水进入新水生成程序，主要包括：

第一步是微过滤。初步处理后的污水渗透通过微过滤的纤维，粒径大于0.2微米的颗粒都被过滤了出来。在这个过程中，悬浮的固体物质、大部分胶质微粒、细菌和原生动物都被滤除，水的混浊度降低，保证水质提高一级，预防下一阶段的沉淀发生。

第二步是反渗透过程。主要使用压力让水通过半透明膜，滤除非有机物质，如重金属、硝酸盐、氯化物和硫化物等；还有一些有机物质，如颗粒类碳水化合物、杀虫剂和病毒也会被滤除。反渗透的孔径多在0.0001微米以内，水通过了这个过程，大约95%的溶解固体被滤除干净。

第三步是紫外线消毒。为了确保水的纯度，对通过反渗透膜渗出的水进行紫外线消毒，以消除剩余的细菌和病毒。同时，为了让水能够被安全饮用，还添加了一些碱性物质以保证水的酸碱平衡。经专家鉴定表明，新生水的各项指标都优于目前使用的自来水，清洁度也比世界卫生组织规定的国际饮用水标准高出50倍。可以说“新生水”是完全安全可以被我们人类所使用的。

“新生水”让新加坡新生，结束了新加坡长期进口水资源的历史。然而，起初很多人都存在心理障碍，毕竟新生水是从生活污水中回收提取后作为饮用水的。为了消除人们心头的疑虑，从2003年2月21日起，新加坡正式启动新生水推广活动，约占全部饮用水1%的新生水被注入蓄水池，和天然水混合后送往自来水厂，经进一步处理后成为饮用水。此后在短短6个月内，政府就免费送出 150 万瓶新生水。与此同时,新加坡的媒体也积极响应政府的号召,大力宣传新生水的品质,不断增强国人对新生水的信心。新加坡领导更是以身作则,在诸多的公众场合中喝新生水,起到了极好的示范带动作用。同时,新加坡还在新生水厂设立了游客参观中心,向中小学生和到访游客全面介绍新加坡新生水的制作工艺,还可参观水厂的实际运作情况,进一步增进人们对"新生水"的了解,人们逐步开始接纳"新生水",开始将其作为生活饮用水使用。

新生水的开发成功,给新加坡带来了显著的社会经济效益。首先是节约了工业用水。据统计,2011 年新加坡的"新生水"使用量占到用水总需求的 30%。其次是节省了居民的生活成本。新生水的生产成本是海水淡化成本的一半,价格比自来水还便宜,且随着技术的不断进步和生产规模的不断扩大,其生产成本还将进一步地降低。最重要的是,新生水的诞生使新加坡在污水治理领域走在世界前列,使其成为国际水业界公认的以科技创新解决水资源困境的成功实践者,也使新加坡在水资源开发方面做到了自给自足,将来还有可能成为水资源主要输出国。

八仙过海 各显神通

第 5 章

5.1 节约用水,从我做起

节约用水不是限制用水,更不是不让用水,而是合理用水,高效用水,减少浪费。节约用水要从爱惜水做起,牢固树立"节约水光荣,浪费水可耻"的信念,才能时时处处注重节水。同时,节约用水需要大家的参与,人们应从自己做起,从身边小事做起,人人行动起来节约每一滴水。

5.1.1 家庭节水妙招多

科学证实,如果一个家庭改掉浪费水的习惯,养成良好的节水意识,将能节水 70%左右。以洗脸为例,长流水洗脸 2~3 分钟,消耗水 18~27 升。如果改用洗脸盆洗脸,每人每次仅用 4 升左右的水。若以一家三口来计算,每人每次可节约 16 升。按每天 2~3 次计算,则全家每天可节约 120 升,一个月可节水 3.6 吨。节水习惯的养成与保持,关键是要树立惜水意识,养成良好的生活习惯。下面我们谈谈家庭节水的妙招:

(1)个人清洁用水节水

洗手、洗脸、刷牙时应该间断性放水。如:洗手、洗脸时应在打肥皂时关闭龙头;刷牙时,应在杯子接满水后,关闭水龙头。

减少盆浴次数,每次盆浴时,控制放水量,放约 1/3 浴盆的水即可。沐浴使用过的水,可以用于冲洗马桶或擦地。

使用能够分档调节出水量大小的节水龙头。

洗淋浴时,要调节冷热水比例,不要将喷头始终开着,更不应敞开式用水。

(2)厨房用水节水

先择菜后洗菜,先择菜,将不能食用的部分去掉,只洗有用部分。对土豆、胡萝卜之类的蔬菜先削皮,后冲洗。洗菜时一盆一盆地洗,尽量少用水龙头冲洗或最后冲洗一遍,这样每次洗菜可节约水5升左右。

淘米时尽量让米多浸泡一会儿,淘洗2～3遍即可。冲洗时再打开水龙头,用后及时关闭,并控制水龙头流量适中,也能节约大量的清水。器具清洗时,可用淘米水、煮面水。过夜茶清洗碗筷,既可以去油,又可以节水、减少洗洁精污染,是一举两得的好方法。

食物解冻节水,不要用水冲使食物解冻,选用微波炉解冻或及时将食物从冰箱冷冻室取出,置于冷藏室退冰。

表5-1 北京三口之家不同用水习惯年用水量比较表

主要用水行为	普通器具&不良用水习惯(升/月)	节约用水(升/月)	备注
刷牙	4860(长流水)	180	每次刷牙3分钟,每人每天2次
洗脸	3240(长流水)	720	每人洗脸2分钟,每人每天2次
洗手	2430	810	每次洗手50秒,每人每天6次
冲厕	4050(9升马桶)	1590(6升/3升)	每人每天大便1次,小便4次
洗浴	6075(长流水)	2025	每人沐浴15分钟,每人2天1次
洗衣	3600	1800(满桶再洗)	洗衣机,每次120升水
炊事	5400(长流水)	1200	每天2次
合计	29655	8325	

注:以上不考虑跑、冒、滴、漏现象及一水多用。

(3)洗衣用水与卫生间节水

衣服尽量不要一件一件分开洗,小件、少量衣物提倡手洗。另外,将漂洗的水留下二次利用于拖地或洗厕所,这样一次可以节省30～40升清水。

减少洗衣机使用量,尽量不使用全自用模式。

厕所水箱过大,可以更换节水型马桶,当然也可以在水箱里竖放一块砖头,以减少每次的冲水量,节约清水。

(4)其他用水节水

公共场所用水要养成随手关闭水龙头的好习惯。

洗车节水,请使用中水清洁车辆,或在家自己清洗车辆,既可以做到节约用水,又可以节省费用。

教育儿童节约用水,鼓励他们不玩耗水游戏。

不浪费喝剩的茶水和矿泉水,用来浇花种草。灌暖壶前不要随手倒掉里面的剩水,可与其他循环水收集在一起再利用。

总之,平时在生活中要养成拧小出水龙头的习惯,这样便可节约相当量的水资源。节约用水,你可以做的很多,只要你多注意多观察,生活中处处可以做到节约用水。

5.1.2 节水产品,推陈出新发展快

城市生活用水主要用于饮用、厨用、洁厕、洗浴、洗衣等,这些用水基本上都是通过给水器具的使用来完成的。显然用水器具是影响用水效率的重要因素之一,使用节水型用水器具将会产生明显的节水效益。如果使用的是13升的水箱,以居民三口之家计算,每天假定使用15次,每天冲马桶用水195升,每个月就耗水5.85立方米。如果采用6升便器水箱系统,每个月耗水量仅为2.25立方米,节水率为62%。因此,使用节水型用水器具的重要性毋庸置疑。那么,什么是节水型用水器具?如何选用节水型用

水器具？这正是大家最关心的问题。

节水型用水器具是指满足相同的饮用、厨用、洁厕、洗浴、洗衣等用水功能的前提下，较同类常规产品能减少用水量的器件或用具。节水型生活用水器具通过采用特殊的材料、巧妙的构造和先进的技术等途径来进行设计改造，以求达到节水的效果。同时，节水型生活用水器具要求其与水接触的部位不能使用易腐蚀材料制造，直接影响产品寿命的零部件表面应做防腐蚀处理或采用不易腐蚀的材料制造。产品不应使用含有害添加物的材料或涂装，所有与饮用水直接接触的材料，不应对水质造成污染。用于湿热环境下的产品，应能在温度小于6℃，相对湿度不大于90%下长期使用，如淋浴器相对湿度不大于95%，并对人体无不良危害，对环境不会造成污染。

(1)节水型水龙头

国家节水型生活用水器具相关标准规定，节水型水龙头是具有手动或自动启闭及控制出水流量功能，使用中能实现节水效果的阀门产品。节水原理可以从以下三方面考虑：限制水龙头出流量；缩短水龙头开关时间；避免水龙头滴漏现象。感应式水龙头、在水压0.1MPa和管径15毫米下，最大流量不大于0.151升/秒。离开使用状态后，感应式水龙头应在2秒内自动止水，非正常供电电压下应自动断水。延时自闭式水龙头每次给水量不大于1升，给水时间4～6秒，并且，产品的开关使用寿命，感应式水嘴应大于5万次，陶瓷片密封式水龙头应大于20万次，其他类水龙头应大于30万次。

陶瓷阀芯水龙头是最普遍采用的一种节水型水龙头。它可以开合数十万次不漏一滴水，节水量一般可达30%～50%，价格较便宜。因此，在居民住宅等建筑中应大力推广这种节水型水龙头。陶瓷阀芯水龙头还可以装有雾化器，在降低水流速度的同时，洗手洗物时不会有水花溅起。

感应式水龙头应在离开使用状态后2秒内自动止水，在非正常电压下自动断水，开关使用寿命应大于5万次。通常有两种：第一种是红外线自动控制水龙头。安装时通过红外线自行检查其下方或前方的固体发射体，并根据发射体的距离调整工作距离，避免出现长流水现象，若下面没有洗手动作不给水，洗手时间过长也会停水。第二种是无活塞延时阀芯水龙头。它的特点是轻触即出水，水流自动冲洗触点，触点保持清洁；设定时间延时后，水流自动关闭，避免手柄开关传播病菌，使用更健康环保；停水自锁功能避免产生漏水。

铜质节水龙头主体由黄铜制成，采用陶瓷密封，外表镀一层铬。具有抗锈蚀、不渗漏、开关行程短等特点，能够很好地控制流量，起到节水效果。而且铜的抗压性、强度和韧度很好，水龙头不致爆裂，对于冬天气温比较低的地区来说，也是首选的一种节水器具。另外，其良好的密封性可以防止污染入侵，铜离子还能避免细菌再生。铜制的两用水龙头多运用于航空发动机的雾化技术和不断增压的轨道设计及独特的调节切换功能，既能满足快捷大流量的用水需求，又能高效节水减排。其出水量可以满足厨房洗菜、洗碗、洗手等要求，尤其适合在家庭、餐饮行业的厨房和洗脸盆上使用。

其他节水型水龙头如充气水龙头通过加气来降低通过的水量，相同时间里减少用水量，达到节水目的。由于空气注入和压力变化，水束显得比较大且水流流畅，而实际用水量却只有0.032升/秒或者更少。水龙头的出水安装充气稳流器也可以节水，随着水压增加，节水效果会更加明显。诱导式节水环保脚控式水龙头根据流体力学原理和管网的自身压力进行启闭，脚踩下即开，抬脚即关，可以广泛应用在公共场所，防止受污染和水资源浪费。它以高强塑料代替金属材料，具有科学、卫生、方便、寿命长等特点。

(2)节水型便器

冲水便器的发明和使用是人类文明的一种象征。经过100多年的发展,便器已经成为城市居民生活当中不可缺少的器具,是人民生活中耗用水量较大的器具。

节水型便器宜采用大、小便分档冲洗的结构,在保证卫生的条件下,大便冲洗用水量不大于6升,小便冲洗用水量不大于4.5升,并且,固体物排放采用聚丙烯球法,三次冲洗通过球数的平均值不小于75;每次冲洗后,采用墨线法,累积残留的墨痕总长不大于50毫米;水封深度和水封回复不小于50毫米;污水排放试验后的稀释率不低于100。同时,水箱配件使用寿命应大于5万次。

两档式节水型便器水箱在冲洗小便时,冲水量为4升(或更少);冲洗大便时为9升(或更少)。以三口之家计算,每人每天大便1次、小便4次,9升的水箱一天用水135升,6升的水箱一天用水90升;而两档式水箱一天只需75升。这种器具还不需要更换便器和改造排水管道系统,尤其适用于现有便器的更新换代。

超节水型便器是日本提出的,"超节水型便器"标准明确规定:大冲洗时的冲洗水量为6.5升以下,用来测试的代用污物及卫生纸能被排出便器;小冲洗时冲洗水量为5升以下,卫生纸被排出便器后,存水弯处存水需达到95%以上的替换率;大冲洗时,代用污物的平均排送距离需达到10米以上。法恩莎超节水型便器单档冲水量平均在4.5升。这种器具运用流体力学原理对S弯管进行电脑冲水模拟显示,用最少的水达到充分虹吸的效果;同时,对S弯管的内壁施釉,减少水流过程的阻力,提高水道系统的合理性;应用国际先进水箱配件,用更少的水量达到更好的冲洗效果。空气助压式超节水型便器分为两个部分:空气助压水罐和特殊水路结构的陶瓷便器。它直接利用水罐进水时空气压缩产生的强大推力,不增加任何附加设备及能源,同时全方位改变便器的进水、流水以及冲水的孔径、孔距、孔位、角度,改变腔体体积,以3升的水量，成功满足冲洗的要求。

直排新型节水便器有两种．第一种是用水量 1.4 升/4 升的容积水封式直排新型节水便器，利用中立杠杆平衡原理，采用翻斗式排污隔臭技术，用翻斗排污装置取代存水弯。采用直冲翻落式排污有以下好处：没有冲落与虹吸，使排污阻耗为零，避免冲洗噪声扰人；特有的负压作用可以抑制不洁气旋产生，保持空气清新舒适；直冲排污全部为冲洗后的洁净水，水中无残留微量污物，非常健康环保；节水效果明显，比普通便器节水 3～5 倍。第二种是一杯水马桶，它也采用直接排污的技术，其用水量和污水排放量比国际标准减少了 83％。同时，免除了弯曲、狭长、超高的排污通道，污物流程短、排污快捷，且使用脚控冲水排水装置，节水减排，防臭保洁，方便卫生。以上两种便器完全可以推广至亿万家庭、宾馆、楼宇等的运用。

(3)节水型沐浴器和节水型洗衣机

节水型淋浴器应采用接触或非接触控制方式启闭，并有水温调节和流量限制功能的淋浴器产品。淋浴器喷头应在水压 0.1MPa 和管径 15 毫米下，最大流量不大于 0.15 升/秒。淋浴阀体的耐压强度应达到该产品公称压力的 1.5 倍下保压 30 秒，不变形、不开裂、不渗漏。淋浴阀自然关闭时，通入该产品公称压力 1.1 倍的水，出水口、阀杆密封处不应出现渗漏。封住出水口，由入水口通入压力 0.1MPa 的水，阀杆密封处也不应出现渗漏。产品淋浴阀的使用寿命应大于 5 万次。

节水型洗衣机以水为介质，能根据衣物量、脏净程度自动或手动调整用水量，是一种既能满足洗净功能且耗水量低的洗衣机产品。产品的漂洗性能应达到洗涤物上残留漂洗液相对于试验用水的碱度不大于 0.04×10^{-2} mol/L(摩尔浓度)。产品在最大负荷洗涤容量、高水位、一个标准洗涤过程，洗净比 0.8 以上单位容量用水量不大于下列数值：滚筒式洗衣机，有加热装置 14 升/公斤，无加热装置 16 升/公斤；波轮式洗衣机 22 升/公斤。

总之，为了更广泛、更健康、更持续地发展和普及节水型生活用水器具，应积极学习先进技术，提高其合理性和实用性；应完善具体规范性和强制性的标准来指导和约束生产，同时加强质量监督；还应做好节水宣传，从长远角度考虑节水型用水器具可以带来的利益，让人们从心里认同和接受，从而保证节水型生活用水器具更好更快地推广普及，利国利民。

5.1.3　器具改装政策好

2000 年 11 月，国务院下发《关于加强城市供水节水和水污染防治工作的通知》。《通知》提出，“坚持开源与节流并重、节流优先、治污为本、科学开源、综合利用”，坚持把节约用水放在首位，努力建设节水型城市。同时制定并推行节水型用水器具的强制性标准，鼓励居民家庭更换使用节水型器具，尽快淘汰不符合节水标准的生活用水器具。2002 年 10 月 1 日，我国建设部出台了关于《节水型生活用水器具标准》，重点对阀门、水嘴、淋浴器、便器水箱配件及洗衣机五种生活用水器具提出了节水的具体要求。这一标准的实施结束了我国无节水器具标准的历史，是城市节水战线的一件大事，对进一步推动我国城市节约用水工作有着十分重要的意义。

《节水型生活用水器具标准》是全面深入开展城市节约用水工作，促进节水型用水器具的进一步推广使用的理论指导。加大了节水型用水器具标准的宣传和贯彻执行力度，应制订宣贯计划，使用水器具生产企业、设计单位、建筑开发企业、施工单位和广大城市居民切实了解标准的内容和实施标准的重要意义，从而加强广大群众形成主动节水的意识。

《节水型生活用水器具标准》鼓励各单位和居民家庭更换使用节水型用水器具，尽快淘汰不符合标准的水龙头、便器及便器系统、便器冲洗阀；对各单位现有房屋建筑中安装使用的不符合标准的生活用水器具，应当尽快采取措施，制订更新改造计划，确保在2005年以前全部更换为节水型生活用水器具。调查表明，2006年之前，浙江省杭州市区48个社区、10.4万户居民家庭或多或少都在使用非节水型卫生器具，大部分水箱的一次冲水量达9升，有的高达18升，造成生活用水严重浪费。此外，螺旋式水龙头改成即开即闭式水龙头后，杭州市全年可节约用水5万吨，节约费用12万元。两者相加一年可节约用水近100万吨。同时由于生活用水量的减少，生活污水排放量也相应减少，按照生活污水量是用水量的80%计算，杭州市全年可减少生活污水排放量近80万吨。

2006年底，浙江省杭州市区开启了市区非节水型器具改造工程，此次卫生器具改造主要包括水龙头和坐便器水箱改造。一方面是用陶瓷片密封水龙头取代螺旋升降式水龙头；另一方面，一次冲水量大于6升的坐便器水箱也将进行节水改造，要么更换水箱配件，要么采用水箱容量替代品，改造后的水箱一次冲水量可以控制在6升以下。自节水器具改造工程实施以来，广大群众反响较好，普遍认为节水器具改造既节约水资源又节省水费，是一项实实在在的惠民工程。此外，节水器具更新改造还进一步增强了市民节水意识，有效促进了市民节约用水，文明用水。节水器具改造政策的全面实施，推进城市节水管理工作走向成熟。

节水器具改造政策的实施，进一步推动了创建节水型城市的发展，全面推进了城市节水工作。创建节水型城市是全面、系统和深入开展城市节约用水工作的一个重要手段，创建节水型城市应作为一项长期性的龙头工作来抓，并不断规范化和制度化，同时要将创建节水型城市作为人居环境奖评选的一项重要内容。也要进一步加强城市节约用水的宣传工作，在全国城市节水宣传周的基础上，采取多种形式，更加广泛地进行节约用水的宣传工作，使节约用水成为全社会和每个公民的自觉行为。

5.1.4　减少漏损有措施

供水管网系统是城镇的重要基础设施，在保障人民生活和经济建设中发挥着重要的作用，对城市发展具有全局性和先导性的影响。目前我国城市有 20 多万公里的供水管线。由于供水设施陈旧、技术水平提高缓慢、管理体制尚存在诸多问题，我国城市供水漏损现象十分普遍。只有加快供水漏损管网改造和大力推广管网检漏防渗技术，严格执行《城市供水管网漏损控制及评定标准》(CJJ92—2002、J187—2002)，才能有效降低城市供水管网漏损率。主要措施有：

(1)供水老化管网改造

城市供水老化管网改造，可降低管网漏损率，提高管网的密闭性。早在 2002 年，住建部调查了数百个城市的供水管网，发现不符合国标的灰口铸铁管、水泥管、镀锌管等低质管网共计占比约 70%。管网老化首先会导致泄漏，其次会引起爆管，容易使自来水遭受二次污染。因此，城市应大力改善管网供水水质，同时优化管网布局，逐步实现以最短的路程将水送达各用户，达到节水节电，节约能源的目的。

(2)管网检漏防渗技术

供水管网系统是由直径大小不等的管道按一定的配置方式连接而成的大规模复杂网络系统。系统的基本组成中包括管道、水泵、水塔和蓄水池等不同的水力元件。管网检漏防渗技术是对地下已知管网进行检漏的一种技术。目前，管网检漏防渗技术有：

音听法，它是采用音听棒寻找漏水声，并确定漏水地点的方法，是最简单的检漏方法之一，分木棒和金属棒两种类型。这种方法适合于各种类型的管道检漏，主要的监测对象为漏口喷出的水带动水管周围介质相互碰撞摩擦声。在不同的路面上，漏水声传播的距离和范围均不一样;在实际检漏过程中,经验往往是成功检漏的关键,听音棒检漏极限为地下 1 米,对地下 1 米以下的漏水声基本听不到。

相关分析检漏法,指在漏水管道两端放置传感器,利用漏水噪声传到两端传感器的时间差,推算漏水点位置的方法。相关检漏仪由英国水研究中心于 1960 年开发,1976 年改进成为便携式相关检漏仪 MK I Palm-er EAE/WR,体积小,精度高,两个探头与检漏仪间用无线通信方式通信,检漏范围为 200 米,精度为 1 米。国内在使用相关检漏仪时所使用的传感器是压电陶瓷的加速度传感器,压电陶瓷在声音信号的发送时有较好特性。值得注意的是,现有的相关检漏仪检漏精度不是 100%,所以在实际的检漏中要判断适用。

区域检漏法,它在一定条件下测定小区内最低流量,以判断小区管网漏水量,并通过关闭区内阀门以确定漏水管段的方法。对于区域检漏法,多采用超级多探头相关仪。它是利用多重相关等技术来确定水管材料的截止频率等客观特征,而且水管中声音的传播速度不需预设,将大大提高检漏精度。

区域装表法,这是在检测区的进、出水管上装置流量计,用进水总量和用水总量差,判断区内管网漏水的方法。

区域装表兼区域检漏法同时具有区域装表法及区域检漏法装置来检测漏水的方法。当进水总量与用水总量差较大时,用区域检漏法检漏。

压力控制法,是当管网压力超过服务压力过高时,用调节阀门等方法,适当降低管网压力,以减少漏水量的方法。

高效、经济、实用、通用、智能化的检漏仪是目前供水公司的需求,也是测试计量及仪器和相关专业科研人员的奋斗目标。目前,高精度检漏及定位的方法是:首先,利用超级多探头相关检漏仪进行区域检漏,确定存在可疑漏点位置,然后,利用普通相关检漏仪确定漏点位置。随着科技的进步及全人类对水资源珍惜程度的不断提高,高精度体积小的智能仪器的出现,必将带来自来水管网检漏技术进一步质的飞跃。

5.1.5　一户一表

我国城乡居民用水的有效利用率和管理模式都十分落后,水资源的浪费和流失十分惊人。由于用水管理方式的落后而造成抄表难和收费难的问题,又造成了自来水企业经营亏损,甚至影响社会稳定。为了改变这种局面,提高管理水平,实现现代化,1998 年国家发改委、建设部等五部委联合发出通知,要求城市居民实行“分户计量,一户一表”的用水制度。供水一户一表是指以每一家庭住户为单位安装一块立户表,并由供水企业直接查表、收费的营销方式。一户一表与以往的多户一表不同在于每家都安装独立水表,以其服务便捷,能够避免水费纠纷问题而深受广大居民欢迎。我国大部分居民楼均是多户一表的管理模式,产生的种种矛盾已成为群众要求改进水服务的一个主要问题。因此,全面推进一户一表改造已成为供水行业改进工作作风,提高服务质量的当务之急。

“多户一表”是我国计划经济时期的产物,在当时经济水平下,居民家中多数没有洗衣机、太阳能等用水器具,用水量较少;群众每月水费支出较少,对生活影响不大。根据国家《城市供水条例》规定,供水设施的产权划分以立户表为界,立户表以内(含立户表)产权归属用户,由用户负责维护管理,供水企业按立户表对用户进行计量收费。“多户一表”的总表内一般以住户为单位安装有分表,分表设计安装及水费收取一般由用户自行负责,按各分表用水量收取水费,立户表差额部分水量由各住户均摊缴纳。然而随着经济的发展,居民用水器具增多,卫生条件得到改善,群众用水量大大增加,多户共用一块立户表的做法越来越清楚地暴露出极大弊端。

20世纪80年代以后，杭州主城区小区住宅顶上的屋顶水箱随处可见，它们承担着小区居民储水和供水的重要功能。不过因为自来水不是“直供”，水箱水质出问题的情况时有发生，弊端日益显现。自2002年浙江省和杭州市相继出台的诸多“一户一表”实施办法以来，杭州主城区已累计完成户外管道预置22.72万户，装表接水8.53万户，装表开户率呈逐年上升趋势。居民安装“一户一表”能够有效地降低自来水的漏失率，极大地节约水资源。加快“一户一表”工程建设，通过企业挖潜、采用新技术等方式，努力降低“一户一表”安装费用，提高居民、单位安装“一户一表”的积极性，实现用水实时监控和计量，为分类水价制度的实施创造条件。

我国大力推行“一户一表，水表出户”改造是一项惠民、利民工程。首先，水表出户可减少扰民。如果水表安装在室内，供水部门每次抄表、查漏、维修都得进入室内，给用户带来不便，影响居民休息和日常生活。若发生漏水故障，不能及时抢修，就会给用户和左邻右舍带来不必要的损失。若抄见水表不及时，就会影响阶梯水价的执行，甚至引起误会或不必要的纠纷。从“便民利民不扰民”的角度看，水表出户是最佳选择。其次，水表出户有利于抄见水表。如有的人因工作或出差家中无人，影响按时抄见水表，供水服务人员进门难、抄见难、维修难等问题日益突出。水表出户是解决此问题的最好办法，有利于维护正常的供用水秩序，有利于构建和谐社会、人水和谐的环境。最后，水表出户是社会发展的必然要求。我国已进入全面建设小康社会阶段，国家建设部公布的小康住宅十大标准，其中第六条标准明确提出：“管道集中，水、电、煤气三表出户。”从抄表到户工作实践看，单纯“就地换表”的方式存在安全优质供水隐患。实施水表出户是全面建设小康社会的必然要求，有利于节约型社会、节水型城市的建设。

5.1.6　阶梯水价利国又利民

水资源定价在水资源管理中占有重要的地位,它不仅是水利经济良性循环的纽带,也是水利经济与其他部门经济连接的纽带。适宜的水资源价格不仅能节约用水、提高用水效率,也能对地区间水资源的合理调配起到重要的作用。阶梯水价的出现充当了一个强而有力的资源管理工具。

(1)阶梯水价的概念

阶梯水价就是对用水量核定为不同层次,在不同用量实行不同的供给价格,一般而言是在基本用量限度内执行较低价格,超过基本水量部分根据用水量实行递增式阶梯水价。阶梯式计量水价将水价分为两段或者多段,每一分段都有一个保持不变的单位水价,单位水价会随着耗水量分段而增加。

阶梯水价是对使用自来水实行分类计量收费和超定额累进加价制的俗称。阶梯水价充分发挥市场、价格因素在水资源配置、水需求调节等方面的作用,拓展了水价上调的空间,增强了企业和居民的节水意识,避免了水资源的浪费。2014 年 1 月 3 日,国家发改委、住房和城乡建设部联合出台《关于加快建立完善城镇居民用水阶梯价格制度的指导意见》,要求 2015 年底前,所有城市原则上全面实行居民阶梯水价制度。《指导意见》中指出:我国阶梯水价中水量的设置应不少于三级,第一级水量原则上按覆盖 80%居民家庭用户的月均用水量确定,保障居民基本生活用水需求;第二级水量原则上按覆盖 95%居民家庭用户的月均用水量确定,体现改善和提高居民生活质量的合理用水需求。一、二、三级阶梯水价按不低于 1∶1.5∶3 的比例安排,缺水地区应进一步加大价差。

阶梯水价的基本特点是用水越多,水价越贵。例如,有的城市将居民的生活用水水价设定两个水量的分界点,从而形成三种收费标准:用水 15 吨以内为 0.6 元/吨,15～20 吨为 1.4 元/吨,20

吨以上为 2.1 元/吨。缺水城市可实行高额累进加价制。

阶梯水价实现的前提是一家一个计价水表，只有做到了一户一表，才能实现阶梯水价，不然就不能知道每家用了多少水。但我国现在还没有真正实现 100%“一户一表”的城市。

(2)阶梯水价模型的基本设计思路

阶梯水价模型的基本设计思路是科学地设定不同阶梯用水量和各个阶梯的相应价格。

设定一阶供水量为 Q1、价格为 P1；二阶供水量为 Q2、价格为 P2；三阶供水量为 Q3、价格为 P3；四阶供水量为 Q4、价格为 P4。各阶段供水单位成本为 C。

确定采用阶梯水价必须首先确定用水量基数 Q。根据当前城市居民生活用水现状调查和对未来用水状况的科学估计，将城市居民用水量分为以下四阶：

第一阶水量基数，即基本生存水量 Q1：用于保障居民饮用、厨房用水等最基本的生存所需的水量，可以根据确保居民最基本生活用水的原则制定。

第二阶水量基数，即基本生活水量 Q2：是指城市居民生活用水的消费部分，用于满足居民生活洗浴、洗涤、卫生等基本生活用水需求，根据改善和提高居民生活质量的原则制定。

第三阶水量基数，即辅助生活水量 Q3：是指城市居民生活用水的辅助用量，用于满足居民高质量生活用水的特殊需要。

第四阶水量基数，都不合理超量的生活用水 Q4：是指城市居民生活用水已经超过了一定的限量，这样的消费属于对水资源的浪费，需要使用高费率进行惩罚。

根据上述用水量基数 Q 的分类，阶梯水价结构 P 亦相应分为四阶：

第一阶水价：实行全福利水价 P1，免费用水量在生存水量范围内，是城市居民生活用水的基本定额，相应于这部分水量的水费,可以根据核准的用水量基数,此成本计划由高阶供水弥补。

第二阶水价:实行部分成本水价 P2,对用足生存水量 Q1 的居民,用水量在第二阶水量基数内。P2 是根据各项成分核定的全成本水价。

第三阶水价:对于超过基本生活用水量 Q2 使用辅助生活水量的居民,执行第三阶水价 P3。包括供、排水工程投资成本、运行和制水成本、维护服务成本和环境成本等,再加上供、排水行业的投资期望利润等内涵确定,同时供、排水企业通过利润积累所形成的资本公积,应基本满足与城市发展相适应的供、排水设施开发建设的投资需求。

第四阶水价:实行超额水价 P4。对于超过基本生活用水量 Q3 使用辅助生活水量的居民,执行第四阶水价 P4。第四阶水价 P4 的设置可以按照不同的原则,最低限度就是用于补偿一阶供水的成本及满足企业自身发展需要。

阶梯水价是一项利国利民、惠及子孙的政策。阶梯水价比起传统"一刀切"的统一水价政策来说,其科学性和合理性显而易见,它既不为居民的正常范围内用水增加经济负担,又能对浪费用水、奢侈用水起到必要的约束和惩罚作用,实现了多用水多交钱,体现了一种公平和价格杠杆的作用,有利于引导人们自觉地善待水资源,形成节水风尚。

(3)举例

目前我国梯级水价中居民用水水量基数及其价格如下表。已知某户(4 人及以下)2008 年某月用水量为 35 立方米,计算这户这个月用水水费:

表 5-2 我国梯级水价中居民用水水量基数及其价格表

级差	水量基数 Q(立方米)	水费价格 P(元/立方米)
第一阶梯	22(含)	1.4

续 表

级差	水量基数 Q(立方米)	水费价格 P(元/立方米)
第二阶梯	22～30(含)	2.1
第三阶梯	30(不含)以上	2.8

解答:某户(4 人及以下)2010 年某月用水量为 $35m^3$。

第一阶梯用水量:22 m^3

第二阶梯用水量:30 m^3 − 22 m^3 = $8m^3$

第三阶梯用水量:35 m^3 − 30 m^3 = 5 m^3

第一阶梯用水费:22 m^3 ×1.4 元/ m^3 =30.8 元

第二阶梯用水费:(30 m^3 −22 m^3)×2.1 元/m^3 =16.8 元

第三阶梯用水费:(35 m^3 − 30 m^3)×2.8 元/ m^3 =14.0 元

总水费:61.6 元

5.1.7 节水宣传,人人有责

水是人类生存的生命线,是人类生命和文明的摇篮,是经济和社会可持续发展的重要物质基础。长期以来,人们普遍认为水“取之不尽,用之不竭”,不知道爱惜水资源,有的甚至将水白白浪费。因此,我们要通过各种方式进行具体的宣传活动,让全民有惜水意识,增强人们计划用水、节约用水的观念,创建节水型社会。目前我国已进入严重缺水期,为了实现可持续发展,应培养节约用水的良好习惯和意识,使节水用水也是每一个公民的责任与义务这一观念深入人心。

节约用水,人人有责。只有大家都节约用水,水荒才能远离我们,生活才会安定和谐,环境才会优美舒适。我们应该明白这些道理,不但要自己身体力行,还要做好宣传工作,告诉亲朋好友、左邻右舍,让大家都来节水。

对于城市生活用水,可以通过张贴节水海报、发放节水知识宣传单等方式，向社区居民宣传节约用水科普知识、日常节水知识，介绍节约用水小窍门等，宣传围绕洗澡节水、厕所节水、一水多用、洗衣机如何节水、解决马桶漏水等生活细节问题，倡导市民树立起良好的节水意识，倡导居民从身边小事做起，珍惜每一滴水。

对于农业工业生产用水行业，要紧紧围绕如何优化水系统的运行，如何提高循环水的浓缩倍数，如何提高水资源的循环利用等，将其作为节水工作的重点，积极组织技术攻关，提高水的综合利用率。同时也要制订切实可行的操作方案，对产品水消耗实行定额管理，减少水资源的过度浪费，进一步增进人们节约用水的理念，同时要长期有缺水紧迫感和水资源的安全忧患意识。

节约用水，人人有责。不仅仅是一句口号，而应该从爱惜一点一滴水做起，牢固树立"节约用水光荣，浪费用水可耻"的观念，时时处处注意节约用水。从现在开始，从小事做起，珍惜节约每一滴水，真正做到珍惜水，节约水。

5.2 农业节水潜力大

农业节水主要是将灌溉水由水源通过输配水系统到田间灌溉作物过程中的水进行有效利用。它包括渠道防渗技术、高效节水灌溉技术、农艺节水技术、灌溉用水管理技术。

5.2.1 渠道防渗技术应用广

渠道防渗技术是指为减少渠道渗漏损失而采取的各种工程技术措施。渠道防渗是目前应用最广的节水技术之一，但传统的土渠渗漏损失达50%～60%，有的高达70%，每年渗漏损失的水量达1700多亿立方米，占我国总用水量的1/3，浪费严重，因此渠道防渗是节约用水的主要措施。渠道防渗既可减少渠道渗漏损失，提高渠系水的有效利用系数，又有降低渠床糙率，增加流速，加大输水能力，防止渠道冲刷、淤积和坍塌，缩小输水时间和灌水周期，节省管理养护用工和管理费用。

渠道横断面常采用矩形、梯形或U形，一般小渠道采用矩形或U形；大渠道考虑边坡稳定，采用梯形甚至于复合断面。渠道两侧边坡根据土质情况和开挖深度或填筑高度选定，土渠一般用1∶1～1∶2，石渠可用到1∶0.1。渠道两侧堤埝顶的填筑高程应为渠内最高水位加超高，一般超高不小于0.25米。堤顶宽度根据交通要求和维修管理条件确定，渠底宽度取决于施工条件。人工开挖的，一般不小于0.5米；机械开挖的，不小于1.5～3.0米。断面尺寸，可根据给定的设计流量、纵坡、糙率和边坡系数等用明渠均匀流公式计算确定。在实际工程中，受自然条件和运行条件的限制，渠道断面往往不能完全按照经济断面来设计。在地势较为平坦的地段，以采用挖填基本平衡的宽浅形断面较为有利；在深挖地段，考虑到经济因素，宜采用窄深形的断面。加大渠道水流流速，可以缩小过水断面，节省工程量，但流速过大，将使渠道受冲，水头损失增加；相反，流速过小，不仅工程量加大，还将引起渠道淤积和水草丛生，影响过流能力。为此，需要选定适宜的不冲和不淤流速。不冲流速与土质特性和水深有关，黏性土渠道的不冲流速一般不超过1.0～1.5米/秒，人工护面渠道的不冲流速，依护面材料而定；不淤流速与水中悬浮泥沙的颗粒直径和水深有关，为防止渠道内生长水草，要求水流流速不小于0.5～0.6米/秒。

渠道通过非密实的黏土层、无黏性土层或裂隙发育的岩石层的渗漏损失，有时可达引水量的50%～60%。渗漏不仅损失水量，影响工程效益，对填方渠道来说，甚至会出现塌滑破坏。为此，需要在渠床表面加做护面等渠道防渗措施。

渠道防渗方法可分两类：①改变原渠床土壤渗透性能，又可分为物理机械法和化学法。前者是通过减少土壤空隙达到减少渗漏的目的，可用压实、淤淀、抹光等；后者是掺入化学材料以增强渠床土壤的不透水性。②设置防渗层，即进行渠道衬砌，可用混凝土和钢筋混凝土、塑料薄膜、砌石、砌砖、沥青、三合土、水泥土和黏土等各种不同材料衬砌渠床。采用防渗措施后，渠道渗漏损失可以减少50%～90%。

渠道防渗按照防渗材料分有土料、水泥土、砌石、混凝土、膜料、沥青混凝土等。

(1)土料防渗

土料防渗就是将渠基土夯实或者在渠床表面铺筑一层夯实的土料防渗层，防渗材料为黏性土、黏砂混合土、三合土、四合土、灰土等。

土料防渗具有较好的防渗效果，一般可减少渗漏量的60%～90%，每天每平方米渗漏量为0.07～0.17立方米。土料能就地取材，而且造价低廉，技术简单，群众容易掌握，但允许流速小，抗冻耐久性差，故土料防渗适用于气候温和地区流速较小的中、小型渠道，当地应有丰富的土料资源。若防渗要求高，当地砂石料缺乏，难以采用后述的衬砌方法时，可利用土壤固化剂(如GA剂)对土料进行固结处理。但土料防渗也有抗冲性能差、使用寿命短的缺点。

(2)水泥土防渗

水泥土防渗的水泥堤以土料、水泥和水拌合而成。分为干硬性水泥土和塑性水泥土两种，北方多用前者，南方多用后者。水泥土具有较好的防渗效果，每天每平方米渗漏量为0.06～0.17立方米，能就地取材，造价低，技术简单，群众容易掌握，其水泥用量与低标号混凝土的水泥用量相当，允许流速小，抗冻性差。适用于温和地区，且附近有砂土和沙壤土而缺乏砂石料的渠道。

(3)砌石防渗

砌石防渗按照结构形式分护面式和挡土墙式两种，按照砌筑方法有干砌、浆砌，材料有卵石、块石之分。砌石防渗具有就地取材、抗冲流速大、防渗效果好、使用寿命长等优点。但也有施工质量难控制、造价高等缺点。

图 5-1 砌石防渗

图 5-2 混凝土防渗

(4)混凝土衬砌防渗

混凝土衬砌渠道是目前广泛采用的一种防渗技术，其防渗效果优于其他防渗措施，一般能使渗漏量减少 90%～95%，其次混凝土的糙率小(n=0.014～0.07)、允许流速高，缺点是适应变形能力差、造价较高。

渠道采用的断面形式有梯形、矩形、U 形等，大、中型渠道上多采用梯形断面，小型渠道上常采用矩形或 U 形断面形式。

图 5-3 梯形渠道

图 5-4 矩形渠道

图 5-5 U形渠道

(5)膜料防渗

膜料防渗就是用不透水的土工膜来减少或防止渠道渗漏损失的技术措施。土工膜是一种薄型、连续、柔软的防渗材料,防渗效果好,一般能使渗漏量减少90%~95%,适应变形能力强,造价低。

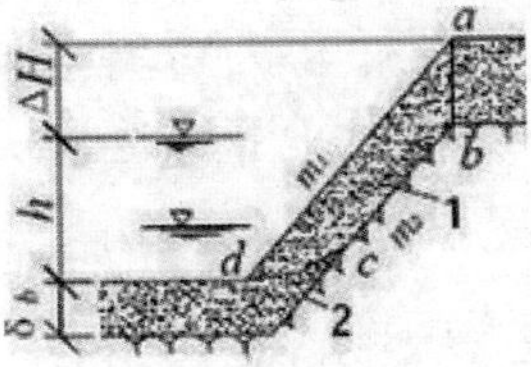

1— 黏性土保护层
2— 膜料防渗层

图 5-6 膜料防渗

(6)沥青混凝土

沥青混凝土是以沥青为黏结剂,与矿粉、矿物骨料(碎石、砾石或砂)经加热、拌和、压实而成的具有一定强度的防渗材料。沥青混凝土防渗具有防渗效果好,适应变形能力强,造价低等优点。

5.2.2 高效节水应推广

高效节水灌溉,是对除土渠输水和地表漫灌之外的所有输、灌水方式的统称。常见的高效节水有喷灌、微灌、低压管道灌溉等。

(1)喷灌

喷灌是利用喷头等专用设备把有压水喷洒到空中,形成水滴落到地面和作物表面的灌水方法。喷灌一般比地面灌溉节水30%～50%,喷灌不仅适应所有大田旱作物,而且适应各种经济作物、蔬菜、草坪、果树苗木灌溉。具有增产、提高耕地利用率等优点,但投资高,一般每亩造价为1500～2000元,运行能耗较高,并且只能在不超过3级风力的条件下使用。

①系统组成

喷灌系统由水源、水泵机组、管道系统(干管、支管、竖管)及喷头组成。

A. 水源。一般由河道、水库、山(池)塘、湖泊、水井为喷灌系统水源,水源水量、水质应满足喷灌要求。有的灌溉水源高于喷灌田块,水压力大于喷灌要求水压,可以采用自压喷灌。

B. 水泵机组。通常喷灌系统的工作压力需由水泵提供。对有供电地区,水泵配套动力机应尽量采用电动机,无电地区只能采用柴油机。目前,我国各类经济作物采用喷头工作压力一般在200～300Kpa,适合泵型有离心泵、潜水泵、自吸泵、深井泵等。

C. 管道系统。管道系统一般包括干管、支管、竖管三级,其作用是将压力水输送并分配到田间喷头中去。干管和支管起输、配水作用,竖管安装在支管上,末端接喷头。管道系统中装有各种连接和控制的附属配件,包括闸阀、三通、弯头和其他接头等,有时在干管或支管的上端还装有施肥装置。

D. 喷头。喷头将管道系统输送来的水通过喷嘴喷射到空中,形成下雨的效果洒落在地面灌溉作物。喷头装在竖管上或直接安装于支管上,是喷灌系统中的关键设备。喷头工作参数包括:工作压力、喷头流量、射程。目前我国应用较多的是PY、ZY系列摇臂式喷头。

②喷灌系统分类

一般将喷灌系统分为三种类型：

A. 固定式：系统全部设备均固定在一个地块使用，用材多、投资大，但使用操作方便，生产效率高，经济作物区使用较多。

B. 半固定式：干管固定，支管、喷头移动使用。移动方式有手动和机动，用材及投资均低于固定式，使用比较普遍。

C. 移动式（喷灌机）：系统全部设备都可移动使用，设备利用率高、造价低。

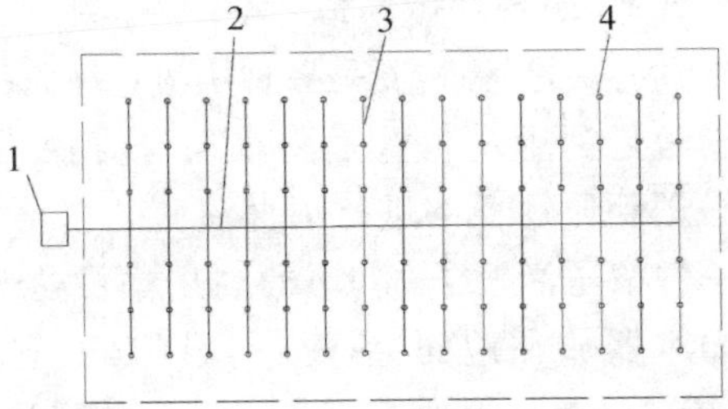

图5-7　固定式喷灌系统示意图

1. 水源或水泵　2. 干管　3. 支管　4. 喷头

(2)微灌

微灌是按照作物需求，通过管道系统与安装在末级管道上的灌水器，将水和作物生长所需的养分以较小的流量，均匀、准确地直接输送到作物根部附近土壤的一种灌水方法。与传统的全面积湿润的地面灌和喷灌相比，微灌只以较小的流量湿润作物根区附近的部分土壤，因此，又称为局部灌溉技术。微灌属于先进的节水灌溉技术，能够仅对作物需水部位提供所需水量，由"浇地"转换为"浇作物"。微灌用于设施农业和经济作物，适应所有地形和土壤，具有节水、增产效应，灌水均匀。根据许多国家试验结果，微灌比喷灌可省水30%左右，比地面灌省水75%左右。微灌很容易实现水肥一体化，但它对水质及日常系统维护要求较高，广泛用于灌溉果树、蔬菜、花卉、葡萄等作物。

微灌分为微喷灌、滴灌和涌泉灌等。

①微喷灌。微喷灌是微灌系统尾部的灌水器为微喷头，微喷头将具有一定压力的水（一般 100～150Kpa）以细小的水雾喷洒在作物叶面或根部附近的土壤表面。有固定式和旋转式两种，前者喷射范围小，后者喷射范围大，水滴大，安装间距也大。流量一般为 10～200 升/时。微喷灌还具有提高空气湿度，调节田间小气候的作用。但在某些情况下，如草坪微喷灌，属于全面积灌溉，严格来讲，它不完全属于局部灌溉的范畴，而是一种小流量灌溉技术。

②滴灌。滴灌是利用塑料管道将水通过直径约 10 毫米毛管上的孔口或滴头送到作物根部进行局部灌溉。它是目前干旱缺水地区最有效的一种节水灌溉方式，水的利用率可达 95%。使用中可以将毛管和灌水器放在地面上，也可以埋入地下 30～40 厘米。前者称为地表滴灌，后者称为地下滴灌。滴头的流量一般为 2～12 升/时，使用压力 50～100Kpa。可适用于果树、蔬菜、经济作物以及温室大棚灌溉，在干旱缺水的地方也可用于大田作物灌溉。其不足之处是滴头易结垢和堵塞，因此应对水源进行严格的过滤处理。

滴灌是按照作物需水要求，通过低压管道系统与安装在毛管上的灌水器，将水和作物需要的养分一滴一滴、均匀而又缓慢地滴入作物根区土壤中的灌水方法。滴灌不破坏土壤结构，土壤内部水、肥、气、热经常保持适宜于作物生长的良好状况，蒸发损失小，不产生地面径流，几乎没有深层渗漏，滴灌较喷灌具有更高的节水增产效果，同时可以结合施肥，提高肥效一倍以上。

图 5-8　滴灌

图 5-9　微喷灌

③涌泉灌。涌泉灌也叫小管出流灌溉，是用直径 4 毫米的微管与毛管连接作为灌水器，以细流(射流)状局部湿润作物附近土壤，流量一般为 80～250 升/时。对高大果树通常围绕树干修一渗水小沟，以分散水流，均匀湿润果树周围土壤。它具有以下特点：

图 5-10　涌泉灌

A. 堵塞问题小，水质净化处理简单，冲洗次数少，管理简单。

B. 省水效果好，比地面灌省水 60%以上。

C. 灌溉水为射流状出流，地面有水层，需要相应的田间配套工程使水流集中于作物主要根区部位。

D. 浇地效率高，劳动强度小，一个劳力 2 小时可浇 15 亩地 450 棵树，每棵树浇 100 公斤水。

E. 管理方便、运转费用低，由于管网全部埋于地下，小管也随之埋于地下，只露出 10～15 厘米的出水口，做好越冬的保护，全部设备不会受自然力和人为的破坏，维修费少。加之小管出流灌溉的工作水头较低、耗电量少，运行费用低。

(3)低压管道灌溉

简称管道输水灌溉，在田间灌水技术上，仍属于地面灌溉类，它是以管道代替明渠输水灌溉系统的一种工程形式。灌水时通过较低的压力，利用管道压力系统，把水输送到田间灌溉农田，实行科学用水，群众称为“田间自来水”。由于管道系统工作压力一般不超过30KPa，故称低压管道输水灌溉工程。低压管道输水工程与其他灌溉方式比较，具有下列优点：

①节水。由于减少了输水过程中的渗漏损失与蒸发损失，低压管道灌溉管系水利用系数在0.95以上。

②省地、省工。管道埋在地下，减少土渠占地，可减少2%左右，有的高达3%～5%。由于加快输水的速度及减少渠道清淤，节省了工作量。

③成本低、效益高。与高效节水灌溉的喷灌或微灌相比较，低压管道灌溉每亩投资一般为500～800元，亩均投资低。由于能够适时适量灌溉，粮食作物一般增产10%～15%。

低压管道灌溉一般包括水源工程、取水工程、输配水管网和田间灌水系统。

低压管道灌溉技术在美国被公认为支渠以下实行管道化输水中有效节水、投资最省、发展最快的一种灌溉技术，地下部分采用素混凝土管，地上部分则采用聚乙烯管或铝管。在日本也有30%的农田设置了地下管道，普遍采用自动给水栓进行灌溉，管材采用聚乙烯管。低压管道灌溉技术在我国逐步进入推广应用阶段。

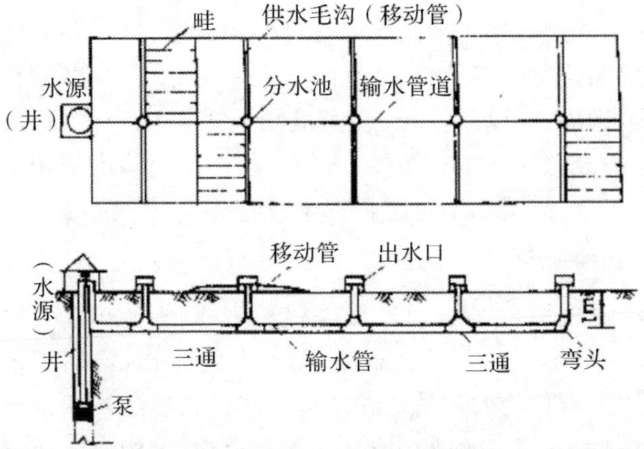

图 5-11　低压管灌

5.2.3　农艺节水

农艺节水既是节水灌溉技术体系不可缺少的组成部分，也是雨养农业高效用水的主要措施。主要包括：改进地面灌溉技术、合理种植结构、农田保墒技术和化学调控技术等。

(1)改进地面灌溉技术

改进地面灌溉技术包括平整土地、畦灌、沟灌等。

平整土地是农村在农作物、林木、播种或移栽前，采用翻、耕等方法使表土保持符合作物生长要求而进行的一系列土壤耕作措施。过去一般是手工劳动，机械化以后，农业机械基本代替了手工，大大提高了劳动生产力。

畦灌是用田埂将田块分割成许多狭长地块——畦田，水从输水沟或直接从毛渠放入畦中，畦中水流以薄层水流向前移动，边流边渗，润湿土壤。畦灌适宜小麦、谷子、花生等窄行距、密植作物，在蔬菜、牧草和苗圃的灌溉中也常采用。畦灌比地面灌溉略省水，采用小畦灌，可以减少灌水时间、减少渗漏。

沟灌是在作物行间开挖灌水沟，灌溉水由输水沟进入灌水沟后，在流动的过程中主要借土壤毛细管作用从沟底和沟壁向周围渗透而湿润土壤。通常沟灌比大水漫灌节水50%以上。沟灌时灌溉水经沟底、沟壁渗入土壤，土壤结构不会遭到破坏，土壤透气性好，也能改善作物生长条件，增加作物产量。沟灌适用于宽行距的棉花、玉米、高粱等中耕植物。

(2)合理种植结构

种植制度调整是选择优质、高效、节水的种植制度和作物结构，减少部分虽然高产但效益低、耗水大的作物，增加传统的耐旱节水优质高效作物的种植。丘陵地区减少一些灌溉保证率不高的高耗水作物，实行退水改旱或实行水旱轮作，种植经济效益高的旱地作物，如棉花、麻类、瓜菜、药材、果树或其他经济作物。通过种植制度调整建立以肥、水、作物产量为核心的耦合模型和技术，以肥调水，以水保肥，充分发挥水肥协同效益，提高抗旱能力和水分利用效率。

(3)农田保墒技术

农田保墒技术包括覆盖保墒技术和耕作保墒技术。耕作保墒技术是一种传统的增加土壤蓄水、减少土壤蒸发的技术。免耕或少耕技术又分为水稻免耕(少耕)和小麦、油菜免耕(少耕)节水栽培技术。如水稻，在春季作物收获后，灭草灌水泡田，田面湿润栽带泥多蘖秧，栽后2～3天内可以不灌水，这是抗逆节水的具体体现。冬小麦在收获后，直接播种小麦和施肥，适当提高播种密度，然后用旋耕机旋耕开沟以覆盖小麦种子和肥料。

覆盖保墒技术是在耕地表面覆盖塑料薄膜、秸秆或其他材料。这样可以抑制土壤蒸发，减少地表径流，提高低温，改善土壤物理性状，因此，起到蓄水保墒，提高水分利用率，促进作物增产的良好效果。地膜覆盖种植技术能起到防冻、防寒、保温、保墒、增产、增收的作用，是我国西北、华北、东北等干旱缺水、低温寒冷地区的主要抗旱保墒增产的农艺节水技术措施。覆盖地膜可以将从土壤表面蒸发出来的水汽滞留在土层上地膜内的小小空间里，当夜晚大气降温后又变成水滴从膜面下落到土壤上，再渗入土层中，这样周而复始就形成小环境的微循环，覆盖地膜的土壤含水量明显高于不覆盖的土壤。一般0～40厘米土层内要比不覆膜土壤含水量高20％左右。由于地膜覆盖内的水、肥、气、热条件都比不覆盖的农田要好，其增产幅度在20％～120％。

(4)化学调控技术

保水剂拌种包衣：保水剂是一种高效吸水性树脂，能迅速吸收相当于自身重量数百倍到千倍以上的水分，保水剂拌种包膜后，播入土中能很快吸收水分形成水分黏液保护膜，以这种有效水方式富集于种子周围，改善种子萌发时的土壤水分微环境，扩大种子与土壤的接触面积，降低土壤水分移向种子的传导阻力，对种子萌发和成苗十分有利。

抑制作物的奢侈蒸腾：植物吸收的水分中大部分是由植株表面蒸腾作用消耗的，因而降低蒸腾耗水可改善作物的水分状况，是节水、防旱、抗旱的重要环节。“FA旱地龙”在多种作物上应用均具有抑制蒸腾的作用，是一种良好的抗蒸腾剂，增产效果显著，可大面积推广应用。

促进根系发达：使用生长调节剂可以有效地促进根系的生长的扩展，如用“奥普尔”进行拌种或适期叶面喷施，能有效促进根系生长，提高根系活力，增强根系吸收水分的能力。

5.2.4 生物节水

生物节水，是指利用和开发生物体自身的生理和基因潜力，在同等水供应条件下能够获得更多的农业产出。生物节水是我国提出来的，在我国也已经有了一定的影响，生物节水研究方向有生物生理节水、生物基因节水等。

生物生理节水是指利用和开发生物体自身的生理和基因潜力,在同等水供应条件下能够获得更多农业产出的工程性节水。可通过调整作物类型、品种和种植制度,培育优良抗旱品种等生物性节水措施。

生物基因节水是指研究植物水分利用效率基因定位、分子标记、基因克隆、功能基因组研究,利用转高水分利用效率基因等生物新技术,结合常规育种,培育出抗旱高产高水分利用效率品种。

5.2.5 管理节水不可缺

管理方面的节水技术措施主要有:实施灌溉用水总量控制和定额管理、节水型农作物灌溉制度、土壤墒情监测与灌溉预报系统、灌区量配水技术、灌区自动化监测技术等。

(1)实施灌溉用水总量控制和定额管理。按照灌区水源承载能力,确定不同降水年份灌溉用水总量控制指标:用水者根据分配的用水指标,按节水灌溉定额,计划用水、科学用水;灌区实行按方收费、超定额用水加价收费。

(2)节水型农作物灌溉制度。传统的灌溉制度一直以充分灌溉的理论为指导,存在着灌水定额偏大、灌水时期不关键的问题。在水资源非常缺乏的今天,在不同区域推广先进的节水工程技术的基础上,大力推广非充分灌溉、抗旱灌溉和低定额灌溉等,根据节水型灌溉制度,提高灌溉水利用系数,减少灌溉用水量。对高耗水农作物水稻推广“薄、浅、湿、晒”等节水灌溉制度,大幅度减少灌溉用水量。

(3)土壤墒情监测与灌溉预报系统。为了提高农作物抗旱管理水平,快速掌握土地旱情动态,避免或减少旱灾造成的损失,建立土壤墒情监测系统非常必要。通过监测系统可对土壤墒情(土壤湿度)的长时间连续监测。用户可以根据监测需要,灵活布置土壤水分传感器;也可将传感器布置在不同的深度,测量剖面土壤墒情状况,为减灾抗旱提供重要的基础信息。

(4)灌区自动化监测技术。针对我国目前农村灌区自动化水平和管理水平都较低,农村用水系统效率低下的问题,采用无线传感器技术、嵌入式开发技术、数据库技术以及 Web 服务器技术等,采集灌区中渠道水位、流量、土壤墒情、水泵运行工况等技术参数进行实时采集和处理,配合田间节水技术,实现对作物科学灌溉,提高灌溉用水效率。

5.3 工业节水措施多

工业用水是城市用水的重要组成部分。目前,我国工业取水量占总取水量的 1/4 左右,其中高用水行业取水量占工业总取水量的 60%左右。随着工业化城镇化进程的加快,工业用水量还将继续增长,水资源供需矛盾将更加突出。“十一五”以来,我国工业用水效率不断提升,但总体水平较发达国家仍有较大差距。2009 年,我国万元工业增加值用水量为 116 立方米,远高于发达国家平均水平;工业废水排放量占全国总量 40%以上,仍有 8%左右的废水未达标排放,既影响重复利用,也污染环境。总体上看,我国工业节水潜力巨大。加强工业节水工作,就是要加快转变工业发展方式,建设资源节约型、环境友好型社会,对增强可持续发展能力具有十分重要的意义。

为了加强对水资源的管理,近年来,我国制定了《工业节水管理办法》,规范企业用水行为,将工业节水纳入法制化管理;编制了《全国节水规划纲要》《中国节水技术政策大纲》等文件;颁布了火力发电、钢铁、石油、印染、造纸、啤酒、酒精、合成氨、味精等九大行业的取水定额;加大了以节水为重点的结构调整和技术改造力度。根据国内各地的水资源状况,按照以水定供、以供定需的原则,调整了产业结构和工业布局。缺水地区严格限制新上高取水工业项目，禁止引进高取水、高污染的工业项目，鼓励发展用水效率高的高新技术产业；围绕工业节水发展重点，在注重加快节水技术和节水设备、器具及污水处理设备研发的同时，将重点节水技术研究开发项目列入国家和地方重点创新计划和科技攻关计划，使一些节水技术和新设备得到利用。随着对水资源的管理水平及企业节水意识的提高，节水也有了各种方法。

5.3.1 用水重复利用是首选

工业生产的重复利用水量是指工业企业内部，循环利用的水量和直接或经处理后回收再利用的水量，也即各企业所有未经处理或处理后重复使用的水量总和，包括循环用水量、串联用水量和回用水量。应特别注意的是，经处理后回收再利用的水量应指企业通过自建污水处理设施，对达标外排污（废）水进行资源化后，回收利用的水量，所以这部分水量仍属于企业的重复利用水量。

工业中最根本最有效的途径是提高用水水平，即提高工业用水重复利用率。世界各国都在提倡如何解决城市供水紧张以及减少工业废水排放量，一种行之有效的方法就是提高工业用水重复利用率。实践也证明，提高工业用水重复利用率具有显著的效果，如日本在1973年工业用水量达到顶峰，而到1989年降落了24％，但工业产量仍稳定增长，主要原因就是其工业用水重复利用率较高。工业用水重复利用主要是指对工业中冷却水、冷凝水的回收利用。工业冷却水多数在生产过程中作为热量的载体，污染较少，只需要经过净化处理甚至无须处理，经冷却降温后即可重新使用。因此，实行冷却水尤其是间接冷却水的循环利用、提高冷却水的循环利用率应成为工业节水的一个重点。高温蒸汽冷凝水是指锅炉生产的高温蒸汽在经用汽部位后以及在输汽管到途中部分蒸汽凝结成的水，这部分水的水质较好，符合锅炉用软化水的水质标准，可以重新注入锅炉使用，这将节省大量的软化水，同时这部分水水温较高，在80～100℃之间，及时地将其重复利用，能节省大量的煤电气等能源，具有较高的经济效益。工业生产中部分用水量经过一定工艺的净化，也完全可以再次作为工业用水，大大节省了工业对自来水的依赖程度，工业重复用水不仅降低了万元工业增值用水量，而且还大大提高了工业用水利用率。

5.3.2 发展高效冷却水技术是重点

水在工业中的主要用途包括生产过程中的冷却降温、锅炉用水、原料用水以及处理和洗涤产品，其中以冷却水的用量最多。冷却水循环处理不仅要求处理后的水质满足生产工艺的要求，保证工业生产设备的长期稳定运行，还要求产生的污泥量和污水量少，减少工业企业的排污费用，减少对工业企业周围环境的污染。同时冷却水循环处理成本也是许多工业企业关注的问题，实现低成本运行对于增加工业企业的市场竞争力具有很大的帮助。但目前我国冷却水处理技术还比较落后，应用和推广相对滞后。冷却水在循环利用中还存在着许多问题，诸如换热设备的结垢和腐蚀问题等。

(1)冷却水循环利用存在的问题

①腐蚀。冷却水系统中使用大量金属管道和长期接触换热设备会产生腐蚀，循环使用冷却水不仅影响设备使用寿命，还存在安全隐患。

②污垢。在冷却水循环利用时会产生大量碳酸盐沉积在设备表面，形成难溶的污垢，降低设备的导热性能。

③微生物黏泥。在冷却水循环利用中，水中耐热的细菌会大量繁殖，细菌分泌的细胞通常有很强的黏性，会吸附在水中的颗粒杂质，产生许多污垢。微生物黏泥在循环系统的金属设备中附着，就会加快设备的锈蚀，降低设备的换热能力。

(2)冷却水综合处理新技术

为了解决冷却水循环系统存在的腐蚀、沉积、微生物黏泥等问题，就必须发展高效的冷却水循环综合处理技术。目前循环冷却水处理技术的主要发展趋势有两个方面。第一方面在于发展高效冷却水处理技术，尽可能减少循环冷却水中的杂质，以达到水质稳定的目的；第二方面在于开发高效的水质稳定剂，防止循环冷却水系统中微生物滋生问题的产生。冷却水综合处理新技术有：

①膜处理法。膜分离技术20世纪80年代引入水处理领域，是当今水处理研究中最活跃的领域之一。膜分离技术是利用特殊的薄膜对液体中的某些成分进行机械筛分或者选择截留方法的总称。目前在循环冷却水综合处理领域中常见的几种膜分离法有微滤、超滤、反渗透、纳滤、渗析和电渗析等。膜处理法根据系统对水的要求，通过采用不同形式的膜技术，达到去除水中悬浮颗粒物、胶体物质以及溶解性有机物和离子的目的。

②磁化技术。循环冷却水的磁化处理工艺是在循环水处理技术的基础上，加入磁化处理装置，对循环冷却水进行磁化处理。磁化处理可以作为除污垢的前驱物质，同时还具有较强的杀菌作用。

③微电解技术。微电解技术是一项不同于化学加药法的电化学处理技术，在运行过程中除消耗适量的电能外，无须投加任何阻垢剂、杀菌剂和清洗剂。系统可以在高浓缩倍数下安全运行，大大降低了系统的排污水量，完全可以替代化学加药法，是一种清洁无污染的纯绿色技术。

总之，工业节水的关键技术就是发展高效综合水循环技术。只有发展高效的冷却水综合处理新技术，才能有效地提高工业用水中冷却水的重复利用率，因此，发展高效的冷却水综合处理新技术是一把利器，直接关系着我国新型节水型工业发展的成败。

5.3.3 重视热力和工艺系统很重要

加强工业节水工作,不仅要合理重复利用水资源、发展高效冷却水技术,同时还要重视工业的热力和工艺系统。革新工艺就是采用新技术,以风冷却、气冷却代替水冷却,以热水代替蒸汽采暖等新工艺。如加拿大某炼油厂用气冷代替水冷,使炼制每吨原油的耗水量由100立方米左右降低到0.2立方米。使用热水代替蒸汽供暖,也可节水达30%以上。依据《我国重点工业行业取水指导指标》:加快淘汰落后高用水工艺、设备和产品,加快推进工业节水器具和设备认证评价工作,大力推广《当前国家鼓励发展的节水设备(产品)》,重点推广工业用水重复利用、高效冷却、热力和工艺系统节水、洗涤节水、工业给水和废水处理、非常规水资源利用等通用节水技术和生产工艺。重点对推进钢铁、纺织、造纸和食品发酵等行业的节水工作。

钢铁行业:推广干法除尘、干熄焦、干式高炉炉顶余压发电(TRT)、清污分流、循环串级供水技术等,推广高氨氮及高化学需氧量(COD)等废水处理及含油(泥)、高盐废水处理回用和酸洗液回收利用技术。

纺织行业:推广喷水织机废水处理再循环利用系统、棉纤维素新制浆工艺节水技术、缫丝工业污水净化回用装置、洗毛污水"零排放"多循环处理设备、印染废水深度处理回用技术、逆流漂洗、冷轧堆染色、湿短蒸工艺、高温高压气流染色、针织平幅水洗以及数码喷墨印花、转移印花、涂料印染等少用水工艺技术、自动调浆技术和设备等在线监控技术与装备。

造纸行业:推广连续蒸煮、多段逆流洗涤、封闭式洗筛系统、氧脱木素、无元素氯或全无氯漂白、中高浓技术和过程智能化控制技术、制浆造纸水循环使用工艺系统、中段废水物化生化多级深度处理技术以及高效沉淀过滤设备、多元盘过滤机、超效浅层气浮净水器等。

食品与发酵行业：推广湿法制备淀粉工业取水闭环流程工艺、高浓糖化醪发酵（酒精、啤酒等）和高浓度母液（味精等）提取工艺，浓缩工艺普及双效以上蒸发器；推广应用余热型溴化锂吸收式冷水机组，开发应用发酵废母液、废糟液回用技术，以及新型螺旋板式换热器和工业型逆流玻璃钢冷却塔等新型高效冷却设备等。

加强工业节水工作，以节能减排为指导，按照党十八大提出的走中国特色新型工业化道路要求，坚持开源节流并重、节约为主的方针，以提高水的利用效率为核心，以水资源紧缺、供需矛盾突出的地区和高用水行业为重点，以企业为主体，加强科技进步和技术创新，加大结构调整和技术改造力度，强化监督管理，加强污水综合治理回用，全面提升工业节约用水能力和水平，努力建设节水型新型工业企业。

5.3.4 工业节水案例

北京某企业，集产品科研开发、制试及生产于一体，主要产品为高端金属功能材料。2005 年实施北京市重点节水项目“热加工车间加热炉冷却水改造及热轧工艺用水重复利用”，包括在地下水冷却冶炼炉将冷却水循环重复利用、加热炉冷却水实行回收并重复利用，年节水达到 6.8 万立方米。该项目于 2005 年 9 月整体实施完成，10 月正式投入运行使用，使得生产用水量、万元产值取水量、吨产量取水量均有大幅度下降，如表 5-3 所示。

表 5-3　节水项目建成前后用水指标对比表

（单位：立方米）

用水指标	2004 年 10 月—2005 年 2 月	2005 年 10 月—2006 年 2 月
生产用水量	80891	38520
万元产值取水量	8.24	3.90
吨产量取水量	103.32	54.03

5.4　城市雨水收集途径多

雨水作为一种宝贵的资源，在水的自然循环系统和流域水环境系统中承担着重要的角色。随着城市化水平的提高和经济的高速发展，城市雨水问题日益凸显，如雨水资源大量流失、水域径流污染严重（径流就是指降落到汇水面积上的雨水扣除下渗、蒸发等损失后形成的流动雨水）、城市洪涝灾害加重等。另外，我国大多数城市防洪排涝设施严重不足，标准较低，导致城市暴雨内涝灾害严重，且频率较高。城市雨水问题还导致了水土流失加剧、生态环境恶化、地下水位下降、地面下沉等问题。城市雨水问题已成为我国城市亟须解决的问题之一。

雨水利用是一个含义非常丰富的词语，从城市到乡村，从农业、水利电力、给水排水、环境工程、园林到旅游等许许多多的领域中，都有雨水利用的内容。城市雨水利用可以有狭义和广义之分。狭义的城市雨水利用主要是指对城市汇水面产生的径流进行收集、储存和净化后利用。广义的城市雨水利用是指在城市范围内，有目的地采用各种措施对雨水资源进行保护和利用。它主要包括收集、储存和净化后的直接利用。利用各种人工或自然水体、池塘、湿地或低洼地对雨水径流实施调蓄、净化和利用，改善城市水环境和生态环境。通过各种人工或自然渗透设施使雨水渗入地下，补充地下水资源。

表 5-4 雨水利用的分类、方式及其用途

<table>
<tr><th>分类</th><th colspan="3">方式</th><th>主要用途</th></tr>
<tr><td rowspan="9">雨水直接利用</td><td rowspan="4">按区域功能不同</td><td colspan="2">住宅区</td><td>绿化</td></tr>
<tr><td colspan="2">工业区</td><td>喷洒道路</td></tr>
<tr><td colspan="2">商业区</td><td>洗车</td></tr>
<tr><td colspan="2">公园、学校等公共场所</td><td>冲厕</td></tr>
<tr><td rowspan="3">按规模和集中程度不同</td><td>集中式</td><td>建筑群或区域整体</td><td>冷却循环</td></tr>
<tr><td>分散式</td><td>建筑单位雨水利用</td><td>景观补充水</td></tr>
<tr><td>综合式</td><td>集中与分散相结合</td><td>其他</td></tr>
<tr><td rowspan="2">按主要构筑物和地面的相对关系</td><td colspan="2">地上式</td><td rowspan="2"></td></tr>
<tr><td colspan="2">地下式</td></tr>
<tr><td rowspan="7">雨水间接利用</td><td rowspan="7">按规模和集中程度</td><td rowspan="2">集中式</td><td>干式深井回灌</td><td rowspan="7">渗透补充地下水</td></tr>
<tr><td>湿式深井回灌</td></tr>
<tr><td rowspan="5">分散式</td><td>渗透检查井</td></tr>
<tr><td>渗透管(沟)</td></tr>
<tr><td>渗透池(塘)</td></tr>
<tr><td>渗透地面</td></tr>
<tr><td>地势绿地等</td></tr>
<tr><td>雨水综合利用</td><td colspan="3">因地制宜,回用与渗透相结合;利用与污染控制相结合;利用与景观、改善生态环境相结合等</td><td>多用途、多层次、多目标;城市生态环境保护与建设,可持续发展的需要</td></tr>
</table>

5.4.1 德国的雨水利用

德国位于欧洲的中部，境内河流众多，水资源丰沛。虽不存在水资源短缺问题，但为了维持良好的水环境，德国制定了严格的法律、法规和规定，要求对污水进行治理，同时还要求对雨水进行收集利用，并投入了大量的资金开展雨水利用的研究与应用。在20世纪80年代末，德国就把雨水的管理与利用列为90年代污染控制的三大课题之一，修建了大量的雨水池用于截留、处理或利用天然地形及人工设施渗透雨水。目前，德国已形成了比较成熟和完整的雨水收集、处理、控制和渗透技术以及配套的法规体系，成为国际上雨水资源利用技术最为先进的国家之一。德国城市雨水利用方式主要有三种：一是屋面雨水集蓄系统，集下来的雨水主要用于家庭、公共场所和企业的非饮用水。二是雨水截污与渗透系统。道路雨水通过下水道排入沿途大型蓄水池或通过渗透补充地下水。德国城市街道雨水管道口均设有截污挂篮，以拦截雨水径流携带的污染物；城市地面使用可渗透的地砖，以减小径流；行道树周围以疏松的树皮、木屑、碎石、镂空金属盖板覆盖。三是生态小区雨水利用系统。小区沿着排水道建有渗透浅沟，表面植有草皮，供雨水径流流过时下渗；超过渗透能力的雨水则进入雨水池或人工湿地，作为水景或继续下渗。先进一点儿的小区甚至建造出集太阳能、风能和雨水利用于一体的生态建筑。

(1)雨水利用历史

早在1989年，德国就出台了《雨水利用设施标准》(DIN1989)，对住宅区、商业区和工业部门雨水利用设施的设计、施工和运行管理，过滤、储存、控制与监测几个方面制定了相应的标准，它标志着“第一代”雨水利用技术的成熟。1992年，德国出现了“第二代”雨水利用技术，又经过10余年的发展与完善，到今天的“第三代”雨水利用技术，新的标准也逐步成形，其基本特征体现在设备的集成化，从屋顶雨水的收集、截污、贮存、过滤、回用到控制都有一系列的定型产品和组装式成套设备，各项雨水资源化技术均达到了世界领先水平。目前，城市雨水利用在德国已逐步进入到标准化和产业化阶段。

(2)典型案例

最基本的雨水利用单元是居民住宅。德国居民住房多为单门独户，其雨水利用也较为方便。家庭雨水利用的一般模式是首先将屋顶雨水通过雨漏管进行收集处理，然后通过分散或集中式过滤除去径流中的颗粒污染物，再将过滤后的雨水引入蓄水池储蓄，最后通过水泵输送至用水单元，一般多用于冲洗厕所或灌溉绿地等。此外，家庭屋顶花园雨水利用系统也比较普遍，它是削减城市暴雨径流量、控制非点源污染和美化城市的重要途径之一，也可以作为雨水集蓄利用的预处理设施。

第二种雨水利用的典型区域是城市居民小区。生态小区雨水利用系统是20世纪90年代开始在德国兴起的一种综合性雨水利用技术。该技术利用生态学、工程学、经济学原理，通过人工设计，依赖水生植物系统或土壤的自然净化作用，将雨水利用与景观设计相结合，从而实现人类社会与生态、环境的和谐与统一。其具体做法和规模依据小区特点而不同，一般包括屋顶花园、水景、渗透、中水回用等。此外，一些小区开发出集太阳能、风能和雨水利用水景观于一体的花园式生态建筑。其中一个典型的例子是曼海姆Wallstadt居民小区，Wallstadt居民小区的雨水通过具有一定造型的地面宽浅式沟道流入明渠，明渠模仿天然河流修建，局部地段建有涌泉或造型建筑物，渠边种植水生植物，明渠底部多采用防渗处理，以保持稳定的水面，若水量过大，会自动溢过防渗层补给地下水。

第三种城市雨水利用的典型对象是大面积商业开发区。德国的法律不但规定受到污染的降雨径流必须经过处理达标后排放，而且规定新建开发区必须考虑雨水利用系统。因此，开发商在进行开发区规划建设时，均将雨水利用作为重要内容考虑，尤其在大面积商业开发区建设时，一般开发商都结合开发区雨情水情，因地制宜，将雨水利用系统作为开发区建设的重要组成部分。柏林的坡斯坦广场就是一个成功的范例。坡斯坦广场是欧洲最大的商业区，总投资约为80亿马克。由于柏林市地下水位埋深较浅，这就要求商业区建成后既不能增大地下水补给量，也不能增加雨水排放量。为此，开发商对雨水利用采用了如下方案：对适宜建设绿地的屋顶全部建成绿色屋顶，利用绿地的滞蓄作用滞蓄雨水，一方面延缓径流的产生，起到防洪作用，另一方面增加雨水的蒸发，起到增加空气湿度、改善环境的作用；对不宜建设绿地的屋顶，将屋顶雨水通过雨漏管并经过滤后引入地面蓄水池，构造水景观。

(3)雨水利用新途径："洼地—渗渠系统"和道路雨水利用

近年来，"洼地—渗渠系统"这种新的雨水处理系统在德国开始流行。该系统包括各个就地设置的洼地、渗渠等组成部分，这些部分与带有孔洞的排水管道连接，通过雨水在低洼草地中短期储存和在渗渠中的长期储存，形成一个分散的雨水处理系统。该系统代表了一种新的排水系统设计理念，即"径流零增长"，这个理念的目标是使城市范围内的水量平衡尽量接近城市化之前的降雨径流状况。该系统的优点在于不仅大大减少了城市化增加引起的雨洪暴雨径流，延缓了雨洪汇流时间，对防灾减灾起到了重要作用，同时还及时补充了地下水，预防城市地面沉降，促进了城市水文生态系统良性循环。

此外，德国的道路雨水利用也很普遍。道路雨水收集主要排入下水道或渗透补充地下水。在德国，城市街道雨水入口多设有截污挂篮以及拦截雨水径流携带的污染物。由于机动车道的降雨径流含有较高浓度的污染物质，必须经过处理后方可排放，因此，德国沿机动车道均建有径流收集系统，将所收集到的径流直接送至污水处理厂处理，高速公路所收集径流则要进入沿路修建的处理系统处理后才能排放。

总之，在德国，城市雨水管理是按照城市水循环自然规律进行的系统工程，其产生发展和进步取决于人与自然关系的深刻认识和反思。德国雨水管理理念的出发点是保持城市生态平衡，通过采取法律、经济和技术的综合措施，使城市降水尽可能地纳入水的自然循环，以削减地表径流量、降低污水处理厂负荷、增加地下水补给，实现城区的良性水循环，为经济和社会的可持续发展提供良好的基础条件。

5.4.2 日本的雨水利用

日本是一个水资源相对缺乏的国家，日本政府也十分重视对雨水的利用。近年来，各种雨水入渗设施在日本也得以快速发展，包括渗井、渗沟、渗池等，这些设施占地面积小，可因地制宜地修建在楼前屋后。在东京，已经有 8.3%的人行道采用了透水性柏油路面。雨水通过透水性柏油路面下渗到地下，经过收集系统处理后加以利用。此外，日本还在一些城市的建筑物上设计了收集雨水的设施，将收集到的雨水用于消防、植树、洗车、冲厕所和冷却水补给等，也可以经处理后供居民饮用。据统计，日本目前已拥有利用雨水设施的建筑物上百座，屋顶集水面积 20 多万平方米。东京江东区文化中心修建的收集雨水设施集雨面积 5600 平方米，雨水池容积为 400 立方米，每年作饮用水和杂用的雨水占其年用水量的 45%。东京有一座相扑馆，每天用水量可达 300 立方米，其中一半用于冲厕所，而这些水大部分是利用大屋顶收集到的雨水。在建筑物上收集雨水，多采用沉淀和过滤的方法，维修管理很方便，一般只需清扫沉淀池和过滤池。为解决降尘和酸雨问题，通常采用分离设置微滤网，以清除雨水贮存池内的泥沙。部分集雨设施还备有注氯装置，对雨水贮存池进行定期消毒。

日本城市雨水利用主要有三种方式：调蓄渗透；调蓄净化后利用，利用人工或天然水体（塘）调蓄雨水；提供环境用水和改善城市、住区和公园等场所的水生态环境。三种方式都有很多成功的实例。如在城市屋顶修建利用雨水浇灌的"空中花园"；在建筑中设置的雨水收集利用与中水道工程共同发挥作用；东京、福冈、大阪和名古屋大型棒球场的雨水利用系统，集水面在1.6万～3.5万平方米，蓄水池容积1000～2800立方米，经过砂滤和消毒后用于冲洗厕所和绿化，每个系统年利用雨水量在3万立方米以上，等等。

(1)雨水利用历史

早在1963年，日本就开始兴建滞洪和储蓄雨水的蓄洪池，还将蓄洪池的雨水用作喷洒路面、灌溉绿地等城市杂用水。这些设施大多建在地下，可以充分利用地下空间，而建在地上的也尽可能满足多种用途，如在调洪池内修建运动场，雨季用来蓄洪，平时用作运动场。1980年，日本建设省就开始推行雨水贮留渗透计划。采用雨水贮留渗透计划，有效地补充涵养地下水，复活泉水，恢复河川基流，改善生态环境条件。利用雨水贮留渗透的场所一般为公园、绿地、庭院、停车场、建筑物、运动场和道路等。采用的渗透设施有渗透池、渗透管、渗透井、透水性铺盖、浸透侧沟、调节池和绿地等。大约在1992年，日本颁布了"第二代城市下水总体规划"，正式将雨水渗沟、渗塘及透水地面作为城市总体规划的组成部分，要求新建和改建的大型公共建筑群必须设置雨水就地下渗设施。

(2)典型案例

东京穹顶体育馆是日本雨水利用典型成功案例。其利用巨大的膜屋面收集雨水，经储存、过滤后与中水一起用于厕所冲洗。膜屋面的雨水汇入初期雨水调蓄池中，排掉一部分污浊水后，再进入雨水调蓄池，最后进入中水池与中水混合，就可以用于厕所冲洗了。

日本对城市雨水利用虽无硬性规定，但国家和地方政府都大力支持和鼓励雨水项目，且有相关的资助制度和政策，一般是根据项目的具体内容和规模，给予一定比例的补助，补助率可达到总投资的1/3～1/2。日本是亚洲雨水利用的典范国家之一，其技术值得我们学习借鉴。

5.4.3 我国城市雨水利用

我国水资源紧缺是毋庸置疑的，城市地区更是水资源供需矛盾冲突的焦点，缺水和水质恶化已成为城市发展的重要限制因素。全国有近半数的城市缺水或严重缺水，水资源紧缺已成为制约国民经济发展的重要障碍。充分利用雨水是解决城市水资源危机的重要途径，能够缓解区域长期供水难的大问题。据统计：2006年我国年平均降水量是650毫米，国土面积为960万平方千米，根据雨水收集量＝每平方米降雨量×地表面积，可以推算出我国的原生水资源（总降水量）量约为6.24万亿立方米。2006年末我国城市面积为39.42万平方千米，按年平均降水量650毫米计算，可以推算出该年度我国城市原生水资源（总降水量）约为0.26万亿立方米。除自然蒸发和渗透外，城市雨水收集利用的潜力还是巨大的。若能将这些雨水资源利用起来，可以大大缓解目前城市水资源紧缺的问题，减轻对地下水和外部调水的依赖。同时，如果按照目前的水价标准（1.3元/立方米）估计，每年收集的雨水可折合人民币约0.338万亿元，经济效益也是十分可观。我国城市雨水总量可观、开发利用潜力巨大。以北京市为例，市区面积770平方千米，年降雨量630毫米，全部城区每年承接雨水量4.85亿立方米；天津市城区面积460平方千米，年降雨量600毫米，全城区每年承接雨水量2.76亿立方米；济南市城区面积133平方千米，年降雨量平均为 654 毫米，全市每年承接雨水 8000 多万立方米。由此可见，我国城市可回收利用的雨水资源总量很大，其利用潜力巨大。

(1)我国雨水利用历史

我国的雨水利用历史悠久，余姚河姆渡遗址中出土文物证明，7000 年前我们的祖先已能翻土引水、排水。4000 年前的周朝，农业生产中就已利用中耕技术增加降雨入渗，提高作物产量。水窖也有数百年的历史，在甘肃会宁有一口清朝末年修筑的水窖至今仍在使用。杭州老城区庭院内设天井沟和矩形渗坑等，都是雨水渗透在我国古代建筑中的体现。现代我国城市雨水利用研究起步较晚，是从 20 世纪八九十年代开始发展起来的。总的来说，我国目前的技术较为落后，缺乏系统性，缺少法律法规的保障体系，大中城市的雨水利用尚处于基本的探索与研究阶段。当然，北京等众多城市相继开展研究，已显示出良好的发展势头。目前，北京市的城市雨水利用已进入示范与实践阶段，可望成为我国城市雨水利用技术的龙头。通过一批示范工程，争取用较短的时间带动整个领域的发展，实现城市雨水利用的标准化和产业化，从而加快我国城市雨水利用的步伐。

(2)典型案例：以北京市为例

第一种住宅区雨水利用，主要对建筑屋面、绿地、道路的雨水进行收集与利用，小区内修建雨水储水池。屋面雨水利用分两部分：一部分直接通过管道收集、传输，经沉淀后，进入蓄水池备用；另一部分排入周边绿地，通过下凹式绿地入渗地下，补充地下水。地面铺装分为两种：一种是透水性铺装，另一种是不透水铺装。不透水铺装地面雨水通过地面布设的雨水口，进入地下管道系统，经栅栏截污后，进入沉淀池处理，最后进入蓄水池备用。收集的雨水主要用于喷灌、洗车、冲厕、消防景观用水等，以及冬季锅炉利用收集雨水代替自来水作为供暖循环水，一个采暖期可节约用水 400

余吨。

第二种办公区域雨水利用，雨水的收集主要来源于屋面、绿地和路面。收集的雨水经过排除、截污控制后，经过植被/土壤生态过滤系统进一步的净化和消毒措施后，完全适合办公区采用。收集的雨水主要用于办公区绿地灌溉、厕用水以及卫生用水等。

第三种公园雨水利用，公园主要收集广场、绿地和干道上的雨水，雨水经处理后进入回灌井，补充地下水。广场上的雨水通过分布在广场上的雨水口进入雨水收集管网汇集到综合池，去掉初期径流后首先进入沉淀池沉淀，然后经过土壤过滤处理，最后通过三眼回灌井回补地下水。雨水降落到绿地后即汇集到低洼处和道路两旁的排水沟，通过分布在绿地低洼处的 12 眼回灌井和干道旁的 2500 米渗水管沟，使雨水快速入渗土壤中，有利于植物生长。

城市雨水利用是一项涉及面很广的系统工程。21 世纪，无论是发达国家还是发展中国家，很多地区都面临着淡水资源紧缺的问题。作为解决水资源短缺问题的途径之一，城市雨水资源的利用必须得到足够的重视，必须改变单纯排放雨水的观念，限制雨水直接排放与流失。雨水是一种优质的自然资源，收集和使用方便，污染少，处理简单，用于城市和生活，可以有效缓解城市生活供水不足的矛盾。雨水利用是一项典型的生态保护技术，对于水资源的优化配置，促进经济社会的可持续发展具有十分积极的意义。

5.5 合理利用水资源

合理利用水资源包括提高降水利用率、提高水资源保证率和水资源合理开发等方面。

根据 2012 年 1 月 12 日发布《国务院关于实行最严格水资源管理制度的意见》(国发〔2012〕3 号)，确立水资源开发利用控制红线，到 2015 年，全国用水总量力争控制在 6350 亿立方米以内；万元工业增加值用水量比 2010 年下降 30％以上，农田灌溉水有效利用系数提高到 0.53 以上；重要江河湖泊水功能区水质达标率提高到 60%以上。到 2020 年，全国用水总量力争控制在 6700 亿立方米以内；万元工业增加值用水量降低到 65 立方米以下，农田灌溉水有效利用系数提高到 0.55 以上；重要江河湖泊水功能区水质达标率提高到 80%以上，城镇供水水源地水质全面达标。到 2030 年全国用水总量控制在 7000 亿立方米以内；确立用水效率控制红线，到 2030 年用水效率达到或接近世界先进水平，万元工业增加值用水量降低到 40 立方米以下，农田灌溉水有效利用系数提高到 0.6 以上；确立水功能区限制纳污红线，到 2030 年主要污染物入河湖总量控制在水功能区纳污能力范围之内，水功能区水质达标率提高到 95%以上。

根据 2000 年至 2013 年浙江省水资源公报数据，2000 年我省人均水资源 2060 立方米，低于全国人均水平 2300 立方米，2003 年、2008 年、2011 年、2013 年逼近世界缺水警戒线（按照国际标准，人均水资源量少于 1700 立方米，属于用水紧张）。

表 5-5　近年浙江省人均水资源量

年　份	2000	2003	2006	2007	2008	2009	2010	2011	2013
人均水资源	2060	1260	1814	1763	1670	1800	2698	1362	1693

水资源短缺、水环境污染、水生态脆弱等问题，已成为影响浙江省经济社会可持续发展的重要因素。探索一条经济社会发展与水资源水环境承载能力相协调的水资源管理之路，已经成为浙江省迫在眉睫的大事要事。2012 年 12 月 31 日浙江省人民政府发布《浙江省人民政府关于实行最严格水资源管理制度全面推进节水型社会建设的意见》（浙政发〔2012〕107 号），建立覆盖全省各市、县（市、区）的“三条红线”控制指标体系和考核制度。确立水资源开发利用控制红线，2015 年末全省用水总量控制在 229 亿立方

米以内；确立用水效率控制红线，2015 年末万元 GDP 用水量控制在 78 立方米以内，万元工业增加值用水量控制在 39 立方米以内，农业灌溉水有效利用系数提高到 0.58 以上；确立水功能区限制纳污红线，到 2015 年末主要江河湖库水功能区达标率提高到 60%以上，县城以上集中式供水水源地水质达标率达到 90%以上。全省有三分之一的市、县（市、区）基本达到节水型社会建设标准，节水型社会格局基本形成，初步建立最严格水资源管理制度。到 2020 年，全省基本建立较为完善的水资源管理制度和监督管理体系，节水型社会基本建成，水资源得到优化配置，用水效率和效益不断提高，经济社会发展和用水保障能力显著增强。

人水和谐 共建节水型社会

第6章

6.1 节水型社会建设

6.1.1 建设背景

人口增加、工业化和城镇化进程加快，水资源需求量将大幅度上升，经济社会可持续发展面临的水资源和水环境压力将进一步加大，严峻的水资源问题再次成为我国社会和经济可持续发展中一个不能回避的难题。

水资源短缺。目前我国水资源人均占有量不足2200立方米，不到世界平均水平的1/3，北方地区只有990立方米，不到世界人均值的1/8。北方资源性缺水、南方水质性缺水、中西部工程性缺水更加剧了水资源短缺。目前全国正常年份缺水量近400亿立方米，其中灌区缺水约300亿立方米。据2003年不完全统计，全国有130多座城市发生了水危机或出现供水紧张状况。尤其是京津等大城市，在连续遭遇枯水年时就会出现严重水危机。因此，干旱缺水对国民经济社会造成的经济损失是巨大的。

用水效率低下。与水资源短缺的现实相比，我国水资源利用方式粗放，在生产和生活领域存在严重的结构型、生产型和消费型浪费，用水效率不高，节水潜力巨大。2003年我国万元GDP用水量为465立方米，是世界平均水平的4倍。农业灌溉用水有效利用系数为0.4～0.5，发达国家为0.7～0.8。全国工业万元增加值用水量为218立方米，是发达国家的5～10倍，水的重复利用率为50%，发达国家已达85%。全国城市供水管网漏损率达20%左右,仅城市便器水箱漏水一项每年就损失上亿立方米。

在有限的水资源条件下,提高水的利用效率成为首要的解决途径。2000 年,《中共中央关于制定国民经济和社会发展第十个五年计划的建议》首次提出建立节水型社会。2001 年全国节约用水办公室批复了天津节水试点工作实施计划,具备节水型社会的雏形。2002 年 2 月,水利部印发《关于开展节水型社会建设试点工作指导意见的通知》,通知指出:"为贯彻落实《水法》,加强水资源管理,提高水的利用效率,建设节水型社会,决定开展节水型社会建设试点工作。通过试点建设,取得经验,逐步推广,力争用 10 年左右的时间,初步建立起我国节水型社会的法律法规、行政管理、经济技术政策和宣传教育体系。"强调了试点工作的重要性。同年 3 月,甘肃省张掖市被确定为全国第一个节水型社会建设试点。之后水利部和地方省政府联合批复绵阳、大连和西安三个节水型社会建设试点。

2004 年 11 月,水利部正式启动了"南水北调东中线受水区节水型社会建设试点工作";2006 年 5 月,国家发改委和水利部联合批复了《宁夏节水型社会建设规划》; 2006 年,水利部启动实施了全国第二批 30 个国家级节水型社会建设试点,这些不同类型的新试点建设内容各有侧重,通过示范和带动,深入推动了全国节水型社会建设工作;2007 年 1 月,国家发改委、水利部和建设部联合批复了《全国十一五节水型社会建设规划》;2008 年 6 月,启动实施了全国第三批 40 个国家级节水型社会建设试点;2010 年 7 月,启动实施了全国第四批 18 个国家级节水型社会建设试点。

"十一五"期间,全国各地在节水型社会建设试点的推动下,从提高水资源利用效率入手,注重制度和基础能力建设,开展节水工程建设,加强监督考核,初步构建了以水资源总量控制与定额管理为核心的水资源管理体系、与水资源承载能力相适应的经济结构体系、水资源优化配置和高效利用的工程技术体系以及自觉节水的社会行为规范体系等“四大体系”。全国节水型社会建设取得重要进展和明显成效，但与节水型社会建设的要求相比，水资源利用效率仍然偏低、节水资金投入不足，节水工程及设备更新改造力度不够，节水型社会体制改革、机制创新和制度建设有待进一步完善，水资源综合开发利用方式与社会经济发展方式的要求不相适应，水资源过度开发、粗放用水方法方式未得到根本改变，部分区域产业布局和结构与水资源条件不匹配，部分区域和流域水资源开发利用水平已超出水资源和水环境承载能力。

“十二五”时期，经济社会进入以转型促发展的新阶段，对节水工作提出了新的更高的要求。国家实行严格的水资源管理制度，要求把落实最严格水资源管理制度作为促进经济发展方式转变的重要手段，及时制定用水总量、用水效率、水功能区限制纳污三条红线，节水型社会建设必须抓住机遇，及时调整战略和建设思路，加速整体推进。为“十二五”期间节水型社会建设做出全局性、前瞻性部署，确定“十二五”期间节水型社会建设的方向、目标、任务、工作重点及政策措施，2010 年 7 月，水利部编制了《节水型社会建设“十二五”规划技术大纲》。

6.1.2 节水型社会建设目标

节水型社会建设“十二五”规划的总体目标是：到 2015 年，节水型社会建设取得显著进展，水资源利用效率和效益不断提高，重点地区河段和重点湖泊水体质量恶化的趋势得到有效遏制，河湖水体功能状况得到改善。全国万元 GDP 用水量下降 30%，全国万元工业增加值用水量下降 30%；全国灌溉水利用系数提高到 0.52，农业灌溉用水总量基本不增长；万元工业增加值用水量降低到 63 立方米，比 2010 年降低 30%以上；全国设市城市供水管网平均漏损率不超过 18%；海水淡化、再生水利用、雨水集蓄利用、矿井水利用等非常规水源利用年替代新鲜淡水量达到 100 亿立方米以上。

节水型社会建设“十二五”规划的目标及相关指标，包括用水总量控制指标、用水效率控制指标以及水功能区限制纳污指标。各省（自治区、直辖市）要按照实行最严格水资源管理制度的要求和本行政区域制订的用水总量控制目标，逐级分解用水总量控制指标，建立覆盖省、市、县三级行政区的用水总量控制体系，全面实行用水总量控制，提高水资源利用效率和效益。

6.1.3　节水型社会建设主要任务

全国节水型社会建设的战略性任务，是健全以水资源总量控制与定额管理为核心的水资源管理体系，完善与水资源承载能力相适应的经济结构体系，完善水资源优化配置和高效利用的工程技术体系，完善公众自觉节水的行为规范体系。各省（自治区、直辖市）应在总结“十一五”节水型社会建设及试点经验，分析存在的突出问题的基础上，结合区域经济发展方式转变和实行最严格水资源管理制度对节水工作提出的新要求，以水资源高效、可持续利用为主线，以制度建设为核心，以节水工程建设为重点，全面发挥节水型社会建设试点的示范带动作用，突出全方位、全过程的节水减排，合理确定区域节水型社会建设“十二五”规划的主要任务。

制度建设：节水型社会建设的核心是制度建设，制度建设须重点突破“责任不明、驱动力不足、监督考核不力”等瓶颈制约。节水型社会建设“十二五”规划制度建设的主要内容包括：

（1）完善水资源管理体制；

（2）落实总量控制和定额管理相结合的用水制度；

（3）严格执行取水许可及水资源论证制度；

（4）建立和完善节水市场调节机制；

（5）全面加强节水基础性管理制度建设；

(6)稳步推进节水标准体系和科技创新体系建设。

重点工程建设:在工业、农业、城镇生活、非常规水源利用及能力建设等方面,结合节水型社会建设试点及其经验的推广,有针对性地实施与区域节水水平和经济社会发展状况相适应的重点节水工程。

农业节水重点工程:农业节水重点工程包括大中型灌区续建配套与节水改造、小微型农田基础设施建设、农业高效节水、雨水集蓄、旱作节水、牧区节水灌溉饲草料基地建设、养殖业节水工程等。

工业节水重点工程:从火力发电、石油石化、钢铁、纺织、造纸、化工、食品行业及各地实际耗水大的工业行业中,选择产能较大、基础条件好的企业,从取水、供水、用水、耗水、排水等环节,安排一批节水工艺改造及循环用水工程。

城镇生活节水重点工程:安排一批城镇供水管网改造、城镇生活节水器具推广和学校、生活小区、机关、服务业中水利用工程。

非常规水源利用重点工程:针对本地自然状况和水资源特点,建设相应的非常规水源利用工程。设立专项资金用于污水处理回用、雨水利用、海水直接利用和淡化、微咸水利用、矿井水利用等非常规水源利用技术研发。

能力建设工程:加快取用水计量设施建设,加强省界等重要断面计量监测设施建设,鼓励建设取排水自动计量与远程监测工程,完善取用水计量、监测系统。

节水示范工程:在"十一五"时期全国节水型社会建设试点的基础上,综合考虑地域性(经济发展水平、水资源条件)、典型性(用水量、用水水平与效率)和代表性(不同行业、不同用水类型),建设一批节水示范工程,树立典型,示范推广。

保障措施制定:围绕节水型社会建设"十二五"规划的总体目标和主要任务,从组织规划实施、法律法规、投入保障、监督考核、加强管理、公众参与等方面,制定保障措施,保障规划的顺利实施。

6.2　浙江省节水型社会建设

6.2.1　建设背景

浙江地处沿海，四季分明，雨量充沛，江河密如蛛网，历来有“江南水乡”美称。但由于水质污染、水环境破坏日益加剧，缺水，尤其是缺少达标的饮用水，浙江省县以上城市近 70%以水库为水源地，占集中供水人口 62.7%。作为资源性缺水的舟山海岛花巨资搞海水淡化，水质性缺水的杭嘉湖平原地区杭州也论证从 100 千米外的千岛湖引水。

水资源的紧缺及地表水的被污染，迫使浙江一些地区过量开采地下水，又导致不同程度的地面沉降。现在浙江省地面沉降范围已涉及杭州、嘉兴、湖州、宁波、台州、温州 6 市的 22 个县(市、区)，总面积达 1.5 万平方千米，占浙江陆域国土面积的 15%。嘉兴市中心区域沉降量超过 800 毫米，现仍以每年 20～30 毫米的速度下降；宁波市区地面沉降面积也超过 190 平方千米。

一方面是水资源短缺，供水不足；一方面用水浪费惊人，目前全省 2/3 的农灌渠仍是土渠，灌溉流失率达 60%以上。工矿企业耗水量同样惊人，如衢州一家企业一天的用水量竟与杭州市一天的生活用水量相当！另外，我省的水重复利用率仅 30%左右，城市供水系统的自来水管道漏水率亦高达 20%。由于没有分级、分质和循环用水等节水措施，冲厕、浇花、拖地等都直接使用自来水，浪费又加剧了水资源的紧张。水资源面临的严重短缺，将成为制约浙江经济社会可持续发展的一大重要因素。

为了实现水资源的长期有效供给，保障经济社会的可持续发展，根据国务院和省政府关于做好建设节约型社会重点工作的有关文件精神，浙江省出台了《浙江省人民政府办公厅关于建设节水型社会的若干意见》(浙政办发〔2006〕122 号)，对建设浙江省建设节水型社会提出了主要目标任务及措施。

6.2.2 目标任务

(1)总体要求。建设节水型社会，要以水资源的科学规划、合理开发、优化配置、高效利用、有效保护为基础，以提高水资源的利用效率和效益为目标，着力进行制度建设，改革水资源管理体制，形成以经济手段调节为主的多层次水价体系和科学合理的节水机制，建立政府调控、市场引导、公众参与的节水型社会管理体制和运行机制，使有限的水资源发挥更大的经济社会效益，保障经济社会的可持续发展。

(2)主要目标。至2010年，全省万元GDP用水量降到130立方米以下；农业灌溉水利用系数达到0.56；城市供水管网漏损率降到14%以下，节水器具普及率达到70%以上；副省级城市污水处理率达到80%，其他设区城市污水处理率达到70%，县城污水处理率达到45%；全省规模以上工业用水重复利用率达到70%，中水回用和再生水利用率达到10%以上，初步建立起节水型社会。

6.2.3 主要措施

(1)推进城市节水工作

①加快推广应用节水型器具和产品。严格执行CJ 164—2002《节水型生活用水器具》标准，逐步更换不符合标准的用水器具，限制销售非节水型生活用水器具；城市所有新建、改建和扩建的公共和民用建筑，应采用符合节水标准的用水器具。

②加快供水漏损管网改造。要大力推广管网检漏防渗技术，严格执行CJJ 92—2002、J187—2002，对漏损管网进行全面改造，降低城市供水管网漏损率。

③加快"一户一表"工程建设进度。通过企业挖潜、采用新技术等方式，努力降低"一户一表"安装费用，提高居民、单位安装"一

户一表”的积极性，实现用水实时监控和计量，为分类水价制度的实施创造条件。

④积极推进污水处理及再生利用工程。加快城市污水处理厂建设，有条件的地方要以城市污水处理厂为中心，建设区域性中水回用系统示范工程，推行分质供水。鼓励城市大型公共建筑、居住小区内建设区域性中水回用系统。

(2)推进农业节水工作

①继续组织实施“千万亩十亿方节水工程”。加快大中型灌区节水工程改造，重点实施渠道防渗工程和管道化灌溉工程；加快灌区骨干渠道及相应渠系建筑物、骨干排灌泵站配套改造和田间灌溉配套工程建设，提高灌溉水利用系数。

②积极推行农业灌溉计量工程，加强农业用水管理。结合国家和地方各类节水灌溉增效示范项目和现代化农业科技示范园区建设，推进灌溉计量的进程，有条件的灌区要全部安装计量设施。

③提高农业节水的科技水平。农业节水要因地制宜地推行渠(管)道灌溉、薄露灌溉、喷滴灌等节水灌溉新技术；推广水稻旱育秧、水稻强化栽培等粮食生产节水技术；研究推广大棚微灌、山地微蓄微灌等经济作物高效节水型灌溉技术。

④积极发展节水型农业。积极调整种植结构，因地制宜发展旱粮生产，促进节水型农业发展。加强农业节水灌溉新技术的研究、试验和推广，扩大节水型农业应用范围，重点从蔬菜瓜果作物向茶叶、水果等多种经济作物拓展，从平原地区设施栽培向山区、海岛农业拓展。

(3)推进工业节水工作

①认真贯彻落实《浙江省人民政府办公厅关于加强工业节水工作的通知》(浙政办发〔2005〕59号)精神，积极推进重点行业、重点企业节约用水，大力推广节水技术、工艺和产品，强化节水管理，

实现工业经济与水资源和环境协调发展。

②组织实施以提高用水效率为核心的重大节水示范工程，重点推进火力发电、纺织印染、石油化工、医药、造纸、冶金、食品加工等七大高耗水行业的节水技术改造，提高行业节水水平。各地应根据当地实际，选择一批用水量较大的企业作为工作重点，推动重点企业节约用水。

③大力推广先进的节水型或无水型工艺和技术；大力推广国家和省鼓励的节水技术、工艺和产品；发展和应用工业用水重复利用、冷却节水、热力和工艺系统节水、洗涤节水等技术，并配套完善相应设施；开发、生产和推广低耗水的产品，降低水耗；加快淘汰落后的高耗水工艺、设备和产品。

④全面推行工业企业清洁生产。将节约用水和减少排污作为清洁生产的重要内容，把工业节水与废水排放指标列入清洁生产审核验收标准，提高循环冷却水、工艺水的重复利用率。逐步完善工业节水指标体系建设，加快建立节水标准体系、节水技术开发推广体系和节水设备（器具）的研制生产体系。

(4)加强水资源开发、保护和管理工作

①加强海水、雨水等非传统水资源开发利用。沿海地区及海岛要坚持统筹规划，加快建设海水淡化工程；电力、化工、石化等重点行业要大力推广直接利用海水作为工业冷却水；干旱缺水城市要在社区和新建大型公用项目配套建设集雨示范等工程；海岛和缺水地区要重视雨水、洪水、微咸水和矿坑水的开发利用。

②加强饮用水水源保护。严格按照《浙江省水功能区、水环境功能区划分方案》，合理划定和调整饮用水水源保护区；在饮用水水源一级保护区内，严禁一切排污行为和其他可能污染水体以及破坏与水源保护相关植被的活动，禁止新建、扩建与供水和保护水源无关的建设项目；深入实施“万里清水河道工程”，着力整治河道水污染，改善水环境。因地制宜地探索符合各地农村实际的低成

本、高效率的污水处理方式，完善农村居民生活与农业生产污水处理设施。

③加强地下水资源管理，严格控制地下水开采量。进一步落实杭嘉湖、甬台温地区地下水禁采区、限采区的控制方案，积极推进地表水厂和管网建设，遏制地下水超采区的地面沉降；其他地区也应建立地下水位、水质监测管理系统，落实地下水开发、利用、保护规划，合理开采和保护地下水资源。

④推进水资源和节水管理信息化进程。综合运用信息技术，开发应用水资源和节水管理决策支持系统；实施取用水自动监测，加快数据自动采集、传输和处理，及时反馈蓄、供、用水信息，为优化水资源配置提供决策依据；加强节水信息管理和交流，完善用水户用水信息统计、上报制度。

(5)加快节水型社会的体制机制建设

①加强规划指导，推进产业结构调整。制订实施《浙江省"十二五"节水型社会建设规划》，明确建设节水型社会的目标、任务和保障措施，加强对全省节水型社会建设的指导；各市、县(市、区)要根据当地水资源的承载能力，编制和完善当地"十二五"节水型社会建设规划；根据区域的水资源状况、水环境容量，优化和调整经济结构和产业布局，发展节水型经济；在水资源不足的地区，应限制建设高耗水项目。

②建立健全节水配套规章制度。加快制定节约用水管理办法，规范各级组织和全社会的节约用水职能、义务和行为；加大水资源费征收力度，规范水资源费的征收、管理和使用；制订《浙江省海水利用规划》，科学开发利用海水资源；各市、县(市、区)政府和相关部门应根据实际情况，出台适合本地区、本行业管理的规范性文件，制定有利于节水工作的奖惩措施，细化节水管理，依法履行节水职能，加强监督检查，使各项节水制度落到实处。

③进一步落实相关节水制度。认真贯彻《浙江省取水许可制

度实施细则》，规范取用水管理；对各类用水户均应装置用水计量设施，全面实施有偿用水制度，按实际取用水量收取水资源费或水费，杜绝实行用水包费制；严格执行建设项目水资源论证、取水许可、用水节水评估、计划用水制度，落实新建、改建、扩建项目的“三同时”制度（节水设施与主体工程同时设计、同时施工、同时投入使用）及取用水单位的“四到位”制度（用水计划到位、节水目标到位、节水措施到位、管水制度到位）。

④实施用水总量控制和定额管理制度。逐步建立和完善区域水资源分配、用水总量控制制度，实现地表水和地下水用水总量控制；进一步完善用水定额管理制度，逐步扩大定额管理范围和定额管理水平；对用水实行总量控制和定额管理相结合的基本管理制度，把用水定额作为用水计划下达和节水考核的重要依据，加强计划用水和节约用水管理；积极开展农业用水定额管理试点工作。逐步推进水权制度建设。

⑤积极推进水价改革，完善水价体系。完善分类水价制度和供水计价方式，对居民生活用水逐步推行阶梯式计量水价制度，对非居民用户逐步实行超定额用水累进加价办法；运用差别水价政策，适当拉大高耗水行业与其他行业用水的价差；建立科学合理的中水回用和再生水利用价格机制，制定回用水和再生水的收费标准，鼓励和引导工业、城市绿化、市政环卫、生态景观和洗车等行业使用再生水。

⑥建立完善节水科学技术进步机制。贯彻实施《中国节水技术政策大纲》，大力推广先进实用的农业节水、工业节水和城市节水技术；鼓励节水技改项目，加大节水技术的研究、开发和推广，支持节水产品、工艺、设备等的研制与推广；各有关部门应根据本行业的实际，跟踪、了解国内外先进技术，组织科技攻关，提高本行业节约用水水平，形成节水技术自主创新机制。

⑦完善有利于节水的财税政策。严格执行国家有关鼓励生

产、使用节水产品的税收政策；各级政府要安排必要的资金，支持节水型社会建设和创建节水型城市；鼓励和支持节水技改项目，扶持节水设备、设施、器具和技术的研究开发和推广应用；政府应优先采购节水产品；采取政策扶持、市场引导的激励机制，鼓励社会力量参与城市供水、污水处理及回用等基础设施建设，推进供水、污水处理及回收利用的产业化。

⑧建立节水监督管理制度。加强节水统计工作；禁止生产、销售、使用国家和省明令淘汰的高耗水工艺、设备和产品；已安装或者使用国家和省明令淘汰的高耗水工艺、设备和产品的，使用单位和个人要按规定要求更换或者进行节水改造；对先进的节水技术、产品要及时推广和应用，好的节水经验要及时总结和推广，对节水工作做出显著贡献的单位或个人要给予表彰和奖励。

(6)加强组织领导，全面推进节水型社会建设

①进一步抓好节水型社会建设试点工作。“十二五”期间，各试点县(市、区)的政府要切实加强对节水型社会建设试点工作的组织领导，成立试点工作领导机构，完善相关规章制度，健全工作机制，制订具体的实施计划，确保节水型社会建设试点工作有组织、有步骤地推进，为加快建立节水型社会管理体制作有益的探索。

②动员社会力量，努力营造建设节水型社会的舆论氛围。各级政府及其部门要从自身做起，带头厉行节约，在建设节水型社会中发挥表率作用；要组织广播、电视、报刊、互联网等媒体，开展广泛、深入、持久的宣传教育，使全体公民更多地了解省情、水情，树立正确的用水观念，掌握科学的节水、用水知识，自觉节水、爱水、护水；要对浪费水资源、破坏水资源的不良行为加强舆论监督，公开曝光一批典型，形成“浪费污染水资源可耻、节约保护水资源光荣”的社会氛围，树立人人节水、自觉节水的良好社会风尚；要在“世界水日”“中国水周”“全国城市节水宣传周”期间，集中开展保护水资源、建设节水型社会的宣传活动；要重视并发挥学会、协会

等社会中介服务机构在规划编制、标准规范制定、技术培训、技术交流、技术咨询和服务等方面的作用，鼓励更多的公民、社会团体参与节水的各项工作。

③加强对节水工作的领导。各级政府要加强对节水型社会建设工作的领导，协调各有关部门，动员全社会力量，推进节水型社会建设工作；要进一步建立完善节水管理体制与机制，确保节水型社会建设各项工作落到实处；要把建设节水型社会作为各级政府的任期目标，建立健全水资源节约责任制，做到层层有责任，逐级抓落实；各级水利、发展改革、经贸、建设、科技、财政、环保、质量技监、农业、宣传、教育等有关部门，要切实履行职责，密切配合，形成合力，共同做好全社会的节约用水工作。

6.3 节水型城市建设

节水型城市是指城市通过对用水和节水的科学预测和规划，加强用水管理，调整用水结构，合理开发和利用水资源，形成科学用水体系，使城市所需用的水量控制在城市经济社会发展能达到的水资源的量的范围内，使水资源得到有效的开发保护。

创建节水型城市对合理开发、高效利用城市水资源，实现科学用水、高效用水，使有限的水资源满足人民生活需要，促进城市经济和建设可持续发展有重要意义。

创建节水型城市的基础和重点是创建节水型企业、节水型机关、节水型校园、节水型小区等节水型单位。

我国从 2002 年启动第一批全国节水型城市到 2013 年第六批国家节水型城市建设，共有 64 个城市开展了节水型城市创建活动。

为贯彻落实《国务院关于实行最严格水资源管理制度的意见》（国发〔2012〕3 号），推动节约型社会建设，加强对节水型城市建设工作的指导，规范国家节水型城市的申报与考核管理，2012 年 4

月12日,住房和城乡建设部、国家发展和改革委员会组织修订了《国家节水型城市申报与考核办法》。

国家节水型城市考核标准分五大基本条件、六项基础管理指标、十五项技术考核指标。

2006年,义乌市启动了全国第二批国家级节水型社会建设试点工作,2008年余姚市、玉环县启动了全国第三批国家级节水型社会建设试点工作,2009年舟山市启动了全国第四批国家级节水型社会建设试点工作,浙江省政府从2013年5月开始启动第一批县(市、区)节水型社会建设工作,为期三年(2013—2015年),涉及水资源严重短缺的27个县(市、区),这些县(市、区)包括余杭区、余姚市、慈溪市、象山县、乐清市、洞头县、长兴县、南湖区、秀洲区、海盐县、海宁市、桐乡市、绍兴县、义乌市、永康市、江山市、开化县、定海区、普陀区、嵊泗县、椒江区、黄岩区、路桥区、温岭市、玉环县、三门县、云和县。节水型社会建设试点推进力度进一步加大,以国家级和省级试点两个层面互为补充和引导,有序推进全省节约用水工作,不断提高全民节水意识。

义乌市通过建立“政府主导、市场驱动、全员参与”的立体型节水管理网络,规范和完善节水政策体系及节水市场机制,水资源管理体制和机制基本完善,为节水型社会建设试点提供了组织保障;通过农业产业结构调整、工业行业准入及城市公共用水审核制“三项措施”,基本建立了与区域水资源、水环境承载能力相适应的经济结构体系。通过三年节水型社会建设,义乌市万元GDP用水量下降至47.4立方米,人均用水量控制在152立方米,农田灌溉水有效利用系数提高到0.601,亩均灌溉用水量降至46立方米,工业用水重复利用率达到70%,城镇人均生活用水量控制在138升/日,农村人均生活用水量控制在53升/日,城镇供水管网漏失率下降至11.1%。2012年,义乌市顺利通过全国节水型社会建设试点验收,被水利部授予“全国节水型社会建设示范市”称号。

舟山市、余姚市、玉环县的节水型社会建设阶段性成效明显，通过了全国节水型社会建设试点中期评估，岱山县通过了省级试点验收；温岭市和开化县作为省级试点正在抓紧开展各项工作。浙江省节水制度落实力度进一步加大，出台了《浙江省用水定额》，开展了企业水平衡测试，编制了全省节约用水通报，鼓励开展非常规水资源利用。农业节水工作力度进一步加大，开展“百万亩喷微灌工程”“中央财政小型农田水利重点县建设”等节水工程。五年来，全省万元GDP用水量和万元工业增加值用水量呈连续下降态势，分别下降了22%和24%，农田灌溉水有效利用系数达到0.571，在经济社会快速发展的同时保持了用水总量的微增长。

6.4 节水优先

水是生命之源、生产之要、生态之基。水事关人类生存、经济发展、社会进步，历来是治国安邦的大事。2011年中央一号文件对水的重要性进行了定性。2014年习总书记就保障国家水安全问题发表了重要讲话，提出了“节水优先、空间均衡、系统治理、两手发力”的治水思路，赋予了新时期治水的新内涵、新要求、新任务，为我们强化水治理、保障水安全指明了方向，也为我们做好水利工作提供了科学指南。节水优先，保障水资源的可持续利用，要始终坚持并严格落实节水优先方针，像抓节能减排一样抓好节水，大力宣传节水和洁水观念，加强计划用水和定额管理，建立健全节水激励机制和市场准入标准，强化节水约束性指标考核，大力推进农业节水、工业节水、生活节水，加快推进节水型社会建设。

空间均衡，强化水资源环境刚性约束。要坚持以水定需、量水而行、因水制宜，坚持以水定城、以水定地、以水定人、以水定产，全面落实最严格水资源管理制度，不断强化用水需求和用水过程治理，推动建立国家水资源督察制度，使水资源、水生态、水环境承载能力切实成为经济社会发展的刚性约束；要积极开展水资源水环境承载能力评价，建立水资源水环境承载能力监测预警机制，进一步完善水资源水环境监测网络；要推进规划水资源论证制度建设，强化建设项目水资源论证，对水资源、水生态、水环境超载区域研究实行限制性措施。

系统治理，统筹山水林田湖各要素。要牢固树立山水林田湖是一个生命共同体的系统思想，把治水与治山、治林、治田有机结合起来，从涵养水源、修复生态入手，统筹上下游、左右岸、地上地下、城市乡村、工程措施非工程措施，协调解决水资源、水环境、水生态、水灾害问题；要强化河湖生态空间用途管制，打造自然积存、自然渗透、自然净化的"海绵家园""海绵城市"；要加快构建江河湖库水系连通体系，加强水利水电工程生态调度，提升水资源调蓄能力、水环境自净能力和水生态修复能力；要加强水土保持和坡耕地治理，积极开展重要生态保护区、水源涵养区、江河源头区生态自然修复和预防保护，有序推动河湖休养生息；要强化地下水保护与超采区治理，逐步实现地下水采补平衡。

两手发力，深化水治理体制机制创新。要坚持政府作用和市场机制协同发力，把水治理纳入各级政府的主要职责，该管的要管严管好。要花更多功夫、下更大气力研究和推进制度建设，特别是要深化水利改革，建立健全水利科学发展的体制机制；要加快推行城镇居民阶梯水价以及非居民用水超计划、超定额累进加价制度，推进农业水价综合改革，建立符合市场导向的水价形成机制；要积极稳妥推进水资源确权登记，探索多种形式的水权流转方式，积极培育水市场。

参考文献

[1] 本书编写组. 地球上的水资源[M]. 北京:中国出版集团,2010:1—30.

[2] 中华人民共和国水利部. 2012年中国水资源公报[M]. 北京:中国水利水电出版社,2012:20—63.

[3] 国家防汛抗旱总指挥部,中华人民共和国水利部. 2012年中国水旱灾害公报[M]. 北京:中国水利水电出版社,2012:28—63.

[4] 浙江省水利厅. 2012年浙江省水资源公报[M]. 杭州:杭州出版社,2012:20—63.

[5] 李贵宝. 节约用水知识问答[M]. 北京:中国标准出版社,2008:3—12.

[6] 周新华. 中多上善水精神:三江两岸水利文化[M]. 杭州:杭州出版社,2013:81—90.

[7] 高前兆. 水资源危机[M]. 北京:化学工业出版社,2002:27—58.

[8] 王晓宇. 生态农业建设与水资源可持续利用[M]. 北京:中国水利水电出版社,2008:186—254.

[9] 中华人民共和国住房和城乡建设部. CJJ 159—2011 城镇供水管网漏水探测技术规程[M]. 北京:中国建筑工业出版社,2011:53—60.

[10] 浙江省水利学会,浙江省节约用水办公室. 科学节水小常识

[M]. 北京：中国水利水电出版社，2007：42—58.
[11] 朱月海. 饮水与健康[M]. 北京：中国建筑工业出版社，2009：51—67.
[12] 王贵平，康健丽，陈自明，等. 干旱对农作物的影响[J]. 赤峰学院学报，2008，24(4)：58—59.
[13] 戴高兴，邓国富，等. 干旱胁迫对水稻生理生化的影响[J]. 广西农业科学，2006，37(1)：4—6.
[14] 大连莱特莱德水处理公司. 工业循环水处理系统节水技术背景与意义[EB/OL]. (2013-8-24)[2014-8-20]. http://wenku.baidu.com/view/f9c656a583d049649b6658f2.html.
[15] 黄河流域水源保护局. 黄河水资源保护 30 年[M]. 郑州：黄河水利出版社，2005：63—81.
[16] 地面沉降国际研讨会. 第六届地面沉降国际研讨会论文集[C]. 北京：中国水利水电出版社，2009：91—102.
[17] 马执斌. 北海团城——古代集雨节水工程的杰作[M]. 北京：人民教育出版社，2007：59—87.
[18] 赴以色列考察团，曹建军. 以色列高效节水技术考察报告[J]. 农村牧区机械化，2006(3)：1—2.
[19] 黄秋生. 实用农业节水灌溉工程规划与设计[M]. 北京：中国水利水电出版社，2010：201—231.
[20] 季红飞，王重庆，冯志祥，等. 工业节水案例与技术集成[M]. 北京：中国石化出版社，2011：58—78.
[21] 常明旺，赵海生，杜世勋，等. 工业用水与节水管理技术[M]. 北京：中国石化出版社，2011：72—89.
[22] 中华人民共和国水利部农村水利司，中国灌排发展中心. 中国节水灌溉[M]. 北京：中国水利水电出版社，2009：249—281.
[23] 樊惠芳. 灌溉排水技术[M]. 郑州：黄河水利出版社，2009：

310—321.

[24] 楼豫红,吴宗文.农业节水灌溉新技术[M].成都:四川出版集团天地出版社,2011:54—68.

[25] 冯广志.中国灌溉与排水[M].北京:中国水利水电出版社,2005:12—45.

[26] 北京市大兴区水务局.节水知识读物[M].北京:中国环境科学出版社,2012:48—91.

[27] 刘红,何建平,等.城市节水[M].北京:中国建筑工业出版社,2009:96—121.

[28] 中华人民共和国住房和城乡建设部. GB/T 50331—2002 城市居民生活用水量标准[S].北京:中国建筑工业出版社,2002:45—52.

[29] 中华人民共和国建设部. GB/T 50485—2009 中国城市建设统计年鉴[S].北京:中国计划出版社,2009:36—45.

[30] 中华人民共和国住房和城市建设部. GB/T 50331—2002 节水型生活用水器具标准[S].北京:中国建筑工业出版社,2002:56—60.

[31] 国家发改委,住房和城乡建设部.GB/T 50634—2014 关于加快建立完善城镇居民用水阶梯价格制度的指导意见[S].北京:中国计划出版社,2014:34—45.

[32] 中华人民共和国建设部.GB/T 50285—2007 工业节水管理办法[S].北京:中国计划出版社,2007:27—42.

[33] 中华人民共和国建设部.GB/T 50485—2006 全国节水规划纲要[S].北京:中国计划出版社,2006:54—60.

[34] 中华人民共和国建设部.GB/T 50285—2009 中国节水技术政策大纲 [S].北京:中国计划出版社,2009:51—60.

[35] 中国农业节水与国家粮食安全论文集编委会.中国农业节水与国家粮食安全论文集[C].北京:中国水利水电出版社,

2010:25—41.

[36] 中华人民共和国水利部. GB 50288—99 灌溉与排水设计规范[S]. 北京:中国计划出版社,1999:24—31.

[37] 中华人民共和国建设部. GB/T 50363—2006 节水灌溉工程设计规范[S]. 北京:中国计划出版社,2006:43—60.

[38] 中华人民共和国建设部. GB/T 50600—2010 渠道防渗工程设计规范[S]. 北京:中国计划出版社,2011:31—38.

[39] 中华人民共和国建设部. GB/T 50085—2007 喷灌工程技术规范[S]. 北京:中国计划出版社,2007:41—52.

[40] 中华人民共和国建设部. GB/T 50485—2009 微灌工程技术规范[S]. 北京:中国计划出版社,2009:46—54.

[41] 浙江水利厅治水办. 2013 年“五水共治”相关文件汇编[C]. 杭州:杭州出版社,2014:21—98.

[42] 李贵宝,张文雷. 我国用水定额与标准编制状况的剖析[J]. 工程建设标准化,2007(6):78—82.

[43] 马桶成费水大户 一年冲走 262 亿水费[EB/OL]. (2014-3-10)[2014-8-20]http://js. qq. com/a/20140310/009023. htm.

[44] 英国家庭水资源浪费现象极其严重 每日仅淋浴用掉超过 20 亿升水[EB/OL]. (2013-07-17)[2014-8-20]http://world. kankanews. com/w/2013-07-17/0013239538. shtml.

[45] 地球危机系列之十五 水资源危机(上)[EB/OL]. (2014-3-27)[2014-8-20] http://www. 360doc. com/content/14/0327/11/209063_364105353. shtml.

[46] 洗车业在浪费水资源[N]. 福建日报,2013-4-24(9).

[47] 韩奎军,王丽英. 刍议通河县农作物灌溉节水技术模式的选择[J]. 黑龙江水利科技,2010:21—29.

[48] 张彪. 北京市工业用水发展趋势及节水潜力分析[D]. 北京:北京建筑工程学院,2006:52—101.

[49] 石溪. 自来水市政供水管网暗漏惊人，需加强漏损控制[EB/OL]. (2012-10-8)[2014-8-20]http://www.china.com.cn/info/daogou/2012-10/08/content_26720468.htm.

[50] 孙晓峰. 浅谈工业节水措施[J]. 中国环保产业，2008：54—62.

[51] 金明红，汤万金，祁鲁梁. 相关取水定额国家标准的术语释义[J]. 中国标准化，2003：35—54.

[52] 王建波. 浅议工业用水重复利用率[J]. 中国市场，2010：64—71.

[53] 蔡传义. 循环冷却水综合处理技术新发展[J]. 科技创新导报，2010：14—28.

[54] 工信部. 工业和信息化部关于进一步加强工业节水工作的意见[EB/OL]. (2010-5-4)[2014-8-20]. http://baike.baidu.com/view/3628285.htm? fr=aladdin.

[55] 康利君，刘国晶，王翔. 浅谈我国钢铁企业生产废水的处理现状和发展趋势[J]. 水处理信息报导，2008：84—87.

[56] 李勇，程满金. 加强城市雨水收集与利用的研究与应用[J]. 内蒙古水利，2007：58—64.

后 记

人类文明数千年历史,可以说是一部兴水、治水史。我国的都江堰与埃及尼罗河两岸历史悠久的灌溉工程都是很好的例子。古代兴水、治水体现了对河流特性和自然规律的尊重,反映了人与水的自然和谐关系。19 世纪中叶,随着蒸汽机的发明,工业革命带给人类社会前所未有的变化,当人们还沉浸在工业带给人类诸多便利的同时,随之而来的是水资源大规模的浪费与污染,地球上的河流不再那么清澈,甚至变成“七色河”,人们逐步意识到保护水资源的重要性。1993 年,联合国大会决定设立 3 月 22 日为世界水日,其目的就是警示人们增强水资源危机的忧患意识,珍惜地球的淡水资源。至此,全世界多数国家积极响应,纷纷提出了如何节约用水的各种措施。

我国的节水历史悠久,不论是西周时期的高效抗旱耕作技术——甽田法,还是明初的北海团城集雨节水工程,都是先贤给我们树立的节水光辉榜样。近代我国节水工作起步较晚,从 20 世纪五六十年代开始,主要是农业生产中的一些灌溉技术的应用。近年来,随着国民经济的快速发展,浙江省多地出现了水质性缺水。针对上述情况,2013 年初,浙江省委、省政府提出了“治污水、防洪水、排涝水、保供水、抓节水”的“五水共治”工作部署,其目的在于推动浙江省新一轮的经济社会的良性发展。“五水共治”要治污先行,也要齐抓共治,它是一个系统工程,必须用系统的思维和方法才能落实。其中,“抓节水”重点要做好改装器具、减少漏损、再生利用和雨水收集利用示范等工作，合理利用水资源。鉴于此，浙江省社会科学界联合会和浙江省水利水电学院联合开展了"'五水共治'科普丛书"的编写工作，本人负责撰写《保供水》一册。

在本书撰写过程中，浙江省水利厅朱法君、浙江水利水电勘测设计院谢丽华、浙江工商大学沈东升、浙江省文联郑晓林等多位专家提出了许多宝贵的意见和建议，在此表示由衷的谢意。同时，感谢读者耐心阅读本书，敬请批评指正。